南水北调东线一期工程水生态现状研究和对策

陈立强　王　成　等编著

U0227629

黄河水利出版社
·郑州·

图书在版编目(CIP)数据

南水北调东线一期工程水生态现状研究和对策/陈立强等编著.—郑州:黄河水利出版社,2023.3

ISBN 978-7-5509-3504-4

Ⅰ.①南… Ⅱ.①陈… Ⅲ.①南水北调-水利工程-水环境-生态环境建设-研究 Ⅳ.①TV168

中国版本图书馆 CIP 数据核字(2022)第 250105 号

组稿编辑 杨雯惠 电话:0371-66020903 E-mail:yangwenhui923@163.com

责任编辑 王燕燕　　责任校对 母建茹

封面设计 黄瑞宁　　责任监制 常红昕

出版发行 黄河水利出版社

地址:河南省郑州市顺河路 49 号 邮政编码:450003

网址:www.yrcp.com E-mail:hhslcbs@126.com

发行部电话:0371-66020550

承印单位 河南瑞之光印刷股份有限公司

开　　本 787 mm×1 092 mm 1/16

审 图 号 GS(2006)2269 号 GS(2020)1186 号

印　　张 18.25　　插　　页 4

字　　数 433 千字

版次印次 2023 年 3 月第 1 版　　2023 年 3 月第 1 次印刷

定　　价 120.00 元

前　言

随着社会经济的发展,缺水地区仅凭流域内调水已难以满足经济发达地区的用水需求,迫切需要进行跨流域调水。于是,在20世纪中叶,跨流域调水规划便应运而生了。据不完全统计,目前世界已建、在建和拟建的大规模、长距离、跨流域调水工程已达160多项,分布在24个国家。

我国南水北调工程是缓解我国北方水资源严重短缺局面、构建我国“四横三纵、南北调配、东西互济”水资源配置总体格局的重大战略性基础设施,关系到今后经济社会可持续发展和子孙后代的长远利益。从20世纪50年代提出设想,凝聚几代人的心血和智慧,历经半个多世纪的前期工作,对东、中、西三条线路进行了广泛而深入的研究论证,形成了南水北调工程总体格局。2002年12月23日,国务院以国函〔2002〕117号文批复《南水北调工程总体规划》《南水北调东线工程规划》。2002年12月27日,南水北调东线一期工程开工建设,2013年3月完工,8月15日通过全线通水验收,11月15日正式通水。

南水北调东线一期供水范围为安徽、江苏、山东3省23个地级市的101个县(区、市),工程规模:抽江500 m^3/s、山东半岛50 m^3/s、鲁北50 m^3/s;调水量:多年平均抽江水量为87.66亿m^3,调过黄河水量为4.42亿m^3,到山东半岛水量为8.83亿m^3,工程净增供水量为36.01亿m^3。

南水北调东线一期工程从长江干流三江营引水,通过13梯级泵站逐级提水,总扬程65 m,利用京杭运河及其平行的河道输水,经洪泽湖、骆马湖、南四湖、东平湖调蓄后,分两路:一路向北穿黄河,经小运河接七一河、六五河输水至大屯水库,同时具备向河北和天津应急供水条件;另一路向东通过济平干渠、济南市区段、济东明渠段工程输水至引黄上节制闸,再利用引黄济青工程、胶东地区引黄调水工程输水至威海米山水库。调水线路总长1 467 km,其中长江至东平湖1 045.36 km,黄河以北173.49 km,胶东输水干线239.78 km,穿黄河段7.87 km。

南水北调东线一期工程供水目标主要是补充山东、江苏、安徽等省输水沿线地区的城市生活、工业和环境用水,兼顾农业、航运和其他用水。主要为济南、青岛、徐州等重要中心城市及调水沿线和山东半岛的大中城市用水和重要电厂、煤矿用水;济宁—扬州段京杭运河航运用水;江苏省现有江水北调工程供水区和安徽省洪泽湖用水区的农业用水;北延应急供水工程在需要时,可向河北省、天津市应急调水,并相机向华北河湖进行生态补水和地下水压采补源。

截至2021年12月,南水北调东线一期工程已顺利完成8个年度的向山东省调水任务,累计调入山东省水量达52.88亿m^3(不含北延应急供水量);2022~2023年,调水计划向山东省供水12.63亿m^3,山东省受水区净供水量为9.25亿m^3,调水计划根据山东省受水区实际用水需求确定,调水规模已达到东线一期工程规划能力的70%。自2013年工程通水以来,运行安全平稳,调水水质稳定达到《地表水环境质量标准》(GB 3838—2002)Ⅲ

类标准,沿线江苏、安徽、山东三省受益人口达6 700万,有效改善和保障了京杭运河航运条件、延伸了通航里程、提升了航道等级,工程在保障城乡居民用水、抗旱补源、防洪除涝、河湖生态保护等方面发挥了重要战略作用,取得了突出的经济效益、社会效益、生态效益。

南水北调东线一期工程调水沿线河流、湖泊生态功能得到复苏,水生态环境质量得到了显著改善。东线工程输水期间,补充了沿线湖泊的蒸发渗漏水量,确保了湖泊蓄水稳定,济南“泉城”再现四季泉水喷涌景象,京杭运河于2021年4月底全线水流贯通。南四湖在10多年前是谁都不愿靠近的“酱油湖”,如今水面清澈、水天相接,绝迹多年的银鱼、鳜鱼、毛刀鱼等对水质要求比较高的鱼类重新出现,多年罕见的震旦鸦雀、赤麻鸭及号称“水中凤凰”的水雉也飞回湖畔。

然而,南水北调东线一期工程引调优质长江水向北增加输水河湖水资源量的同时,直接连通了长江、淮河、黄河、海河四大流域及沿线湿地自然保护区,调水期京杭运河、调蓄湖泊(洪泽湖、骆马湖、南四湖、东平湖)等沿线河湖按调水期抬高的水位稳定运行,致使输水沿线河湖湿地和水域面积增大,沿线饵料生物资源量增加,鱼类、底栖和浮游生物随水流逆向向北入侵(迁徙),从而输水沿线河湖重要水生生境、湿地自然保护区等生态环境敏感区的水生态系统及水生群落、物种优势发生动态演变,跨流域调水9个年度以来北向输水产生的水生态环境影响正缓慢显现且不可逆转。深入开展东线一期工程输水沿线水生态现状研究,调查发现工程运行产生的新水生态环境问题及水生态环境演变趋势,及时总结工程运行水生态修复的经验,制定和实施水生态环境保护和修复对策,是保障东线一期工程输水河湖水生态安全必要的举措,具有十分重要的意义,并以“确有需要、生态安全、可以持续”为原则向东线后续工程规划论证和建设运行提供必要的技术支撑和基础。

本书是基于淮河水资源保护科学研究所项目组近年来开展的相关水生态现状调查和研究数据及资料的汇编,并据此提出了南水北调东线一期工程沿线输水河湖水生态修复和复苏的对策。全书由陈立强、王成等撰写,由陈立强统稿、校核。其中,前言由叶阳、陈立强撰写,第1章由喻光晔、景圆撰写,第2章由万瑞容撰写,第3章由周亚群、葛耀撰写,第4章由陈立强、尹星、徐康撰写,第5、6章由陈立强、王成、杜鹏程、付小峰、苗欣慧撰写,第7章由叶阳、王成、陈立强撰写。本书的撰写和出版得到了淮河水资源保护科学研究所的大力支持和资助,在此表示诚挚的感谢!

本书关于南水北调东线一期工程水生态现状调查数据和研究领域跨度大,涉及的知识面繁杂,再加上时间仓促及作者水平所限,书中难免有不足之处,欢迎各界人士及广大读者给予批评和指导。

作　者

2022年9月

目　录

第1章　南水北调东线一期工程规划和建设

1.1　南水北调总体规划

1.1.1　规划过程

南水北调东线工程从20世纪50年代开始研究,1958年中国科学院和水利电力部等有关部门和单位组成南水北调研究组,提出分别从长江上、中、下游引水的10条调水线路,其中一条是从长江下游引水的大运河提水线,即从淮河入江水道和京杭运河分段提水,经高宝湖、洪泽湖、南四湖,于东平湖入黄河,分级供水灌溉沿线农田。

1959年淮河流域大旱,江苏省提出兴建苏北引江灌溉工程的意见。经水利电力部批准,江苏省于1961年开始建设江都泵站。经过40年建设,已初步建成调水、灌溉、排水、航运等综合利用的江水北调工程体系。

1972年华北地区发生了严重干旱,为解决海河流域的水资源危机,水利电力部成立南水北调规划组开展南水北调规划工作。1976年3月提出了《南水北调近期工程规划报告》,并于1977年10月由水利电力部、交通部、农林部和第一机械工业部联合上报国务院。该规划以农业供水为主,改善和发展灌溉面积6 400万亩[1],向城市供水27亿 m^3,并使京杭运河成为南北水运交通大动脉。规划从扬州附近的长江抽水1 000 m^3/s,过黄河600 m^3/s,到天津100 m^3/s。《南水北调近期工程规划报告》基本确立了东线工程的总体布局。

1978年5~7月,经国务院批准由水利电力部牵头召开南水北调现场初审会议。会议同意东线调水方案,同意《南水北调近期工程规划报告》提出的输水线路和抽水梯级方案并确定在位山穿黄,要求在修订规划中补充灌区规划等。

1981年12月,国务院召开治淮会议,要求东线工程先调水到南四湖。据此,淮河水利委员会(简称淮委)着手编制东线第一期工程可行性研究报告。1983年1月,淮委编制完成《南水北调东线第一期工程可行性研究报告》,对工程的供水范围、调水规模、工程布局进行了进一步的研究,建议实施长江抽水500 m^3/s、进东平湖50 m^3/s的工程方案。1月13~18日,水利电力部在河北省涿县(今涿州市)召开会议,审查通过了该可行性研究报告。

1983年3月,国务院批准了《南水北调东线第一期工程可行性研究报告》。国务院办公厅在《关于抓紧南水北调东线第一期工程有关工作的通知》中指出,南水北调东线第一期工程是一项效益大而又没有什么风险的工程,要求国家计划委员会、水利电力部、交通部、煤炭部共同研究,抓紧搞好;并决定第一步通水,通航到济宁,争取当年冬天开工。

---

[1] 1亩=1/15 hm^2,下同。

此后,水利电力部要求苏鲁两省编制第一期工程规划。在两省规划的基础上,1984年11月,淮委编制完成《南水北调东线第一期工程设计任务书》,1985年报送国家计划委员会。《南水北调东线第一期工程设计任务书》对可行性研究报告提出的调水规模和输水线路做了调整,建议工程规模为抽江600 m^3/s、进东平湖50 m^3/s,洪泽湖—骆马湖区间输水线路由中运河单线输水改为中运河、徐洪河双线输水。

1986年9月至1988年5月,国家计划委员会和中国国际工程咨询公司对《南水北调东线第一期工程设计任务书》进行了审查、评估。审查报告指出,华北平原缺水问题突出,如按原方案实施,2000年难以送水到天津;认为东线工程规划有必要加以修改和补充,要求水利电力部抓紧编制东线工程全面规划和分期实施方案;强调南水北调应以解决北方缺水为重点,尽快把江水送到黄河以北。

根据国家计划委员会的要求和国务院领导的批示,水利部南水北调规划办公室组织淮委、海河水利委员会(简称海委)、水利部天津水利水电勘测设计研究院等单位,在有关省、市部门的配合下,对南水北调东线工程规划进行了修订,于1990年5月编制完成《南水北调东线工程修订规划报告》,对供水目标、供水范围、工程布局等方面进行了调整,增加了城市工业供水,调整了灌溉面积。修订规划以2020年为规划水平年,工程规模调整为抽江1 000 m^3/s、过黄河400 m^3/s、到天津180 m^3/s。关于实施步骤,为尽快实现全线通水,把2000年以前送水到京津地区作为第一期工程的目标。

在上述总体规划基础上,1990年11月提出《南水北调东线第一期工程修订设计任务书》,制订了2000年送水到京津地区的第一期工程方案,工程规模为抽江600 m^3/s、过黄河200 m^3/s、到天津100 m^3/s。

为加快南水北调工程的前期工作,1991年4月,水利部成立南水北调东线第一期工程总体设计领导小组,在修订任务书的基础上进行总体设计,即对第一期工程的54个单项工程逐项进行规划设计。

根据修订后的第一期工程方案和总体设计的成果,1992年12月提出了《南水北调东线第一期工程可行性研究修订报告》。

1991~1993年,在以往环境影响评价的基础上,对东线工程环境影响报告进行了补充工作,提出《南水北调东线第一期工程环境影响报告书》,1993年7月,该报告通过了水利部的预审。

1993年9月水利部审查通过了《南水北调东线工程修订规划报告》和《南水北调东线第一期工程可行性研究修订报告》。

根据1995年6月第71次总理办公会议精神,水利部组织开展了南水北调工程论证工作。淮委会同海委于1996年1月提出《南水北调工程东线论证报告》,除原有供水范围外,将山东半岛纳入东线供水范围,预测了不同水平年受水区缺水程度和调水水质,对工程投资、供水成本和工程管理等问题进行了分析研究。建议在江水北调工程基础上分别按抽江规模为500 m^3/s、700 m^3/s、1 000 m^3/s分三步实施东线工程。此外,研究了通过泰州引江河引水,经连云港沿海滨送水到青岛及山东半岛其他城市的滨海线规划。

2000~2002年,为贯彻落实党的十五届五中全会通过的《中共中央关于制定国民经济和社会发展第十个五年计划的建议》确定的"采取多种方式缓解北方地区缺水矛盾,加紧南水北调工程的前期工作,尽早开工建设"的重大决策和国务院领导"三先三后"的原则,根据水利部工作部署,淮委会同海委开展了南水北调东线工程修订规划工作,于2001年12月提出了《南水北调东线工程规划(2001年修订)》,提出东线工程在2030年以前分别按抽江规模为500 m^3/s、600 m^3/s、800 m^3/s分三期实施,规划抽江水量分别为89.37亿m^3、105.86亿m^3、148.17亿m^3。

2002年国家发展和改革委员会、水利部联合编制了《南水北调工程总体规划》[《南水北调东线工程规划(2001年修订)》附件7],并上报国务院。2002年12月23日国务院以国函〔2002〕117号文对《南水北调工程总体规划》进行了批复。

1.1.2　总体规划布局

南水北调工程是缓解我国北方水资源严重短缺、优化配置水资源的重大战略性基础设施,关系到经济社会可持续发展和子孙后代的长远利益。东线工程从20世纪50年代开始研究,经过50年的勘测、规划和研究,在分析比较50多种规划方案的基础上,分别在长江下游、中游、上游规划了三个调水区,形成了南水北调工程东线、中线、西线三条调水线路。通过三条调水线路,与长江、淮河、黄河、海河相互连接,构成我国水资源"四横三纵、南北调配、东西互济"的总体格局,形成中国的大水网。

1.1.2.1　东线工程

利用江苏省已有的江水北调工程,逐步扩大调水规模并延长输水线路。东线工程从长江下游扬州江都抽引长江水,利用京杭运河及与其平行的河道逐级提水北送,并连接起调蓄作用的洪泽湖、骆马湖、南四湖、东平湖。出东平湖后分两路输水:一路向北,在位山附近经隧洞穿过黄河,输水主干线全长1 156 km;另一路向东,通过胶东地区输水干线经济南输水到烟台、威海,全长701 km。规划分三期实施。

1.1.2.2　中线工程

从加坝扩容后的丹江口水库陶岔渠首闸引水,沿线开挖渠道,经唐白河流域西部过长江流域与淮河流域的分水岭方城垭口,沿黄淮海平原西部边缘,在郑州以西李村附近穿过黄河,沿京广铁路西侧北上,可基本自流到北京、天津。输水干线全长1 427 km(其中天津输水干线154 km)。规划分两期实施。

1.1.2.3　西线工程

在长江上游通天河、支流雅砻江和大渡河上游筑坝建库,开凿穿过长江与黄河分水岭巴颜喀拉山的输水隧洞,调长江水入黄河上游。西线工程的供水目标,主要是解决涉及青海、甘肃、宁夏、内蒙古、陕西、山西等6省(区)黄河上中游地区和渭河关中平原的缺水问题。结合兴建黄河干流上的大柳树水利枢纽等工程,还可以向临近黄河流域的甘肃河西走廊地区供水,必要时也可相机向黄河下游补水。规划分三期实施。南水北调三条调水线路互为补充,不可替代。到2050年三条线路调水总规模为448亿m^3,其中东线148亿m^3、中线130亿m^3、西线170亿m^3。整个工程将根据实际情况分期实施。

1.2 南水北调东线一期工程

1.2.1 南水北调东线工程任务

东线工程基本任务是从长江下游调水,向黄淮海平原东部和山东半岛补充水源,与南水北调中线、西线工程一起,共同解决我国北方地区水资源紧缺问题。

东线工程主要供水目标是解决调水线路沿线和山东半岛的城市及工业用水,改善淮北部分地区的农业供水条件,并在北方需要时,提供农业和部分生态环境用水。

根据国务院批准的《南水北调工程总体规划(2002 年)》,东线工程主要供水目标是沿线城市及工业用水,兼顾一部分农业和生态环境用水。根据北方各省、市对水量、水质的要求和东线治污进展情况,东线工程拟在 2030 年以前分三期实施:

第一期工程首先调水到山东半岛和鲁北地区,有效缓解该地区最为紧迫的城市缺水问题,并为向天津市应急供水创造条件。规划工程规模为抽江 500 m^3/s,入东平湖 100 m^3/s,过黄河 50 m^3/s,送山东半岛 50 m^3/s。工期 5 年,2007 年建成通水。

第二期工程增加向河北、天津供水,在第一期工程的基础上扩建输水线路至河北省东南部和天津市,扩大抽江规模至 600 m^3/s,过黄河 100 m^3/s,到天津 50 m^3/s,送山东半岛 50 m^3/s。在东线治污取得成效,满足出东平湖水质达Ⅲ类标准前提下,于 2010 年建成向河北、天津供水。

第三期工程继续扩大调水规模,抽江规模扩大至 800 m^3/s,过黄河 200 m^3/s,到天津 100 m^3/s,送山东半岛 90 m^3/s。计划于 2030 年以前建成,以满足供水范围内国民经济和社会发展对水的需求。

1.2.2 东线一期工程

1.2.2.1 工作任务

东线工程基本任务是从长江下游调水,向黄淮海平原东部和山东半岛补充水源,与南水北调中线、西线工程一起,共同解决我国北方地区水资源紧缺问题。

东线工程主要供水目标是解决调水线路沿线和山东半岛的城市及工业用水,改善淮北部分地区的农业供水条件,并在北方需要时,提供农业和部分生态环境用水。

根据《南水北调东线工程规划(2001 年修订)》,东线工程分三期实施,第一期工程首先调水到山东半岛和鲁北地区,补充山东半岛和山东、江苏、安徽等输水沿线城市的生活、环境和工业用水,适当兼顾农业和其他用水,并为向天津、河北应急供水创造条件。

1.2.2.2 供水范围

根据南水北调总体规划的安排和水资源合理配置的要求,结合输水沿线各省、市对水量、水质的要求,东线第一期工程的供水范围大体分为三片:①江苏省里下河地区以外的苏北地区和里运河东西两侧地区,安徽省蚌埠市、淮北市以东沿淮、沿新汴河地区,山东省南四湖、东平湖地区;②山东半岛;③黄河以北山东省徒骇马颊河平原(简称黄河以南片、山东半岛片和黄河以北片)。第一期工程供水区内分布有淮河、海河、黄河流域的 21 座地市级以上城市,包括济南、青岛、徐州等特大城市和聊城、德州、滨州、烟台、威海、淄博、潍坊、东营、枣庄、济宁、菏泽、扬州、淮安、宿迁、连云港、蚌埠、淮北、宿州等大中城市。

1.2.2.3 受水区需调水量

东线第一期工程设计需向供水区干渠分水口补充的水量为 41.41 亿 m^3,其中生活、工业及城市环境用水 22.34 亿 m^3,占 53.9%;航运用水 1.02 亿 m^3,占 2.5%;农业灌溉用水 18.05 亿 m^3,占 43.6%。山东省、江苏省、安徽省需调水量分别是:

山东省 13.53 亿 m^3,其中城市用水 13.20 亿 m^3,航运用水 0.33 亿 m^3。

江苏省 24.37 亿 m^3,其中生活、工业、城市生态环境用水 7.93 亿 m^3,航运用水 0.69 亿 m^3,农业灌溉用水 15.75 亿 m^3。

安徽省 3.51 亿 m^3,其中生活、工业、城市生态环境用水 1.21 亿 m^3,农业灌溉用水 2.30 亿 m^3。

第一期工程多年平均全线总损失水量 24.81 亿 m^3。其中,输水干线河道输水损失 18.19 亿 m^3,黄河以南 16.16 亿 m^3、黄河以北 0.62 亿 m^3、山东半岛 1.41 亿 m^3;黄河以南需由第一期工程供水水源补充的湖泊蒸发损失多年平均为 6.62 亿 m^3。

1.2.2.4 工程建设方案

南水北调东线第一期工程利用江苏省江水北调工程,扩大规模,向北延伸,供水范围是苏北、皖东北、鲁西南、鲁北和山东半岛。规划工程规模为抽江 500 m^3/s,入东平湖 100 m^3/s,过黄河 50 m^3/s,送山东半岛 50 m^3/s。工程建成后,多年平均抽江水量 87.68 亿 m^3,调入下级湖 29.73 亿 m^3,过黄河 4.42 亿 m^3,送到胶东 8.87 亿 m^3。

调水线路从江苏省扬州附近的长江干流引水,有三江营和高港 2 个引水口门:三江营引水经夹江、芒稻河至江都站站下,是东线第一期工程主要引水口门;高港是泰州引江河入口,在冬春季节长江低潮位时,承担经三阳河向宝应站加力补水的任务。

从长江至洪泽湖,分别利用里运河、三阳河、苏北灌溉总渠和淮河入江水道送水。

洪泽湖至骆马湖,采用中运河和徐洪河双线输水。

骆马湖至南四湖,由中运河输水至大王庙后,利用韩庄运河、不牢河两路送水至南四湖下级湖。

南四湖内利用全湖及湖内航道和行洪深槽输水。

南四湖以北至东平湖,利用梁济运河输水至邓楼,接东平湖新湖区内开挖的柳长河输水至八里湾,再由泵站抽水入东平湖老湖区。

在山东省位山附近黄河河底打通 1 条穿黄隧洞。

出东平湖后分两路输水,一路向北穿黄河后经小运河接七一河、六五河自流到德州大屯水库;另一路向东开辟山东半岛输水干线西段 240 km 的河道,与现有引黄济青渠道相接,再经正在实施的胶东地区引黄调水工程送水至威海市米山水库。

调水线路总长 1 466.24 km,其中长江至东平湖 1 045.23 km、黄河以北 173.49 km、胶东输水干线 239.65 km、穿黄河段 7.87 km。

调水线路连通洪泽湖、骆马湖、南四湖、东平湖等湖泊输水和调蓄。为进一步加大调蓄能力,拟抬高洪泽湖、南四湖下级湖非汛期蓄水位,治理利用东平湖蓄水,并在黄河以北建大屯水库,在胶东输水干线建东湖、双王城等平原水库。

东线工程供水区以黄河为脊背,分别向南北两侧倾斜。东平湖是东线工程最高点,与长江引水口水位差约40 m。第一期工程从长江至东平湖设13个调水梯级,22处(一条河上的每一梯级泵站,不论其座数多少均作为一处)34座泵站,其中利用江苏省江水北调工程现有6处泵站枢纽13座泵站,新建21座泵站。

为满足工程正常运行和调度管理要求,工程配套建设里下河水源调整补偿工程,截污导流工程,骆马湖、南四湖水资源控制和水质监测工程,调度运行管理系统工程等。

南水北调东线一期工程和输水干线平面布置见图1-1。

1.2.2.5　工程建设规模

1.输水过黄河的工程规模

根据鲁北地区需调水量和调水过黄河的时间,穿黄隧洞出口规模42.2 m^3/s即可满足鲁北地区供水要求。由于第一期工程除向鲁北地区供水外,还具有向河北、天津应急供水的任务,因此调水过黄河的工程规模应在满足鲁北地区供水要求的前提下,适当增加规模,留有余地,使其具备向河北、天津应急供水的能力。结合近几年实施的引黄济津应急调水(穿卫立交设计流量65 m^3/s)的情况分析,确定穿黄工程输水规模为50 m^3/s。鲁北地区多年平均需调水量为3.79亿m^3。考虑输水干线输水损失,穿黄隧洞出口的水量为4.42亿m^3。

2.输水到山东半岛的工程规模

胶东输水干线利用10月至翌年5月的非汛期243 d调水,东平湖渠首引水流量为48.9~53.8 m^3/s时,可满足胶东供水区95%保证率时调引江水的需求;在此基础上,将输水时间延长至汛末的9月下旬共253 d作为校核引水天数,经复核,东平湖渠首引水流量为47.3~51.8 m^3/s时,满足胶东供水区95%保证率时调引江水的需求。据此确定济南—引黄济青段输水工程设计流量为50 m^3/s,加大流量为60 m^3/s。

第一期工程山东半岛多年平均需调江水量为7.46亿m^3,加上干线沿途输水损失,东平湖渠首引水闸多年平均需调江水量为8.92亿m^3。

3.其他各级工程规模

第一期工程各段设计输水规模如下:抽江500 m^3/s;进洪泽湖450 m^3/s、出洪泽湖350 m^3/s;进骆马湖275 m^3/s、出骆马湖250 m^3/s;入下级湖200 m^3/s、出下级湖125 m^3/s;入上级湖125 m^3/s、出上级湖100 m^3/s;入东平湖100 m^3/s;胶东输水干线50 m^3/s;位山—临清段50 m^3/s;临清—大屯段13.5~25.5 m^3/s。

4.新增工程规模

根据东线第一期工程的建设规模,长江—下级湖段需在江水北调工程基础上扩大调水规模,抽江规模需在现有工程的基础上增加100 m^3/s,并调整里下河地区水源,把现有江都站400 m^3/s的抽江水能力全部用于北调;入下级湖的抽水能力需扩大到200 m^3/s。下级湖—东平湖需按100~125 m^3/s、鲁北和胶东需分别按50 m^3/s的规模新建调水工程。

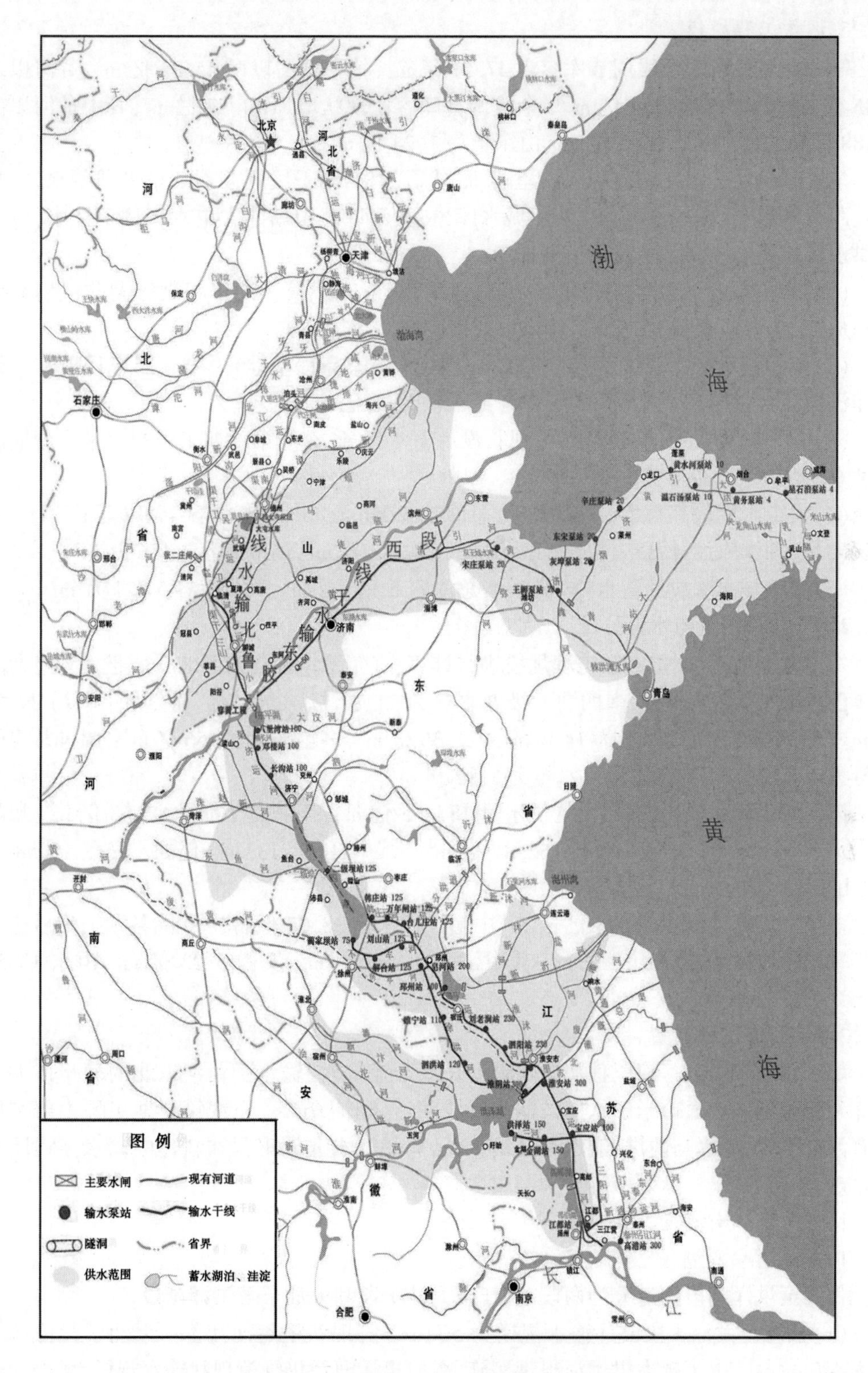

图 1-1　南水北调东线一期工程和输水干线平面布置

5. 调蓄工程规模

第一期工程规划全线调节库容为47.51亿m^3,其中黄河以南45.82亿m^3、黄河以北0.45亿m^3、山东半岛1.24亿m^3。全线调蓄库容比现状增加13.57亿m^3,其中黄河以南11.88亿m^3、黄河以北0.45亿m^3、山东半岛1.24亿m^3。

东线第一期工程除充分利用洪泽湖、骆马湖、南四湖下级湖调蓄及东平湖蓄水外,规划在胶东输水干线拟新建东湖、双王城水库,在黄河以北拟新建大屯水库调蓄江水,以满足供水目标要求。调蓄工程规模分别为:

(1)洪泽湖现状蓄水位13.0 m(废黄河高程)。东线第一期工程洪泽湖非汛期蓄水位拟从13.0 m抬高到13.5 m。可增加调蓄库容8.25亿m^3。

(2)南四湖下级湖现状蓄水位32.3 m(1985国家高程基准)。第一期工程拟将下级湖非汛期蓄水位抬高至32.8 m,增加调蓄库容3.06亿m^3。

(3)东平湖为黄河的滞洪水库,现状没有蓄水任务,东线第一期工程利用东平湖老湖区蓄水,蓄水位为39.3 m。

(4)大屯水库最高蓄水位29.05 m,总库容5 256万m^3,调节库容4 499万m^3。

(5)东湖水库设计蓄水位29.9 m,总库容8 287万m^3,调节库容7 156万m^3。

(6)双王城水库设计蓄水位11.0 m,总库容6 150万m^3,调节库容5 321万m^3。

1.2.2.6 北调水量与水量分配

按预测当地来水、需水和工程规模进行计算,多年平均抽江水量87.68亿m^3,最大的一年已达157.48亿m^3;入南四湖下级湖水量为21.82亿~37.88亿m^3,多年平均29.73亿m^3,入南四湖上级湖水量为14.48亿~21.39亿m^3,多年平均17.56亿m^3;调过黄河的水量为4.42亿m^3;到山东半岛水量为8.92亿m^3。

第一期工程完成后,多年平均供水量187.55亿m^3,其中抽江水量87.68亿m^3,扣除损失水量后,多年平均净供水量162.81亿m^3。其中,江苏133.70亿m^3、安徽15.58亿m^3、山东13.53亿m^3。

多年平均增供水量46.43亿m^3,其中增抽江水量38.07亿m^3。扣除各项损失后全区多年平均净增供水量36.01亿m^3,其中江苏19.25亿m^3,安徽3.23亿m^3,山东13.53亿m^3。

1.2.2.7 河道工程布置

南水北调东线第一期工程从扬州附近长江干流取水,输水到黄河以北的德州市大屯水库和胶东地区威海市米山水库。输水沿线河道、湖泊众多。东线第一期工程主要利用现有河道工程,调水与防洪、航运相互结合,已有的江水北调工程和新建的调水工程同时并存。

1. 东平湖以南河道工程布置

1)长江至洪泽湖段

长江至洪泽湖段河道分为两段:长江至大汕子段和大汕子至洪泽湖段。

(1)长江至大汕子段设计输水规模为500 m^3/s,现状里运河江都—大汕子段输水能力为400 m^3/s。由于扩大里运河很难实施,本段里运河线仍维持现状输水规模,增加的规模需考虑利用其他输水线路。

经比较,长江至大汕子段采用增加三阳河、潼河输水线路,增加引江规模 100 m^3/s,由三江营引水,经夹江、芒稻河、新通扬运河、三阳河、潼河自流到宝应站下,再由宝应站抽水入里运河,与江都站抽水在里运河大汕子处汇合。

三阳河、潼河、宝应站工程已于 2002 年 12 月 27 日开工建设。

(2)大汕子至洪泽湖段设计输水规模为 450~500 m^3/s,里运河大汕子(南运西闸)—北运西闸段现状输水能力为 350 m^3/s,北运西闸—淮安闸段现状输水能力仅为 200 m^3/s,需在现状基础上增加入洪泽湖 250 m^3/s 的输水规模。根据现有工程情况,输水线路通过五个方案比选,经综合分析,从节省工程投资、减少土地征用、降低供水成本、发挥工程综合效益的角度考虑,一期工程仍维持东线工程规划方案,即采用金宝航道、新河、里运河三线输水,新河输水线和金宝航道线分别按输水 100 m^3/s、150 m^3/s 扩浚,新建淮安四站、淮阴三站各 100 m^3/s,新建金湖一站、洪泽一站各 150 m^3/s。

2)洪泽湖至骆马湖段

洪泽湖至骆马湖段有中运河和徐洪河两条输水线路。现状江苏江水北调工程洪泽湖至骆马湖段同时利用中运河和徐洪河两条线路向北送水,主要输水河道为二河、中运河和徐洪河。现状可利用中运河线送水入骆马湖 150 m^3/s、在洪泽湖水位高于 12.5 m 时可利用徐洪河线送水 50 m^3/s 至徐州市。

第一期工程规划出洪泽湖 350 m^3/s,入骆马湖 275 m^3/s,需在现状基础上增加 125~150 m^3/s 调水规模。输水线路对利用中运河、徐洪河双线输水方案和利用中运河单线输水方案进行比选。双线输水方案,不需扩挖河道,仅需对湖内进行抽槽和对河道两岸影响工程进行处理,工程投资少,有利于工程分期实施。因此,洪泽湖至骆马湖段采用中运河、徐洪河双线输水方案。

中运河、徐洪河双线输水方案:利用中运河输水 175~230 m^3/s,扩建泗阳、刘老涧、皂河三级泵站,由皂河站抽水入骆马湖;徐洪河输水 100~120 m^3/s,新建泗洪、邳州站,扩建睢宁二站,由邳州站抽水入房亭河,向东流入中运河、骆马湖。

3)骆马湖至南四湖段

骆马湖至南四湖段设计输水规模为 200~250 m^3/s。输水线路跨苏鲁两省,属沂沭泗流域,现有中运河、韩庄运河和不牢河等主要河道。

东线第一期工程不牢河、韩庄运河采用相等的输水规模,均按 125 m^3/s 规模设计。不牢河段结合老站改造建设刘山、解台、蔺家坝三级泵站;韩庄运河段建设台儿庄、万年闸、韩庄三级泵站。

为保护徐州市对骆马湖现有水资源的使用权益,结合韩庄运河的交接水管理,在中运河苏鲁省界处建骆马湖水资源控制工程。

4)南四湖

南四湖段规划输水规模为 100~200 m^3/s,主要利用湖内航道输水,在二级坝建规模为 125 m^3/s 的泵站,由下级湖提水入上级湖。

对于南四湖段输水线路,还比较了在湖外开挖输水明渠、湖外管道输水两种输水方案。比较结果为:湖外管道输水方案和湖外明渠输水方案投资巨大,湖内航道输水方案不但工程量少、投资省,而且可以充分利用南四湖下级湖进行调蓄,改善南四湖地区的生态环境。该输水方案存在的水质问题,可通过治污与截污导流等措施加以解决。因此,南四湖段输水线路仍推荐湖内航道输水方案。

5)南四湖至东平湖段

南四湖—东平湖段输水规模为100 m^3/s。该段输水线路比较了利用梁济运河、柳长河输水方案和利用洸府河、古运河输水方案。

梁济运河、柳长河输水方案具有工程量少、投资较省等优点,梁济运河、柳长河疏浚后,为济宁以北京杭运河的通航创造了有利条件,具有较大的优越性。因此,南四湖—东平湖段输水线路推荐采用梁济运河、柳长河输水方案。

2.鲁北输水河道工程布置

鲁北输水工程分为两段:一段是位山穿黄枢纽出口—临清邱屯闸,另一段是临清邱屯闸—德州大屯水库。

本次可行性研究报告阶段,对鲁北输水方案做了详细的分析比较、论证比选工作,位山—临清段的输水线路比较了小运河输水方案、位山三干输水方案、位临运河输水方案;临清—大屯水库段输水线路比较了七一六五河输水方案、青年渠输水方案、新开渠道输水方案,以及上述两段线路的分段管道输水方案和位山穿黄枢纽出口—德州大屯水库全线管道输水方案。各输水方案的工程布置、工程投资、水质保证、工程产权、管理运行、灌区影响等经综合分析比较,本阶段推荐位山—临清段采用小运河输水方案,临清—大屯水库段采用七一六五河输水方案。

鲁北输水渠道位山—临清邱屯闸设计输水流量为50 m^3/s;穿黄枢纽出口水位为35.61 m,邱屯闸上水位为31.39 m;输水河道全长96.92 km,其中利用现状河道58.54 km、新开渠段长38.38 km。沿线需新建、改建、加固各类建筑物334座(处),其中输水干渠穿其他河道倒虹3座(位山三干、徒骇河、马颊河)、节制枢纽3处、公路桥18座、交通桥22座、生产桥77座、铁路桥6座、分水闸7座、节制闸5座、涵闸146座、穿输水渠倒虹35座、渡槽12座。

鲁北输水渠道临清邱屯闸—大屯水库段设计输水流量为13.5~25.5 m^3/s,输水线路全长76.57 km,其中利用六分干扩挖12.88 km;利用七一河、六五河现状河道长63.69 km。沿线需新建、改建、加固各类建筑物117座,其中公路桥6座、交通桥4座、生产桥22座、铁路桥1座、分水闸2座、节制闸10座、涵闸69处、穿输水渠倒虹3座。

3.胶东输水干线西段河道工程布置

胶东输水干线西段河道工程沟通东平湖和引黄济青输水渠道。西段线路比较了黄河南线、黄河北线、黄河河道三个输水方案。经各方面综合分析比较,胶东输水干渠西段线路推荐选用黄河南线输水方案。

胶东输水干线西段工程全线为明渠自流输水,设计流量50 m^3/s,加大输水流量60 m^3/s。输水线路全长239.65 km,分为济平干渠和济南—引黄济青两段,河道工程布置如下。

1)济平干渠段

济平干渠段自东平湖渠首引水闸至小清河睦里庄跌水,线路总长89.787 km。其中东平湖渠首引水闸—平阴县贵平山口,利用原济平干渠扩挖,长42.106 km;长清以下段沿黄河长清滩区边缘布设,穿孝里河、南北大沙河经济南市玉清湖水库东侧穿玉符河,新开挖渠段长46.928 km;出玉符河后接入小清河,利用小清河段长0.753 km,需扩挖。全线共设各类交叉建筑物184座,其中水闸18座,包括渠首引水闸1座、防洪闸2座、节制闸1座、分水闸4座、泄水闸2座、进洪闸6座,浪溪河灌溉引水闸1座,玉清湖水库截渗沟涵闸1座;输水渠倒虹吸10座,河沟、管道穿输水渠倒虹吸21座,跨输水渠渡槽13座;输水渠跨河交通桥3座,跨输水渠公路桥9座,跨输水渠交通桥96座,人行便桥12座;排涝站2座。

2)济南—引黄济青段

济南—引黄济青段线路全长149.857 km。自小清河睦里庄跌水起,输水线路利用小清河穿越济南市区,长30.294 km,至济青高速公路桥下600 m处的小清河干流上新建孟家庄节制闸,输水线路出小清河,沿小清河左岸新辟输水渠道至小清河柴庄闸附近,长19.752 km;南寺庄闸后沿小清河左堤外新辟输水渠,长65.202 km;至小清河分洪道分洪闸下穿分洪道北堤入分洪道,开挖疏通分洪道子槽长34.609 km,至分洪道子槽引黄济青上节制闸与引黄济青输水河连接。

全线共需新建(重建)各类交叉建筑物275座。其中各类水闸32座,包括输水渠节制闸13座、分水闸8座、泄水闸3座,济南市区段小清河支流入口水闸8座;输水渠穿河沟(渠)倒虹吸5座,河、沟、渠穿输水渠倒虹吸77座;输水渠跨沟、渠交通桥3座,跨输水渠铁路桥(涵)1座,跨输水渠公路桥(涵)20座,跨输水渠交通桥及生产桥136座;跌水1处。

1.2.2.8　泵站工程

南水北调东线第一期工程输水线路以黄河为脊背,分别向南、北倾斜,穿黄河处水位高于长江水位约40 m,因此根据地形条件,东线工程的输水方式东平湖以南需建泵站逐级提水北送,从东平湖向鲁北、向胶东可采用自流输水。

泵站梯级的设置,主要根据地形条件和各级湖泊水位差确定。从长江至东平湖输水主干线长约617 km,设计总水头差约40.0 m,沿途设13个梯级共34座泵站逐级提水北调,其中利用江苏省江水北调工程现有6处13座泵站,新建21座泵站,总装机容量13.105万kW。

1.现有泵站的利用及改造

南水北调东线第一期泵站工程,主要布置在东平湖以南,利用江苏省江水北调部分泵站工程,将水由长江抽送至东平湖。江苏省已建成江都、淮安、淮阴、泗阳、刘老涧、皂河、刘山、解台、沿湖等9级抽水泵站,可将江水送到徐州,形成了以京杭运河为输水干线的江水北调工程体系。江苏省江水北调工程始建于20世纪60年代,现有泵站是在40多年中陆续建成的,大体分为两类:一类是设备比较完善的正规泵站,有江都、淮安、淮阴、泗阳、刘老涧、皂河、刘山、解台、睢宁等泵站,南水北调东线工程规划中考虑继续发挥这些泵站的调水作用。另一类是为抗旱灌溉或除涝而突击修建的临时性泵站或设备简陋、规模较小的泵站,如石港、蒋坝、高良涧越闸、沿湖等泵站,不宜用于南水北调工程。

在拟利用的现有泵站中,除1993年以后兴建的淮安三站、淮阴二站、泗阳二站、刘老涧一站、睢宁一站设备较新外,其余泵站由于多年运行,不同程度地存在设备老化、运行效率低等问题。近几年江苏省曾对江都一站、江都二站、淮安一站进行了改造。经过比较论证,本阶段拟对江都三站、江都四站、淮安二站、皂河一站进行更新改造,废弃刘山一站、解台一站和泗阳一站,重建新站。

东线第一期工程利用江苏省江水北调工程现有6个梯级上的13座泵站,总装机容量13.105万kW,其中需对江都三站、江都四站、淮安二站和皂河一站进行改造。东线一期工程利用现有泵站工程装机情况见表1-1。

表1-1 东线一期工程利用现有泵站工程装机情况

序号	梯级	泵站名称	装机台数	泵型	设计扬程/m	单机流量/(m^3/s)	总装机流量/(m^3/s)	单机功率/kW	总装机容量/kW
1	1	江都一站	8	立式轴流泵	7.8	10.0	80.0	1 000	8 000
2		江都二站	8	立式轴流泵	7.8	10.0	80.0	1 000	8 000
3		江都三站	10	立式轴流泵	7.8	13.7	137.0	1 600	16 000
4		江都四站	7	立式轴流泵	7.8	33.0	231.0	3 550	24 850
5	2	淮安一站	8	立式轴流泵	3.88	8.0	64.0	1 000	8 000
6		淮安二站	2	立式轴流泵	3.53	60.0	120.0	5 000	10 000
7		淮安三站	2	贯流泵	4.07	33.0	66.0	1 700	3 400
8	3	淮阴一站	4	立式轴流泵	4.7	30.0	120.0	2 000	8 000
9		淮阴二站	3	立式轴流泵	4.4	34.0	102.0	2 800	8 400
10	4	泗阳二站	2	立式轴流泵	5.6	33.0	66.0	2 800	5 600
11	5	刘老涧一站	4	立式轴流泵	3.0	38.0	152.0	2 200	8 800
12		睢宁一站	5	立式混流泵	9.0	10.0	50.0	1 600	8 000
13	6	皂河一站	2	立式混流泵	4.65	100.0	200.0	7 000	14 000
合计			65				1 468.0		131 050

注:江都三站、江都四站、淮安二站及皂河一站为加固改造后的扬程、流量及装机容量。

2.新建泵站情况

根据各泵站枢纽设计规模和利用现有泵站的装机情况确定新建泵站的设计规模,并且考虑一定的备用机组。除利用江苏省江水北调工程现有6处13座泵站外,尚需新建21座泵站。新建泵站装机台数95台、装机容量23.39万kW、装机流量2 979.6 m^3/s。所有泵站工程可行性研究报告均按水利部《水利水电工程可行性研究报告编制规程》编制完成,新建泵站工程装机情况见表1-2,泵站建筑物布置情况见表1-3。

表 1-2　东线一期工程新建泵站工程装机情况

序号	梯级	泵站名称	设计规模/(m^3/s)	水泵形式	设计扬程/m	单机流量/(m^3/s)	配套功率/kW	装机台数	总装机容量/kW	总装机流量/(m^3/s)
1	1	宝应站	100	立式混流泵	7.6	33.4	3 400	4	13 600	133.6
2	2	淮安四站	100	灯泡贯流泵	4.15	33.4	2 240	4	8 960	133.6
3		金湖站	150	灯泡贯流泵	2.35	37.5	2 500	5	12 500	187.5
4	3	淮阴三站	100	灯泡贯流泵	4.28	34.0	2 240	4	8 960	136.0
5		洪泽站	150	立式轴流泵	6.0	37.5	3 500	5	17 500	187.5
6	4	泗阳站	164	立式轴流泵	6.3	33.0	3 000	6	18 000	198.0
7		泗洪站	120	灯泡贯流泵	3.7	30.0	2 240	5	11 200	150.0
8	5	刘老涧二站	80	立式轴流泵	3.7	31.5	2 000	4	8 000	126.0
9		睢宁二站	60	立式混流泵	9.2	20.5	3 200	4	12 800	82.0
10	6	皂河二站	75	立式轴流泵	4.65	25.0	2 000	3	6 000	75.0
11		邳州站	100	灯泡贯流泵	3.2	33.4	2 240	4	8 960	133.6
12	7	刘山泵站	125	立式轴流泵	5.73	31.5	2 800	5	14 000	157.5
13		台儿庄站	125	立式轴流泵	4.53	31.25	2 400	5	12 000	156.3
14	8	解台站	125	立式轴流泵	5.84	31.5	2 800	5	14 000	157.5
15		万年闸站	125	立式轴流泵	5.49	31.5	2 650	5	13 250	157.5
16	9	蔺家坝站	75	灯泡贯流泵	2.4	25.0	1 250	4	5 000	100.0
17		韩庄站	125	灯泡贯流泵	4.15	31.5	2 000	5	10 000	157.5
18	10	二级坝站	125	灯泡贯流泵	3.21	31.5	1 850	5	9 250	157.5
19	11	长沟站	100	立式轴流泵	4.06	33.5	2 240	4	8 960	134.0
20	12	邓楼站	100	立式轴流泵	3.97	33.5	2 240	4	8 960	134.0
21	13	八里湾站	100	立式轴流泵	5.4	25.0	2 400	5	12 000	125.0
合计								95	233 900	2 979.6

表1-3　东线一期工程泵站建筑物布置情况

序号	泵站名称	设计流量/(m^3/s)	泵房		清污机桥/座	排灌涵闸/座	交通桥/座	节制闸、防洪闸/座	防洪圈堤	通航建筑物	
			结合排涝	站身防洪						新建船闸	加固船闸
1	江都站改造	400	√		2			1			1
2	宝应站	100	√		1		1		√		
3	淮安四站	100	√	√	1			3			
4	金湖站	150	√	√	1		1	2		1	
5	淮阴三站	100	√		1			1			
6	洪泽站	150	√		1	1		2	√		
7	泗阳站	164		√	1		1				
8	泗洪站	120	√		1	1	1	2		1	
9	刘老涧二站	80		√	1		1	1			
10	睢宁二站	60		√	1		1				
11	皂河二站	75	√	√	1	1	1	1			
12	邳州站	100	√	√	1	4	1	1			
13	刘山泵站	125		√	1		2	2			
14	台儿庄站	125	√	√	1		1	1	√		
15	解台站	125		√	1	1	2	1			
16	万年闸站	125	√		1		4	2	√		
17	蔺家坝站	75	√		1			1			
18	韩庄站	125		√	1	1	3	1			
19	二级坝站	125		√	1		2	1	√		
20	长沟站	100			1			3	√		
21	邓楼站	100			1			3	√		
22	八里湾站	100	√	√	1		1				
23	淮安二站改造	120	√	√	1		1				
24	皂河一站改造	200	√	√	1						

这里需要指出的是，现有皂河一站，装有单机流量为 100 m^3/s 的立式混流泵机组 2 台（套），总抽水能力 200 m^3/s，由于单机流量大，没有备用机组，在水量调度上存在事故风险，故需新建皂河二站作为备用站。考虑皂河一站 1 台机组事故停机后只有 100 m^3/s 的抽水能力，为保证皂河枢纽设计流量达到 175 m^3/s，皂河二站按 75 m^3/s 装机，不再另

设备用机组。

1.2.2.9　蓄水工程

1. 洪泽湖抬高蓄水位影响处理工程

根据东线第一期工程规划，洪泽湖非汛期蓄水位拟从13.0 m抬高到13.5 m，可增加调蓄库容8.25亿m^3。洪泽湖非汛期蓄水位抬高蓄水位至13.5 m后，影响面积达1 361 km^2，影响处理工程主要有：

（1）滨湖圩堤防护工程；

（2）通湖河道影响处理工程；

（3）江苏影响处理区圩区排涝工程；

（4）安徽影响处理区洼地排涝工程。

2. 南四湖下级湖抬高蓄水位影响处理工程

东线第一期工程拟将下级湖非汛期蓄水位32.3 m抬高0.5 m至32.8 m，增加调蓄库容3.06亿m^3。南四湖下级湖抬高蓄水位0.5 m后，南四湖湖区蓄水条件发生了变化，会给当地渔湖民的生产、生活产生部分负面影响，带来一些生产、生活上的困难。为了保持湖区及滨湖区的经济发展，不因抬高蓄水位而降低当地群众的生活水平，按照实事求是、切实可行、不重复建设的原则，对湖区受影响的房屋、畜禽养殖场及生产生活配套设施给予补偿。补偿范围为下级湖湖内：西以湖西大堤为界、北以二级坝为界、东边以现有或规划的湖东堤为界（湖东无堤处按32.8 m高程控制）、南边韩庄—蔺家坝区段按32.8 m高程控制。

3. 东平湖蓄水影响处理工程

东线第一期工程向胶东和鲁北的输水时间为10月至翌年5月，需利用东平湖老湖区输水，输水期东平湖老湖区的应用条件是：蓄水位应不影响黄河防洪运用，并满足胶东输水干线和穿黄工程设计引水位的要求。根据水利部黄河水利委员会《关于东平湖运用指标及管理调度权限等问题的批复》（黄汛〔2002〕5号文）确定：蓄水上限7~9月按40.8 m控制，10月至翌年6月按41.3 m控制；长江水的补湖水位按胶东输水干线和穿黄工程的设计输水水位确定：湖水位低于39.3 m时调江水补湖，补湖水位上线按39.3 m控制。

东平湖现状没有蓄水任务，规划利用东平湖老湖区蓄水。蓄水后，需对东平湖围堤进行加固处理和淹没补偿。东平湖蓄水影响处理工程主要有以下三部分：

（1）围堤加固工程：包括水泥土截渗墙防渗、干砌料石护坡翻修、护坡表面喷射混凝土等。

（2）改建堂子排涝站一座。

（3）济平干渠湖内引渠清淤：主要是开挖一条从深湖区引水的通道。

4. 大屯水库

在本次可行性研究报告中初选了三个建库地点，分别为恩县洼东洼（大屯库区）、西洼（马庄库区）和减河右岸、津浦铁路以西的沙扬河库区。经比较，大屯水库库址地势低洼，土地利用率较低，淹没损失小，无村庄搬迁任务；水库库址距离输水干线最近，便于引水、供水，交通等条件优越，库址较为理想。推荐选定恩县洼东洼大屯库址为该水库库址。

大屯水库占地面积7.41 km^2，围坝坝轴线总长9.405 km，总库容5 256万m^3。大屯水库共布置引水、提水、供水及泄水等各类建筑物13座。其中渠首引水闸1座、六五河节制闸1座、入库泵站1座、供水洞1座、泄水洞1座、围坝外侧利民河改道上涵管8座。

5. 东湖水库

东湖水库占地面积8.23 km^2,围坝坝轴线总长12.085 km,总库容8 286.54万m^3。东湖水库总体布置包括围坝、隔坝、穿小清河入库倒虹、入库泵站、穿小清河出库倒虹、出库闸、截(排)渗沟以及东干渠改线等部分。

6. 双王城水库

双王城水库位于寿光市北部卧铺乡寇家坞村北天然洼地,始建于1972年,1974年建成,原为一座中型水库。东线一期工程选用在双王城水库库址的基础上扩建方案。

双王城水库占地面积7.79 km^2,围坝坝轴线总长9.636 km,总库容6 150万m^3。双王城水库主要建筑物包括泵站、水闸、桥梁、涵洞等各类建筑物11座。引黄济青输水河新建节制闸1座(带桥)、引水渠渠首引水闸1座、供水渠出口闸1座、入库泵站1座、供水洞1座、灌溉放水洞结合泄水洞2座、输水渠上设交通桥3座、截渗沟生产桥1座。

7. 穿黄工程

穿黄工程位于山东省东平、东阿两县境内,黄河下游中段,地处鲁中南山区与华北平原接壤带中部的剥蚀堆积孤山和残丘区。工程从深湖区引水,于东平湖西堤玉斑堤魏河村北建出湖闸,开挖南干渠至子路堤,由输水埋管穿过子路堤、黄河滩地及原位山枢纽引河至黄河南岸解山村,之后经穿黄隧洞穿过黄河主槽及黄河北大堤,在东阿县位山村转出地面,向西北穿过位山引黄渠渠底,与鲁北输水干渠相接。

穿黄工程由南岸输水渠段、穿黄枢纽及北岸穿引黄渠埋涵段等部分组成。线路总长7.87 km。其中,南岸输水渠段包括东平湖出湖闸、南干渠,全长2.71 km;穿黄枢纽段包括子路堤埋管进口检修闸、滩地埋管、穿黄隧洞,全长4.44 km;北岸穿引黄渠埋涵段包括隧洞出口连接段、穿引黄渠埋涵、出口闸及明渠连接段,全长720 m。

1.2.2.10　南四湖水资源控制

1. 大沙河闸

大沙河闸闸址选择在入湖口处,闸轴线选在距湖西大堤中心线130 m左右的河道内。水闸的轴线与河道中心线正交,水闸中心线尽量与河道中心线一致。节制闸与船闸结合布置,两闸中心线相距85.31 m,两侧通过土堤与湖西大堤连接。

2. 姚楼河闸

姚楼河闸布置在排水涵洞上游侧(湖外)80.0 m处河道上,距河口(湖西大堤)约150 m。水闸的轴线与河道中心线正交,水闸中心线尽量与河道中心线一致。姚楼河节制闸共两孔,湖内、外侧均设消能防冲设施,两侧通过土堤与湖西大堤连接。

3. 杨官屯河闸

杨官屯河闸轴线选在距河口130 m处。水闸的轴线与河道中心线正交,水闸中心线尽量与河道中心线一致。杨官屯河节制闸共两孔,其中一孔结合布置为船闸上闸首,湖内、外侧均设消能防冲设施,两侧通过土堤与湖西大堤连接。下闸首布置在距上闸首80.0 m河道内,下闸首外侧设消能防冲设施,利用原河道兼作引航道。

4. 潘庄引河闸

潘庄引河闸闸址选在湖东大堤与潘庄引河交汇处的河道上，闸轴线与大堤中心线一致。该闸由闸室、防渗排水设施、消能防冲设施及两岸连接建筑物组成。

1.2.2.11　南四湖水资源监测工程

1. 水量监测站布设

南四湖供水区涉及山东、江苏两省，两省引水河流、提水泵站交叉分布，十分复杂。南四湖水量监测以湖西为重点。监测站建设站类分为专用水文站、水位站、巡测断面。提水泵站则拟配备计量设施进行监测。

2. 水质监测站布设

水质监测站网建设时考虑与水文站网相结合，做到量质结合，在监测水质的同时，可获得水位、流量等水文资料。

由于南四湖流域水污染严重，因此监测站网规划应重点考虑对供水水源地和对污染物入湖总量的监测与控制。固定监测与动态监测相结合。

适应快速监测的要求，提高对突发性污染事故调查、监测的快速反应能力，建立快速、准确、高效的水质监测系统和水质信息传输系统。

1.2.2.12　骆马湖水资源控制工程

骆马湖水资源控制工程采用加固改造与新建控制闸结合方案。

加固改造结合新建控制闸方案是对现状中运河临时性水资源控制设施进行必要的加固改造，并在中运河主河槽东侧滩地上与主河槽基本平行开挖一条支河河道，河道在临时设施上、下游与中运河主河槽归并，结合东调南下续建工程参与泄洪，在支河上建控制闸。主要建设项目包括中运河临时性水资源控制设施加固改造、支河河道开挖、支河控制闸工程以及管理设施等。

1.2.2.13　东线一期工程分水口门布置

东线第一期供水范围分为东平湖以南、鲁北和胶东三个供水区。

1. 东平湖以南分水口门设置

东平湖以南基本上利用现有河道、湖泊输水，沿线历史老灌区多，并已形成较完善的灌溉排水系统。沿输水干线、湖泊周边分布众多取水口门，因此东平湖以南完全利用已有的配套工程向用户供水，不需新开辟分水口门。东平湖以南沿输水干线按灌区大片划分，分为江苏供水区、安徽供水区、鲁南(东平湖以南)供水区。

1)江苏供水区

江苏境内灌区主要分布在京杭运河徐扬段两侧，总耕地面积2 883万亩，其中需要由南水北调东线第一期工程供水的灌溉面积为2 847万亩，涉及扬州、淮安、盐城、宿迁、徐州和连云港6市。

江苏省南水北调沿线供水城市包括扬州、淮安、宿迁、徐州和连云港5市23个县。

2)安徽供水区

安徽省属于洪泽湖供水区，主要通过淮河、怀洪新河及新汴河引水。安徽境内现状农业灌溉面积为178万亩，其中水田78万亩，第一期工程规划灌溉面积仍采用现状灌溉面积。城市和工业供水包括蚌埠、淮北、宿州3座地市级城市及其辖内的5个县。上述城市和灌区均分布淮河、怀洪新河及新汴河沿线。淮河、怀洪新河沿线分布众多取水口门,新汴河可利用团结闸站直接从洪泽湖取水,因此安徽供水范围内可利用已有的配套工程向用户供水,不需新开辟分水口门。

3)鲁南(东平湖以南)供水区

鲁南片主要从韩庄运河、南四湖和梁济运河引水,设分水口门8个。枣庄市从下级湖湖东取水,设2个取水口门,均为原有的提水泵站;济宁市主要从上级湖取水,设5个取水口门,其中上级湖周边3个、梁济运河沿线2个(位于上级湖—长沟站之间);菏泽市在上级湖湖西设1个取水口门。

2.鲁北供水区分水口门规划

鲁北片从鲁北干线引水,划分为10个供水单元。分别向东昌府、临清、东阿、阳谷、莘县、茌平、冠县、高唐、夏津、德城、武城、平原、陵县(今山东省德州市陵城区)、宁津、乐陵、庆云等供水。

鲁北片共设分水口门9个,其中聊城设6个、德州设3个。

3.胶东输水干线分水口门规划

山东半岛片从胶东干渠引水,共划分为33个供水单元。分别向平阴、长清、济南市、章丘、济阳、魏棉集团、邹平县城、滨州市区、沾化、博兴、惠民、阳信、无棣、张店、周村、临淄、桓台、东营、寿光、青岛市、烟台市、威海市等供水。

山东半岛片设分水口门29个,其中济南5个、滨州6个、淄博1个、东营1个、潍坊3个、青岛2个、烟台10个、威海1个。

1.3 东线一期工程利用现有河湖情况

1.3.1 输水干线利用现有河流情况

南水北调东线一期工程输水路线基本沿京杭运河及与其平行的河道向北输水,总长1 466.50 km。

输水路线中利用原有河道长度567.25 km,占总河长的39%。从南到北依次为夹江、芒稻河、新通扬运河江都东闸—宜陵段、三阳河宜陵—三垛段、里运河、入江水道、苏北灌溉总渠、二河、骆马湖以北中运河、房亭河、不牢河、顺堤河、韩庄运河、南四湖南阳镇以南段。局部治理或影响处理工程河道长度258.81 km,占总河长的18%。主要为高水河、徐洪河、骆马湖以南中运河、韩庄运河等。疏浚扩挖或新挖河道长度632.57 km,占总河长的43%,包括三阳河三垛—杜巷段、潼河、金宝航道、淮安四站输水河、南四湖南阳以北至入湖口、梁济运河、柳长河、小运河、七一·六五河、胶东输水干线西段河道。

南水北调东线一期工程具体实施的利用现有河道有如下14项:三阳河和潼河、高水河、金宝航道、淮安四站输水河道、徐洪河、中运河、韩庄运河、南四湖上级湖湖内输水道、梁济运河、柳长河、小运河、七一·六五河、东平湖—济南段明渠、济南—引黄济青上节制闸河道等。

通过建设后调查,各主要输水河段基本情况见表1-4,输水干线利用现有河湖平面示意图见图1-2。

表 1-4　南水北调东线一期工程主要输水河段基本情况

<table>
<tr><th>河段</th><th>河流</th><th>利用河湖基本情况</th><th>东线一期工程实施及利用情况</th></tr>
<tr><td rowspan="4">长江至洪泽湖段</td><td>高水河</td><td>南起江都抽水站,北至邵伯节制闸与里运河相接,长 15.2 km,是江都站向北送水入里运河的输水河道,也是沟通里运河与芒稻河的通航河道,高水河南段同时又是淮河入江水道一条泄洪通道,承泄运盐河来水。设计输水流量 400 m^3/s</td><td rowspan="4">为运河输水线,实施了高水河整治工程,主要内容包括拓浚河道、加固堤防和沿线穿堤建筑物,排涝影响处理,完善管理道路和设施。
对邵仙闸以北的 3.3 km 浅窄段河道进行疏浚;对 1.0 km 堤防进行加固处理,防渗处理 4.0 km,填塘固基 1.0 km;护坡整修 24.33 km,对东、西堤 15 km 堤防范围内的狗獾洞进行处理;对高水河沿岸 12 座涵洞进行处理,建设堤顶管理道路 12 km,高水河输水对高水河与金湾河之间约 4.2 km^2 区域排涝影响工程</td></tr>
<tr><td>里运河</td><td>南接高水河,北至杨庄通二河,隔河与中运河相接,长 112 km。里运河邵伯节制闸至南运西闸段设计输水流量 400 m^3/s,南运西闸至北运西闸段设计输水流量 350 m^3/s,北运西闸至淮安站段输水流量 250 m^3/s。淮安站至淮阴二站段设计输水流量 80 m^3/s</td></tr>
<tr><td>淮安四站输水河道</td><td>自北运西闸至淮安四站站下,全长 29.8 km,分为运西河、白马湖湖区及新河三段。其中,运西河长约 7.47 km,是白马湖地区投机排涝入里运河及滨湖地区补水通道;白马湖穿湖段长 2.3 km;新河段长 20.03 km,是白马湖地区主要排涝河道。淮安四站输水河道设计输水规模 100 m^3/s</td></tr>
<tr><td>苏北灌溉总渠</td><td>苏北灌溉总渠是利用淮河水资源,发展淮河下游地区灌溉,同时又分泄淮河洪水的综合利用的大型水利工程。总渠西起洪泽湖高良涧,东至扁担港入黄海,经淮安的清江浦区、楚州区,盐城市的阜宁县、滨海县,以及江苏省淮海农场,全长 168 km。苏北灌溉总渠淮安站—淮阴一站段为南水北调输水线路,总长 28.47 km,设计输水规模 220 m^3/s</td></tr>
<tr><td></td><td>三阳河、潼河</td><td>三阳河、潼河地处里下河地区中西部,是里下河地区的重要引水、排涝河道。三阳河南北走向,南起新通扬运河宜陵北闸,北至杜巷与潼河相连,全长 66.5 km。潼河为东西走向,东接三阳河,西至京杭运河,全长 15.5 km。设计输水规模 100 m^3/s</td><td>为运东线,主要建设内容为河道工程(44.215 km)、泵站工程、跨河桥梁工程、沿线影响工程、水土保持及环境保护工程、移民安置补偿</td></tr>
</table>

续表 1-4

<table>
<tr><th>河段</th><th>河流</th><th>利用河湖基本情况</th><th>东线一期工程实施及利用情况</th></tr>
<tr><td rowspan="2">长江至洪泽湖段</td><td>金宝航道</td><td>金宝航道是一条集供水、通航、灌溉、排涝为一体的综合性河道,位于宝应湖地区,东起里运河西堤,西至三河拦河坝下,全长 30.88 km(裁弯取直后全长 28.40 km)。设计输水规模 150 m^3/s</td><td rowspan="2">为运西线,实施了金宝航道、金湖站、洪泽站工程。金宝航道工程主要包括河道扩挖 18.747 km、圩堤填筑 55.309 km,护砌 61.885 km 等</td></tr>
<tr><td>淮河入江水道</td><td>淮河入江水道为淮河下游洪水主要出路之一,设计行洪流量 12 000 m^3/s,入江水道由河、湖、滩串并联形成,上段为新三河、金沟改道段;中段为高邮湖、新民滩、邵伯湖串联,下段由 6 条河道先分后合汇入夹江后与长江沟通。入江水道全长 157.2 km,其中河滩长度约占 1/2,全线建有三河闸、金湖、高邮、归江控制线四个梯级</td></tr>
<tr><td rowspan="4">洪泽湖至骆马湖段</td><td>二河</td><td>二河南起二河闸,北至淮阴闸,全长约 30 km,既是南水北调输水干线,又是引洪泽湖水经淮沭新河向连云港供水的输水线路,还是分泄淮河洪水入新沂河的行洪通道。二河现状输水能力为 500 m^3/s</td><td rowspan="2">为骆南中运河线,主要实施堤防复堤 1.2 km、防渗处理 15.362 km、河道护坡 9.8 km,其中新建 4.6 km、加高接长 4.6 km、拆除重建 0.6 km</td></tr>
<tr><td>骆南中运河</td><td>骆南中运河南起淮阴闸,北至皂河闸,全长约 113 km,是京杭运河的一段,也是一条集供水、行洪、航运、排涝等功能于一体的综合利用河道。骆南中运河也是黄墩湖和邳洪河地区的排涝干河,必要时相机参与排泄骆马湖洪水</td></tr>
<tr><td>徐洪河</td><td>徐洪河北起徐州市邳州市刘集镇与房亭河交叉口,向南流经徐州市睢宁县、宿迁市泗洪县,至洪泽湖顾勒河口入洪泽湖,全长约 120 km,是具有供水、行洪、航运、排涝等功能的综合利用河道。利用徐洪河输水规模为 120~100 m^3/s</td><td rowspan="2">为徐洪河输水线,有徐洪河影响处理工程,工程建设内容为徐洪河湖口抽槽 2.5 km,堤防加固和河坡防护泗洪站上段右堤截渗处理 6 km,河坡护砌总长 57.12 km 等。利用房亭河刘集地涵以东段房亭河输水入中运河,输水河段长 7 km,设计输水能力达到 100 m^3/s</td></tr>
<tr><td>房亭河</td><td>房亭河连接不牢河和中运河,全长 74.4 km。房亭河具有防洪、排涝、调水及航运等功能</td></tr>
</table>

续表 1-4

河段	河流	利用河湖基本情况	东线一期工程实施及利用情况
骆马湖至南四湖	韩庄运河、中运河	韩庄运河、中运河干河起自南四湖下级湖湖东韩庄镇，途经峄城、台儿庄、苏鲁省界、大王庙至二湾入骆马湖，全长 96.4 km，苏鲁省界以南称中运河，省界以北称韩庄运河。韩庄运河、中运河是南四湖和邳苍地区的排洪通道，是京杭运河的一段	利用韩庄运河、中运河干河向北输水，输水规模骆马湖—大王庙为 250 m^3/s，大王庙—韩庄泵站为 125 m^3/s
	不牢河、顺堤河	全长 71.2 km，是一条排涝、航运、调水、防洪综合利用河道，现状输水能力 200 m^3/s，为二级航道	利用不牢河向北输水，输水规模为 75～125 m^3/s。输水线路东起中运河大王庙，向西经徐州市区后向北接顺堤河至蔺家坝泵站下，经蔺家坝泵站抽水入南四湖下级湖
南四湖至东平湖段	梁济运河	梁济运河是山东省淮河流域湖西济(宁)北地区一条承担防洪排涝、相机承泄黄河超标准洪水、引黄补湖、灌溉航运及南水北调输水等任务的大型综合性河道。梁济运河干流北起宋金河，流经梁山、嘉祥、汶上和济宁市任城区、北湖新区，于北湖新区的大张庄东入南阳湖，全长 87.8 km，流域面积 3 306 km^2	利用梁济运河输水线路自南四湖上级湖沿梁济运河向北输水，经长沟泵站提水，继续沿梁济运河向北输水至邓楼泵站站下，线路全长 58.3 km
	柳长河	柳长河是东平湖新湖区排水、灌溉的一条重要河道。柳长河源自东平湖二级湖堤的八里湾闸，向南流经泰安市东平县的商老庄乡、济宁市梁山县的王府集、馆驿、小安山、李官屯等 5 个乡镇，于张桥闸进入梁济运河，全长 20.2 km，流域面积 214 km^2	利用部分老柳长河河道及新开挖河道至八里湾泵站站下，输水线路长 21.0 km
位山至临清段	小运河	小运河段自位山穿黄隧洞出口至临清邱屯枢纽，长 98.2 km，现状输水能力 50 m^3/s；现状主要功能为东线一期工程输水和排涝，兼有分泄金堤河洪水的任务	
临清以北段	七一·六五河	七一·六五河(含六分干)段输水工程自临清邱屯枢纽承接小运河来水至大屯水库，长 77 km，设计供水能力 13.7～25.5 m^3/s。六分干为南水北调专用输水渠道。七一·六五河现状河道主要功能为输水、排涝、引黄	
胶东段	东平湖—济南段输水工程	西起东平湖引水闸，途径泰安市的东平县和济南市的平阴县、长清区、槐荫区，东至睦里庄闸与小清河相连，全长 89.69 km，其中利用现有济平干渠扩挖段长 42.11 km，新辟渠道长 47.02 km，扩挖小清河段 0.57 km	
	济南—引黄济青段工程	西接已建成的济平干渠工程，东至小清河分洪道引黄济青上节制闸，全长 152.4 km。济南市区段利用小清河输水段 4.32 km，输水暗渠 23.59 km；明渠段 124.49 km，其中利用小清河分洪道子槽输水长 5.40 km	

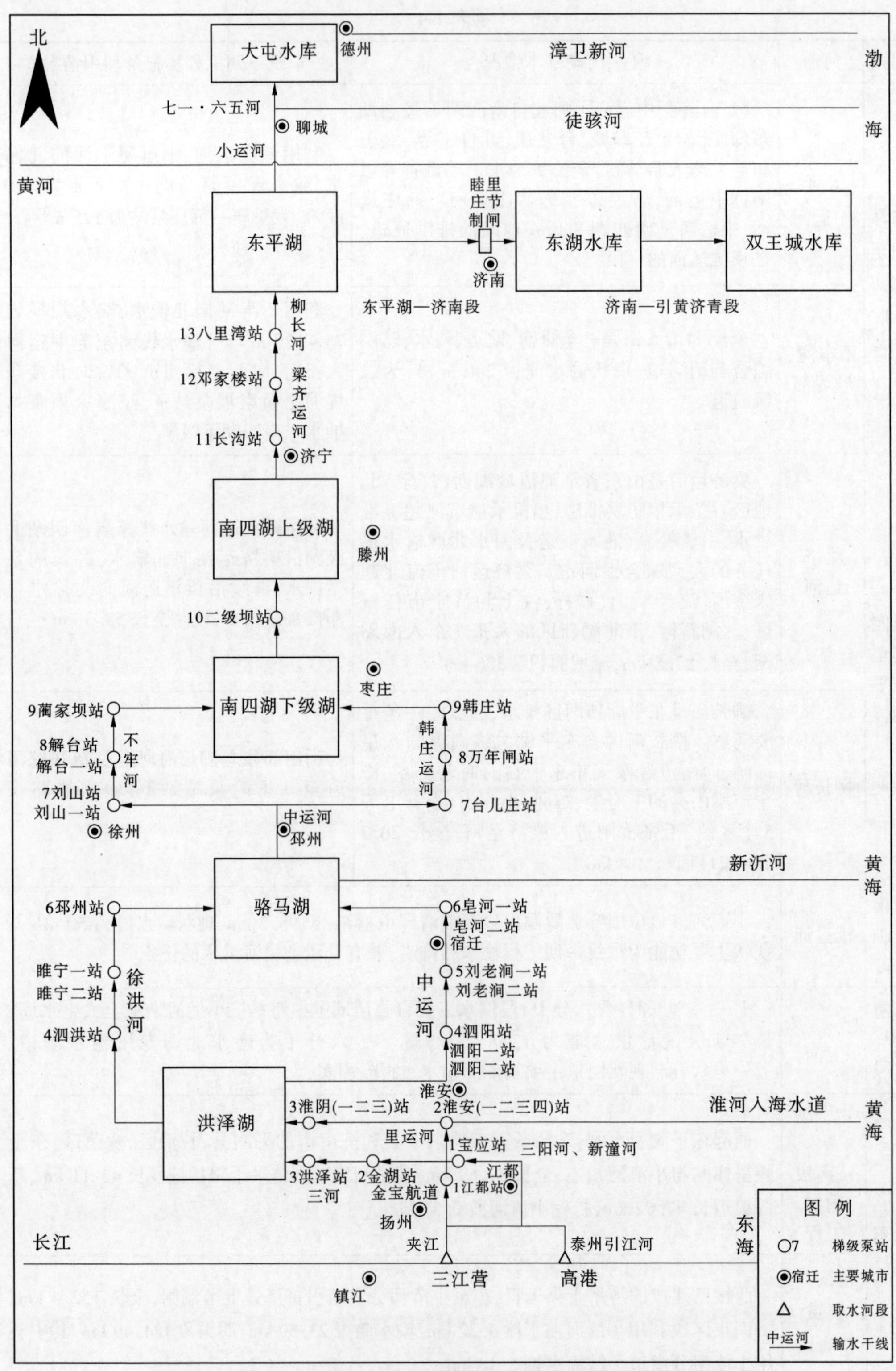

图 1-2 南水北调东线一期工程输水干线利用现有河湖平面示意图

1.3.2　利用湖库调蓄情况

东线一期工程输水干线调水线路连通洪泽湖、骆马湖、南四湖、东平湖等湖泊，利用洪泽湖、骆马湖、南四湖下级湖输水和调蓄，利用南四湖上级湖、东平湖输水。为进一步加大调蓄能力，抬高洪泽湖、南四湖下级湖非汛期蓄水位，治理利用东平湖蓄水，并在黄河以北建大屯水库，在胶东输水干线建东湖、双王城等平原水库。总调蓄库容47.27亿m^3。

其中，洪泽湖位于淮河中、下游接合部，西承淮河，东通黄海，南注长江，北连沂沭泗，属过水性湖泊。整个湖面分属洪泽、盱眙、泗洪、泗阳、淮阴5县。东线一期工程中承担调蓄任务，调水期非汛期蓄水位由13 m抬高至13.5 m，调蓄库容由23.11亿m^3增至31.35亿m^3，蓄水面积由1 698.7 km^2增至1 770.0 km^2。

骆马湖是江苏省第四大淡水湖泊，沂沭泗水系下游重要防洪调蓄湖泊，承泄上游沂沭泗地区5.8万km^2的来水。正常蓄水位23.0 m，相应库容9.18亿m^3。东线一期工程中承担调蓄任务，非汛期蓄水位调度保持不变，调节库容5.9亿m^3。

南四湖由南阳、独山、昭阳、微山4个湖泊串连而成。承接苏、鲁、豫、皖4省32县（市、区）的53条河道来水，流域面积31 700 km^2。东线一期工程中，上级湖不参与调蓄，非汛期蓄水位调度保持不变。下级湖承担调蓄任务，非汛期蓄水位从32.3 m抬高至32.8 m，调蓄库容由4.94亿m^3增至8.0亿m^3，蓄水面积由585 km^2增至650 km^2。

东平湖位于山东省东平县境内，大汶河下游入黄河口处，是黄河下游南岸的滞洪区。东平湖滞洪区包括围堤、二级湖堤、山口隔堤、进出湖闸等。二级湖堤将整个湖区分为新湖区和老湖区。东平湖老湖区承纳大汶河来水，东线一期工程利用老湖区蓄水。东线一期工程中，老湖区承担蓄水任务，正常蓄水位39.3 m，总库容39.65亿m^3，非汛期蓄水位调度保持不变，实际利用调蓄库容0.57亿m^3。

大屯水库为新建平原围坝水库，最高蓄水位29.8 m，死水位21 m，总库容5 209万m^3，死库容745万m^3，调节库容4 464万m^3，调蓄南水北调东线向德州市德城区和武城县城区供水水量。

东湖水库为新建平原围坝水库，最高蓄水位30 m，死水位19 m，总库容5 377万m^3，死库容678万m^3，调节库容4 700万m^3，为济南、滨州、淄博三市调蓄引江水量。

双王城水库为重建平原水库，最高蓄水位12.5 m，死水位3.9 m，总库容6 150万m^3，死库容830万m^3，调节库容5 320万m^3，为青岛、潍坊等胶东地区调蓄引江水量。

东线一期工程输水干线利用湖库调蓄情况见表1-5。

表 1-5 东线一期工程输水干线利用湖库调蓄情况

序号	湖库	正常蓄水位/m	死水位/m	总库容/亿 m^3	新增调节库容/亿 m^3	调节库容/亿 m^3
1	洪泽湖	13	11. 3	164. 5	8. 25	31. 35
2	骆马湖	23	21	19. 23	0	5. 9
3	南四湖下级湖	32. 3	31. 3		3. 06	8
4	南四湖上级湖	34	32. 8		0	
5	东平湖	39. 3	38. 8	39. 65	0	0. 57
6	大屯水库(新建)	29. 8(最高蓄水位)	21	0. 520 9	0. 45	0. 45
7	东湖水库(新建)	30(最高蓄水位)	19	0. 537 7	0. 47	0. 47
8	双王城水库(新建)	12. 5(最高蓄水位)	3. 9	0. 615 0	0. 53	0. 53

1.4 东线一期工程污染防治工程

1.4.1 外源治理工程

根据《南水北调东线治污规划》,江苏、山东、河北、天津共有 471 项治污工程,其中江苏省治污工程 102 项、山东省鲁南治污工程 299 项、山东省鲁北治污工程 15 项、河北省治污工程 43 项和天津市治污工程 12 项。主要分为工业治理工程、城镇污水处理工程、流域整治工程、截污导流工程等,统计情况见表 1-6。

由地方政府负责实施的包括城镇污水处理工程 166 项、工业治理工程 226 项、流域整治工程 34 项、截污导流工程(未纳入可行性研究报告)4 项(其中天津市 5 项、河北省 13 项执行情况未列入统计)等;规划阶段已明确截污导流工程纳入东线一期输水工程体系(已实施),包括江苏截污导流工程 4 项、山东截污导流工程 19 项(合并后)。

根据南水北调工程总体规划,上述工程中的 23 项截污导流工程纳入南水北调东线一期工程输水工程体系,属于东线一期工程可行性研究总报告包含的工程内容,其他污染防治工程由地方政府负责。23 项截污导流工程中,江苏省 4 项、山东省 19 项。

江苏省截污导流工程规划 5 项,东线一期工程截污导流工程环评批复 4 项,泰州截污导流工程未纳入东线一期工程体系。山东省截污导流工程环境影响评价批复为 22 个子工程,其中枣庄市薛城小沙河工程、薛城大沙河工程和新薛河工程合并为枣庄市薛城小沙河控制单元,稻屯洼氧化塘工程不再列入一期工程,实际包括 19 个子工程。截污回用工程拦截总水量为 6. 62 亿 m^3,调水期(10 月至翌年 5 月)拦蓄上游来水,部分用于农田灌溉。

表 1-6　南水北调东线一期工程治污项目统计

省	市	工业治理	城镇污水处理		流域整治	截污导流	合计
			个数	设计规模/(万 t/d)			
江苏省	泰州	3	3	7	—	1	7
	扬州	15	5	33. 25	3	1	24
	淮安	8	6	28	—	1	15
	宿迁	16	5	18. 25	1	1	23
	徐州	23	7	47	2	1	33
山东省鲁南	枣庄	25	17	47	6	7	55
	济宁	68	31	88. 7	13	7	119
	临沂	6	19	61	—	1	26
	菏泽	27	20	49. 2	—	1	48
	泰安	14	18	43	4	1	37
	莱芜	3	6	12	—	—	9
	济南	1	4	65	—	—	5
山东省鲁北	德州	2	3	19	0	3	8
	聊城	0	5	26	0	2	7
河北省	衡水	10	8	23	1	0	19
	沧州	5	5	12	1	0	11
天津		0	4	17	3	0	7
合计		226	166	—	34	27	453

注：天津市 5 项、河北省 13 项分类情况未列入统计。

江苏省、山东省 23 项截污导流工程基本情况见表 1-7。

1.4.2　内源治理工程

内源治理工程主要包括湖库养殖治理、码头航运治理等。具体治理措施包括：严格控制输水沿线洪泽湖、白马湖、骆马湖、南四湖等河湖渔业养殖规模，东平湖取缔原有网箱投饵养殖业，统一进行大湖养殖业。建设船舶含油废水接收系统和处理系统，撤除违章乱建污染严重的码头，建设码头水污染防治配套公用设施；除具有航运功能的既有河道或扩挖河道可维持航运外，新建的输水河道不得建设航运设施和进行航运活动；实施江苏省京杭运河船舶污染综合整治等航运污染综合整治项目等。

表1-7 江苏省、山东省23项截污导流工程基本情况

序号	工程(规模)	所在地市	工程类型	退水去向
江苏				
1	江都截污导流工程(4万t/d)	扬州	截污导流	长江干流—窦桥港
2	淮安截污导流工程(9.7万t/d)	淮安	截污导流	淮河入海水道—黄海
3	宿迁截污导流工程(7万t/d)	宿迁	截污导流	新沂河—黄海
4	徐州截污导流工程(41万t/d)	徐州	截污导流	新沂河—黄海
山东				
1	临沂市邳苍分洪道截污回用工程	临沂	截污回用	中运河
2	枣庄市小季河截污回用工程	枣庄	截污回用	韩庄运河
3	枣庄市薛城小沙河控制单元	枣庄	截污回用	南四湖
4	滕州市城郭河截污回用工程	枣庄	截污回用	南四湖
5	滕州市北沙河截污回用工程	枣庄	截污回用	南四湖
6	微山县截污导流工程	济宁	截污回用	南四湖
7	鱼台县截污导流工程	济宁	截污回用	南四湖
8	梁山县截污导流工程	济宁	截污回用	梁济运河
9	菏泽市东鱼河截污导流工程	菏泽	截污回用	南四湖
10	宁阳县洸河截污导流工程	泰安	截污回用	南四湖
11	聊城金堤河截污导流工程	聊城	截污导流	徒骇河—渤海
12	临清市汇通河截污导流工程	聊城	截污导流	漳卫新河—渤海
13	武城县截污导流工程	德州	截污导流	漳卫新河—渤海
14	夏津县截污导流工程	德州	截污导流	漳卫新河—渤海
15	枣庄市峄城沙河截污导流工程	枣庄	截污回用	沙河—韩庄运河
16	济宁城区截污导流工程	济宁	截污回用	南四湖
17	曲阜市截污导流工程	济宁	截污回用	小沂河—南四湖
18	金乡县截污导流工程	济宁	截污回用	老万福河—南四湖
19	嘉祥县截污导流工程	济宁	截污回用	老赵王河—梁齐运河

1.5 工程建设和运行情况

1.5.1 工程建设过程

南水北调东线第一期工程在初步设计阶段划分为多个单项工程分别批复实施，单项

工程最先于2002年12月27日开工建设,至2013年3月主体工程完工,2013年11月15日全线通水运行。根据资料查阅和调查结果,南水北调东线第一期工程各单项工程建设情况见表1-8。

表1-8　南水北调东线第一期工程单项工程建设情况

项目(工程)名称	开工时间	完工(验收)时间	说明
三阳河、潼河、宝应站工程	2002年12月	2013年1月	工程总投资9.18亿元,于2002年12月开工建设,2005年10月投入试运行。2009年4月通过环保验收,2013年1月设计单元工程通过完工验收
江都站改造工程	2005年12月	2014年1月	工程总投资3.03亿元,于2005年12月开工建设,2014年1月通过完工验收
淮安四站工程	2005年9月	2012年7月	于2005年9月正式开工建设,2008年9月通过试运行验收。2012年7月通过设计单元完工验收,总投资1.72亿元
淮安四站输水河道工程	2005年9月	2012年9月	于2005年9月正式开工建设,2012年9月11日通过设计单元完工验收,完成投资3.16亿元
淮阴三站工程	2007年4月	2009年12月	于2007年4月泵站主体工程开工建设,2009年12月泵站机组试运行验收,总投资2.39亿元
蔺家坝泵站工程	2006年1月	2012年12月	于2006年1月开工建设,2008年12月通过试运行验收移交管理单位,2012年12月通过设计单元工程完工验收技术性初步验收
刘山泵站工程	2005年3月	2008年10月	于2005年3月开工建设,9月15日泵站主体工程实施,2008年10月试运行验收
解台泵站工程	2004年10月	2008年8月	于2004年10月开工建设,2008年8月试运行验收
长江至骆马湖段沿运闸洞漏水处理工程	2011年9月	2013年11月	于2011年9月开工,2013年11月完工验收,总投资408万元
金宝航道工程	2010年7月	2014年10月	于2010年7月正式开工,2013年5月通过设计单元工程通水验收。截至2014年10月底,工程累计完成投资10.10亿元,完成全部建设任务
金湖站工程	2010年7月	2014年10月	于2010年7月正式开工建设,2012年12月通过试运行验收,2013年4月通过设计单元工程通水验收。截至2014年10月底,金湖站工程累计完成投资39 315万元,完成全部建设任务

续表 1-8

项目(工程)名称	开工时间	完工(验收)时间	说明
洪泽站工程	2011 年 1 月	2014 年 10 月	于 2011 年 1 月正式开工,2013 年 3 月通过试运行验收,4 月顺利通过设计单元工程通水验收。截至 2014 年 10 月底,工程累计完成投资 5.09 亿元,完成全部建设任务
邳州站工程	2011 年 3 月	2014 年 10 月	于 2011 年 3 月正式开工,2013 年 2 月通过泵站机组试运行验收,4 月顺利通过设计单元通水验收。截至 2014 年 10 月底,工程累计完成投资 3.28 亿元,完成全部建设内容并移交管理单位
睢宁二站工程	2011 年 4 月	2014 年 10 月	于 2011 年 4 月下旬正式开工建设,2013 年 4 月通过泵站机组联合试运行验收,5 月通过设计单元完工验收。截至 2014 年 10 月底,工程累计完成投资 2.49 亿元,完成全部建设内容
皂河二站工程	2010 年 1 月	2014 年 10 月	于 2010 年 1 月正式开工,2012 年 5 月通过泵站机组试运行验收。2012 年 12 月通过设计单元工程通水验收。截至 2014 年 10 月,工程累计完成投资 2.73 亿元,完成全部建设内容并移交管理单位
泗阳站改建工程	2009 年 3 月	2013 年 12 月	于 2009 年 3 月开工建设,2013 年 12 月完工,工程总投资 3.3 亿元
皂河一站更新改造工程	2010 年 6 月	2014 年 10 月	于 2010 年 6 月正式开工,2011 年 5 月通过试运行验收,2012 年 12 月顺利通过设计单元工程通水验收。截至 2014 年 10 月底,工程累计完成投资 1.32 亿元,完成全部建设内容并移交管理单位
刘老涧二站工程	2009 年 6 月	2014 年 10 月	于 2009 年 6 月开工,2011 年 9 月通过泵站机组试运行验收,2012 年 12 月通过设计单元工程通水验收,2014 年 9 月通过设计单元完工技术性初验。截至 2014 年 10 月底,工程累计完成投资 2.23 亿元,完成全部建设内容并移交管理单位
泗洪站枢纽工程	2009 年 11 月	2014 年 10 月	于 2009 年 11 月正式开工,2013 年 4 月通过试运行验收,5 月通过设计单元工程通水验收。截至 2014 年 10 月底,工程累计完成投资 5.87 亿元,完成全部建设内容并移交管理单位
徐洪河影响处理工程	2011 年 5 月	2013 年 5 月	于 2011 年 5 月正式开工,2013 年 5 月通过单位工程验收,同月通过设计单元通水验收
里下河水源调整工程	2010 年 11 月	2014 年 4 月	于 2010 年 11 月开工建设,于 2014 年 4 月基本建成
高水河整治工程	2010 年 11 月	2017 年 12 月	于 2010 年 11 月开工建设,2014 年 12 月完成建设任务,2017 年 12 月完成设计单元工程完工验收

续表 1-8

项目(工程)名称	开工时间	完工(验收)时间	说明
淮安二站改造工程	2010 年 9 月	2014 年 10 月	于 2010 年 9 月正式开工,2012 年 12 月通过试运行验收,2013 年 4 月通过设计单元工程通水验收。截至 2014 年 10 月底,工程累计完成投资 5 440 万元,完成全部建设任务
长江至骆马湖段骆马湖以南中运河影响处理工程	2010 年 10 月	2014 年 5 月	于 2010 年 10 月开工建设,2013 年 3 月通过设计单元通水验收,2014 年 5 月通过合同项目验收
洪泽湖抬高蓄水位影响处理工程	2011 年 5 月	2016 年 9 月	于 2011 年 5 月开工,2014 年 6 月完工,2016 年 9 月通过设计单元工程完工验收,总投资 26 003 万元
洪泽湖抬高蓄水位影响处理工程(安徽省境内)	2010 年 12 月	2014 年 12 月	于 2010 年 12 月开工建设,2014 年 12 月竣工,2015 年汛期投入试运行
南四湖下级湖抬高蓄水位影响处理工程	2014 年 11 月	2016 年 12 月	于 2014 年 11 月开工建设,2016 年 6 月全部建设完成,2016 年 4 月通过技术性初步验收,2016 年 12 月通过设计单元工程完工验收,总投资 22 765 万元
南四湖水资源控制工程姚楼河闸	2008 年 9 月	2010 年 4 月	于 2008 年 9 月开工建设,2010 年 4 月工程完工并通过单位工程暨合同项目验收
南四湖水资源控制工程杨官屯河闸	2010 年 12 月	2012 年 3 月	于 2010 年 12 月开工建设,2012 年 3 月工程完工并通过单位工程暨合同项目完成验收
南四湖水资源控制工程大沙河闸	2009 年 3 月	2012 年 12 月	于 2009 年 3 月开工,2012 年 12 月通过设计单元工程完工验收技术性初验
南四湖水资源控制工程潘庄引河闸工程	2008 年 11 月	2018 年 10 月	于 2008 年 11 月全面开工,2018 年 10 月通过设计单元工程完工验收
骆马湖水资源控制工程	2006 年 12 月	2014 年 10 月	于 2006 年 12 月开工建设,2009 年 6 月完成单位工程完工验收。2012 年 12 月,通过设计单元工程完工验收技术性初步验收。截至 2014 年 10 月底,工程累计完成投资 2 967 万元,完成全部建设任务
二级坝泵站工程	2007 年 3 月	2013 年 5 月	于 2007 年 3 月开工建设,2013 年 5 月设计单元工程通过通水验收
长沟泵站工程	2009 年 12 月	2013 年 12 月	于 2009 年 12 月开工建设,2013 年 12 月基本完工,2017 年 9 月完成项目法人验收自查

续表 1-8

项目(工程)名称	开工时间	完工(验收)时间	说明
邓楼泵站工程	2010年1月	2013年4月	于2010年1月开工建设,2013年4月基本完工
八里湾泵站工程	2010年9月	2014年1月	于2010年9月开工建设,主体工程于2014年1月基本完工
梁济运河工程	2011年3月	2013年9月	于2011年3月开工,2013年9月完工
柳长河段工程	2011年3月	2013年3月	主体工程于2011年3月开工,2013年3月完工
南四湖湖内疏浚工程	2011年7月	2012年11月	于2011年7月开工建设,2012年10月全部完成施工任务,2012年11月30日通过单位工程暨合同项目验收
穿黄河工程	2008年9月	2013年6月	于2008年9月开工,2013年6月完成了试通水工作
东平湖蓄水影响处理工程	2012年4月	2013年9月	工程涉及的单项工程自2012年4月陆续开工建设,2013年9月竣工
鲁北段工程小运河段工程	2011年3月	2013年3月	于2011年3月起工程相继开工,2013年3月完成项目验收
鲁北段工程七一河、六五河段工程	2011年4月	2012年12月	于2011年1月起工程相继开工,2012年12月完成项目验收
鲁北段工程灌区影响处理工程	2011年12月	2012年12月	于2011年12月相继开工,2012年12月完工
鲁北段工程、大屯水库工程	2010年11月	2013年4月	于2010年11月开工,2013年3月通过合同项目完成验收,2013年4月通过蓄水验收
台儿庄泵站工程	2005年12月	2010年4月	于2005年12月正式开工建设,2009年11月24日试运行成功,具备调引江水入境条件,2010年4月按期完成主体工程建设
韩庄运河段水资源控制工程	2008年3月	2012年11月	于2008年3月开工,2012年11月设计单元工程完工验收技术性初步验收
韩庄闸泵站枢纽工程	2007年4月	2017年2月	于2007年4月开工,2011年6月按期完成主体工程建设,2011年12月19日试运行成功,2017年2月设计单元工程完工验收

续表 1-8

项目(工程)名称	开工时间	完工(验收)时间	说明
万年闸泵站枢纽工程	2004年11月	2014年8月	于2004年11月开工建设,2007年12月开始水泵机组安装,2009年9月泵站主体工程全部完工,2010年5月机组试运行通过验收,2014年8月通过完工验收
东平湖—济南段输水工程	2002年12月	2010年10月	于2002年12月开工,主体工程于2005年12月建成,2010年10月通过完工验收,投资13.38亿元
济南—引黄济青段济南市区段输水工程	2010年10月	2012年12月	于2010年10月开工,2012年12月主体工程基本完工
胶东干线济南至引黄济青段工程明渠段工程	2011年2月	2012年11月	于2011年2月正式开工,2012年11月主体工程基本完成
胶东干线济南至引黄济青段陈庄输水线路工程	2011年6月	2012年11月	于2011年6月正式开工,2012年11月主体工程完成
胶东干线济南至引黄济青段工程东湖水库工程	2010年6月	2013年4月	于2010年6月相继开工,2013年4月主体工程基本完工
胶东干线济南至引黄济青段工程双王城水库工程	2010年8月	2013年1月	于2010年8月正式开工,2013年1月主体工程完成
南水北调东线一期工程江苏省段截污导流工程(4项)	2007年底	2012年10月	各子工程于2007年底陆续开工建设,2012年10月全部完工
南水北调东线一期工程山东省截污导流工程(19项)	2007年初	2010年10月	各子工程于2007年初陆续开工建设,2010年10月完工,项目实际总投资12.09亿元

1.5.2　工程运行情况

1.5.2.1　常规供水

截至目前,已完成 8 个调水年度(2013~2021 年)的调水计划,供水量逐年增长,受益人口及范围逐步扩大,有效缓解了沿线城市,特别是胶东半岛和鲁北地区缺水问题,沿线生态环境明显改善,居民生活用水质量得到提高,促进了产业结构升级,社会、经济、生态等综合效益不断显现,取得了显著成就。除每年度根据水利部下达的水量调度计划向受水区常规供水外,还对受水区进行了应急供水,南水北调东线一期工程自 2013 年 11 月 15 日正式通水以来,已顺利完成 8 个年度的向山东省调水任务,累计调入山东省水量已达 52.9 亿 m^3,工程运行安全平稳,调水水质经监测达到地表水Ⅲ类标准,取得了良好的经济效益、社会效益、生态效益。

1. 2015~2016 年度

2015~2016 年度,向山东省供水分两个阶段实施,第一阶段为 2015 年 12 月至 2016 年 1 月,第二阶段为 2016 年 3 月至 2016 年 5 月。供水工作预计于 5 月底结束,计划省际交水 6.02 亿 m^3,向山东省净供水 4.42 亿 m^3。2014~2015 年度,东线一期工程抽江控制水量为 54.20 亿 m^3,其中向山东省净供水 2.31 亿 m^3。

2. 2016~2017 年度

南水北调东线一期工程 2016~2017 年度计划抽江水量 65.11 亿 m^3,其中,向山东省供水 8.89 亿 m^3(净供水量为 5.30 亿 m^3),主要解决调水沿线的城市生活、工业用水,改善沿线地区生态环境,并缓解当前胶东地区旱情,年度调水于 2017 年 5 月底结束。

2015~2016 年度东线一期工程完成了向山东省供水 6.02 亿 m^3(净供水 4.42 亿 m^3)的调水任务。至 2017 年 5 月 18 日南水北调东线一期工程台儿庄泵站停机,2016~2017 年度调水工作完成,该年度调水共向山东省供水 8.89 亿 m^3。

3. 2017~2018 年度

2017 年 10 月 19 日,南水北调东线一期工程 2017~2018 年度供水工作开始启动,至 2018 年 5 月底前,向山东省完成 10.88 亿 m^3 年度供水任务。

2018 年 5 月 29 日上午,南水北调东线一期工程台儿庄泵站停机,南水北调东线总公司(现为中国南水北调集团东线有限公司,简称东线总公司)顺利完成 2017~2018 年度调水任务。年度调水运行共 222 d,调水入山东省 10.88 亿 m^3,较去年增加 22%,是历年调水量之最。

4. 2018~2019 年度

2018~2019 年度调水入山东省 8.44 亿 m^3,到 2019 年 5 月底前完成,累计调入山东省水量将超过 39 亿 m^3。

5. 2019~2020 年度

2019~2020 年度调水于 2019 年 12 月开始,至 2020 年 5 月底完成调水入山东省 7.03 亿 m^3。截至 2019 年 12 月,南水北调东线一期工程已累计调水入山东省 39.2 亿 m^3。本年度调水完成后,累计调入山东省水量逾 46 亿 m^3。

6. 2020~2021 年度

2020~2021 年度调水于 2020 年 12 月开始，至 2021 年 5 月底完成调水入山东省 6.74 亿 m^3，该年度是南水北调东线一期工程第 8 个调水年度。截至 2020 年 12 月，南水北调东线一期工程已累计调水入山东省 46.16 亿 m^3。本年度调水完成后，累计调入山东省水量近 53 亿 m^3，工程社会效益、经济效益和生态效益将得到进一步发挥。

1.5.2.2　**应急供水**

除常规供水外，南水北调东线一期工程还多次向受水区抗旱应急供水，充分发挥了调水工程的效益。

1. 2013~2014 年度

2013 年 10 月至 2014 年 7 月底，山东省全省平均降水仅 323.1 mm，较历年同期偏少 26.7%，旱情严重。南水北调东线一期工程在该年度实施了引黄补湖、引江补湖、支援潍坊市抗旱和向小清河生态供水等应急供水工作，充分发挥了南水北调工程的作用。

1）引黄补湖

2014 年 7 月 19 日至 9 月 4 日，东平湖通过引黄闸引黄河水，通过南水北调梁济运河段输水工程为南四湖上级湖应急补水 2 422 万 m^3。

2）引江补湖

因江苏、山东两省部分地区发生严重旱情，南四湖水位持续下降，上、下级湖均低于死水位，对湖区生态环境造成极为不利的影响，国家防汛抗旱总指挥部召集淮河防总、山东防汛抗旱指挥部和江苏防汛抗旱指挥部、国务院南水北调工程建设委员会办公室等单位应急会商，于 2014 年 8 月 1 日印发了《关于实施南四湖生态应急调水的通知》（国汛电〔2014〕1 号），要求南水北调东线一期工程应急调水 8 000 万 m^3。2014 年 8 月 5~24 日，为南四湖下级湖应急补水 8 069 万 m^3。

3）支援潍坊市抗旱

2014 年 7 月 19~29 日，应潍坊市请求，为缓解当地农业的严重旱情，双王城水库通过引黄济青工程向弥河应急调水 1 566 万 m^3。

4）向小清河生态供水

2014 年 7 月 15 日至 8 月 31 日，为改善济南市区段小清河水质，济平干渠自田山沉沙池引黄河水，向小清河生态供水 2 277 万 m^3。

2. 2014~2015 年度

2014 年以来，济南市降雨量明显减少，应济南市政府要求，对济南市进行保泉补源。

2015 年 10 月 10 日，开启贾庄分水闸，在生态补水的基础上向济南市玉符河保泉补源供水。11 月 16 日，应济南市南水北调局要求，保泉补源改为与济南市南水北调配套工程贾庄泵站—卧虎山水库进行联合试运行，试运行结束后继续向卧虎山水库供水。运行至 12 月 31 日，贾庄分水闸累计供水量约 1 509.80 万 m^3。

3. 2015~2016 年度

在江苏、山东境内进行了抗旱应急调水。

2016 年江苏省水稻栽插大用水前，淮北地区降雨明显偏少，沂沭泗诸河基本无来水，骆马湖、下级湖长期得不到上游来水补给。面对徐州西部地区缺水 1 亿多 m^3、淮北地区用水紧张的严峻形势，根据《江苏省防汛防旱指挥部关于启用南水北调刘山站、解台站开机翻水的通知》，组织刘山站、解台站投入江苏抗旱运行。6 月 18～24 日开机抗旱期间，刘山站、解台站累计抽水 6 882 万 m^3，用于缓解淮北旱情。

2016 年沂沭泗流域上中游地区降雨偏少达 30%～40%，淮北地区降雨量比常年同期偏少 20%以上，入汛后沂沭泗等各条河流基本无来水，骆马湖、微山潮、石梁河水库基本无来水补充，加之气候等原因，2016 年水稻生长用水延迟约 10 d，进一步加剧了淮北地区湖库水源消耗。11 月初，江苏省淮北地区湖库蓄水明显不足，骆马湖水位比常年同期低 0.75 m，为保障冬春季节用水，根据《江苏省防汛防旱指挥部关于加大向骆马湖补水力度的通知》，组织淮安四站、淮阴三站投入汛后骆马湖补水运行。11 月 10 日至 12 月 7 日参与汛后骆马湖补水期间，淮安四站、淮阴站累计抽水 4. 50 亿 m^3，运行期间骆马湖水位由 21. 87 m 上升至 23. 10 m，完成调水任务。

根据山东省政府要求，从 2016 年 6 月 7 日开始实施向胶东地区应急供水工作。长沟泵站自 6 月 7 日运行至 18 日，累计应急调水 8 654 万 m^3；八里湾泵站自 6 月 8 日运行至 19 日集中调水入东平湖，累计应急调水 9 118 万 m^3。济平干渠渠首闸自 6 月 13 日开始向胶东地区延续供水，至 9 月 30 日累计从东平湖应急调水 12 105 万 m^3（含东平湖湖水 2 966 万 m^3）。胶东干线博兴城南节制闸自 6 月 21 日开始向胶东地区应急供水，至 9 月 30 日累计向胶东地区应急供水 11 163 万 m^3。

2015 年 10 月 7 日至 2016 年 1 月 24 日，累计向小清河生态补水约 2 001. 23 万 m^3。2015 年 10 月 10 日，开启贾庄分水闸，在生态补水的基础上向济南市玉符河保泉补源供水。11 月 16 日起与济南市南水北调配套工程贾庄泵站至卧虎山水库进行联合试运行，试运行结束后继续向卧虎山水库供水。运行至 2016 年 1 月 23 日停止向卧虎山水库供水，累计供水量约 2 172. 61 万 m^3。

4. 2016～2017 年度

在江苏省境内进行了抗旱应急调水，在山东省境内进行了汛期应急调水。

刘山站、解台站于 2017 年 6 月 13 日启动，参与徐州市抗旱调水运行；6 月 19 日，为保障骆马湖周边徐州市、宿迁市城乡生活、工农业、交通航运等用水，同时启动泗阳站、刘老涧二站补充中运河沿线宿迁段抗旱用水。2017 年，江苏南水北调新建泵站共投入省内抗旱调水运行历时 29 d，充分发挥了工程效益。

胶东输水干线工程运行时段为 2016 年 12 月 16 日至 2017 年 6 月 30 日，2017 年 7 月 1 日至 9 月 29 日转入向胶东地区汛期应急调水阶段。其中，济南段济平干渠渠首闸累计向胶东地区应急供水 19 705 万 m^3（含东平湖湖水 11 123 万 m^3），博兴城南节制闸累计向胶东地区应急供水 25 159 万 m^3（含调引黄河水水量）。

5. 2018～2019 年度

为贯彻国务院《华北地区地下水超采综合治理行动方案》，根据水利部要求，南水北调东线一期北延应急试通办工作计划试运行时间为 2019 年 4 月 21 日至 6 月 15 日。实际运行延长至 6 月 20 日 14 时，完成南水北调鲁北干线北延引水 7 822 万 m^3（计划 6 325 万 m^3），六五河节制闸出水 6 868 万 m^3（计划 5 296 万 m^3）。此次应急调水，在一定程度上回补了河北和天津部分地区地下水，改善水生态和水环境，同时为沿线城乡生活用水尝试提供新的可靠水源,充分发挥了调水工程的效益。

1.5.3　管理模式和体制

国务院批复的《南水北调工程总体规划》确定了"政府宏观调控,准市场机制运作,现代企业管理,用水户参与"的主体工程管理体制建立原则。

2003 年,国务院南水北调工程建设委员会批准了《南水北调工程项目法人组建方案》,要求实行政企分开,政事分开,按照现代企业制度组建南水北调项目法人,由项目法人对工程建设、运营、管理,债务偿还和资产保值增值全过程负责。对于南水北调东线一期工程,分别组建江苏、山东两个有限责任公司作为项目法人,分别负责各自境内工程的建设、管理、运营,并保证向北方供水的水量和水质。南水北调东线一期苏鲁省际工程由淮委组建专业化的管理机构,受苏鲁两省法人的委托,对苏鲁省际工程进行管理。

2003~2005 年,按照《南水北调工程项目法人组建方案》,经国务院南水北调工程建设委员会批准,南水北调东线江苏水源有限责任公司和南水北调东线山东干线有限责任公司先后注册成立,分别作为项目法人负责南水北调东线一期工程江苏省境内工程和山东省境内工程的建设和运行管理,中央在江苏省和山东省境内南水北调东线工程的投资(资产)暂分别委托江苏省和山东省管理。

2013 年 11 月,经国务院领导同意,国务院南水北调工程建设委员会第七次全体会议决定成立南水北调东线总公司。2014 年 9 月国务院南水北调工程建设委员会办公室印发了《南水北调东线总公司章程》,明确"东线总公司依法经营,照章纳税,维护国家利益,进行南水北调东线主体工程运行管理,承担工程新增国有资产的综合经营、保值增值责任。"

2019 年 3 月,水利部向江苏省人民政府和山东省人民政府函送《关于明确南水北调东线一期工程中央投资(资产)有关事项的函》(水财务函〔2019〕54 号),并向东线总公司下发《关于将南水北调东线一期工程中央投资(资产)委托南水北调东线总公司统一管理的通知》(水财务〔2019〕122 号),明确将原委托江苏水源有限责任公司和山东干线有限责任公司管理的南水北调东线一期工程中央投资(资产)授权东线总公司统一管理,由其代表水利部履行中央投资(资产)相关监管职责。

2020 年 1 月,国务院批准组建中国南水北调集团有限责任公司,中国南水北调集团有限责任公司主要负责南水北调工程的前期工作、资金筹措、开发建设和运营管理。负责研究提出南水北调发展战略、规划、政策等建议,拟定南水北调后续工程投资建议计划。负责南水北调工程安全、运行安全、供水安全,履行企业社会责任。负责南水北调资产经营,享有公司法人财产权,依法开展各类投资、经营业务,行使对所属企业和控(参)股公司出资人权力,承担南水北调资产保值增值责任。

在中央决策精神的指导下,在各有关方面的积极推动下,南水北调东线工程管理体制框架逐步形成,有效保障了工程建设和调度运行目标顺利实现。工程建设管理方面,构建了由南水北调工程建设领导机构和办事机构、专家咨询委员会、项目法人等组成的组织体系,特别是在政府宏观调控和统一领导下,实行了以项目法人为主体的筹资、建设、运营"三位一体"的管理机制和项目法人责任制下的直接建设、委托建设、代建制多种建设管理模式,有效保障了工程建设任务的顺利完成,确保了2013年底南水北调东线一期工程全线建成通水。工程运行管理方面,明确了由东线总公司负责南水北调东线一期新增主体工程统一调度、统一管理资产、统一水费收支的运营体系,保障了南水北调东线一期工程运行平稳、质量安全可靠、水质稳定达标,经济社会生态环境效益显著发挥。目前,南水北调东线一期工程总体上仍处于建设期,东线总公司负责南水北调东线一期工程统一调度和资产经营管理,具体的调水工程管理主要由江苏水源有限责任公司和山东干线有限责任公司负责。

南水北调东线一期工程历经十余年的工程建设和通水初期六年多的运行管理,探索积累了一系列成功经验做法,但也存在一些问题,主要是统一管理体制有待进一步落实、已建工程的资产关系有待进一步理顺、工程运行管理机制还需进一步完善、运行主体和项目法人的现代企业制度有待进一步健全。按照国务院批复的中国南水北调集团有限公司组建方案有关要求,2020年10月组建的中国南水北调集团将与有关地方政府充分沟通协商,厘清资产关系,进一步完善工程管理体制。东线总公司与江苏水源有限责任公司、山东干线有限责任公司将会以产权为纽带,形成"利益共享、风险共担"的管理机制,实现工程建设管理和运行管理、一期工程和二期工程相衔接。

南水北调东线二期工程管理体制应充分汲取东线一期工程管理的经验教训,切实保障二期工程顺利建设和良性运行。

1.5.3.1　东线总公司

2014年9月,根据国务院南水北调工程建设委员会第六次、第七次全会决议,经国务院批准,原国务院南水北调工程建设委员会办公室成立了东线总公司,负责南水北调东线主体工程运行管理,承担工程新增国有资产的综合经营、保值增值责任。

2019年3月,水利部向江苏省、山东省人民政府函送《关于明确南水北调东线一期工程中央投资(资产)有关事项的函》(水财务函〔2019〕54号),并向东线总公司下发《关于将南水北调东线一期工程中央投资(资产)委托南水北调东线总公司统一管理的通知》(水财务〔2019〕122号),明确将原委托江苏水源有限责任公司和山东干线有限责任公司管理的南水北调东线一期工程中央投资(资产)授权东线总公司统一管理,由其代表水利部履行中央投资(资产)相关监管职责。

根据《水利部人事司关于南水北调东线总公司内设机构和人员编制调整的通知》(人事机〔2018〕3号),东线总公司定员160人。

1.5.3.2　江苏省境内工程

根据国务院南水北调工程建设委员会《关于南水北调东线江苏境内工程项目法人组建有关问题的批复》(国调发〔2004〕3号)和《江苏省政府关于设立南水北调东线江苏水源有限公司的批复》(苏政复〔2004〕38号)等批复文件,组建江苏水源有限责任公司,作为项目法人负责东线一期工程江苏省境内工程的建设和运行管理。

2013年11月,经国务院领导同意,国务院南水北调工程建设委员会第七次全体会议决定成立南水北调东线总公司。2019年3月,水利部向江苏省人民政府函送《关于明确南水北调东线一期工程中央投资(资产)有关事项的函》(水财务函〔2019〕54号),明确将原委托江苏水源有限责任公司管理的南水北调东线一期工程中央投资(资产)授权东线总公司统一管理，由其代表水利部履行中央投资（资产）相关监管职责。

目前，南水北调东线一期江苏省境内工程由东线总公司、江苏水源有限责任公司等机构管理，东线总公司主要负责南水北调东线一期工程统一调度和资产管理，具体的调水工程管理暂由江苏水源有限责任公司负责。江苏省境内现有河道和江水北调工程由江苏省各级水行政主管部门负责管理。

东线一期江苏省境内工程（不含省际工程）共编制定员2 306人。

1.5.3.3　山东省境内工程

根据《南水北调工程项目法人组建方案》，2004年7月，经国务院南水北调工程建设委员会、山东省人民政府批准，设立山东干线公司，作为项目法人具体负责东线一期工程山东省境内工程建设和运行管理。

2013年11月，经国务院领导同意，国务院南水北调工程建设委员会第七次全体会议决定成立东线总公司。2019年3月，水利部向山东省人民政府函送《关于明确南水北调东线一期工程中央投资（资产）有关事项的函》（水财务函〔2019〕54号），明确将原委托山东干线公司管理的南水北调东线一期工程中央投资（资产）授权东线总公司统一管理，由其代表水利部履行中央投资（资产）相关监管职责。

目前，南水北调东线一期山东省境内工程由东线总公司、山东干线有限责任公司等机构管理，东线总公司主要负责东线一期工程统一调度和资产管理，具体的调水工程管理暂由山东干线有限责任公司负责。山东省境内现有河道、节制闸、取水口门等工程由山东省各级水行政主管部门负责管理。

1.5.3.4　省际工程

南水北调东线一期工程省际工程包括大沙河闸、姚楼河闸、杨官屯河闸、潘庄引河闸、骆马湖水资源控制工程、台儿庄泵站、蔺家坝泵站、二级坝泵站和南四湖水资源监测中心等9个单项工程，组建省际工程管理机构，受苏鲁两省项目法人委托，具体负责工程管理。

省际工程管理机构按两级管理设置。

根据初设批复，南水北调东线一期省际工程管理机构人员总编制308人，其中一级机构56人、二级机构省际工程管理局252人。

1.5.3.5　工程管理范围、保护范围

南水北调东线一期工程线路长，单项工程项目多，建筑物类型多，保护和管理情况复杂。根据《南水北调工程供用水管理条例》（国务院令第647号）、《山东省南水北调条例》等规章制度，确定东线一期工程的管理范围和保护范围如下。

1. 工程管理范围

工程管理范围是管理单位直接管理和使用的范围，应包括工程各组成部分的覆盖范围；根据保障工程安全的需要，在工程建筑物覆盖范围以外划出的管理范围；管理和运行所必需的其他设施占地范围。

1）水闸工程

水闸工程的管理范围包括：

（1）上游连接段、闸室段、下游连接段及两岸连接建筑物等主体工程的覆盖范围。

（2）主体工程建筑物覆盖范围以外的一定范围，上、下游边界以外的单侧宽度不大于

150 m(中型)、300 m(大型);两侧边界以外的单侧宽度不大于40 m(中型)、100 m(大型)。

(3)管理单位的生产、生活设施等建设占地。

2)泵站工程

泵站工程的管理范围包括:

(1)泵站工程各组成部分(泵房、上下游进水池等)、两岸连接建筑物。

(2)为保证工程安全,泵站上下游各300~500 m河道及堤防,上、下游引河堤防背水侧堤脚外各5~10 m范围内的护堤地。

(3)管理和运行所必需的其他设施占地,包括生产生活区和输变电、通信等其他设施占地。

3)输水河道工程

输水河道工程的管理范围包括河道、堤防及其穿堤和交叉建筑物、管理单位生产生活区、护堤地、附属工程设施等工程和设施的建筑场地和管理用地,临水侧护堤地宽度可结合河道管理需要确定,背水侧护堤地宽度以堤脚外加5~30 m范围。

4)输水渠道工程

输水渠道工程的管理范围为渠道开挖线向外延伸5~20 m。

2.工程保护范围

工程保护范围是为防止在邻近工程设施的一定范围内从事挖洞、开矿、爆破、开采地下水或构筑其他地上、地下工程,危及工程设施安全而划定的安全保护区域。

建议保护范围如下:

(1)泵站工程、水闸工程的保护范围为工程管理范围边界线外延,上下游各外延200~500 m,两侧各外延100~300 m。

(2)输水河(渠)道工程的保护范围为工程管理范围边界线外延50~300 m。

(3)隧洞、管道、暗涵顶部区域及以外50 m为保护范围。

(4)北大港水库工程部分根据《水库工程管理设计规范》(SL 106—2017)规定,工程保护范围应包括工程管理范围和水库保护范围。工程保护范围是在工程管理范围边界线外延;水库保护范围应在坝址以上、库区两岸土地征用线以上至第一道分水岭脊线之间的陆地。由于本工程管理范围维持原状不变,且已经过40多年的运行管理,基本情况良好,因此其保护范围不再重新划定。

(5)管道工程的保护范围为工程设施上方地面及从其边线外延50 m。

第2章　水生态功能战略定位

2.1　河湖水系

南水北调东线一期工程从长江下游干流取水，基本沿京杭运河提水北送，连通洪泽湖、骆马湖、南四湖、东平湖作为调蓄水库，主要向黄淮海平原东部和山东半岛供水。供水范围大体分为黄河以南、山东半岛和黄河以北三片。南水北调东线一期工程跨长江、淮河、黄河和海河四大流域，京杭运河将其连通。

2.1.1　河流径流情况

2.1.1.1　长江

长江是南水北调东线调水的主要水源。长江水量丰沛，据1950~2000年资料统计，最下游水文控制站大通站（以上流域面积170万km^2）多年平均天然径流量9 050亿m^3（1950~2000年系列，下同），最大年径流量13 600亿m^3（1954年），最小年径流量6 750亿m^3（1978年）。长江径流稳定，年际变化较小。大通站多年平均流量为28 700 m^3/s，最大月平均流量为84 200 m^3/s，最小月平均流量为7 220 m^3/s，日平均流量小于8 000 m^3/s的天数占2.5%、小于9 000 m^3/s的天数占6.0%、小于10 000 m^3/s的天数占10.2%，最小日平均流量为4 620 m^3/s。

南水北调东线工程通过长江干流的三江营和高港2个引水口门调引长江水。三江营位于扬州东南，是淮河入江水道的出口，自三江营引水，经夹江、芒稻河至江都西闸进入新通扬运河，河道长22.42 km，江都站抽水400 m^3/s入里运河北送，宜陵向北由三阳河、潼河向大汕子泵站送水100 m^3/s，其上下游江段岸坡稳定，水质良好，入江水道下段深十余米，宽数百米，引水能力大。高港位于三江营下游15 km处，是泰州引江河入口；在长江低潮位时，东线工程利用泰州引江河作为向三阳河加力补水的输水线路。

2.1.1.2　淮河

淮河流域以废黄河为界，分淮河和沂沭泗两大水系，流域面积分别约为19万km^2和8万km^2，京杭运河、分淮入沂水道和徐洪河贯通其间，沟通两大水系。

淮河干流发源于河南省桐柏山，流经豫皖苏三省，主流在三江营入长江，全长1 000 km，总落差200 m。

淮河干流洪河口以上为上游，洪河口至洪泽湖出口中渡为中游，中渡以上流域面积15.8万km^2。洪泽湖是一座总库容达164.5亿m^3的巨型平原水库，承泄淮河上中游的来水。淮河洪水经洪泽湖调节后，分别由入江水道、入海水道、苏北灌溉总渠及分淮入沂水道入江、入海。

沂沭泗水系主要由沂河、沭河及泗河组成。沂河南流经临沂至江苏省境内入骆马湖；

沭河一股南流入新沂河,一股东流经新沭河入黄海;泗河水系属泗运河水系,汇集南四湖湖东、湖西地区来水,经韩庄运河(遇超标准洪水时蔺家坝闸泄洪入不牢河)、中运河入骆马湖滞蓄后,经新沂河入海。

淮河流域水资源分布不均,淮河水系相对较丰,沂沭泗水系相对较少。两水系枯水年遭遇的概率约为21%,连续两年及以上遭遇的概率约为10%。

淮河流域包括淮河及沂沭泗两个水系,流域面积27万 km^2。

淮河水系1956~1997年系列,多年平均天然径流量451亿 m^3,最大年径流量942亿 m^3(1956年),最小年径流量119亿 m^3(1978年),径流的年际变化较大。径流的年内分配不均,径流主要集中在汛期,6~9月径流量占全年的70%,非汛期径流因上中游拦蓄,蚌埠闸以下河道有时无流量。

沂沭泗水系1956~1997年系列多年平均天然径流量145亿 m^3,最大年径流量308亿 m^3(1963年),最小年径流量17亿 m^3(1988年),径流的年际变化很大。沂沭泗水系年径流在汛期集中程度高达83%,冬春季仅占10%。

2.1.1.3 黄河

黄河发源于青海高原巴颜喀拉山北麓约古宗列盆地,蜿蜒东流,穿越黄土高原及黄淮海大平原,注入渤海。干流全长5 464 km,水面落差4 480 m。流域总面积79.5万 km^2(含内流区面积4.2万 km^2)。黄河水少沙多,多年平均河川径流量约580亿 m^3,占全国总量的2%,水资源相对贫乏。

黄河从供水区中部穿过,山东境内的大汶河经东平湖汇入黄河。东平湖目前仅作为滞洪区运用。东平湖位于山东省东平县和梁山县境内,大汶河下游入黄河口处,是黄河下游南岸的滞洪区。

2.1.1.4 海河

海河流域南部有徒骇河、马颊河、漳卫河、子牙河水系,徒骇河与马颊河位于海河流域的最南部,为单独入海的平原河道。已建南水北调东线第一期工程鲁北输水渠道穿徒骇河、马颊河等水系。

徒骇河起源于河南省南乐县,于莘县文明寨入山东省,流经南乐(河南省)、莘县、阳谷、东昌府、茌平、高唐、禹城、齐河、临邑、济阳、商河、惠民、滨州、沾化14个县(市、区),于沾化区暴风站入渤海,河道全长436.35 km,流域面积13 902 km^2,其中山东省境内河道干流长度406 km,流域面积13 296 km^2。徒骇河有较大支流(流域面积在100 km^2 以上)27条,其中流域面积在300 km^2 以上的有赵牛新河、老赵牛河、土马沙河、秦口河、新金线河、赵王河、上四新河、西新河、七里河、苇河等10条。

马颊河位于徒骇、马颊河系北部,干流起自河南省濮阳市金堤闸,流经清丰、南乐(河南省)、大名(河北省)、莘县、冠县、东昌府、茌平、临清、高唐、夏津、平原、德城、陵县、临邑、乐陵、庆云;跨3省17个县(市、区),于无棣县入渤海。河道干流全长425 km,其中山东省境内干流长334.57 km;流域面积8 330.4 km^2,其中山东省境内6 829.4 km^2。马颊河现有流域面积100 km^2 以上的较大支流17条,其中大于300 km^2 的有鸿雁渠、裕民渠、唐公沟、笃马河、朱家河、宁津新河、跃马河等7条。

海河流域与供水区有关的是徒骇河、马颊河等水系。徒骇河与马颊河位于海河流域的最南部,为单独入海的平原河道。徒骇马颊河水系 1956~2000 年系列多年平均天然年径流量 15 亿 m^3,最大年径流量 65 亿 m^3(1964 年),最小年径流量 1 亿 m^3(1968 年),径流的年际变化很大。

2.1.1.5　京杭运河

京杭运河从扬州到北京全长 1 280 km。自元代开挖会通河后,经明、清两代的整治完善而形成。京杭运河现在是一条综合利用河道,有的河段承担排洪排涝任务,有的还兼有灌溉输水和向北调水的作用。

受水区内自南向北各段简况如下:

江都至淮安杨庄称里运河,里运河与苏北灌溉总渠平交。杨庄到苏鲁省界称中运河。中华人民共和国成立以后扩大的徐州到中运河的不牢河也成为京杭运河的一支。里运河、大王庙以南的中运河和不牢河已达二级航道标准,并已承担向北调水任务。

苏鲁省界到南四湖下级湖称韩庄运河,为三级航道标准,现设有台儿庄、万年闸、韩庄三个梯级。韩庄运河和皂河以北段中运河又是南四湖的排洪通道。南四湖湖区的老运河已残缺不全。

大王庙至济宁航道分东、西两线。东线航道由大王庙向北经韩庄运河及老运河入下级湖;西线航道不牢河在蔺家坝入下级湖,沿湖西大堤东侧航道至二级坝,与东线航道会合,经船闸进入上级湖至济宁。目前,该段东线及上级湖湖内已建成三级航道(船闸为二级),西线航道建设了入下级湖的蔺家坝船闸,湖内航道尚待扩挖。二级坝复线船闸即将建设。

济宁至黄河边,1958 年开挖了梁济运河成为京杭运河的一段,老运河多处已平毁。梁济运河上设置了郭楼和通向黄河的国那里两级船闸,国那里船闸现已拆除。梁济运河亦因水源枯竭而停航。梁济运河是本区域排洪、排涝、引黄输水的骨干河道,同时用作东平湖滞洪后退水入南四湖。

黄河北岸至临清的小运河已不是一条完整的河道。1958 年以后新开的位临渠现用作位山引黄三干渠,没有通航条件。

临清到德州的卫运河 20 世纪 60 年代还能通航,以后随着上游用水的增加而断航。

2.1.1.6　山东半岛诸河

本地区河流多为源短流急山溪性的独流入海小河,主要河流有小清河、潍河、弥河、大沽河、南胶莱河、北胶莱河等。山东半岛各水系均直流入海,总面积 6 万 km^2,主要河流有 20 余条,其中较大的有小清河、潍河、弥河、大沽河、南胶莱河、北胶莱河、东五龙河及母猪河。小清河源于泰沂山区北麓,两岸有 40 余条支流汇入,流域面积 10 500 km^2,河长 237 km,是山东半岛北部一条主要的排水、灌溉、航运等综合利用河流。潍河发源于沂山、五莲山北麓,自南向北流入渤海莱州湾,流域面积 6 490 km^2。大沽河位于胶东半岛西部,自北向南于胶州市码头村注入黄海胶州湾;多年平均天然径流量 103 亿 m^3,最大 326 亿 m^3,最小 41 亿 m^3。

山东半岛 1956~1997 年系列多年平均天然径流量 103 亿 m^3,最大年径流量 326 亿 m^3(1963 年),最小年径流量 41 亿 m^3(1988 年)。山东半岛各河年径流变差系数差别较大，为 0.55～1.25。

2.1.2　湖泊径流情况

2.1.2.1　洪泽湖

洪泽湖以上汇水面积 15.8 万 km^2，是供水区内蓄水量最大的湖泊。湖底高程约 10 m，设计防洪水位 16.0 m，现状正常蓄水位 13.0 m（相应库容 30 亿 m^3），水面面积 2 000 多 km^2。主要出口有三河闸、高良涧闸和二河闸。洪泽湖湖水出三河闸由入江水道经高邮湖、邵伯湖入长江；出高良涧闸经苏北灌溉总渠入黄海；出二河闸经二河入废黄河，相机分水经淮沭河、新沂河入黄海。淮河入海水道工程已基本建成，2003 年汛期从洪泽湖直接分泄洪水 44 亿 m^3 入海。

根据 1956～1997 年洪泽湖出口站实测径流统计分析，多年平均出湖径流量 300.47 亿 m^3。最大为 688.53 亿 m^3（1991 年），最小为 44.05 亿 m^3（1978 年）。由于淮河上游水资源开发利用程度的不断提高，洪泽湖出湖径流量有减少趋势，1970 年以前的 15 年，年平均出湖径流量 349.84 亿 m^3；1971～1989 年的 19 年，年平均出湖径流量为 281.27 亿 m^3；而 1990 年以后，年平均出湖径流量仅有 253.48 亿 m^3。

根据水利部淮河水利委员会规划设计研究院 2001 年编制并已通过专家审查的《江水北调补充南四湖及胶东供水规划报告》，2010 规划水平年，洪泽湖多年平均入湖径流量 242.9 亿 m^3，最大 1963～1964 年 780.6 亿 m^3，最小 1966～1967 年无径流入湖。

2.1.2.2　骆马湖

骆马湖汇集中运河及沂河来水，集水面积 5.2 万 km^2。1959 年建成，为常年蓄水水库，湖底高程 20.0 m，设计防洪水位 25.0 m，正常蓄水位 23.0 m（相应库容 9 亿 m^3），水面面积 375 km^2。分别由嶂山、皂河和六塘河节制闸下泄入新沂河、中运河、六塘河。

根据 1956～1997 年骆马湖出口站实测径流统计分析，多年平均出湖径流量 49.93 亿 m^3，最大为 206.3 亿 m^3（1963 年），最小为 0（1987 年）。1990 年以后沂河及南四湖水系处于枯水时期，加之流域上游用水的增加，骆马湖入湖、出湖径流量减少。1970 年以前的 15 年，年平均出湖径流量 84.95 亿 m^3；1971～1989 年的 19 年，年平均出湖径流量 32.89 亿 m^3；而 1990 年以后，年平均出湖径流量仅有 24.76 亿 m^3。

2010 规划水平年，骆马湖多年平均入湖径流量 32.51 亿 m^3，最大 100.4 亿 m^3（1963～1964 年），最小仅有 2.9 亿 m^3（1981～1982 年）。

2.1.2.3　南四湖

南四湖是南阳、独山、昭阳及微山四个相连湖泊的总称。1960 年在中部湖面较窄处建成二级坝枢纽，分成上级湖与下级湖，四湖来水面积 3.17 万 km^2，湖区面积 1 200 多 km^2，南北长约 120 km，东西宽 5～25 km，以二级坝处最窄，形成湖腰，湖底高程 29.8～31.3 m（1985 国家高程基准）。蓄水位上、下级湖分别为 34.0 m 和 32.3 m（相应库容 17 亿 m^3）。南四湖既是蓄水湖泊，又起行洪和滞洪双重作用，泄水口门有韩庄闸、老运河闸、伊家河闸及蔺家坝闸，分别泄入韩庄运河、老运河、伊家河及不牢河，最后汇入中运河。

根据 1956~1997 年南四湖出口站实测径流统计分析,多年平均出湖径流量 19.2 亿 m^3,最大为 92.8 亿 m^3(1965 年),最小为 0(有 3 年)。1990 年后南四湖流域处于枯水时期,南四湖入湖、出湖径流量明显减少。1970 年以前的 15 年,年平均出湖径流量 36.19 亿 m^3;1971~1989 年的 19 年,年平均出湖径流量 12.53 亿 m^3;而 1990 年以后,年平均出湖径流量仅有 3.22 亿 m^3。

2010 规划水平年,南四湖多年平均入湖径流量 27.2 亿 m^3,最大 90 亿 m^3(1957~1958 年),最小仅有 2.0 亿 m^3(1959~1960 年)。

2.1.2.4　东平湖

东平湖位于山东省东平县境内,大汶河下游入黄河处,是黄河下游南岸的滞洪区,通过 5 座进湖闸接纳黄河分洪洪水,经 3 座出湖闸排泄滞蓄洪水。二级湖堤将整个湖区分为新湖区和老湖区。

根据大汶河戴村坝水文站 1956~2000 年资料统计,不同时期大汶河入湖水量见表 2-1。可以看出,多年平均汛期 7~9 月入湖水量占年水量的 81%,非汛期入湖水量占年水量的 19%。水量年际变化也很大,20 世纪 60 年代至今入湖年水量呈递减趋势。

表 2-1　大汶河不同时期入东平湖水量　单位:亿 m^3

时段	年平均	7~9 月	10 月至翌年 6 月
1961~1970 年	17.50	13.90	3.60
1971~1980 年	9.20	7.43	1.77
1981~1990 年	4.80	3.93	0.87
1991~2000 年	6.43	5.25	1.18

从资料系列分析,20 世纪 60 年代是丰水年,上游水资源开发利用程度相对较差,来水量偏大。1971~2000 年系列包括了 20 世纪 70 年代的平偏丰水期和 80 年代的枯水期,上游水资源开发程度接近目前水平,因此 1971~1999 年系列接近现状来水水平。

采用 1971~1999 年系列为现状来水水平年,戴村坝站 50%、75%、95%不同保证率径流量分别为 5.64 亿 m^3、2.89 亿 m^3、0.77 亿 m^3。

2.2　主体功能区划

国务院印发的《全国主体功能区规划》按开发方式将我国国土空间分为优化开发区域、重点开发区域、限制开发区域和禁止开发区域。

优化开发区域、重点开发区域、限制开发区域和禁止开发区域是基于不同区域的资源环境承载能力、现有开发强度和未来发展潜力,以是否适宜或如何进行大规模高强度工业化、城镇化开发为基准划分的。

2.2.1 优化开发区域

优化开发区域是经济比较发达、人口比较密集、开发强度较高、资源环境问题更加突出,从而应该优化进行工业化、城镇化开发的城市化地区。

2.2.2 重点开发区域

重点开发区域是有一定经济基础、资源环境承载能力较强、发展潜力较大、集聚人口和经济条件较好,从而应该重点进行工业化、城镇化开发的城市化地区。优化开发和重点开发区域都属于城市化地区,开发内容总体上相同,开发强度和开发方式不同。

2.2.3 限制开发区域

限制开发区域分为两类:一类是农产品主产区,即耕地较多、农业发展条件较好,尽管也适宜工业化、城镇化开发,但从保障国家农产品安全以及中华民族永续发展的需要出发,必须把增强农业综合生产能力作为发展的首要任务,从而应该限制进行大规模高强度工业化、城镇化开发的地区;另一类是重点生态功能区,即生态系统脆弱或生态功能重要,资源环境承载能力较低,不具备大规模高强度工业化、城镇化开发的条件,必须把增强生态产品生产能力作为首要任务,从而应该限制进行大规模高强度工业化、城镇化开发的地区。

2.2.4 禁止开发区域

禁止开发区域是依法设立的各级各类自然文化资源保护区域,以及其他禁止进行工业化、城镇化开发,需要特殊保护的重点生态功能区。国家层面禁止开发区域,包括国家级自然保护区、世界文化自然遗产、国家级风景名胜区、国家森林公园和国家地质公园。省级层面的禁止开发区域,包括省级及以下各级各类自然文化资源保护区域、重要水源地以及其他省级人民政府根据需要确定的禁止开发区域。

叠加南水北调东线一期工程水生生态影响评价区边界和全国主体功能区规划图可知,工程内容主要位于优化开发区域(环渤海地区)和限制开发区域(农产品主产区),不涉及限制开发区域(重点生态功能区),涉及1个禁止开发区域——泗洪洪泽湖湿地国家级自然保护区,依据《中华人民共和国自然保护区条例》以及规划确定的原则和自然保护区规划进行管理。

南水北调东线一期工程内容不涉及工业化及城镇化开发内容,在泗洪洪泽湖湿地国家级自然保护区内没有工程内容,符合禁止开发区的管制原则。

2.3 生态功能区划

《全国生态功能区划》将全国划分为242个生态功能区,南水北调东线一期工程共穿越了其中9个生态功能区,涉及大都市群人居保障功能区、重点城镇群人居保障功能区、生物多样性保护功能区、洪水调蓄功能区、农产品提供功能区、土壤保持功能区等6种生态功能区类型,见表 2-2。

表 2-2　南水北调东线一期工程涉及的生态功能区情况

序号	生态功能区划编号	生态功能区划名称	主导生态系统服务功能
1	Ⅲ-01-02	长三角大都市群	大都市群人居保障功能区
2	Ⅰ-02-08	苏北滨海湿地生物多样性保护功能区	生物多样性保护功能区
3	Ⅰ-05-08	洪泽湖洪水调蓄功能区	洪水调蓄功能区
4	Ⅱ-01-15	黄淮平原农产品提供功能区	农产品提供功能区
5	Ⅰ-03-03	鲁中山区土壤保持功能区	土壤保持功能区
6	Ⅱ-01-13	海河平原农产品提供功能区	农产品提供功能区
7	Ⅲ-02-07	鲁中城镇群	重点城镇群人居保障功能区
8	Ⅱ-01-14	山东半岛农产品提供功能区	农产品提供功能区
9	Ⅰ-03-02	山东半岛丘陵土壤保持功能区	土壤保持功能区

根据各生态功能区对保障国家与区域生态安全的重要性,以水源涵养、生物多样性保护、土壤保持、防风固沙和洪水调蓄 5 类主导生态调节功能为基础,确定 63 个重要生态系统服务功能区(简称重要生态功能区)。叠加工程布置图与全国重要生态功能区图可知,本工程涉及两个重要生态功能区,分别为鲁中山区土壤保持功能区和洪泽湖洪水调蓄功能区,其主导功能和辅助功能见表 2-3。

表 2-3　南水北调东线一期工程涉及的两个重要生态功能区信息

重要生态功能区名称	水源涵养	生物多样性保护	土壤保持	防风固沙	洪水调蓄
鲁中山区土壤保持功能区	+		++		
洪泽湖洪水调蓄功能区					++

注:+表示该项功能较重要;++表示该项功能极重要。

2.3.1　鲁中山区土壤保持功能区

鲁中山区土壤保持功能区位于山东中部,地貌类型属中低山丘陵,地带性植被以落叶阔叶林为主,行政区主要涉及山东的济南、泰安、莱芜、淄博、潍坊、日照、临沂、枣庄和济宁,面积 38 071 km^2。该区属于温带大陆性半湿润季风气候区,春季干燥多风,夏季炎热多雨,水热条件较好,水土流失敏感,是土壤保持重要区域。

主要生态问题:不合理的大面积毁林种果树造成水土流失,地下水资源开采过度,过度农垦造成土地植被退化,土壤趋于沙化。

生态保护主要措施:加强自然生态系统的保护,合理控制经济林种植面积,坚持自然恢复,改变生产经营方式,发展生态农业,进一步提高第二产业、第三产业比重,降低人口对土地的依赖性,减少对自然生态系统的人为影响。

2.3.2 洪泽湖洪水调蓄功能区

洪泽湖洪水调蓄功能区位于江苏省境内,行政区涉及宿迁、淮安2个市,面积为2 876 km^2,上游进入洪泽湖的主要河道有淮河、濉潼河、濉河、安河和维桥河,淮河是最大的入湖河流,也是洪泽湖水量补给的主要来源。洪泽湖属过水性湖泊,水域面积随水位波动较大,枯水期与丰水期落差水位达10 m以上,具有很好的洪水调节功能。

主要生态问题:湖泊面积急剧缩小,水质不断恶化,每年入湖污染物的总量已大大超过了湖泊的自净能力,水体富营养化严重。湿地功能下降,调蓄能力下降,洪涝灾害加剧。

生态保护主要措施:严格禁止围垦,积极退田还湖,增加调蓄量;处理好环境与经济发展的矛盾;加强自然生态保护,对湖区污染物的排放实施总量控制和达标排放。

第 3 章　输水干线沿线水生生态敏感区

南水北调东线工程利用江苏省江水北调工程,扩大规模,向北延伸供水。东线一期工程从江苏省扬州附近的长江干流引水,利用京杭运河以及与其平行的河道输水,连通高邮湖、洪泽湖、骆马湖、南四湖、东平湖,并作为调蓄水库,经泵站逐级提水进入东平湖后,分为两路:一路向北穿黄河后自流到大屯水库向鲁北地区供水;另一路向东经新辟的胶东地区输水干线接引黄济青渠道,向胶东地区供水。自 2000 年以后,江苏省、山东省结合国家生态环境保护战略,基于京杭运河沿线河湖及其周边湿地环境条件,统筹山水林田湖草沙一体化保护和修复工程,划定了大量的水生态类型的水生生态敏感区。本章将根据现场调查和资料查阅情况分析南水北调东线一期工程输水河湖沿线分布的典型水生生态环境敏感区,研究分析南水北调东线一期工程输水河湖与其关联性。

3.1　沿线生态保护红线

3.1.1　江苏省境内

按照江苏省生态空间管控实行分级管理。江苏省国家级生态保护红线原则上按禁止开发区域的要求进行管理,严禁不符合主体功能定位的各类开发活动,严禁任意改变用途。生态空间管控区域以生态保护为重点,原则上不得开展有损主导生态功能的开发建设活动,不得随意占用和调整。生态空间管控实施分类管理。对 15 种不同类型和保护对象实行共同与差别化的管控措施。在国家级生态保护红线范围内的,按国家和省相关规定管控。若同一生态保护空间兼具 2 种以上类别,按最严格的要求落实监管措施。没有明确管控措施的,按相关法律法规执行。

经调查统计,南水北调东线一期工程输水沿线分布有江苏省境内的 8 个自然保护区、4 个湿地公园和 14 个水产种质资源保护区等多个江苏省生态空间保护区域,大部分输水河湖工程直接处于生态保护红线范围内。生态保护红线在南水北调东线一期工程输水沿线具体分布情况见表 3-1 和图 3-1。

表 3-1 中生态保护红线具体要求如下。

3.1.1.1　自然保护区

国家级生态保护红线内严禁不符合主体功能定位的各类开发活动。其中,核心区内禁止任何单位和个人进入。缓冲区内只准进入从事科学研究观测活动,严禁开展旅游和生产经营活动。实验区内禁止砍伐、放牧、狩猎、捕捞、采药、开垦、烧荒、开矿、采石、捞沙等活动(法律、行政法规另有规定的从其规定);严禁开设与自然保护区保护方向不一致的参观、旅游项目;不得建设污染环境、破坏资源或者景观的生产设施;建设其他项目,其污染物排放不得超过国家和地方规定的污染物排放标准;已经建成的设施,其污染物排放

表 3-1 东线一期工程输水沿线的江苏省国家级生态保护红线分布情况

序号	生态保护红线名称	所在行政区域		类型	区域面积/km²	与东线一期工程输水河湖位置关系
		市	县(区、市)			
1	高邮湖湿地县级自然保护区	扬州市	高邮市	自然保护区	477.26	输水干线西侧,水力联系
2	宝应运西湿地市级自然保护区	扬州市	宝应县	自然保护区	175.00	输水干线西侧,水力联系
3	长江扬州段四大家鱼国家级水产种质资源保护区	扬州市	邗江区	水产种质资源保护区的核心区	2.00	输水干线西侧,水力联系
4	邵伯湖国家水产种质资源保护区	扬州市	邗江区	水产种质资源保护区的核心区	3.65	输水干线西侧,水力联系
5	高邮湖大银鱼湖鲚国家级水产种质资源保护区	扬州市	高邮市	水产种质资源保护区的核心区	9.96	输水干线西侧,水力联系
6	高邮湖河蚬秀丽白虾国家级种质资源保护区	扬州市	高邮市	水产种质资源保护区的核心区	3.10	输水干线西侧,水力联系
7	宝应湖国家级水产种质资源保护区	扬州市	宝应县	水产种质资源保护区的核心区	2.12	输水干线西侧,水力联系
8	扬州凤凰岛国家湿地公园(试点)	扬州市	邗江区	湿地公园的湿地保育区和恢复重建区	2.25	位于输水河湖
9	扬州宝应湖国家湿地公园	扬州市	宝应县	湿地公园的湿地保育区和恢复重建区	5.40	输水干线西侧,水力联系
10	金湖湿地市级自然保护区	淮安市	金湖县	自然保护区	58.00	输水调蓄湖泊
11	洪泽湖东部湿地省级自然保护区	淮安市	洪泽区、淮阴区、盱眙县	自然保护区	540.00	输水调蓄湖泊
12	高邮湖青虾国家级水产种质资源保护区	淮安市	金湖县	水产种质资源保护区的核心区	8.18	输水干线西侧,水力联系
13	洪泽湖银鱼国家级水产种质资源保护区	淮安市	洪泽区	水产种质资源保护区的核心区	7.00	输水调蓄湖泊

续表 3-1

序号	生态保护红线名称	所在行政区域		类型	区域面积/km^2	与东线一期工程输水河湖位置关系
		市	县(区、市)			
14	洪泽湖青虾河蚬国家级水产种质资源保护区	淮安市	盱眙县	水产种质资源保护区的核心区	13.33	输水调蓄湖泊
15	洪泽湖虾类国家级水产种质资源保护区	淮安市	洪泽区	水产种质资源保护区的核心区	4.30	输水调蓄湖泊
16	江苏淮安白马湖国家湿地公园(试点)	淮安市	盱眙县	湿地公园的湿地保育区和恢复重建区	32.43	位于输水河湖
17	泗洪洪泽湖湿地国家级自然保护区	宿迁市	泗洪县	自然保护区	493.65	输水调蓄湖泊
18	宿迁骆马湖湿地市级自然保护区	宿迁市	泗洪县	自然保护区	67.00	输水调蓄湖泊
19	洪泽湖秀丽白虾国家级水产种质资源保护区	宿迁市	泗洪县	水产种质资源保护区的核心区	3.45	输水调蓄湖泊
20	洪泽湖鳜国家级水产种质资源保护区	宿迁市	泗洪县	水产种质资源保护区的核心区	8.00	输水调蓄湖泊
21	洪泽湖黄颡鱼国家级水产种质资源保护区	宿迁市	泗洪县	水产种质资源保护区的核心区	7.80	输水调蓄湖泊
22	骆马湖国家级水产种质资源保护区(鲤鱼和鲫鱼)	宿迁市	宿豫(湖滨新区)	水产种质资源保护区的核心区	10.00	输水调蓄湖泊
23	骆马湖青虾国家级水产种质资源保护区	宿迁市	宿豫(湖滨新区)	水产种质资源保护区的核心区	5.96	输水调蓄湖泊
24	邳州市黄墩湖县级湿地自然保护区	徐州市	邳州市	自然保护区	28.40	位于输水河湖
25	新沂市骆马湖湿地市级自然保护区	徐州市	新沂市	自然保护区	225.91	输水调蓄湖泊
26	新沂骆马湖省级湿地公园	徐州市	新沂市	湿地公园的湿地保育区和恢复重建区	51.71	位于输水河湖线路

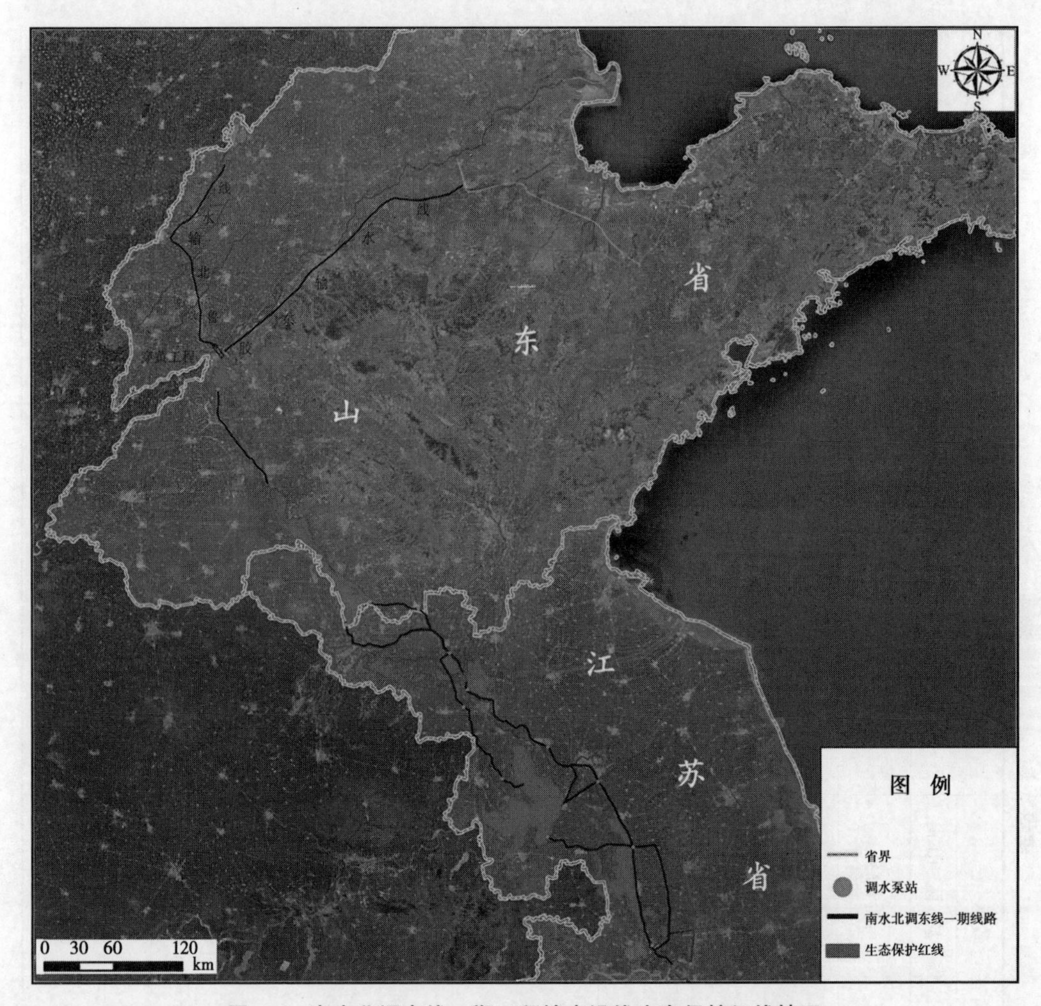

图 3-1 南水北调东线一期工程输水沿线生态保护红线情况

超过国家和地方规定的排放标准的,应当限期治理;造成损害的,必须采取补救措施。未做总体规划或未进行功能分区的,依照有关核心区、缓冲区管理要求进行管理。

3.1.1.2 **湿地公园**

国家级生态保护红线内严禁不符合主体功能定位的各类开发活动。湿地保育区除开展保护、监测、科学研究等必需的保护管理活动外,不得进行任何与湿地生态系统保护和管理无关的其他活动。恢复重建区应当开展培育和恢复湿地的相关活动。

生态空间管控区域内除国家另有规定外,禁止下列行为:开(围)垦、填埋或者排干湿地;截断湿地水源;挖沙、采矿;倾倒有毒有害物质、废弃物、垃圾;从事房地产、度假村、高尔夫球场、风力发电、光伏发电等任何不符合主体功能定位的建设项目和开发活动;破坏野生动物栖息地和迁徙通道、鱼类洄游通道,滥采滥捕野生动植物;引入外来物种;擅自放牧、捕捞、取土、取水、排污、放生;其他破坏湿地及其生态功能的活动。合理利用区应当开展以生态展示、科普教育为主的宣教活动,可以开展不损害湿地生态系统功能的生态旅游等活动。

3.1.1.3　重要渔业水域

国家级生态保护红线内严禁不符合主体功能定位的各类开发活动。生态空间管控区域内禁止使用严重杀伤渔业资源的渔具和捕捞方法捕捞;禁止在行洪、排涝、送水河道和渠道内设置影响行水的渔罾、鱼簖等捕鱼设施;禁止在航道内设置碍航渔具;因水工建设、疏航、勘探、兴建锚地、爆破、排污、倾废等行为对渔业资源造成损失的,应当予以赔偿;对渔业生态环境造成损害的,应当采取补救措施,并依法予以补偿,对依法从事渔业生产的单位或者个人造成损失的,应当承担赔偿责任。

3.1.2　山东省境内

依据生态系统服务功能保护的重要程度及保护和管理的严格程度,对生态保护红线区实行分类管控。Ⅰ类红线区是生态保护红线区的核心,实行最严格的管控措施,除必要的科学研究、保护活动外,需按相关法律、法规严格控制其他开发建设活动;Ⅱ类红线区按照生物多样性维护、水源涵养、土壤保持和防风固沙等主导生态功能,结合现有各类禁止开发区域现行相关法律法规及管理规定,实行负面清单管理制度,严禁有损主导生态系统服务功能的开发建设项目。红线内已设立的矿业权建立补偿退出机制,维护矿业权人的合法权益。

省级及以上自然保护区的核心区和缓冲区以及饮用水水源保护区的一级保护区必须纳入Ⅰ类红线区,省级及以上地质公园的地质遗迹保护区、省级及以上森林公园的保育区、省级及以上湿地公园的保育区等按法律法规要求需实施最严格管控制度的,原则上也应纳入Ⅰ类红线区。未纳入Ⅰ类红线区的生态保护红线区为Ⅱ类红线区。

经调查统计,南水北调东线一期工程输水沿线分布有12处山东省生态保护线,均为Ⅰ类红线区,涉及生物多样性维护、水源涵养、土壤保持、防风固沙4种生态功能类型,大部分输水河湖工程直接处于生态保护红线范围内。山东省生态保护红线在南水北调东线一期工程输水沿线具体分布情况见表3-2和图3-1。

表3-2中生态保护红线具体要求如下。

3.1.2.1　生态保护

加强生态保护红线区域的生态保护,红线区内的自然保护区、风景名胜区、森林公园、湿地公园等已建成的各类保护区严格按照相关法律法规实行严格保护,制定保护区建设管理、考核评估的制度体系,加快视频监控、遥感监测等先进监管手段的应用,提高保护区管理和保护水平。红线区内的其他重要生态功能区需严格按照管控办法和负面清单制度进行管理和保护。加强典型生态系统的保护,优先保护良好生态系统和重要物种栖息地,建立和完善生态廊道,提高生态系统完整性和连通性。注重森林资源保护,加强新造林地管理和中幼龄林抚育,完善森林防火和林业有害生物防治体系;加强湿地保护管理,构建湿地、河湖保护管理体系,加快湿地自然保护区和湿地公园建设,逐步提高保护级别。

3.1.2.2　生态修复

开展调查评估,识别受损生态系统类型和分布,建立生态保护红线台账系统。制订实施生态系统修复方案,分区分类开展受损生态系统修复。确定红线区修复整治的重点区域,采取封禁为主的自然恢复措施,辅以人工修复, 改善和提升生态功能。在重要生态功

表 3-2　东线一期工程输水河湖沿线的山东省生态保护红线分布情况

序号	名称	代码	市	行政区域	外边界		生态功能	类型	与东线一期工程输水河湖位置关系
				县(区、市)	边界描述	面积/km^2			
1	韩庄运河土壤保持、水源涵养生态保护红线区	SD-04-B2-02	枣庄市	台儿庄区	台儿庄区韩庄运河东侧湿地公园与枣庄市边界相邻	28.67	土壤保持、水源涵养	河流、湿地、森林	韩庄运河为输水河流
2	滕州市北部生物多样性维护生态保护红线区	SD-04-B4-01	枣庄市	滕州市	滕州市北部,东朱路以北	2.04	生物多样性维护、水源涵养	森林	输水干线东侧,水力联系
3	京杭运河水源涵养生态保护红线区	SD-08-B1-12	济宁市	梁山县、嘉祥县、汶上县、任城区、微山县	经过任城区、微山县、鱼台县、汶上县、梁山县、嘉祥县	39.90	水源涵养	湿地	京杭运河为输水河流
4	微山湖东生物多样性维护生态保护红线区	SD-08-B4-20	济宁市	微山县	微山县微山湖东侧区域	12.90	生物多样性	湿地	微山湖为输水湖泊
5	南四湖生物多样性维护、水源涵养生态保护红线区	SD-08-B4-21	济宁市	微山县、邹城市、金乡县	微山县南四湖	1 055.48	生物多样性维护、水源涵养、土壤保持	湿地、湖泊	南四湖为输水湖泊
6	东平湖水源涵养生态保护红线区	SD-09-B1-06	泰安市	东平县	—	139.20	水源涵养、生物多样性维护	湿地、森林	东平湖为输水、调蓄湖泊

续表 3-2

序号	名称	代码	市	行政区域	外边界		生态功能	类型	与东线一期工程输水河湖位置关系
				县(区、市)	边界描述	面积/km²			
7	谭庄水库周边生物多样性维护生态保护红线区	SD-15-B4-07	聊城市	东昌府区	S258 以西、S706 以南,京杭运河以北,S254 以东	1.86	生物多样性维护	湿地	输水干线西侧,水力联系
8	凤凰湖生物多样性维护生态保护红线区	SD-15-B4-12	聊城市	东昌府区(江北水城旅游度假区)	位于江北水城旅游度假区聊阳路和南外环路交界处东南侧和东北侧	3.26	生物多样性维护、水源涵养	水库	输水干线东侧,水力联系
9	周公河生物多样性维护生态保护红线区	SD-15-B4-09	聊城市	东昌府区	位于昌润路至徒骇河周公河及两岸	1.78	生物多样性维护、水源涵养	湿地	输水干线东侧,水力联系
10	张官屯水库水源涵养生态保护红线区	SD-15-B1-02	聊城市	临清市	位于临清市高邢高速公路(S14)和 S315 交叉口西北侧,京九线以东	2.97	水源涵养	水库	输水干线东侧,水力联系
11	胡姚河生物多样性维护生态保护红线区	SD-15-B4-01	聊城市	临清市	位于临清市先锋路街道,邢临高速公路以南,三干渠以东	0.81	生物多样性维护、水源涵养、水土保持	湿地	输水干线西侧,水力联系
12	德州市夏津武城水源涵养、防风固沙、土壤保持生态保护红线区	SD-14-B1-17	德州市	夏津县、武城县	东至马颊河畔,西至、南至夏津县城,北至四女寺村九龙口湿地,包含夏津黄河故道森林公园、武城四女寺湿地公园、夏津九龙口湿地公园的二级红线区	177.99	水源涵养、防风固沙、土壤保持	湿地、水库、森林、裸地	输水干线北侧,水力联系

能区域,如重要湖泊、重要湿地、重要林带等,严格执行退耕还湖、退耕还湿、退耕还林等有效措施,逐步恢复退化湖泊和湿地历史面貌,修复受损林带和湿地。在生态敏感脆弱地带,通过开展造林种草工程、合理调配生态用水,增加林草植被;通过保护性耕作、水土保持、配套水源工程建设等措施,减少起沙扬尘;通过禁止滥樵、滥采、滥伐,促进敏感脆弱区植被自然修复。逐步推进生态移民,有序推动生态保护红线区内人口集中安置,降低人类活动强度,减小生态压力。优先选择水源涵养和生物多样性维护功能的生态保护红线区,开展保护与修复示范。

3.2　沿线分布自然保护区

3.2.1　沿线分布自然保护区统计

经研究组调查统计,南水北调东线一期工程输水沿线河湖分布有11个自然保护区,其中国家级1个、省级2个、市级6个、县级2个;位于江苏省8个、山东省3个,南水北调东线一期工程输水沿线分布的自然保护区情况见表3-3和图3-2。

表3-3　南水北调东线一期工程输水沿线分布的自然保护区情况

序号	名称	所在地	等级	面积/km^2	主要保护对象	类型	始建时间(年-月-日)	与东线一期工程输水河湖位置关系
1	高邮湖湿地县级自然保护区	扬州	县级	466.67	湿地生态系统	内陆湿地	2005-06-15	输水干线西侧,水力联系
2	宝应运西湿地市级自然保护区	扬州	市级	175	湿地生态系统	内陆湿地	1996-12-15	输水干线西侧,水力联系
3	金湖县湿地市级自然保护区	淮安	市级	58	湿地生态系统	内陆湿地	2003-10-14	调蓄湖泊
4	洪泽湖东部湿地省级自然保护区	淮安	省级	540	湖泊湿地生态系统及珍禽	内陆湿地	2004-12-14	调蓄湖泊
5	泗洪洪泽湖湿地国家级自然保护区	宿迁	国家级	50.22	湿地生态系统、大鸨等鸟类、鱼类产卵场及地质剖面	内陆湿地	1985-07-01	调蓄湖泊
6	宿迁骆马湖湿地市级自然保护区	宿迁	市级	67	湿地生态系统、鸟类及鱼类产卵场	内陆湿地	2005-08-23	输水干线东侧,水力联系

续表 3-3

序号	名称	所在地	等级	面积/km²	主要保护对象	类型	始建时间（年-月-日）	与东线一期工程输水河湖位置关系
7	邳州黄墩湖湿地县级自然保护区	徐州	县级	28.40	湿地生态系统	内陆湿地	2005-06-01	输水干线西侧，水力联系
8	新沂骆马湖湿地市级自然保护区	徐州	市级	132.70	湿地生态系统	内陆湿地	2005-01-01	输水干线东侧，水力联系
9	山东省南四湖湿地省级自然保护区	济宁	省级	1 116.51	大型草型湖泊湿地生态系统及雁、鸭等珍稀鸟类	野生动物	1982-01-01	输水湖泊
10	东平湖湿地市级自然保护区	泰安	市级	259.27	湿地生态系统	内陆湿地	2000-05-06	输水湖泊
11	腊山市级自然保护区	泰安	市级	28.67	森林生态系统	森林生态	2000-05-01	输水干线西侧，水力联系

3.2.2　自然保护概况和保护要求

3.2.2.1　高邮湖湿地县级自然保护区

高邮湖湿地县级自然保护区（简称高邮湖保护区）位于江苏省第三大湖泊——高邮湖，2005 年经批准建立县级保护区（邮政办发〔2005〕82 号），根据 2009 年、2013 年江苏省环境保护厅印发的《江苏省自然保护区名录》以及《江苏省政府关于印发江苏省生态空间管控区域规划的通知》（苏政发〔2020〕1 号）文件，高邮湖保护区面积为 46 667 hm²。高邮湖保护区南至邵伯湖以及郭集、菱塘滨湖岸线大堤；东至京杭运河西侧岸带；北至西夹滩；西至湖心区域（含高邮金湖行政边界及高邮天长行政边界）。

1. 功能区划

根据《江苏高邮高邮湖湿地县级自然保护区科学考察报告》，高邮湖保护区面积为 46 667 hm²，划分为核心区、缓冲区和实验区，各功能区划及面积如下：

（1）核心区。总面积 1 200 hm²。东起湖滨老庄台，西至郭集大圩，南起漫水公路北侧 1 000 m，北至新民滩北缘向北 200 m。

（2）缓冲区。总面积 8 000 hm²，即东起京杭运河西堤，西至菱塘北岗，南起新民滩北端，北至御码头。

（3）实验区。总面积 37 467 hm²，范围为除核心区与缓冲区外的剩余区域；含另设两个管护点，分别设在新民滩与芦苇场。

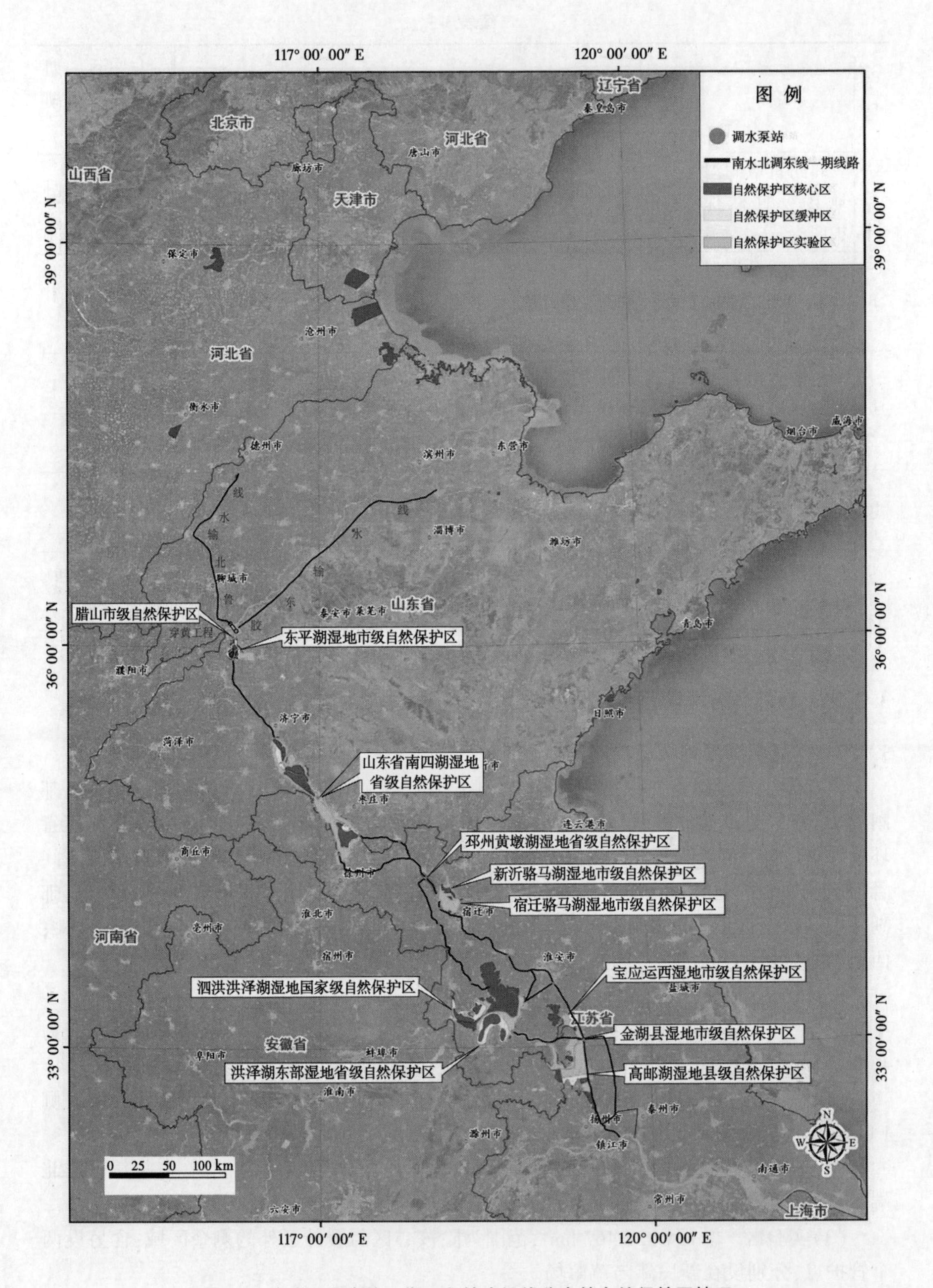

图 3-2　南水北调东线一期工程输水沿线分布的自然保护区情况

2. 主要保护对象

高邮湖保护区为内陆湿地形的县级保护区，其主要保护对象为湿地生态系统。

3.2.2.2　宝应运西湿地市级自然保护区

该保护区包括自然保护区的核心区、缓冲区和实验区。范围以宝应湖隔堤为基线，向湖整体推进 1 060 m 南北主航道，向陆地上延伸 50 m 至排河，南至宏图河，北至刘堡渡口。东以京杭运河为界，南至高邮湖，西至金湖县，北至山阳镇宝应湖隔堤（不包含原中港集镇规划范围）。它包含扬州宝应湖国家湿地公园和宝应湖国家级水产种质资源保护区，界址点坐标 E119°16′17.48″~119°19′21.02″，N33°08′28.54″~33°06′33.82″。该保护区总面积 175 km^2。

3.2.2.3　金湖县湿地市级自然保护区

金湖县湿地市级自然保护区地处金湖县东南方向，区域内水面广阔，湿地资源丰富。2013 年经批准为市级保护区，根据 2009 年、2013 年江苏省环境保护厅印发的《江苏省自然保护区名录》以及《江苏省政府关于印发江苏省生态空间管控区域规划的通知》（苏政发〔2020〕1 号）文件，该保护区面积 5 800 hm^2，主要保护对象为湿地生态系统。

1. 功能区划

目前，金湖县湿地市级自然保护区暂未分区，保护范围位于金湖重要湿地鸡鸣荡东侧。

2. 主要保护对象

金湖县湿地市级自然保护区地处高邮湖北侧，境内水面广阔，河网密布，湿地资源丰富，主要保护对象为湿地生态系统。

3.2.2.4　泗洪洪泽湖湿地国家级自然保护区

江苏泗洪洪泽湖湿地国家级自然保护区位于中国第四大淡水湖洪泽湖，具有独特的自然环境条件和特殊的湿地生物资源。2001 年 11 月经江苏省人民政府批准，以原杨毛嘴湿地县级自然保护区、城头林场鸟类县级自然保护区和下草湾标准地层剖面县级自然保护区为基础，建立了江苏泗洪洪泽湖湿地省级自然保护区。2006 年经国务院批准为国家级自然保护区，成为江苏省第三个国家级自然保护区，2018 年勘界确定保护区总面积为 50 223.13 hm^2。

1. 功能区划

范围及功能分述如下：①核心区面积 16 911.42 hm^2，占保护区总面积的 33.67%。共有 3 个核心区，即东核心区、西核心区和下草湾核心区。东核心区和西核心区以保存最完好的自然草滩为主，包括周边水面及陆地。核心区内各种原生湿地生态系统保存良好，最具代表性，动、植物物种丰富，国家重点保护的野生动植物在核心区内最为集中，也是各种鸟类等脊椎动物的主要栖息、繁殖和觅食区域。下草湾核心区位于保护区的南部，沿下草湾河谷呈长条形分布，重点保护对象为下草湾地质剖面。②缓冲区面积为 17 455.95 hm^2，占保护区总面积的 34.76%。位于核心区的外围，将核心区与保护区边界及实验区相隔，缓冲区内有水域、滩涂等自然生境类型，也有部分水产养殖区、林地、水田及旱地，是鸟类的重要活动区。③实验区面积为 15 855.76 hm^2，占保护区总面积的 31.57%。由 3 块实验区组成，分别位于保护区的东部、北部和南部。实验区内湿地生境类型较多，以水域、滩地、养殖塘、农田、林地等为主，有少量建筑用地。

2. 主要保护对象

保护区的主要保护对象为内陆淡水湿地生态系统、国家重点保护鸟类和其他野生动植物、鱼类产卵场所、下草湾标准地层剖面。

3. 与东线一期工程的水力联系

南水北调东线一期工程在运行时利用洪泽湖做调蓄湖泊,与该保护区有水力联系。东线一期工程与泗洪洪泽湖湿地国家级自然保护区位置关系见图3-3。

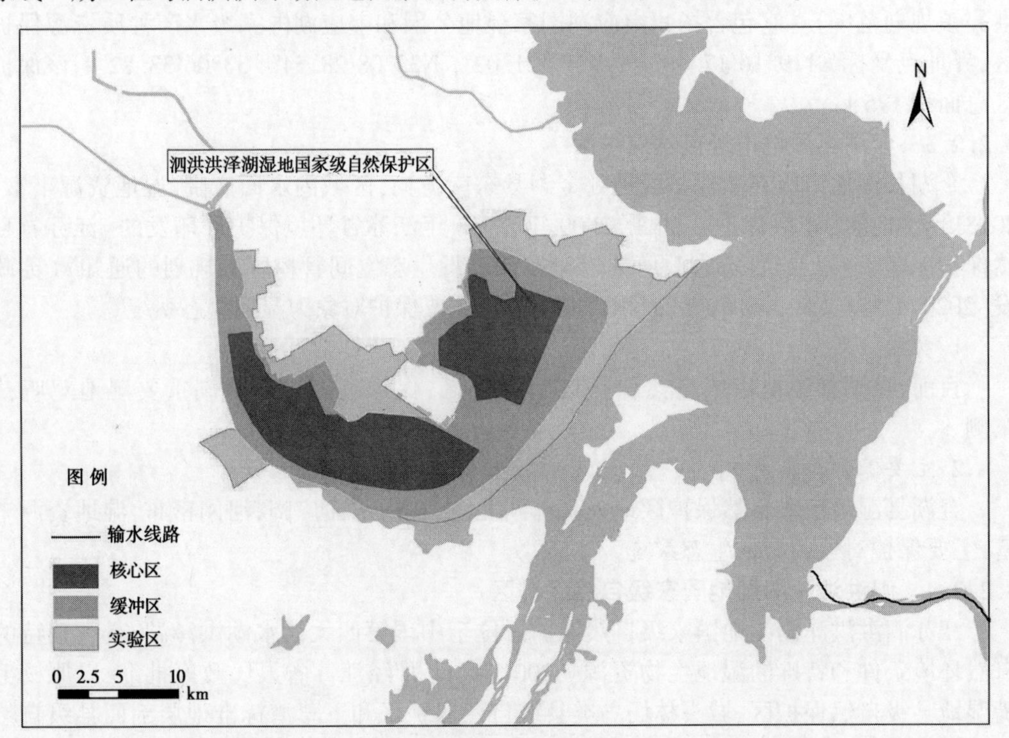

图3-3 东线一期工程与泗洪洪泽湖湿地国家级自然保护区位置关系

3.2.2.5 洪泽湖东部湿地省级自然保护区

洪泽湖东部湿地省级自然保护区位于我国第四大淡水湖——洪泽湖,是大量鸟类及各种湿地野生动物的栖息繁衍地,共有浮游动物91种、底栖动物76种、鱼类67种、两栖类6种、爬行类17种、兽类12种、鸟类194种,其中有许多种类属于国家一级或二级保护动物。

洪泽湖东部湿地是我国重要湿地之一,该保护区对于保护洪泽湖湿地和区域生物多样性具有重要意义。1989年该湿地被列入世界自然保护联盟(International Union for Conservation of Nature, IUCN)、国际鸟类保护联合会(International Council for Bird Preservation, ICBP)、国际湿地和水禽研究署(International Waterfowl and Wetlands Research Bureau,IWRB)编著的《亚洲湿地名录》中。2000年国家林业局等17部委(局)发布的《中国湿地保护行动计划》将洪泽湖东部湿地列入中国重要湿地,于2006年8月,经江苏省人民政府批准同意在淮安市建立洪泽湖东部湿地省级自然保护区。

1. 功能区划

洪泽湖东部湿地省级自然保护区总面积 54 000 hm^2，涉及洪泽、盱眙、淮阴 3 个县（区）。核心区面积 16 400 hm^2，由 2 块区域组成，分别为洪泽区老子山林场和老子山核心区 13 200 hm^2、三河农场核心区 3 200 hm^2；老子山林场缓冲区以环核心区水域为主，并包括杨圩滩南部部分滩地，三河农场缓冲区包括西侧农田与原生滩涂之间的下场陆地和东侧核心区外围狭长水域，缓冲区总面积 14 100 hm^2；实验区包括洪泽湖大堤沿岸、堤外浅水水域、苏北灌溉总渠入口和淮沭河入口等，实验区总面积 23 500 hm^2。

2. 主要保护对象

根据《洪泽湖东部湿地省级自然保护区科学考察报告》，洪泽湖东部湿地省级自然保护区的主要保护对象为：①洪泽湖湿地生态系统；②以国家一、二级重点保护鸟类为主的动植物资源；③渔业资源。

3. 与东线一期工程的水力联系

南水北调东线一期工程在运行时利用洪泽湖做调蓄湖泊，与该保护区有水力联系。东线一期工程与洪泽湖东部湿地省级自然保护区位置关系见图 3-4。

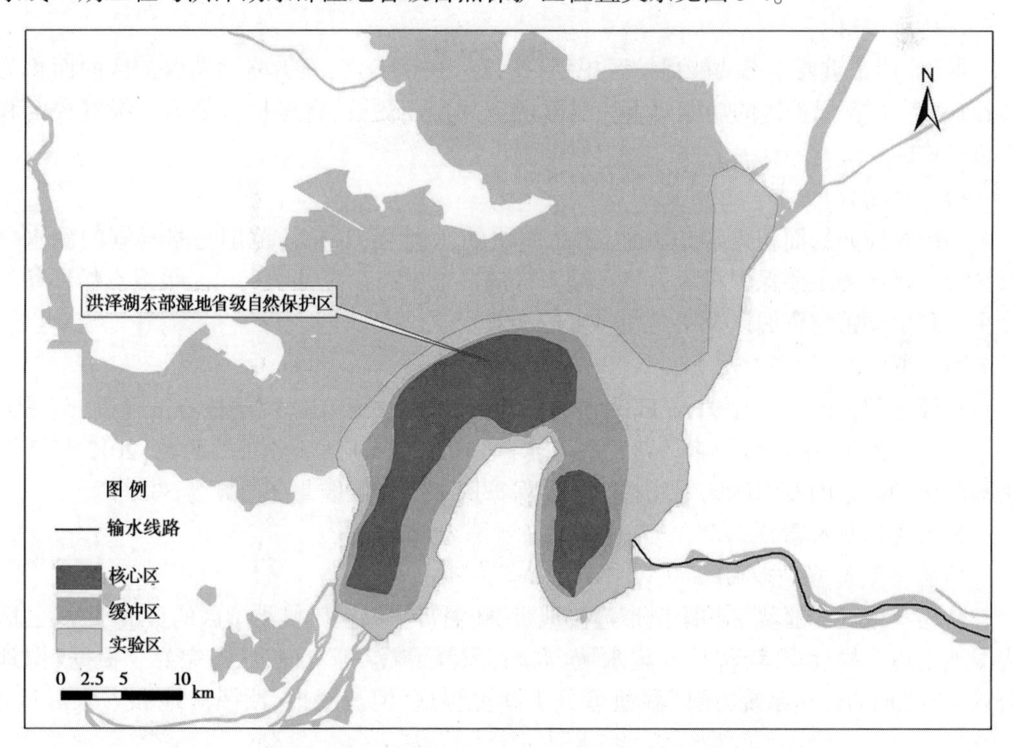

图 3-4　东线一期工程与洪泽湖东部湿地省级自然保护区位置关系

3.2.2.6　邳州黄墩湖湿地县级自然保护区

邳州黄墩湖湿地县级自然保护区（简称黄墩湖保护区）位于江苏北部徐州市与宿迁市交界处。地理坐标：34°08′N～34°13′N，118°02′E～118°6′E。2005 年 6 月经邳州市人民政府批准建立县级自然保护区［《关于同意建立邳州黄墩湖湿地自然保护区》（邳政复〔2005〕5 号）］。黄墩湖保护区以淡水湖泊、河流湿地生态系统为主要保护对象，分属于邳州市零星湿地区(湿地区编码 320382);保护区总面积 2 840 hm^2。

1. 功能区划

根据《邳州市黄墩湖湿地自然保护区功能区调整论证报告》,在保护区功能区调整后,以《江苏省生态红线区域保护规划》中黄墩湖湿地县级自然保护区边界范围不变,总面积仍为 28.4 km^2;把拟建 S344 京杭运河特大桥两侧 200 m 范围调整为实验区,同时把核心区、缓冲区向南延伸到县域界。

功能分区调整后,保护区总面积不变,仍为 28.4 km^2,核心区面积为 11.87 km^2、缓冲区面积为 3.82 km^2、实验区面积为 12.71 km^2。

2. 主要保护对象

黄墩湖保护区以淡水湖泊、河流湿地生态系统为主要保护对象。

3.2.2.7 新沂骆马湖湿地市级自然保护区

新沂骆马湖湿地市级自然保护区(简称新沂骆马湖保护区)位于新沂市西南 20 km 处,在骆马湖北部区域,总面积约 132.7 km^2。湖区有大小湖岛 69 个,大部分属于季节性浮岛,面积较大的岛屿有橄榄岛、沈楼、盐场、陆渡口、花嘴、李圩子、高场等。

1. 功能区划

据《徐州市重要生态功能保护区规划(2011~2020 年)》,新沂骆马湖保护区的面积为 132.7 km^2,根据保护区的功能要求和实际的空间利用划分,将保护区分为一级管控区和二级管控区。

1) 一级管控区(核心区和缓冲区)

一级管控区的面积为 41.1 km^2,占总面积的比例为 31.0%,范围是骆马湖的深水分布区域。该区的主要保护对象为骆马湖多样的湿地生态系统,国家一、二级重点保护鸟类为主的野生动植物资源以及骆马湖丰富的渔业资源。

2) 二级管控区(实验区)

二级管控区的面积为 91.6 km^2,占总面积的比例为 69.0%,位于核心区外围,范围为骆马湖大堤外 1 km 区域和骆马湖浅水区、骆马湖北部沂河河床分布的区域(2012 年新沂骆马湖保护区范围及功能区划现状图显示保护区二级管控区北部边界为 S323)。

2. 主要保护对象

1) 骆马湖湿地生态系统

骆马湖地处北亚热带与暖温带过渡地带、暖温带半湿润气候类型区的黄淮平原区,区内湿地生境多样性丰富,包括开阔水域、岛屿、沼泽、滩涂等,自然状态完好。根据《湿地公约》中湿地的分类系统,该区湿地可分为湖泊湿地、河流湿地、沼泽湿地和人工湿地 4 大类。

2) 以国家一、二级重点保护鸟类为主的动植物资源

骆马湖湿地记载重点保护鸟类 24 种,其中黑鹳、东方白鹳、白鹤、丹顶鹤和大鸨等 5 种鸟类为国家一级重点保护鸟类;黄嘴白鹭、大天鹅、鸳鸯、灰鹤、红隼等国家二级重点保护鸟类 19 种。另外,骆马湖还有国家二级保护植物 2 种,为野大豆、野菱。

3) 渔业资源

骆马湖有鱼类 81 种,隶属 9 目 16 科,主要经济鱼类有青、草、鲢、鲫、银鱼等。

3.2.2.8　宿迁骆马湖湿地市级自然保护区

宿迁骆马湖湿地市级自然保护区位于江苏骆马湖湖心区域，2005年经批准建立市级自然保护区，保护区面积67 km^2。

1. 骆马湖湿地特征

骆马湖介于北纬34°00′~34°14′、东经118°05~118°16′，总面积400 km^2，是江苏省第四大淡水湖。宿迁市境内骆马湖280 km^2，占总面积的70%，位于骆马湖南部水域。骆马湖湿地水域、滩涂广阔，水质达国家Ⅱ类标准，野生动植物资源丰富，有鸟类资源49种，其中国家一级保护鸟类有大鸨、白鹳、黑鹳3种；高等植物资源66种，鱼类23种，两栖、爬行类动物9种。

2. 功能区划

根据《江苏省政府关于印发江苏省生态空间管控区域规划的通知》［苏政发〔2020〕1号］文件，包括自然保护区核心区、缓冲区和实验区，总面积6.7 km^2。

1)核心区

核心区面积610 hm^2，占保护区面积的9.1%。位于骆马湖西部，以芦苇湿地为重点。核心区是各种原生性生态系统保存最全的地方，也是珍稀濒危鸟类的集中分布地。严格禁止围网、围塘、采伐、狩猎、旅游等活动，任何人未经批准不得入内，让生态环境尽量不受到人为干扰，在自然状态下进行更新和繁衍，保护其生物多样性，使之成为骆马湖湿地的"物种基因库"。

2)缓冲区

缓冲区面积1 350 hm^2，占保护区面积的20.15%。位于核心区外围，是核心区保护的缓冲地带，包括受到轻微干扰的原湿地生态系统，围网时间短、破坏较弱的次生湿地生态系统、人工生态系统（林地等）。可以进行科学实验研究，如教学实习、参观考察和标本采集等活动。

3)实验区

实验区面积4 740 hm^2，占保护区面积的70.75%。位于缓冲区外围，包括少量原生或次生生态系统、人工生态系统，在统一规划下，进行引种、栽培、珍稀动物饲养驯化、招引等实验。根据具体情况，有选择地进行经营性活动，在有条件地段开展旅游活动。主要经营活动有旅游业，按景观生态学原理配置的高效水产养殖业、水域园艺业等。

3. 宿迁骆马湖湿地市级自然保护区保护对象

该区主要保护对象为内陆淡水湿地生态系统、国家重点保护鸟类和其他野生动植物、鱼类产卵场等。

(1)湿地物种多样性：湿地动植物群落，特别是湿地珍稀动物大鸨、白鹳、黑鹳等。

(2)生物多样性：湿地芦苇荡、沿岸林地等珍稀动物栖息地，鱼类育种、育肥、繁殖保护地。

(3)湿地人工林：湖东岸柳树湿地森林。

(4)有生态保护意义的人工建筑：骆马湖防洪堤。

3.2.2.9　山东省南四湖湿地省级自然保护区

微山县人民政府在1982年批准建立南四湖湿地县级自然保护区，它也是山东省第一个自然保护区。2003年山东省人民政府批准其晋升为省级自然保护区。2019年11月4日，山东省人民政府以《山东省人民政府关于调整山东南四湖省级自然保护区范围和功能区的批复》（鲁政字〔2019〕209号文）同意对山东南四湖省级自然保护区范围和功能区进行调整。

山东省南四湖湿地省级自然保护区位于山东省西南部济宁市境内，地跨微山县、鱼台县和济宁市任城区3个县（区），地理坐标为东经116°34′09″～117°21′53″，北纬34°23′56″～35°17′39″，保护区总面积111 651.07 hm^2。

1. 功能区划

山东省南四湖省级自然保护区调整后总面积111 651.07 hm^2。其中，核心区451 14.80 hm^2，占保护区总面积的40.41%；缓冲区12 696.70 hm^2，占保护区总面积的11.37%；实验区53 839.57 hm^2，占保护区总面积的48.22%。

2. 主要保护对象

山东省南四湖湿地省级自然保护区以内陆湿地和水域生态系统为主要保护目标，主要保护对象包括：①典型的内陆淡水湖泊和水域生态系统；②栖息其中的珍稀、濒危鸟类；③珍稀濒危鸟类的栖息地以及其生物多样性。

3. 与东线一期工程水力联系

南水北调东线一期工程输水干线直接穿越山东省南四湖湿地省级自然保护区的核心区、缓冲区和实验区，工程调水期间对南四湖水文情势产生一定影响，与该自然保护区水力联系密切。东线一期工程与山东省南四湖湿地省级自然保护区位置关系见图3-5。

3.2.2.10 东平湖湿地市级自然保护区

东平湖湿地市级自然保护区建立于2002年。泰安市人民政府《关于对东平湖和腊山两个市级自然保护区功能区划进行调整的批复》（泰政函〔2013〕49号）指出，将东平湖湿地市级自然保护区二级湖堤及以西、环湖路及以西、六工山以北区域调整为实验区，将腊山市级自然保护区卧牛山堤所在的缓冲区部分调整为实验区。东平湖湿地市级自然保护区于2016年以泰林字〔2015〕103号文进行了调整，保护区总面积25 927 hm^2。

1. 功能区划

东平湖湿地市级自然保护区的功能区划分为核心区、缓冲区和实验区。

1）核心区

核心区完全位于东平湖的核心水面之内。南缘距东平湖二级湖堤200～300 m，西缘距金山坝（环湖路）向湖约300 m，东侧距岸约200 m。核心区面积为8 114 hm^2，占保护区总面积（25 927 hm^2）的31.30%。

2）缓冲区

缓冲区位于核心区的外围，缓冲区的范围基本局限于湖区以内、核心区以外，主要为水面和湿地生态系统，真正起到保护核心区、缓冲人类影响的作用。缓冲区面积为3 922 hm^2，占保护区总面积的15.13%。

3）实验区

实验区位于自然保护区的东部、西部和北部，基本包围了缓冲区和核心区，处于保护区最外围。实验区面积约13 891 hm^2，占保护区总面积的53.57%。

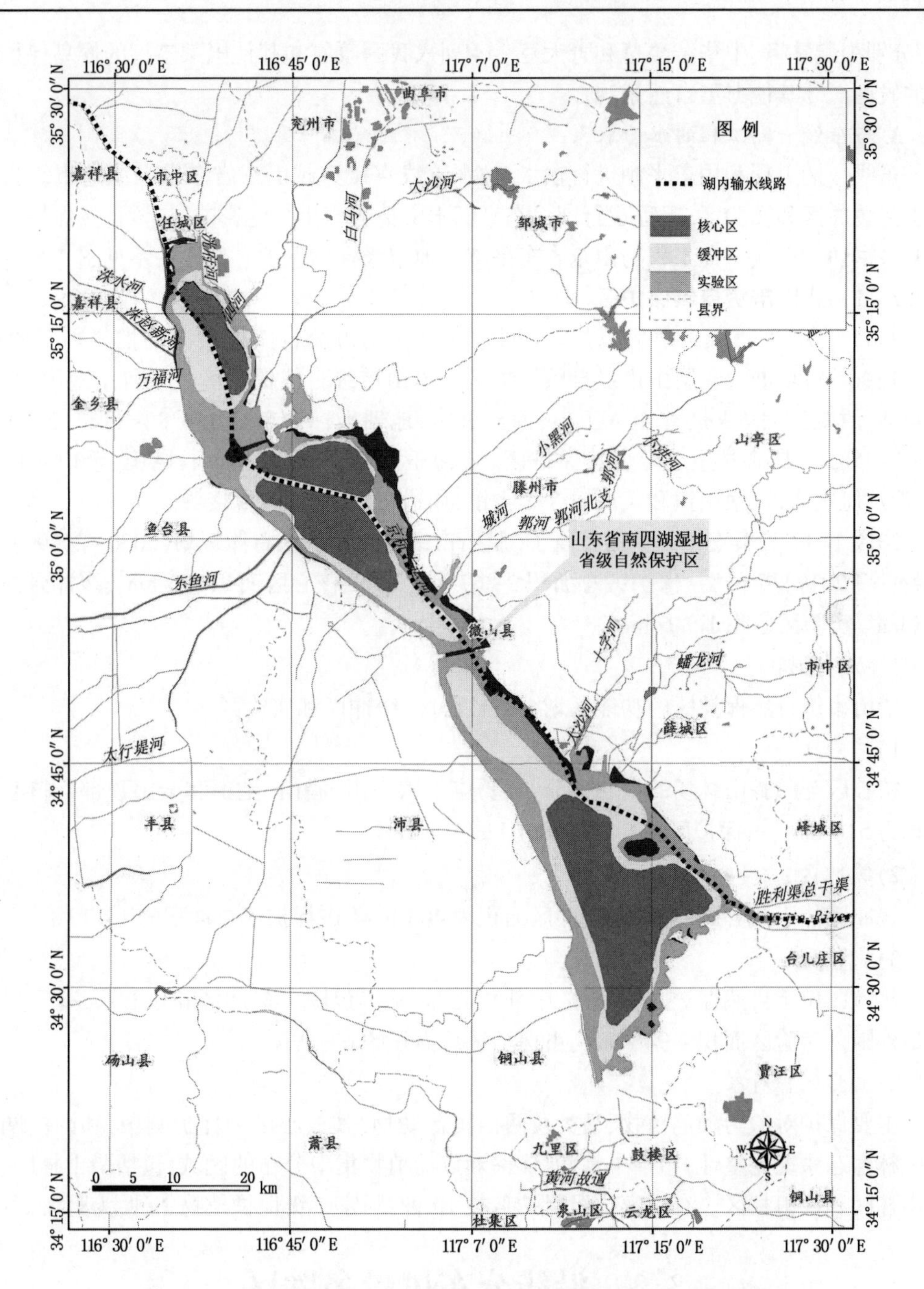

图 3-5　东线一期工程与山东省南四湖湿地省级自然保护区位置关系

2. 主要保护对象

保护区主要保护对象有:①东平湖湿地生态系统及其生物多样性。②国家和省重点保护鸟类及水禽、候鸟的繁殖、停留、迁徙地。山东省东平湖湿地市级自然保护区有国家一级保护野生动物3种,均为鸟类;国家二级保护野生动物20种,均为鸟类。③经济价值较高的动植物资源。有国家一级保护植物2种,分别为银杏、水杉;国家二级保护植物3

种,分别为鹅掌楸、中华结缕草和野大豆。④列入我国政府和其他国家签订的候鸟保护协定的候鸟。⑤其他典型自然景观。

3. 与东线一期工程的水力联系

东线一期工程利用东平湖进行输水,输水干线直接穿越山东省东平湖湿地市级自然保护区缓冲区和实验区,工程运行期对东平湖水文情势产生一定影响,与该自然保护区水力联系密切。东线一期工程与山东省东平湖湿地市级自然保护区位置关系见图 3-6。

3.2.2.11 腊山市级自然保护区

2002 年,泰安市人民政府以《关于同意建立腊山市级自然保护区的批复》(泰政函〔2002〕96 号)批准成立腊山市级自然保护区。腊山市级自然保护区位于鲁南地区,东临东平湖,西距黄河 6 km,北至六工山,南至金山,地理坐标为东经 116°8′~116°12′、北纬 35°5′~35°58′,属森林生态型自然保护区。保护区涵盖六工山、腊山、昆山、金山 4 座山体,涉及斑鸠店镇、银山镇和戴庙镇 3 个乡镇,周边与 24 个行政村接壤。

2019 年 12 月泰安市林业局批复了《腊山市级自然保护区总体规划(2020~2029 年)》(泰林字〔2019〕17 号)。保护区总面积 2 867 hm^2,其中核心区面积 516 hm^2、缓冲区面积 405 hm^2、实验区面积 1 946 hm^2。

1. 功能区划

腊山市级自然保护区的功能区划分为核心区、缓冲区和实验区。

1)核心区

核心区为原腊山林场的核心部分,主要位于六工山、腊山、昆山和金山顶部。核心区面积为 516 hm^2,占保护区总面积(2 867 hm^2)的 18%。

2)缓冲区

缓冲区位于核心区的外围,缓冲区面积为 405 hm^2,占保护区总面积的 14.13%。

3)实验区

实验区位于自然保护区的东部、中部和北部,基本包围了缓冲区和核心区,处于保护区最外围。实验区面积 1 946 hm^2,占保护区总面积的 67.87%。

2. 主要保护对象

主要保护对象为濒危植物、鸟类及两栖爬行动物,其核心区为保护侧柏针叶林、阔叶针叶林生态系统完整性、物种丰富性、珍稀濒危动植物集中分布的区域,包括腊山林区、六工山林区和昆山林区。有国家二级保护鸟类 10 种;国家二级保护植物 1 种,为野大豆。

3.3 沿线分布风景名胜区

3.3.1 沿线分布风景名胜区统计

经调查统计,南水北调东线一期工程输水沿线分布有风景名胜区 7 个,其中江苏省 5 个、山东省 2 个,见表 3-4。南水北调东线一期工程输水沿线风景名胜区位置关系见图 3-7。

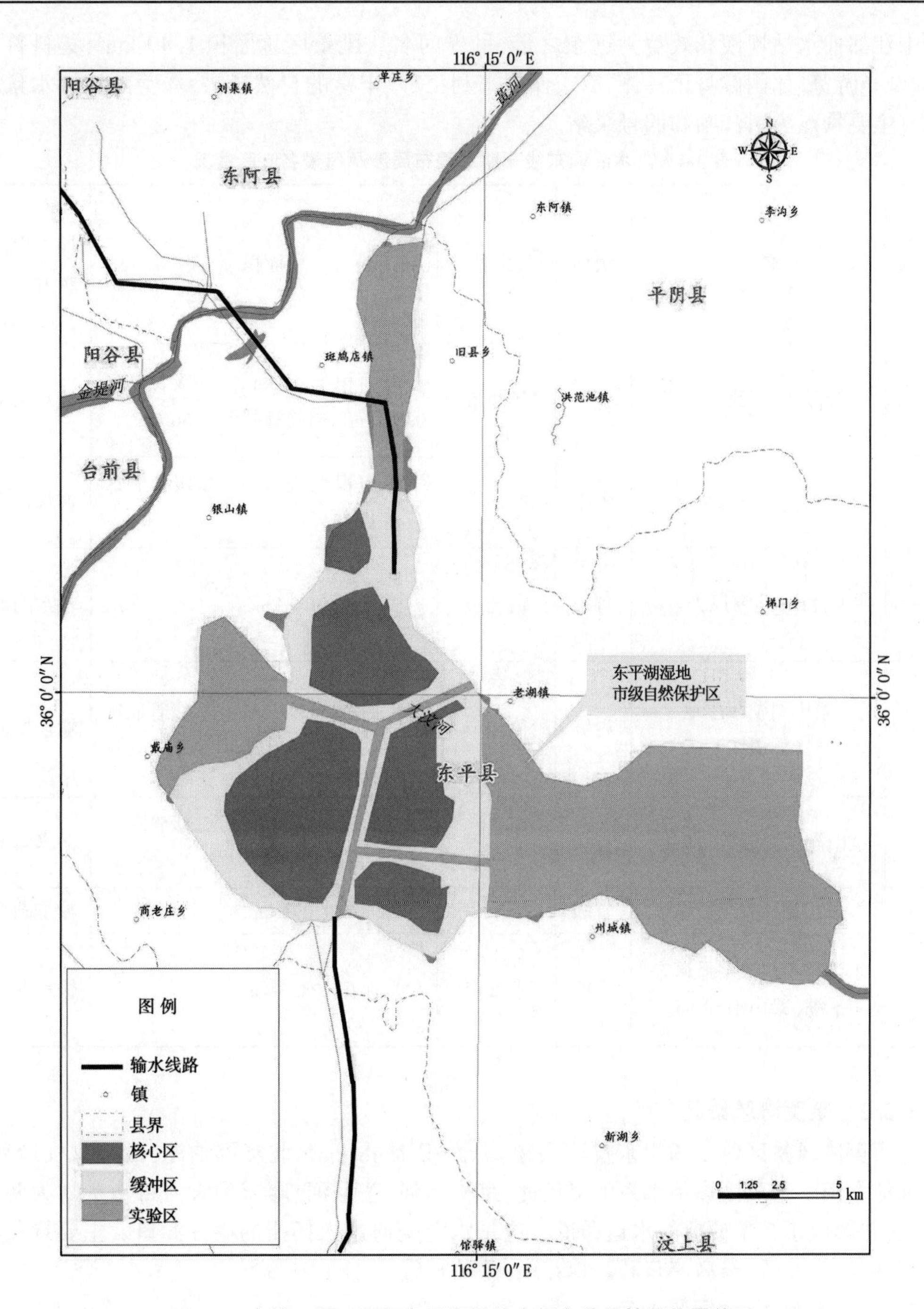

图3-6 东线一期工程与东平湖湿地市级自然保护区位置关系

3.3.2 沿线分布风景名胜区概况和保护要求

3.3.2.1 江都水利枢纽风景区

江都水利枢纽风景区地处历史文化名城扬州东郊，是国家南水北调东线工程的源头，其中江都抽水站规模和效益为远东之最,世界闻名。风景区总面积 1.49 km^2,集科普教育、观光游览、休闲健身于一体,以宏伟的水利工程、丰富的自然植被、秀美的江河水景著称。主要景点为引江闸和四号泵站。

表 3-4 南水北调东线一期工程布局涉及风景名胜区情况

序号	名称	级别	城市	面积	与东线一期工程输水河湖位置关系
1	江都水利枢纽风景区	省级	扬州市	总面积 1.49 km^2。一级管制区 0.93 km^2、二级管制区 0.56 km^2	输水泵站
2	茱萸湾风景区	省级	扬州市	总面积 1.48 km^2。二级管制区 1.48 km^2	调水水源
3	古黄河-运河风光带	省级	宿迁市	总面积 49.9 km^2	输水湖泊
4	微山湖湖西湿地(铜山区)	省级	徐州市	总面积 35.97 km^2。一级管制区 9.31 km^2、二级管制区 26.66 km^2	输水湖泊
5	微山湖湖西湿地(沛县)	省级	徐州市	总面积 136.3 km^2。二级管制区 136.3 km^2	输水湖泊
6	微山湖风景名胜区	省级	济宁市	总面积 1 091 km^2	输水湖泊
7	水泊梁山风景名胜区东平湖(梁山泊)景区	省级	泰安市	总面积 274.3 km^2	输水湖泊

3.3.2.2 茱萸湾风景区

茱萸湾风景区位于扬州东首湾头镇,总面积 1.48 km^2,北接邵伯湖,西濒京杭运河,东连仙女镇。茱萸湾多条水系汇交于此,京杭运河、芒稻河、廖家沟大河将湾头划为两大板块,并形成了 3 条便捷的水运通道。这是水上交通进入扬州的第一渡口。主要景点有鹤鸣湖、荷风曲桥、猴岛、芍药园、梅花山、茱萸林等。

3.3.2.3 古黄河-运河风光带

宿迁市古黄河-运河风光带由古黄河风光带和运河风光带组成。

古黄河风光带西起通湖大道,沿古黄河南至洋河镇,长 49.3 km,其中通湖大道至开发区大道段为核心区,河岸两侧 200 m 为保护区范围,201~400 m 为规划控制区范围。印象黄河景区、雄壮河湾公园、水景公园、河滨景区等 8 座公园坐落于此。

运河风光带西起水杉大道,沿京杭运河南至洋北镇,长 23 km,其中运河二号桥至三

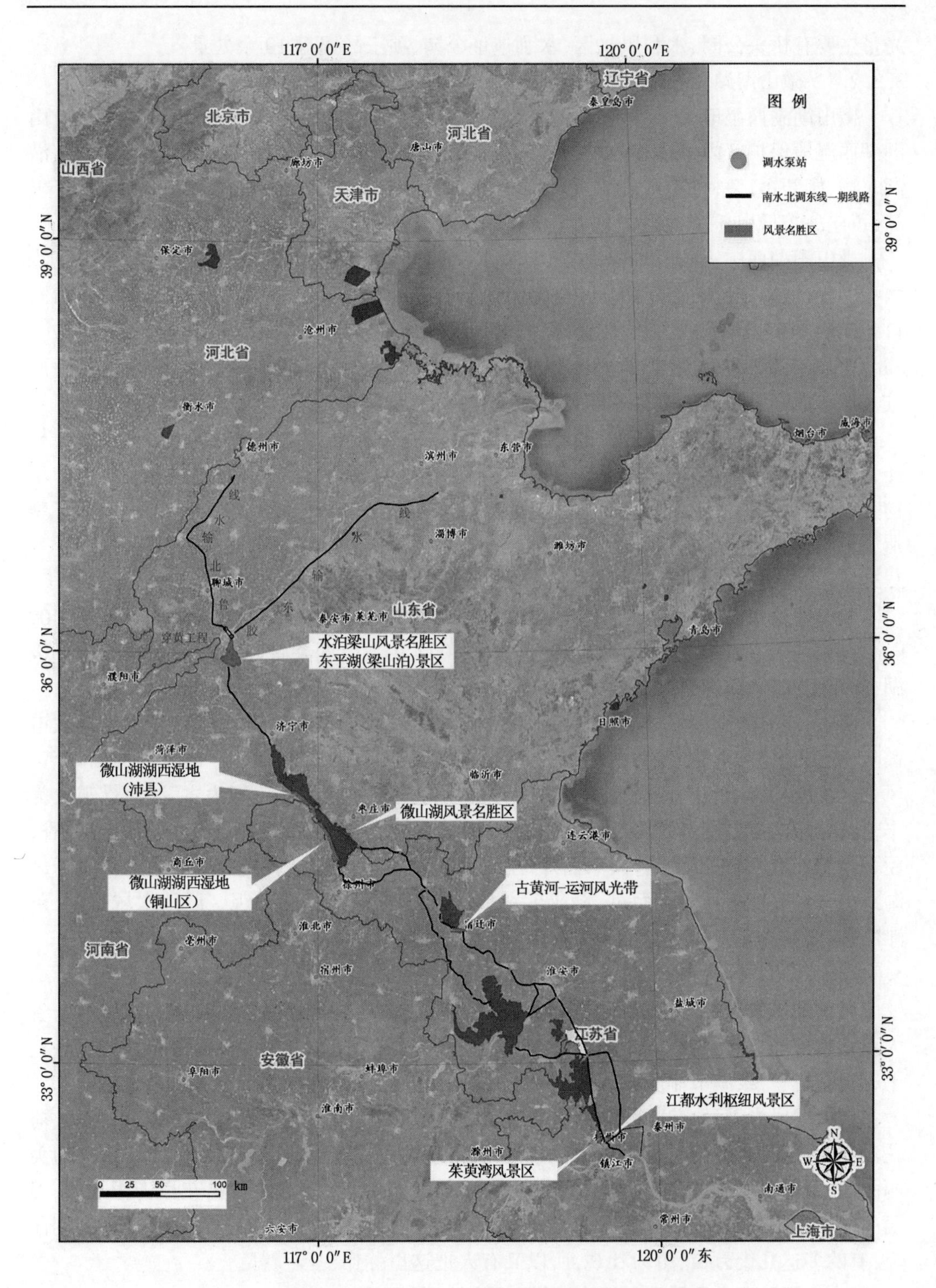

图 3-7　南水北调东线一期工程输水沿线风景名胜区位置关系

号桥段为核心区,河岸两侧 100 m 为保护区范围,101~200 m 为规划控制区范围。运河风光带主要有桥头公园、水利风景区、水利遗址公园、项王故里等10余处景点。

3.3.2.4 微山湖湖西湿地(铜山区)

微山湖湖西湿地(铜山区)位于徐州市北部20 km铜山区境内,主要范围在徐州微山湖湖西湿地保护区内,沿湖滩涂长60 km,宽1~2 km,总面积35.97 km^2,包括马坡镇、沿湖农场、柳新镇、茅村镇、柳泉镇、利国镇等相邻6个乡镇及铜山岛、龟山岛、黄山岛、套里岛、黄庄岛等低山丘陵岛屿。

微山湖湖西湿地(铜山区)是微山湖的一部分,微山湖是我国著名的湖泊之一,属浅水型、河流堰塞湖。它绵延如浩川巨河,状似一条春蚕,横卧在苏鲁两省交界处。微山湖自北向南,由南阳湖、独山湖、昭阳湖、微山湖四湖组成,故又称为南四湖,东西宽5~22.8 km,南北长122.6 km,湖的中部最窄,湖域总面积1 266 km^2,京杭运河沿湖西岸伴湖而过。现水面归山东管理,而湖西滩地(湿地)使用权由江苏所有。

微山湖湖西湿地保护区位于江苏省徐州市境内,东南面与铜山区接壤,西与沛县相连,北临山东省微山县。湿地保护区内,有野生脊椎动物300多种,其中国家一级保护动物有中华秋沙鸭、大鸨;国家二级保护动物有大天鹅、灰鹤等;江苏省重点保护动物有刺猬、鹳、雁类、杜鹃、啄木鸟等。

3.3.2.5 微山湖湖西湿地(沛县)

微山湖是南四湖的别称,是我国北方最大的淡水湖,其中沛县辖湖区面积约400 km^2,湖岸线长62 km。狭义的微山湖是指1960年在微山湖湖腰建成的拦湖大坝的下级湖,与昭阳湖、南阳湖、独山湖共同构成了南四湖(广义微山湖)。

其中,沛县微山湖千岛湿地景区地处微山湖二级湖坝以南、京杭运河以东、北部大屯镇濒临运河区域,水面开阔,沙屿众多,形成了较大面积的内湖景观,千岛便因此而得名。风景区总面积为35.97 km^2,临近微山湖片区以自然湿地和人工鱼塘为主,湿地景观较为丰富;西部临近京杭运河处以田园风光为主;南片区与中片区接近,临近运河处稻麦飘香,屋舍隐约,随着向东部的延伸,苇荡片片,舟行其间,往往会没入芦花皆不见。微山湖千岛湿地内又有京杭运河穿湖而过,形成了别具特色的"湖上运河"景观。湿地水域辽阔,芦滩广袤,荷花滴翠,每年七八月,荷花盛开,蔚为大观。

3.3.2.6 微山湖风景名胜区

微山湖风景名胜区位于济宁市微山县境内,规划面积1 091 km^2。1987年经山东省人民政府批准,列为省级风景名胜区。主要景点有南阳古镇、微山岛、独山岛、水上渔村、十万亩荷花、二级湖节制闸风景区、韩庄节制闸风景区等。

微山湖风光秀丽,美丽而又神秘,自然而又洒脱,山、岛、森林、湖面、渔船、芦苇荡、荷花池,还有那醉人的落日夕阳、袅袅炊烟等和谐统一地结合起来,构成了微山湖特有的美丽画面,是个天然的大公园。这些风物中,尤以有"花中仙子"之称的荷花最为耀眼,其美丽的身姿和出淤泥而不染的性格,又全身都是宝,人们甚是喜爱。其洋洋洒洒地铺到湖面上,有的多达几十万亩,蔚为壮观,所以又有人把这里称作中国荷都。

3.3.2.7 水泊梁山风景名胜区东平湖(梁山泊)景区

水泊梁山是水浒故事的发祥地,因古典名著《水浒传》一书行世而驰名中外,水泊梁山风景名胜区是以人地沧桑和山水遗迹为基础,以水浒文化为主要内容的著名风景区。

1985年被山东省人民政府首批公布为省级风景名胜区。2022年1月8日,山东省人民政府以鲁政字〔2022〕6号文批复《水泊梁山风景名胜区东平湖风景区总体规划(2020~2035年)》。水泊梁山风景名胜区东平湖风景区是以“缓山阔水、茂林丰物”为风景特征,以生态保护、文化体验、古迹寻踪、游览观光、度假康养为主要功能,重点突出水浒文化的湖泊类省级风景名胜区。它包括戴村坝景区、州城景区、湿地游赏景区、水牛山景区、洪顶山景区、西楚霸王陵景区、东平湖入黄景区、水浒风情体验景区、大安山景区9个景区,总面积274.3 km^2。按照《南水北调工程总体规划》确定的分级保护要求实行三级保护,其中一级保护区143.8 km^2、二级保护区25.9 km^2、三级保护区104.6 km^2。

3.4 沿线分布水产种质资源保护区

3.4.1 沿线分布水产种质资源保护区统计

经调查统计,南水北调东线一期工程输水河湖沿线及水源区分布有17个国家级水产种质资源保护区,其中江苏省14个、山东省3个,见表3-5,南水北调东线一期工程输水河湖沿线水产种质资源保护区分布见图3-8。

表3-5 南水北调东线一期工程输水河湖沿线水产种质资源保护区分布情况

序号	名称	省份	城市	位置关系
1	长江扬州段四大家鱼国家级水产种质资源保护区	江苏省	扬州市	输水干线穿越
2	邵伯湖国家级水产种质资源保护区		扬州市	输水干线西侧,水力联系
3	高邮湖大银鱼湖鲚国家级水产种质资源保护区		扬州市	输水干线西侧,水力联系
4	高邮湖河蚬秀丽白虾国家级水产种质资源保护区		扬州市	输水干线西侧,水力联系
5	高邮湖青虾国家级水产种质资源保护区		淮安市	输水干线西侧,水力联系
6	宝应湖国家级水产种质资源保护区		扬州市	输水干线西侧,水力联系
7	洪泽湖银鱼国家级水产种质资源保护区		淮安市	调蓄湖泊
8	洪泽湖青虾河蚬国家级水产种质资源保护区		淮安市	调蓄湖泊
9	洪泽湖秀丽白虾国家级水产种质资源保护区		宿迁市	调蓄湖泊
10	洪泽湖虾类国家级水产种质资源保护区		淮安市	调蓄湖泊

续表 3-5

序号	名称	省份	城市	位置关系
11	洪泽湖鳜国家级水产种质资源保护区	江苏省	宿迁市	调蓄湖泊
12	洪泽湖黄颡鱼国家级水产种质资源保护区		宿迁市	调蓄湖泊
13	骆马湖国家级水产种质资源保护区(鲤鱼和鲫鱼)		宿迁市	输水干线东侧,水力联系
14	骆马湖青虾国家级水产种质资源保护区		宿迁市	输水干线东侧,水力联系
15	南四湖乌鳢青虾国家级水产种质资源保护区	山东省	济宁市	输水湖泊
16	京杭运河台儿庄段黄颡鱼国家级水产种质资源保护区		枣庄市	输水河道
17	东平湖国家级水产种质资源保护区		泰安市	输水湖泊

3.4.2　沿线分布水产种质资源保护区概况

3.4.2.1　长江扬州段四大家鱼国家级水产种质资源保护区

1. 功能区划分

长江扬州段四大家鱼国家级水产种质资源保护区位于扬州市南部,地处北亚热带温暖亚带与温和亚带的过渡地带,是我国第一大河流长江的支流。位于太平闸东(119°31′01″E,32°25′42″N),万福闸西(119°30′25″E,32°25′36″N),三江营夹江口(119°42′05″E,32°18′98″N),小虹桥大坝(119°30′51″E,32°16′72″N)、西夹江(翻水站)(119°27′94″E,32°17′91″N)之间。保护区总面积 2 000 hm^2,其中核心区面积 200 hm^2、实验区面积 1 800 hm^2。核心区是由以下 10 个拐点沿河道方向顺次连线所围的水域:东大坝北首(119°31′35″E,32°19′20″N)—沙头镇强民村(119°33′58″E,32°19′37″N)—西大坝北头(119°28′37″E,32°18′13″ N)—施桥镇永安村(119°29′20″ E,32°16′44″N)—施桥镇顺江村(119°30′51″ E,32° 16′ 72″ N)—沙头镇小虹桥村(119° 30′ 41″ E,32° 16′ 48″ N)—猪场(119°28′09″E,32° 18′ 19″ N)—场部(119° 28′ 47″ E,32° 18′ 00″ N)—沙头镇三星村(119°30′21″E,32°18′43″N)—李典镇田桥闸口(119°34′06″E,32°20′32″N),面积约 200 hm^2,占保护区面积的 10%。特别保护期为全年,严禁任何可能影响或损害鱼类产卵繁殖及其生存环境的活动。实验区是范围为以下 14 个拐点沿河道方向顺次连线所围的水域:李典镇田桥闸口(119°34′06″ E,32°20′32″N)—东大坝北首(119°31′35″E,32°19′20″N)—霍桥镇码头(119°31′04″E,32°20′40″N)—廖家沟大桥西(119°30′49″E,32°23′17″N)—湾头镇联合村(119°30′33″E,32°24′06″N)—湾头镇夏桥村杭庄(119°31′13″E,32°24′35″N)—杭集镇耿营(119°31′12″E,32°24′08″N)—廖家沟大桥东(119°31′21″E,32°23′19″N)—杭集镇丁家口涵(119°31′12″E,32°22′12″N)—杭集镇八圩高滩涵(119°31′50″ E,32°20′18″N)—李典镇田桥闸口(119°34′06″E,32°20′32″N)—杭集镇新联村七圩(119°35′00″E,32°21′22″N)—

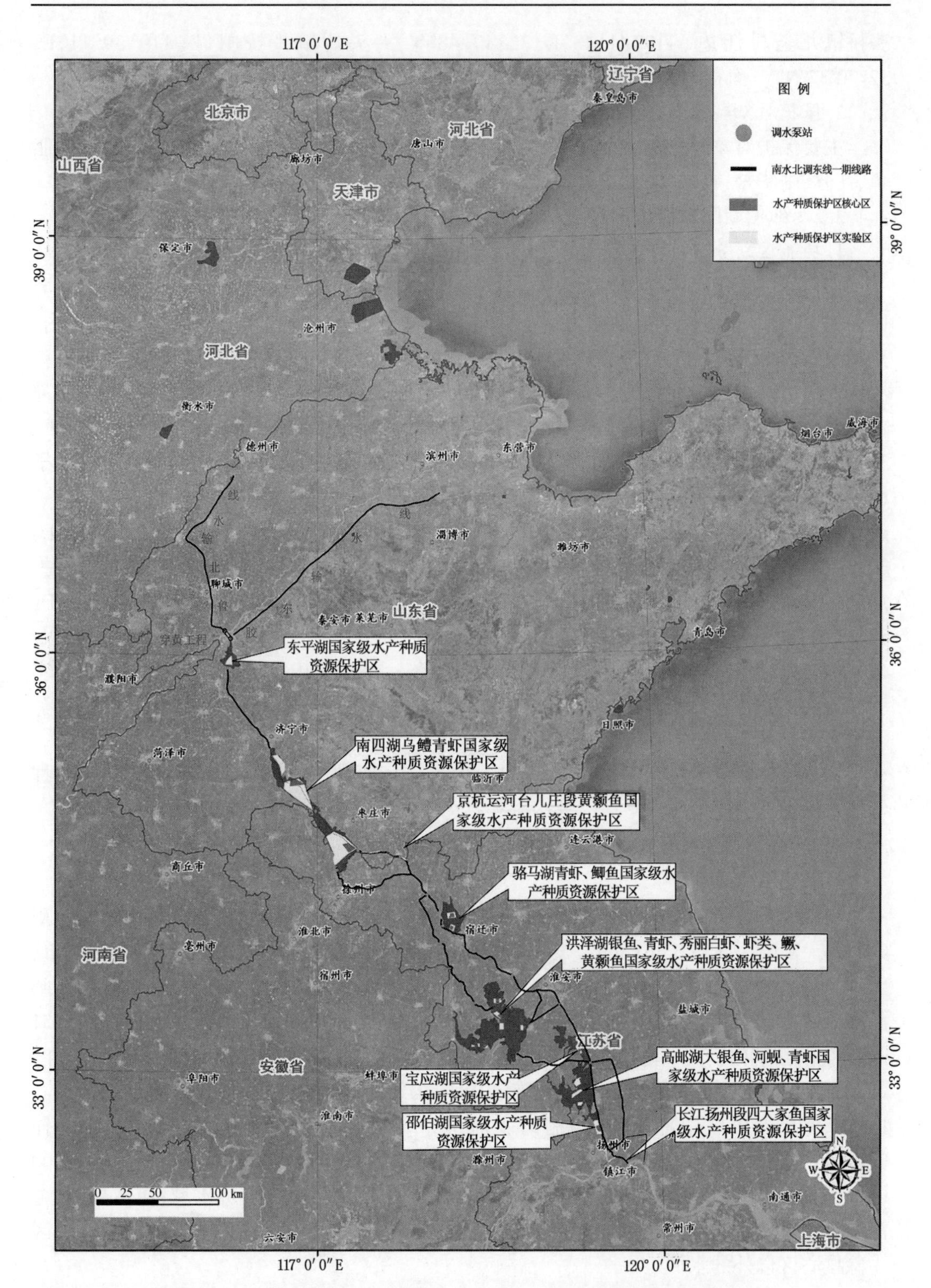

图 3-8　南水北调东线一期工程输水河湖沿线水产种质资源保护区分布

头桥镇九圣村江边(119°41′43″E,32°17′48″N)—头桥镇头桥闸口(119°39′11″E,32°20′37″N)。面积约为1 800 hm²,占保护区面积的90%。

2. 保护对象

主要保护对象是青鱼、草鱼、鲢、鳙和中华绒螯蟹,其他保护物种包括长江刀鱼、胭脂鱼、江豚、中华鳖、青虾、皱纹冠蚌等。

3.4.2.2 邵伯湖国家级水产种质资源保护区

1. 功能区划分

邵伯湖国家级水产种质资源保护区总面积4 638 hm²,其中核心区面积365 hm²、实验区面积4 273 hm²。特别保护期为全年。保护区位于江苏省扬州市邗江区、江都区境内,范围在东经119°24′37″~119°29′14″,北纬32°31′25″~32°37′35″。保护区是由8个拐点顺次连线围成的区域,拐点分别为:东北方向自小六宝大塘(119°27′38″E,32°37′35″N)沿邵伯湖东堤向南—邵伯回管(119°29′34″E,32°32′23″N)向西南—花园庄(119°29′14″E,32°31′44″N)向西—下坝嘴子(119°28′19″E,32°31′25″N)沿邵伯湖西堤向西北—张庄嘴子(119°26′36″E,32°31′39″N)—李华凹子(119°26′21″E,32°32′01″N)沿邵伯湖西堤向北—连圩航空塔(119°24′37″E,32°37′01″N)向东北—邵伯湖王伙大航道(119°25′37″E,32°37′35″N)。核心区位于保护区的中南部,是由以下8个拐点顺次连线所围的水域,拐点坐标分别为119°28′03″E,32°34′44″N;119°28′22″E,32°34′12″N;119°28′12″E,32°33′52″N;119°28′20″E,32°33′24″N;119°27′46″E,32°33′21″N;119°27′35″E,32°33′48″N;119°27′19″E,32°33′48″N;119°26′51″E,32°34′32″N。保护区内除核心区以外的水域为实验区。

2. 保护对象

主要保护对象为三角帆蚌,其他保护对象包括环棱螺、河蚬、褶纹冠蚌、无齿蚌、丽蚌等淡水贝类。

3.4.2.3 高邮湖大银鱼湖鲚国家级水产种质资源保护区

1. 功能区划分

高邮湖大银鱼湖鲚国家级水产种质资源保护区总面积4 457 hm²,其中核心区面积996 hm²、实验区面积3 461 hm²。核心区特别保护期为全年。保护区位于江苏省高邮市、金湖县的高邮湖,范围在东经119°15′~119°22′,北纬32°53′~32°56′。保护区东以六安闸航道西部为起点,向南延伸4 765 m至马棚湾航道中部;南沿马棚湾航道向西延伸3 651 m,至金湖县境内拐向西南至朱桥圩;西由朱桥圩转向朱尖南,并延伸1 700 m至石坝尖;北由石坝尖延伸4 237 m至新民村硬滩地,再向东延伸5 207 m至六安闸航道西部。核心区位于整个保护区中部,东从马棚湾主航道中部向北1 200 m处为起点,向北延伸2 454 m至修复区西北基地;北从修复区西北基地向西南延伸4 132 m至石坝尖外1 500 m处;西由石坝尖外1 500 m处向东南延伸2 641 m至高邮、金湖交界水域;南从高邮、金湖交界水域向东北延伸3 719 m至马棚湾主航道中部向北1 200 m处。实验区为保护区中除核心区以外的水域。

2. 保护对象

主要保护对象是大银鱼、湖鲚,其他保护物种包括环棱螺、三角帆蚌、黄蚬、秀丽白虾、日本沼虾、鲤、鲫、长春鳊、红鳍鲌、翘嘴鲌、鳜、黄颡鱼等。

3.4.2.4　高邮湖河蚬秀丽白虾国家级水产种质资源保护区

1. 功能区划分

高邮湖河蚬秀丽白虾国家级水产种质资源保护区总面积1 345 hm^2,其中核心区面积310 hm^2、实验区面积1 035 hm^2。核心区特别保护期为全年,实验区特别保护期为每年1月1日至6月30日。保护区位于江苏省高邮湖高邮市境内的乔尖滩尾至状元沟水域,地理坐标范围在东经119°16′27″~119°19′55″,北纬32°44′03″~32°45′45″。核心区位于长征圩,由以下5个拐点顺次连线围成的水域组成:119°19′21″E,32°45′45″N;119°19′55″E,32°45′31″N;119°19′34″E,32°44′41″N;119°18′52″E,32°44′03″N;119°18′27″E,32°44′03″N。实验区由以下4个拐点顺次连线围成的水域组成:119°16′27″E,32°45′21″N;119°19′21″E,32°45′45″N;119°18′27″E,32°44′03″N;119°16′27″E,32°44′03″N。

2. 保护对象

保护区主要保护对象为河蚬、秀丽白虾,其他保护物种为鲫鱼。

3.4.2.5　高邮湖青虾国家级水产种质资源保护区

1. 功能区划

高邮湖青虾国家级水产种质资源保护区总面积3 043 hm^2,其中核心区面积818 hm^2、实验区面积2 225 hm^2。核心区的特别保护期为全年,实验区特别保护期为1月1日至5月31日。保护区位于江苏省高邮湖淮安市金湖县黄浦尖至董寺尖一线外水域,地理坐标范围在东经119°13′17″~119°19′19″,北纬32°47′14″~32°51′29″。核心区位于黄浦尖至董寺尖一线外水域,由4个拐点顺次连线围成,拐点坐标为:119°17′06″E,32°51′29″N;119°17′56″E,32°51′06″N;119°13′28″E,32°48′55″N;119°13′33″E,32°49′34″N。实验区位于以下4个拐点顺次连线围成的水域,拐点坐标分别为:119°17′56″E,32°51′06″N;119°19′19″E,32°50′28″N;119°13′17″E,32°47′14″N;119°13′28″E,32°48′55″N。

2. 保护对象

保护区主要保护物种是青虾,其他保护物种包括鲫、河蚬、中华鳖、中华绒螯蟹等。

3.4.2.6　宝应湖国家级水产种质资源保护区

宝应湖国家级水产种质资源保护区总面积794 hm^2,范围在东经119°16′17.48″~119°19′21.02″,北纬33°08′28.55″~33°06′33.83″,根据规划依据,将保护区划分为核心区与实验区,其中核心区212 hm^2、实验区582 hm^2。保护区位于宝应湖中部,南闸尾至斜流河口之间,由14个拐点顺次连线所围的水域,拐点坐标分别为:119°16′17.48″E,33°08′28.55″N;119°16′47.04″E,33°08′57.90″N;119°17′24.14″E,33°08′40.83″N;119°17′41.90″E,33°08′39.77″N;119°18′46.61″E,33°08′14.88″N;119°19′08.30″E,33°07′48.26″N;119°19′16.64″E,33°07′25.22″N;119°19′21.02″E,33°06′45.84″N;119°18′25.17″E,33°06′33.83″N;119°18′14.16″E,33°07′32.55″N;119°17′54.68″E,33°07′53.66″N;119°17′30.06″E,33°08′01.16″N;119°17′00.80″E,33°07′56.26″N;119°16′45.20″E,33°08′16.77″N。核心区位于居家大屋基至马沟河之间,面积212 hm^2,由6个拐点顺次连线所围的水域,拐点坐标分别为:119°17′47.59″E,33°08′37.58″N;119°18′46.61″E,33°08′14.89″N;119°18′51.73″E,33°08′08.60″N;119°18′14.16″E,

33°07′32.54″N;119°17′54.68″E,33°07′53.66″N;119°17′30.06″E,33°08′01.16″N。保护区内除核心区外水域为实验区,保护区主要保护对象为河川沙塘鳢,其他保护对象包括鲫、乌鳢、青虾等。核心区常年设为特别保护期。

3.4.2.7 洪泽湖银鱼国家级水产种质资源保护区

1. 功能区划分

洪泽湖银鱼国家级水产种质资源保护区总面积 1 700 hm^2,其中核心区面积 700 hm^2、实验区面积 1 000 hm^2。核心区特别保护期为每年 1 月 1 日至 8 月 8 日。

保护区位于江苏省淮安市洪泽区高良涧水域,地理坐标范围在东经 118°46′55″~118°50′39″,北纬 33°17′10″~33°19′25″。核心区边界各拐点地理坐标依次为 118°48′23″E,33°17′10″N;118°50′39″E, 33°19′25″N;118°48′23″E,33°19′25″N。实验区边界各拐点地理坐标依次为 118°46′55″E,33°17′10″N;118°48′23″E,33°17′10″N;118°48′23″E,33°19′25″N;118°46′55″E,33°19′25″N。

2. 保护对象

主要保护对象是银鱼,其他保护对象包括秀丽白虾、日本沼虾、克氏原螯虾、鲤、鲫、长春鳊、三角鲂、红鳍鲌、翘嘴鲌、鳜、黄颡鱼、沙塘鳢、黄鳝、鳗鲡、长吻鮠、乌鳢、赤眼鳟、银鲴、吻鰕鯱鱼、花鱼骨和长颌鲚等。

3.4.2.8 洪泽湖青虾河蚬国家级水产种质资源保护区

1. 功能区划分

洪泽湖青虾河蚬国家级水产种质资源保护区由两部分组成,洪泽湖卢集水域青虾国家级水产种质资源保护区和洪泽湖管鲍水域河蚬国家级水产种质资源保护区。核心区特别保护期为 3 月 1 日至 6 月 1 日。

洪泽湖卢集水域青虾国家级水产种质资源保护区位于洪泽湖卢集水域,面积为 2 667 hm^2,其中核心区面积 1 000 hm^2、实验区面积 1 667 hm^2。保护区地理坐标四至范围为东北点 118°36′00″E,33°33′04″N;东南点 118°36′00″E,33°31′00″N;西南点 118°31′30″E,33°31′00″N;西北点 118°31′30″E,33°33′04″N。其中,核心区四至范围为东北点 118°36′00″E,33°33′04″N;东南点 118°36′00″E,33°31′43″N;西南点 118°33′25″E,33°31′43″N;西北点 118°33′25″E,33°33′04″N。

洪泽湖管鲍水域河蚬国家级水产种质资源保护区面积为 1 333 hm^2,其中核心区面积 333 hm^2、实验区面积 1 000 hm^2。保护区四至范围拐点坐标分别为东北点 118°25′58″E,33°11′23″N;东南点 118°25′58″E,33°10′10″N;西南点 118°22′09″E,33°10′10″N;西北点 118°22′09″E,33°11′23″N。其中,核心区四至范围拐点坐标分别为东北点 118°25′05″E,33°10′58″N;东南点 118°25′05″E,33°10′10″N; 西南点 118°23′37″E,33°10′10″N; 西北点 118°23′37″E,33°10′58″N。

2. 保护对象

主要保护对象为青虾、河蚬,栖息的其他物种包括田螺、三角帆蚌、黄蚬、秀丽白虾、日本沼虾、克氏原螯虾、中华绒螯蟹、鲤、鲫、长春编、三角鲂、红鳍鲌、翘嘴鲌、鳜、黄颡鱼、沙塘鳢、黄鳝、鳗鲡、长吻鮠、乌鳢、赤眼鳟、银鲴、吻鰕鯱鱼、大银鱼、花䱻、长颌鲚、芦苇、莲、菱、芡实等。

3.4.2.9　洪泽湖秀丽白虾国家级水产种质资源保护区

1. 功能区划分

洪泽湖秀丽白虾国家级水产种质资源保护区总面积1 400 hm^2,其中核心区面积345 hm^2、实验区面积1 055 hm^2。核心区特别保护期为全年。

保护区位于江苏省宿迁市高嘴水域,地理坐标范围在东经118°35′56″~118°38′13″,北纬33°17′35″~33°20′20″。核心区是由4个拐点顺次连线围成的水域,拐点坐标分别为118°38′10″E,33°17′35″N;118°35′56″E,33°17′37″N;118°35′56″E,33°18′09″N;118°38′11″E,33°18′08″N;实验区是由4个拐点顺次连线围成的水域,拐点坐标分别为118°38′11″E,33°18′08″N;118°35′56″E,33°18′09″N;118°35′58″E,33°19′34″N;118°38′13″E,33°20′20″N。

2. 保护对象

主要保护对象是秀丽白虾,其他物种包括日本沼虾、克氏原螯虾、鲤、鲫、长春鳊、三角鲂、红鳍鲌、翘嘴鲌、鳜、黄颡鱼、沙塘鳢、黄鳝、鳗鲡、长吻鮠、乌鳢、赤眼鳟、银鲴、吻鰕虎鱼、花鳕和长颌鲚等。

3.4.2.10　洪泽湖虾类国家级水产种质资源保护区

1. 功能区划分

洪泽湖虾类国家级水产种质资源保护区总面积950 hm^2,其中核心区面积430 hm^2、实验区面积520 hm^2。保护区特别保护期为每年4月1日至9月30日。

保护区位于江苏省淮安市明祖陵水域,地理坐标范围在东经118°26′48″~118°29′42″,北纬33°09′23″~33°11′25″。核心区边界各拐点地理坐标依次为118°27′08″E,33°09′25″N;118°26′56″E,33°10′21″N;118°29′30″E,33°11′16″N;118°29′32″E,33°11′07″N。实验区边界各拐点地理坐标依次为118°27′08″E,33°09′25″N;118°27′01″E,33°09′28″N;118°26′47″E,33°10′28″N;118°29′34″E,33°11′25″N;118°29′38″E,33°11′01″N;118°29′41″E,33°09′57″N。

2. 保护对象

主要保护对象为秀丽白虾和日本沼虾等虾类,其他保护对象包括鲤、鲫、长春鳊、三角鲂、红鳍鲌、翘嘴鲌、鳜、黄颡鱼、沙塘鳢、黄鳝、鳗鲡、长吻鮠、乌鳢、赤眼鳟、银鲴、吻鰕虎鱼、花鳕和长颌鲚等。

3.4.2.11　洪泽湖鳜国家级水产种质资源保护区

1. 功能区划分

洪泽湖鳜国家级水产种质资源保护区位于江苏省宿迁市金圩水域,核心区面积800 hm^2、实验区面积1 833 hm^2。特别保护期为全年。

保护区地理坐标范围在东经118°32′40″~118°38′17″,北纬33°22′13″~33°25′25″。核心区边界各拐点地理坐标依次为118°36′28″E,33°24′17″N;118°38′17″E,33°22′59″N;118°36′49″E,33°22′24″N;118°35′2″E,33°23′40″N。实验区边界各拐点地理坐标依次为118°34′51″E;33°25′25″N;118°38′17″E,33°22′59″N;118°36′21″E,33°22′13″N;

118°32′40″E,33°24′44″N。

2. 保护对象

主要保护对象为鳜鱼,其他保护物种包括鲤、鲫、长春鳊、三角鲂、红鳍鲌、翘嘴鲌、鳜、黄颡鱼、沙塘鳢、黄鳝、鳗鲡、长吻鮠、乌鳢、赤眼鳟、银鲴、中华绒螯蟹、三角帆蚌、菱、芡实等。

3.4.2.12　洪泽湖黄颡鱼国家级水产种质资源保护区

1. 功能区划分

洪泽湖黄颡鱼国家级水产种质资源保护区总面积 2 130 hm^2,其中核心区面积 780 hm^2、实验区面积 1 350 hm^2。特别保护期为每年 1 月 1 日至 12 月 31 日。

保护区位于江苏省宿迁市泗阳县、泗洪县洪泽湖水域,地理坐标范围在东经 118°33′04″~118°37′19″,北纬 33°29′03″~33°30′59″。核心区边界各拐点地理坐标依次为:118°34′21″E,33°29′10″N;118°35′57″E,33°29′09″N;118°35′57″E,33°30′52″N;118°34′22″E,33°30′52″N。实验区边界各拐点地理坐标依次为:118°33′06″E,33°30′59″N;118°33′04″E,33°29′04″N;118°35′55″E,33°29′03″N;118°37′03″E,33°29′27″N;118°37′18″E,33°29′37″N;118°37′18″E,33°30′24″N;118°36′18″E,33°30′14″N;118°37′19″E,33°30′58″N。

2. 保护对象

主要保护物种为黄颡鱼,其他保护物种为青虾。

3.4.2.13　骆马湖国家级水产种质资源保护区(鲤鱼和鲫鱼)

1. 功能区划分

骆马湖国家级水产种质资源保护区位于江苏省宿迁市、新沂市交界处骆马湖三场附近水域,总面积 3 160 hm^2,其中核心区面积 1 000 hm^2、实验区面积 2 160 hm^2。核心区特别保护期为全年。

保护区范围在东经 118°08′54″~118°13′56″,北纬 34°05′46″~34°08′40″,四至范围拐点坐标为:东北 118°13′09″E,34°08′40″N;东南 118°13′56″E,34°06′15″N;西南 118°09′17″E,34°05′56″N;西北 118°08′54″E,34°08′14″N。核心区位于骆马湖北繁殖保护区,北从新场东 200 m 处向南延伸 2 877 m 至三场,东从三场向西延伸 4 398 m 至西吴宅东 300 m 处,南由西吴宅东 300 m 处向东北延伸 3 287 m 至马场东 500 m 处,西由马场东 500 m 处向东延伸 2 567m 至新场东 200 m 处。其中,核心区四至范围拐点坐标分别为:东北 118°12′25″E,34°08′07″N;东南 118°12′56″E,34°06′37″N;西南 118°10′07″E,34°06′13″N;西北 118°10′46″E,34°07′55″N。保护区内除核心区以外的水域为实验区。

2. 保护对象

主要保护对象是鲤鱼和鲫鱼,其他保护对象包括黄颡鱼、红鳍鲌、翘嘴鲌、沙塘鳢、鳜鱼、乌鳢、青虾、螺、蚬等。

3.4.2.14　骆马湖青虾国家级水产种质资源保护区

1.功能区划分

骆马湖青虾国家级水产种质资源保护区位于骆马湖安家洼附近水域,该区域水质清新,水生生物资源丰富,是青虾产卵、索饵、生长、繁育的主要场所。骆马湖青虾国家级水产种质资源保护区总面积1 740 hm^2,其中核心区面积596 hm^2、实验区面积1 144 hm^2。

保护区是由4个拐点顺次连线围成的水域,拐点坐标分别为118°13′16″E,34°02′44″N;118°12′25″E,34°00′21″N;118°10′04″E,34°01′14″N;118°10′53″E,34°03′27″N。核心区是由4个拐点顺次连线围成的水域,拐点坐标分别为118°12′20″E,34°02′16″N;118°11′47″E,34°00′58″N;118°10′23″E,34°01′21″N;118°10′53″E,34°02′41″N。保护区除核心区之外的水域为实验区。

2.保护对象

主要保护对象是青虾,其他保护对象包括螺、蚬等。

3.4.2.15　南四湖乌鳢青虾国家级水产种质资源保护区

1.功能区划

南四湖乌鳢青虾国家级水产种质资源保护区总面积66 600 hm^2,核心区面积6 660 hm^2、实验区面积60 000 hm^2。核心区特别保护期为全年。

保护区位于山东省微山县南四湖水域,范围在东经116°34′~117°21′,北纬34°27′~35°20′。上级湖水产种质资源保护区核心区范围在东经116°41′24″~116°51′36″,北纬35°1′12″~35°6′0″,位于独山湾外侧,边界线为独山—房头—耿庄—建闸—独山。上级湖水产种质资源保护区实验区北部区域范围在东经116°34′49″~116°41′28″,北纬35°7′28″~35°17′10″,南部区域范围在东经116°40′36″~116°59′52″,北纬34°53′5″~35°7′4″。下级湖水产种质资源保护区核心区范围在东经117°13′20″~117°19′39″,北纬34°34′4″~34°38′48″,位于微山岛东南水域,下级湖水产种质资源保护区实验区范围在东经117°7′4″~117°21′12″,北纬34°29′53″~34°43′52″。

2.保护对象

主要保护对象为乌鳢、日本沼虾、鲫、宽体金线蛭、鲤、黄颡鱼、长春鳊,栖息的其他物种包括红鳍鲌、大鳞副泥鳅、秀丽白虾、安氏白虾等。

3.4.2.16　京杭运河台儿庄段黄颡鱼国家级水产种质资源保护区

1.功能区划

京杭运河台儿庄段黄颡鱼国家级水产种质资源保护区位于京杭运河山东省枣庄市台儿庄段及其支流,河流总长度为151 km,其中运河42 km,支流109 km。保护区总面积为5 401 hm^2,其中核心区面积为1 597 hm^2、实验区面积为3 804 hm^2。核心区特别保护期为每年的4月1日至6月30日。

地理坐标范围在东经117°23′37″~117°47′48″;北纬34°31′10″~34°41′47″。核心区范围包括:①京杭运河台儿庄中段,西起万年闸(河岸两侧坐标:117°33′27″E,34°35′19″N;117°33′32″E,34°34′54″N),东至台儿庄节制闸(河岸两侧坐标:117°43′39″E,34°33′20″N;117°43′35″E,34°32′51″N)。②大沙河南段,北起与胜利渠交汇处(117°39′57″E,34°37′22″N),南至入运河口(117°39′50″E,34°33′45″N)。③大沙河分洪道南段,北起与胜

利渠交汇处(117°37′55″E,34°36′53″N),南至入运河口(117°37′54″E,34°34′26″N)。核心区河流总长度为 28 km。实验区范围包括:①京杭运河台儿庄西段,西起运河与济宁交界处(河岸两侧坐标:117°23′47″E,34°34′52″N;117°23′37″E,34°34′34″N),东至万年闸(河岸两侧坐标:117°33′27″E,34°35′19″N;117°33′32″E,34°34′54″N)。②京杭运河台儿庄东段,西起台儿庄节制闸(河岸两侧坐标:117°43′39″E,34°33′20″N;117°43′35″E,34°32′51″N),东至与江苏省交界处(河岸两侧坐标:117°47′44″E,34°31′11″N;117°47′05″E,34°31′11″N)。③伊家河段,西起与江苏省交界处(117°23′59″E,34°34′07″N),东至运河入口(117°42′35″E,34°33′05″N)。④大沙河北段,北起水磨头(117°38′27″E,34°41′47″N),南至与胜利渠交汇处(117°39′57″E,34°37′22″N)。⑤大沙河分洪道北段,北起水磨头(117°38′27″E,34°41′47″N),南至与胜利渠交汇处(117°37′55″E,34°36′53″N)。⑥胜利渠,西起与大沙河分洪道交界处(117°37′55″E,34°36′53″N),东至渠尾闸(117°46′13″E,34°38′52″N)。⑦涛沟河段,北起胜利渠渠尾闸(117°46′13″E,34°38′52″N),南至入运河口(117°47′48″E,34°31′10″N)。实验区河流总长度为 123 km。

2. 保护对象

主要保护对象为黄颡鱼,其他保护对象包括鲤、鲂、鲴、鳊、鳜、乌鳢及虾贝类等。

3.4.2.17 东平湖国家级水产种质资源保护区

1. 功能区划

东平湖国家级水产种质资源保护区总面积 2 800 hm^2,其中核心区面积 135 hm^2、实验区面积 2 665 hm^2。特别保护期为每年的 4 月 1 日至 7 月 31 日。保护区位于山东省泰安市东平县境内的山东省第二大淡水湖——东平湖,占整个东平湖面积的 16.8%。保护区是由 4 个拐点顺次连线围成的水域,拐点坐标分别为:116°11′17″E,35°58′50″N;116°09′40″E,35°55′50″N;116°13′36″E,35°55′36″N;116°13′12″E,35°59′40″N。核心区是由 3 个拐点连线围成的水域,拐点坐标分别为:116°11′17″E,35°58′50″N;116°10′28″E,35°57′28″N;116°12′06″E,35°59′00″N。实验区是由 5 个拐点连线围成的水域,拐点坐标分别为:116°09′40″E,35°55′50″N;116°13′36″E,35°55′36″N;116°13′12″E,35°59′40″N;116°12′06″E,35°59′00″N;116°10′28″E,35°57′28″N。

2. 保护对象

主要保护对象为日本沼虾,其他保护对象包括大银鱼、黄颡鱼、乌鳢、鳜鱼、翘嘴红鲌、鲫鱼等。

3.5 沿线分布湿地公园

3.5.1 沿线分布湿地公园统计

经调查统计,南水北调东线一期工程输水沿线及水源区分布有 12 个湿地公园,其中江苏省 4 个、山东省 8 个,国家级 8 个、省级 4 个,见表 3-6;南水北调东线一期工程输水沿线河湖湿地公园分布见图 3-9。

表3-6　南水北调东线一期工程输水沿线河湖湿地公园分布情况(12个)

序号	名称	城市	级别	面积/ km^2	位置关系
1	扬州凤凰岛国家湿地公园	扬州市	国家级	2.25	输水河道
2	扬州宝应湖国家湿地公园	扬州市	国家级	5.4	输水干线西侧,水力联系
3	江苏淮安白马湖国家湿地公园	淮安市	国家级	32.43	输水干线西侧,水力联系
4	新沂骆马湖省级湿地公园	徐州市	省级	51.71	输水干线东侧,水力联系
5	台儿庄运河国家湿地公园	枣庄市	国家级	25.92	输水干线东侧,水力联系
6	峄城古运荷乡省级湿地公园	枣庄市	省级	10.6	输水干线东侧,水力联系
7	滕州滨湖国家湿地公园	枣庄市	国家级	7.63	输水干线东侧,水力联系
8	济宁运河省级湿地公园	济宁市	省级	99.9	输水河道
9	山东东平滨湖国家湿地公园	泰安市	国家级	12.892	输水湖泊
10	微山湖国家湿地公园	济宁市	国家级	100	输水湖泊
11	夏津九龙口国家湿地公园	德州市	国家级	8.48	输水干线东侧
12	武城四女寺省级湿地公园	德州市	省级	1	输水干线西侧

3.5.2　沿线分布湿地公园概况

3.5.2.1　扬州凤凰岛国家湿地公园

扬州凤凰岛国家湿地公园位于古城扬州市邗江区东北部泰安镇境内,东至高水河,南至横河,西至京杭运河,北起邵伯湖,主要包括金湾半岛、聚凤岛、芒稻岛中部分区域以及周边水体。公园总面积2.25 km^2,由金湾半岛、聚凤岛和芒稻岛组成,其中金湾半岛面积88.8 hm^2,聚凤岛面积10.8 hm^2,芒稻岛面积10.7 hm^2,水域面积114.7 hm^2,是邵伯湖流经7条大河的连接点,属于季节性过水湖泊湿地。湿地率为78.2%。

凤凰岛拥有鸟类26科81种,其中国家二级保护动物有7种;鱼类9目16科67种;哺乳类6目8科12种;两栖动物1目4科6种;爬行动物2目7科15种;浮游动物159种;底栖动物38种;高等植物43科90属104种;主要植被群落分为芦苇群落、野艾蒿群落、莲子草-野菱群落、菰-浮萍群落、竹-桑群落等。

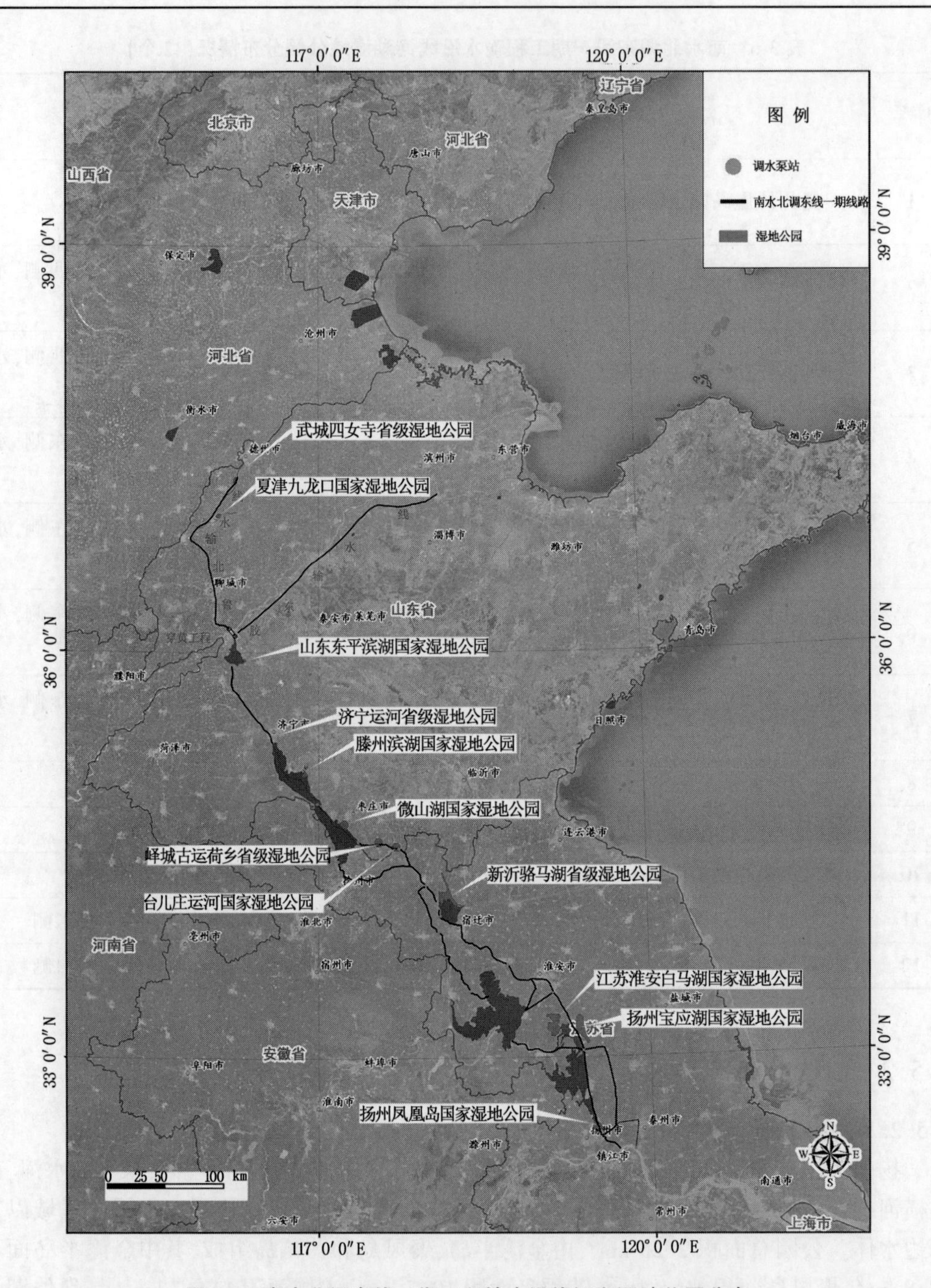

图 3-9　南水北调东线一期工程输水沿线河湖湿地公园分布

3.5.2.2　扬州宝应湖国家湿地公园

扬州宝应湖国家湿地公园位于江苏省扬州市，西依宝应湖，东临京杭运河，依林傍湖，环境优美，交通便捷。范围为东至苗圃路、新农路、外湖圩、宝应湖航道西侧、临湖杉庄北侧鱼塘东圩，南至刘堡河、新农路闸河、马沟渡和湖心岛南侧，西至外湖圩、县界、银杏，公园总面积 5.4 km^2。具有“水、绿、野、趣”四大主题和“水、岛、林、鸟”等生态要素，是绿色健康休闲旅游与农业观光的绝佳目的地。

宝应湖国家湿地公园拥有较为独特的水生、陆生植被和野生动物,水中生长着葫芦、菱、萍、莲、香蒲、茭白;两岸梅、柿、樟、竹茂盛;湖中游动着鲤鱼、草鱼、虾、黄鳝、大银鱼、泥鳅、鲇鱼、大闸蟹;天上飞着白鹭、翠鸟、绿头鸭、银鸡、布谷鸟等珍稀鸟类,形成了较为独特的湿地生态景观。

3.5.2.3　江苏淮安白马湖国家湿地公园

江苏淮安白马湖国家湿地公园位于江苏省金湖县和洪泽区,总面积 3 243.37 hm^2,其中湿地面积 3 059.78 hm^2,湿地率 94.34%,湿地保护率 87.44%。公园划分为五大功能区,即湿地保育区、恢复重建区、宣教展示区、合理利用区和管理服务区。公园内湿地资源丰富,生长有大片芦苇、茭草、莲、双穗雀稗、菹草、狐尾藻等水生植物群落,具典型的浅水草型湖泊的植被特征。规划区有高等维管束植物 68 科 137 属 151 种,浮游动物 32 种,底栖生物 32 种,鱼类 66 种,两栖爬行类 23 种,哺乳动物 14 种,鸟类 131 种。

3.5.2.4　新沂骆马湖省级湿地公园

骆马湖地跨徐州、宿迁两市接合部,湖区北起堰头村圩堤,南至扬河滩(宿迁市)闸口,直线长 27 余 km,西连中运河,东临马陵山南麓——嶂山岭,平均宽 13 km,总面积 375 km^2,是江苏四大湖泊之一,被江苏省定为苏北水上湿地保护区,湖内有橄榄岛、渔歌岛、卧龙岛、陆渡口岛等 18 个岛屿,具有航行、灌溉、渔业等多种功能。芦苇荡、白鹭鸟区、荷花塘等众多自然景观,构成了省级湿地公园。根据《新沂骆马湖省级湿地公园总体规划》,公园分为湿地保育区和恢复重建区,总面积 51.71 km^2。骆马湖水多来自沂蒙山洪和天然雨水,沿湖又无工业污染,常年水体清澈透明,湖滩浅水中生长着密密匝匝的芦苇和众多浮游生物,为鱼类生产提供了良好的生态环境和水资源。湖中鱼类多达 56 种,尤以银鱼、青虾、螃蟹、龙虾最佳。

3.5.2.5　台儿庄运河国家湿地公园

台儿庄运河国家湿地公园位于山东省枣庄市台儿庄区,东经 117°23′~117°50′,北纬 34°28′~34°44′,地处鲁苏交界,东连沂蒙山,西濒微山湖,南临交通枢纽徐州,规划总面积 2 592 hm^2。湿地公园主要由涛沟河下游段、峄城大沙河分洪道下游段以及两河口之间的京杭运河段等河流湿地组成,将台儿庄城区包围其中,属典型的河流湿地。湿地公园存有 8 门 11 纲 19 目 46 科 115 属的藻类植物,102 科 320 属 516 种的维管束植物和 325 种各类脊椎动物。该公园是以湿地资源保护、修复为前提,以台儿庄运河湿地生态系统和历史文化为主要景观资源,以湿地观光、科普教育、度假休闲为主要内容的综合性湿地公园。

3.5.2.6　峄城古运荷乡省级湿地公园

峄城古运荷乡省级湿地公园位于峄城区古邵镇,紧邻 S206,举世闻名的京杭运河北畔。主要以一支沟、周营沙河、阴平沙河、三支沟、魏家沟、四支沟为经干线,以京杭运河、胜利渠、刘桥干渠为纬干线,形成“三横六纵”棋盘式格局。散布着荷花长廊、运河第一闸、“古运荷乡”迎宾广场、运河度假村、三公祠、王良故里、古运余晖等景点,形成独具特色的河流湿地文化。

3.5.2.7　滕州滨湖国家湿地公园

滕州滨湖国家湿地公园地处南四湖东北缘,位于山东省滕州市境内,京杭运河穿境而过,总面积 763 hm^2,是以浅水型湖泊、湖滨带、河流和人工林-渔塘湿地与人工岛屿为主的复合湿地类型,是一个以野生红荷花为主的自然湿地景观的国家湿地公园。

湿地公园内现有藻类植物 8 门 11 纲 19 目 46 科 115 属,维管束植物 115 科 74 属 635 种,各种脊椎动物 325 种,其中鱼类 85 种、两栖类 8 种、爬行类 9 种、鸟类 207 种、兽类 16 种。有国家一级保护动物 2 种,二级保护动物 22 种,山东省重点保护动物 43 种。

3.5.2.8 济宁运河省级湿地公园

济宁运河省级湿地是京杭运河流入南四湖交汇处组成的复合湿地,也是南水北调东线工程的重要调蓄地,具有很高的保护价值和科研价值。该湿地系天然形成,面积 99.9 km^2,于 2010 年 7 月被山东省林业局命名为省级湿地公园。济宁运河省级湿地公园,南接南四湖,北连小北湖,地理位置优越,生态系统多样,有湿地生态系统、森林生态系统等;自然景观独特,野生芦苇、蒲草、荷花等湿地植物群落是该公园植物群落的典型代表,该公园还是众多野生动物的栖息地,具有较高的保护价值、科研价值、科普教育价值和生态观光价值。

3.5.2.9 山东东平滨湖国家湿地公园

山东东平滨湖国家湿地公园位于山东省泰安市东平县东平湖滨,南起州城街道王庄村旧址,北至老湖镇二十里铺村,西起老湖镇后仓村旧址,东至水浒古镇码头。东平滨湖国家湿地公园的建设遵循保护优先、科学修复、合理利用、持续发展的原则,从改善区域生态环境的基本要求出发,强调科学修复湿地,创造适宜民众休闲观光、养生健身、科普宣教、人与自然和谐的湿地生态环境。在尊重自然资源分布的前提下,把湿地公园划分为湿地保育区、生态恢复区、科普宣教区、合理利用区和管理服务区 5 大功能区,总面积 1 289.2 hm^2。

3.5.2.10 微山湖国家湿地公园

微山湖国家湿地公园位于微山湖的西北部,微山县城南部,距县城中心约 3 km。规划范围:北至新湖东大堤(入口处,大堤西侧),南至原始生态保护区和猛进渔村;西至望湖路、爱湖码头(含爱湖三角地带),东到蒋集河,总面积 100 km^2,包含河流湿地、湖泊湿地、沼泽湿地、库塘湿地 4 大湿地类和淡水湖泊湿地、永久性河流、季节性河流、洪泛平原湿地、库塘湿地、草本沼泽、灌丛沼泽 7 个湿地型,形成了乔木林带、灌丛沼泽、挺水植物带、浮水植物带、沉水植物带演替有序的完整生态系统。它是一个以湿地保护、生态修复、科普教育、水质净化为主要内容的大型综合性国家级湿地公园。

3.5.2.11 夏津九龙口国家湿地公园

夏津九龙口国家湿地公园地处鲁西北平原,是南水北调东线工程的输水干渠和水源地之一,总面积 847.75 hm^2,湿地率 61.15%。根据《山东夏津九龙口国家湿地公园总体规划》,划分湿地保育区、恢复重建区、宣教展示区、合理利用区和管理服务区。其中,湿地保育区范围为惠津水库,面积 161.03 hm^2,占比 18.99%。湿地公园生物多样性较为丰富,野生动物共计 25 目 49 科 81 属 109 种,维管束植物 56 科 129 属 177 种。

3.5.2.12 武城四女寺省级湿地公园

武城四女寺省级湿地公园位于武城县东部,规划边界:北起武城县、德城区交界的减河,南至 S318,以六五河大部分河段、大屯水库、四女寺景区为主体,包括利民河、利民河东支、利民河北支部分河段。湿地公园总面积为 1.0 km^2,其中湿地面积 0.67 km^2,公园湿地主要由河流、水库、草本沼泽等湿地组成,构成武城县城区东部的绿道长廊和生态屏障,对改善城区生态环境、开展生态旅游和观光休闲具有重要价值。

四女寺湿地公园是长江水、黄河水、运河水三水汇聚之地,湿地以人工湿地为主,园区内现有维管束植物 67 科 150 属 235 种。其中,国家一、二级重点保护植物有银杏、莲、野大豆等。园区内河流纵横、水网交错、植被资源丰富,吸引众多动物来此栖息、觅食。园区约有脊椎动物 267 种,其中东方白鹳、鸳鸯、苍鹰等 22 种,分别为国家Ⅰ、Ⅱ级重点保护动物。湿地公园分为湿地保育区、恢复重建区、科普宣教区、合理利用区和管理服务区 5 大功能区。其中,湿地保育区包括大屯水库和自大吕王庄村至辛立庄村之间的六五河河段及其周边绿化范围,占公园总面积的 49.1%,此区以大屯水库为主体,重点开展对水质的保护。

3.6　京杭运河

3.6.1　京杭运河保护概况

京杭运河始建于春秋时期,是世界上里程最长、工程最大的古代运河,也是最古老的运河之一,是中国古代劳动人民创造的一项伟大工程,是中国文化地位的象征之一。大运河南起杭州,北到北京,途经今浙江、江苏、山东、河北四省及天津、北京两市,贯通海河、黄河、淮河、长江、钱塘江五大水系,全长约 1 797 km。运河对中国南北地区之间的经济、文化发展与交流,特别是对沿线地区工农业经济的发展起了巨大作用。

2014 年 6 月 22 日,第 38 届世界遗产大会宣布,中国大运河项目成功入选《世界文化遗产名录》,成为中国第 46 个世界遗产项目。

2019 年 2 月,中共中央办公厅、国务院办公厅印发了《大运河文化保护传承利用规划纲要》(简称《规划纲要》),强化顶层设计,推进保护传承利用工作,对于打造宣传中国形象、展示中华文明、彰显文化自信的亮丽名片,以大运河文化保护传承利用为引领,统筹大运河沿线区域经济社会发展,探索高质量发展的新路径都具有积极意义。

《规划纲要》提出,以习近平新时代中国特色社会主义思想为指导,全面贯彻党的十九大和十九届二中、三中全会精神,紧紧围绕统筹推进“五位一体”总体布局和协调推进“四个全面”战略布局,牢固树立和贯彻落实新发展理念,紧扣我国社会主要矛盾变化,按照高质量发展要求,坚定文化自信,坚持以文化为引领,坚持以人民为中心,共抓大保护,不搞大开发,坚持科学规划、突出保护,古为今用、强化传承,优化布局、合理利用的基本原则,打造大运河璀璨文化带、绿色生态带、缤纷旅游带。

《规划纲要》明确,要按照“河为线,城为珠,线串珠,珠带面”的思路,构建一条主轴带动整体发展、五大片区重塑大运河实体、六大高地凸显文化引领、多点联动形成发展合力的空间格局框架,并根据大运河文化影响力,以大运河现有和历史上最近使用的主河道为基础,统筹考虑遗产资源分布,合理划分大运河文化带的核心区、拓展区和辐射区,清晰构建大运河文化保护传承利用的空间布局和规划分区。

《规划纲要》以专门章节突出强调，要深入挖掘和丰富大运河文化内涵，充分展现大运河遗存承载的文化，活化大运河流淌伴生的文化，弘扬大运河历史凝练的文化，从这三个层次深入理解大运河文化的内涵和外延，突出大运河的历史脉络和当代价值，以此统领大运河文化保护传承利用工作。

《规划纲要》从强化文化遗产保护传承、推进河道水系治理管护、加强生态环境保护修复、推动文化和旅游融合发展、促进城乡区域统筹协调、创新保护传承利用机制等6个方面着手，阐述各方面重点工作、重点任务和重要措施，并提出文化遗产保护展示、河道水系资源条件改善、绿色生态廊道建设、文化旅游融合提升等4项工程，以及精品线路和统一品牌、运河文化高地繁荣兴盛2项行动。

3.6.2　与输水河道区位关系

南水北调东线一期工程从长江三江营引水，经洪泽湖、骆马湖调蓄后，经中运河穿南四湖，经梁济运河入东平湖；穿东平湖后，一路经穿黄至大屯水库，另一路沿黄河南岸至引黄济青干渠。涉及大运河11条主要河段，其河道功能主要为行洪、供水、排涝、航运等，总长1 090.61 km。京杭运河文化遗产主河道各河段现状见表3-7。

经研究组调查统计，南水北调东线一期工程输水沿线分布有10处京杭运河世界遗产；位于山东省6个、江苏省4个，见表3-8；南水北调东线一期工程输水沿线河湖与京杭运河世界遗产位置关系见图3-10。

表3-7　京杭运河文化遗产主河道各河段现状

序号	河段名称	起点	讫点	河道(航道)长度/km	河道功能	河道等级	航道等级	涉及行政区
1	卫运河	夏津白马湖镇白庄	德城区二屯镇第三店村	141	行洪、供水、排涝			德州市区、夏津县、武城县、故城县
2	小运河	阳谷县张秋镇	临清县(今山东省临清市)胡家湾附近	39.26	行洪、供水、排涝			聊城市区、阳谷县、临清县
3	大运河泰安段	东阿县位山村位山引黄闸	临清县胡家湾附近	110	行洪、供水、排涝			聊城市区、东阿县、冠县、临清县
4	梁济运河	梁山县路那里村	济宁市郊区李集村	87.8	行洪、供水、排涝、航运		3	济宁市区、梁山县、汶上县、嘉祥县
5	南四湖	济宁市郊区李集村	微山县韩庄镇	111.4	行洪、供水、排涝、航运		3	济宁市区、微山县

续表 3-7

序号	河段名称	起点	讫点	河道(航道)长度/km	河道功能	河道等级	航道等级	涉及行政区
6	韩庄运河	微山县韩庄镇	苏鲁边界	42.5	行洪、供水、排涝、航运		2	枣庄市峄城区、台儿庄区
7	大运河湖西段—不牢河	二级坝(沛县龙固镇)	中运河(大王庙)(邳州市赵墩镇)	114.87	行洪、供水(含调水、饮用水水源地)、排涝、航运	2	2	沛县、徐州市区、铜山区、邳州市
8	中运河	苏鲁界(邳州车辐山镇)	杨庄(淮阴区凌桥乡马头镇)	172.88	行洪、供水(含调水、饮用水水源地)、航运	1	2	邳州市、新沂市、宿迁市区、泗阳县、淮安市区
9	淮扬运河	杨庄(淮阴区王营镇、楚州区城南乡)	长江(邗江区施桥镇)	168.28	供水(含调水、饮用水水源地)、航运、排涝	2	2	淮安市区、宝应县、高邮市、江都区、扬州市区
10	隋唐大运河通济渠	苏皖界(泗洪县青阳镇)	洪泽湖(泗洪县临淮镇)	40.18				泗洪县
11	张福河—洪泽湖段	淮阴区马头镇	洪泽区蒋坝镇	62.44				淮安市区
合计				1 090.61				

表 3-8　南水北调东线一期工程输水沿线涉及京杭运河遗产情况

组成部分名称	编号	所属河段	所在地	序号	遗产要素	遗产要素类型		与南水北调东线一期工程位置关系
						大类	小类	
南运河沧州—衡水—德州段	NY-01	南运河段	河北省沧州市衡水市,山东省德州市	1	南运河沧州—衡水—德州段	运河水工遗存	河道	邻近

续表 3-8

组成部分名称	编号	所属河段	所在地	序号	遗产要素	遗产要素类型		与南水北调东线一期工程位置关系
						大类	小类	
会通河临清段	HT-01	会通河段	山东省聊城市	2	会通河临清段	运河水工遗存	河道	穿越
				3	临清运河钞关	运河附属遗存	管理设施	邻近
会通河阳谷段	HT-02	会通河段	山东省聊城市	4	会通河阳谷段	运河水工遗存	河道	穿越
				5	阿城下闸	运河水工遗存	水工设施	邻近
				6	阿城上闸	运河水工遗存	水工设施	邻近
				7	荆门下闸	运河水工遗存	水工设施	邻近
				8	荆门上闸	运河水工遗存	水工设施	邻近
南旺枢纽	HT-03	会通河段	山东省济宁市、泰安市	9	会通河南旺枢纽段	运河水工遗存	河道(考古遗址)	邻近
				10	小汶河	运河水工遗存	河道(引河)	穿越
				11	戴村坝	运河水工遗存	水工设施	邻近
				12	十里闸	运河水工遗存	水工设施	邻近
				13	邢通斗门遗址	运河水工遗存	水工设施(考古遗址)	邻近
				14	徐建口斗门遗址	运河水工遗存	水工设施(考古遗址)	邻近
				15	运河砖砌河堤	运河水工遗存	水工设施(考古遗址)	邻近
				16	柳林闸	运河水工遗存	水工设施	邻近
				17	南旺分水龙王庙遗址	运河相关遗产	相关古建筑群(考古遗址)	邻近
				18	寺前铺闸	运河水工遗存	水工设施	邻近

续表 3-8

组成部分名称	编号	所属河段	所在地	序号	遗产要素	遗产要素类型		与南水北调东线一期工程位置关系
						大类	小类	
会通河微山段	HT-04	会通河段	山东省济宁市	19	会通河微山段	运河水工遗存	河道	穿越
				20	利建闸	运河水工遗存	水工设施	邻近
中河台儿庄段	ZH-01	中河段	山东省枣庄市	21	中河台儿庄段(台儿庄月河)	运河水工遗存	河道	穿越
中河宿迁段	ZH-02	中河段	江苏省宿迁市	22	中河宿迁段	运河水工遗存	河道	穿越
				23	龙王庙行宫	运河附属遗存	管理设施	邻近
清口枢纽	HY-01	淮扬段	江苏省淮安市	24	淮扬运河淮安段	运河水工遗存	河道	穿越
				25	清口枢纽	综合遗存	河道、水工设施、相关古建筑群	穿越
				26	双金闸	运河水工遗存	水工设施	邻近
				27	清江大闸	运河水工遗存	水工设施	邻近
				28	洪泽湖大堤	运河水工遗存	水工设施	邻近
总督漕运公署遗址	HY-02	淮扬段	江苏省淮安市	29	总督漕运公署遗址	运河附属遗存	管理设施	邻近
淮扬运河扬州段	HY-03	淮扬段	江苏省扬州市	30	淮扬运河扬州段	运河水工遗存	河道	穿越
				31	刘堡减水闸	运河水工遗存	水工设施	邻近
				32	盂城驿	运河附属遗存	配套设施	邻近
				33	邵伯古堤	运河水工遗存	水工设施	邻近
				34	邵伯码头	运河水工遗存	水工设施	邻近

续表 3-8

组成部分名称	编号	所属河段	所在地	序号	遗产要素	遗产要素类型		与南水北调东线一期工程位置关系
						大类	小类	
淮扬运河扬州段	HY-03	淮扬段	江苏省扬州市	35	瘦西湖	运河水工遗存	湖泊	邻近
				36	天宁寺行宫	运河相关遗产	相关古建筑群	邻近
				37	个园	运河相关遗产	相关古建筑群	邻近
				38	汪鲁门宅	运河相关遗产	相关古建筑群	邻近
				39	盐宗庙	运河相关遗产	相关古建筑群	邻近
				40	卢绍绪宅	运河相关遗产	相关古建筑群	邻近

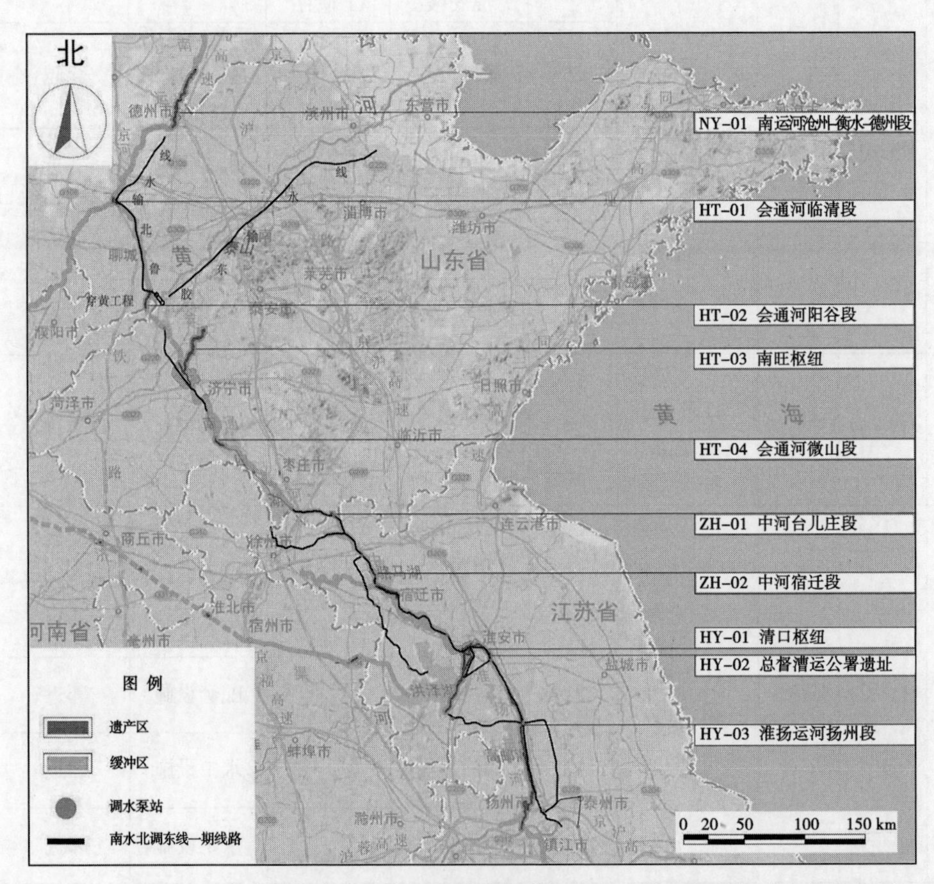

图 3-10　南水北调东线一期工程输水沿线河湖与京杭运河世界遗产位置关系

第 4 章　输水干线沿线水生生态现状

4.1　研究内容与方法

为了解南水北调东线一期工程建成后沿线河湖水生生态变化情况及生态系统演变趋势，研究组自 2013 年开始结合相关河湖健康评估、水生生态现状和安全评价等相关项目陆续对东线一期工程输水沿线河流、湖泊开展水生生态现状质量调查、监测和评价，得到了南水北调东线一期工程建成后沿线河湖丰富、全面的第一手水生生态调查和监测数据，能够较好地反映南水北调东线一期工程通水后沿线河湖水生生态现状环境质量。

4.1.1　调查范围

研究调查和监测范围横跨东线一期工程输水沿线淮河流域、黄河流域和海河流域，调查和监测范围广，内容全面，调查和监测对象为南水北调东线一期工程输水沿线河流、湖泊及水库，具体为：

(1)淮河流域：①长江至洪泽湖段：夹江、芒稻河、廖家沟、入江水道、金宝航道、三河、洪泽湖；②洪泽湖至骆马湖段：徐洪河、房亭河、骆马湖；③骆马湖至下级湖段：韩庄运河、中运河；④南四湖至东平湖段：南四湖、梁济运河、柳长河。

(2)黄河流域：①黄河山东段；②东平湖、南干渠。

(3)海河流域：①位山至临清段：小运河；②临清至入南运河段：七一河、六五河。

4.1.2　调查内容

本次研究水生生态现状调查与评价报告主要调查和监测内容涉及浮游植物、浮游动物、底栖动物、鱼类和水生植物，具体指标如下：

(1)浮游植物：包括种类组成与分布、密度、生物量、优势种。

(2)浮游动物：包括种类组成与分布、密度、生物量、优势种。

(3)底栖动物：包括种类组成与分布、密度、生物量、优势种。

(4)鱼类：调查区域分布鱼类的种属名称、分类地位、种类组成、地理分布、区系结构及其演变。鱼类的摄食、洄游、栖息特征；鱼类“三场”的分布区域、范围、繁殖规模及环境状况；珍稀保护鱼类和主要经济鱼类的生态学特点。一般调查指标有种类组成与分布、渔获密度；渔获生物量、组成与分布；鱼类区系特征、经济鱼、常见鱼种、特有鱼类、保护鱼类、渔业资源调查、保护物种调查等。

(5)水生植物：包括种类、分布、生物量、优势种。

4.1.3　调查和监测点位

4.1.3.1　第一批 2013 年 3~10 月

2013 年 3~10 月对洪泽湖浮游生物、底栖动物、大型水生植物、鱼类进行了逐月监测。

1. 浮游生物监测方法

在洪泽湖 8 个水功能区内设 11 个监测点，部分功能区设 2 个监测点（见表 4-1、图 4-1）。

表 4-1　洪泽湖浮游生物监测点位坐标（2013 年）

分区编号	分区	位置	监测点坐标
1	溧河洼区	濉河口	N33°11.266′　E118°23.245′
2	临淮区	成河西	N33°17.564′　E118°28.598′
2	临淮区	临淮	N33°13.391′　E118°25.469′
3	老子山区	老子山	N33°12.832′　E118°38.128′
4	三河区	蒋坝	N33°06.957′　E118°41.867′
5	中心湖区	成河中	N33°17.952′　E118°40.128′
5	中心湖区	高良涧	N33°17.683′　E118°47.611′
6	二河区	成河东	N33°22.588′　E118°43.417′
7	成子湖南区	成河北	N33°25.013′　E118°36.578′
7	成子湖南区	龙集北	N33°27.133′　E118°32.450′
8	成子湖北	龙集北偏北	N33°31.373′　E118°32.513′

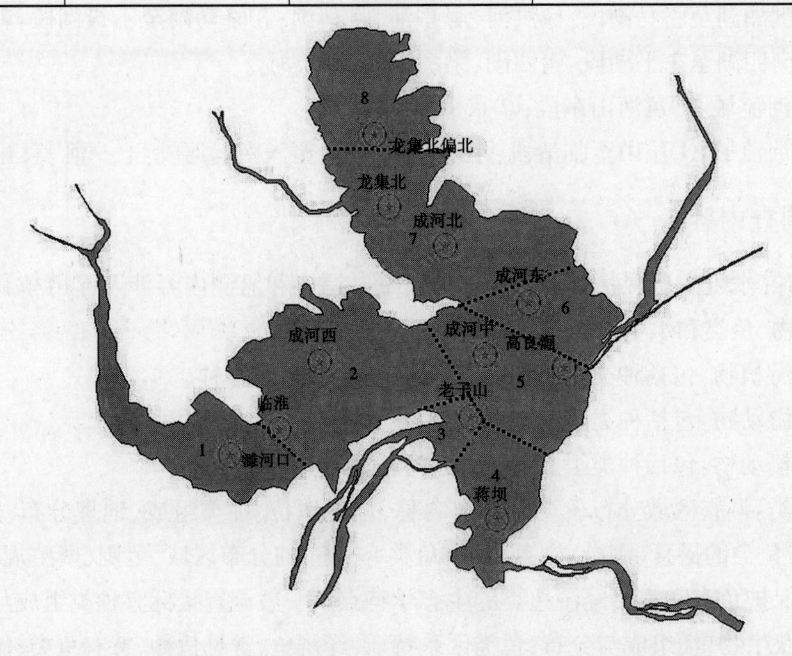

图 4-1　洪泽湖浮游生物监测点位分布（2013 年）

2. 底栖动物监测方法

底栖动物采样点与湖岸带监测点相同（见表 4-2、图 4-2），取样区为湖滨带水向区向湖区中心延伸 10 m 或至最大可涉水深度（水深 2 m）水域，宽度为 10 m。

表 4-2　洪泽湖底栖动物监测点坐标（2013 年）

序号	位置	监测点坐标
1	高渡	N33°31.001′　E118°37.364′
2	高良涧	N33°17.575′　E118°48.905′
3	韩桥	N33°26.031′　E118°48.070′
4	蒋坝	N33°06.335′　E118°43.666′
5	老子山	N33°11.522′　E118°35.766′
6	临淮	N33°14.233′　E118°24.577′
7	龙集	N33°23.717′　E118°33.589′
8	濉河口	N33°11.391′　E118°23.589′
9	太平	N33°27.816′　E118°30.385′
10	半城	N33°21.122′　E118°24.270′

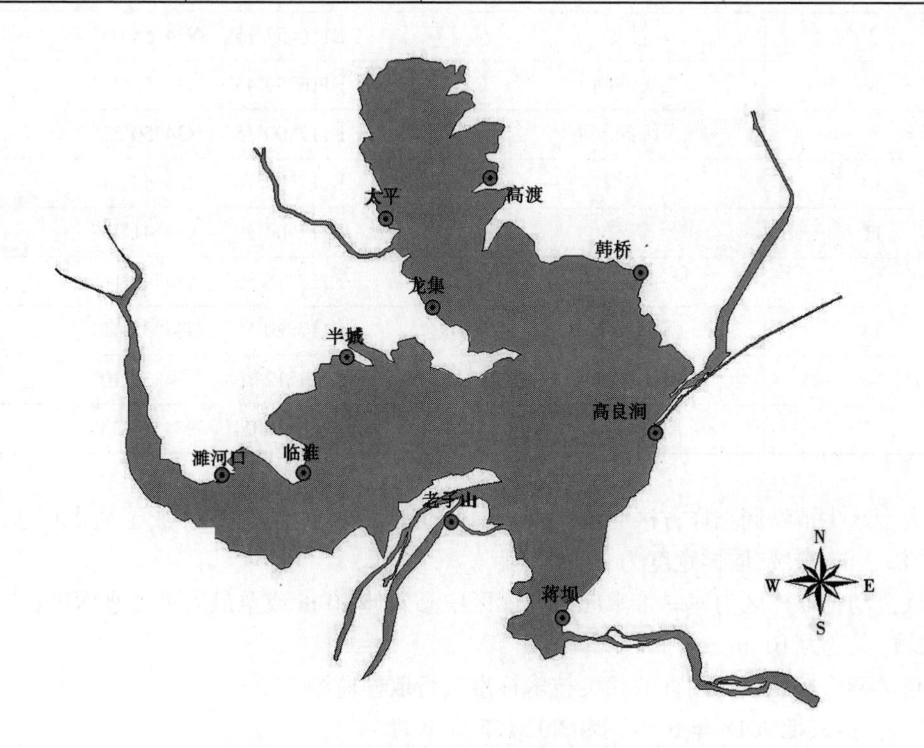

图 4-2　洪泽湖底栖动物监测点分布（2013 年）

3. 鱼类监测方法

鱼类监测方法主要是广泛收集洪泽湖水体鱼类资源的历史和现状资料，并对收集到的资料进行整理。

4. 大型水生植物监测方法

大型水生植物观测采样点与底栖动物、湖岸带监测点相同，调查样方区为湖滨带水向区向湖区中心延伸 10 m 或至最大可涉水深度（水深 2 m）水域，取样宽度为 10 m。

4.1.3.2　**第二批 2018 年 5 月和 9 月**

2018 年 5 月和 9 月对南四湖开展了两次水生态调查。

根据湖泊功能区划和水生生物分布现状，以及流域土壤类型、植被、土地利用特征，将湖泊分成 5 个区，每个分区各有 1~4 个采集点，共 15 个（见表 4-3）。

表 4-3　南四湖水生态监测点（2018 年）

序号	名称	调查点坐标
1	东田	E116°35′51″　N35°17′37″
2	王庙	E116°37′45″　N35°14′05″
3	前白口	E116°40′51″　N35°13′20″
4	南阳	E116°40′55″　N35°06′22″
5	独山	E116°48′00″　N35°06′25″
6	后仇海东	E116°49′17″　N34°58′52″
7	沙堤	E116°57′15″　N34°55′05″
8	二级湖闸上	E116°59′45″　N34°52′39″
9	二级湖闸下	E117°00′15″　N34°50′51″
10	大捐	E117°07′16″　N34°43′21″
11	高楼	E117°04′29″　N34°41′29″
12	微山岛	E117°15′52″　N34°40′17″
13	韩庄闸闸下	E117°20′59″　N34°35′47″
14	微山湖湖中	E117°12′10″　N34°35′10″
15	蔺家坝坝上	E117°10′04″　N34°24′33″

大型水生植物调查样方区为库岸带水向区向库区中心延伸 10 m 或至最大可涉水深度（水深 2 m）水域，取样宽度为 10 m。

底栖动物取样区为库岸带水向区向库区中心延伸 10 m 或至最大可涉水深度（水深 2 m）水域，宽度为 10 m。

鱼类调查按照鱼类调查的相关技术标准进行取样监测。

4.1.3.3　**第三批 2018 年 6~9 月和 2020 年 7~9 月**

2018 年 6~9 月、2020 年 7~9 月对南水北调东线一期工程输水沿线水体进行了水生生物调查。

南水北调东线一期工程输水沿线水生生态现场调查采样点位置见表 4-4。

表 4-4　南水北调东线一期工程输水沿线水生生态现场调查采样点位置

水体类型		样点编号	经纬度
湖泊	洪泽湖	1 号	E118.729 935°　N33.084 638°
		2 号	E118.747 444°　N33.124 038°
		3 号	E118.705 215°　N33.115 125°
		4 号	E118.639 984°　N33.419 407°
		5 号	E118.688 049°　N33.158 823°
		6 号	E118.723 068°　N33.172 043°
		7 号	E118.769 073°　N33.154 224°
		8 号	E118.757 401°　N33.199 626°
		9 号	E118.694 916°　N33.207 095°
		10 号	E118.808 899°　N33.239 262°
		11 号	E118.827 438°　N33.317 332°
		12 号	E118.738 861°　N33.250 173°
		13 号	E118.771 133°　N33.299 543°
		14 号	E118.775 940°　N33.365 517°
		15 号	E118.725 815°　N33.335 118°
		16 号	E118.628 998°　N33.323 644°
		17 号	E118.683 929°　N33.286 916°
		18 号	E118.631 058°　N33.248 450°
		19 号	E118.576 126°　N33.278 306°
		20 号	E118.511 581°　N33.313 315°
		21 号	E118.480 682°　N33.275 435°
		22 号	E118.528 748°　N33.227 775°
		23 号	E118.462 830°　N33.224 903°
		24 号	E118.446 350°　N33.177 790°
		25 号	E118.740 921°　N33.425 424°
		26 号	E118.679 123°　N33.389 026°
		27 号	E118.646 164°　N33.358 635°
		28 号	E118.570 633°　N33.411 383°
		29 号	E118.574 753°　N33.465 244°
		30 号	E118.567 200°　N33.517 354°
		31 号	E118.519 821°　N33.552 268°
		32 号	E118.520 508°　N33.496 170°

续表 4-4

水体类型		样点编号	经纬度
湖泊	骆马湖	1号	E118. 234 177°　N34. 002 866°
		2号	E118. 169 975°　N34. 027 624°
		3号	E118. 221 817°　N34. 038 151°
		4号	E118. 266 449°　N34. 064 606°
		5号	E118. 289 108°　N34. 103 845°
		6号	E118. 220 444°　N34. 091 052°
		7号	E118. 170 662°　N34. 069 156°
		8号	E118. 217 697°　N34. 127 437°
		9号	E118. 165 169°　N34. 112 089°
		10号	E118. 149 719°　N34. 160 682°
		11号	E118. 109 207°　N34. 136 247°
		12号	E118. 124 313°　N34. 074 275°
	南四湖	1号	E117. 355 957°　N34. 591 954°
		2号	E117. 285 919°　N34. 576 126°
		3号	E117. 163 010°　N34. 691 945°
		4号	E117. 246 094°　N34. 527 490°
		5号	E117. 214 508°　N34. 563 687°
		6号	E117. 240 601°　N34. 592 520°
		7号	E117. 307 892°　N34. 611 736°
		8号	E117. 272 186°　N34. 655 239°
		9号	E117. 266 006°　N34. 621 908°
		10号	E117. 217 941°　N34. 641 682°
		11号	E117. 202 835°　N34. 612 301°
		12号	E117. 220 688°　N34. 682 346°
		13号	E117. 189 789°　N34. 656 369°
		14号	E117. 150 650°　N34. 751 204°
		15号	E117. 070 999°　N34. 793 506°
		16号	E116. 995 468°　N34. 852 129°
		17号	E116. 968 002°　N34. 893 253°
		18号	E116. 906 204°　N34. 941 674°

续表 4-4

水体类型		样点编号	经纬度
湖泊	南四湖	19 号	E116. 884 918°　N34. 979 940°
		20 号	E116. 826 210°　N34. 986 691°
		21 号	E116. 839 256°　N35. 022 405°
		22 号	E116. 888 351°　N35. 021 281°
		23 号	E116. 827 927°　N35. 054 170°
		24 号	E116. 816 254°　N35. 100 530°
		25 号	E116. 801 491°　N35. 078 056°
		26 号	E116. 762 695°　N35. 075 527°
		27 号	E116. 670 942°　N35. 119 838°
		28 号	E116. 669 998°　N35. 164 547°
		29 号	E116. 661 072°　N35. 209 722°
		30 号	E116. 653 905°　N35. 246 530°
		31 号	E116. 606 827°　N35. 256 834°
	东平湖	1 号	E116. 241 360°　N35. 935 209°
		2 号	E116. 184 711°　N35. 924 645°
		3 号	E116. 206 341°　N35. 942 575°
		4 号	E116. 236 553°　N35. 964 669°
		5 号	E116. 205 139°　N35. 968 976°
		6 号	E116. 175 098°　N35. 949 940°
		7 号	E116. 137 505°　N35. 951 052°
		8 号	E116. 162 052°　N35. 974 533°
		9 号	E116. 196 384°　N35. 993 841°
		10 号	E116. 222 134°　N35. 986 757°
		11 号	E116. 204 453°　N36. 020 086°
		12 号	E116. 210 289°　N36. 048 544°
		13 号	E116. 189 861°　N36. 038 550°

续表 4-4

<table>
<tr><th colspan="2">水体类型</th><th>样点编号</th><th>经纬度</th></tr>
<tr><td rowspan="17">河道</td><td>金湾河</td><td>河道 1 号</td><td>E119. 496 918°　N32. 499 773°</td></tr>
<tr><td>金宝航道</td><td>河道 2 号</td><td>E119. 317 017°　N33. 057 306°</td></tr>
<tr><td>入江水道</td><td>河道 3 号</td><td>E119. 058 151°　N33. 022 770°</td></tr>
<tr><td>三河</td><td>河道 4 号</td><td>E118. 780 532°　N33. 087 694°</td></tr>
<tr><td rowspan="3">徐洪河</td><td>河道 5 号</td><td>E118. 383 179°　N33. 481 639°</td></tr>
<tr><td>河道 6 号</td><td>E118. 146 629°　N33. 834 455°</td></tr>
<tr><td>河道 7 号</td><td>E117. 953 167°　N34. 168 778°</td></tr>
<tr><td>房亭河</td><td>河道 8 号</td><td>E117. 727 776°　N34. 233 377°</td></tr>
<tr><td>中运河</td><td>河道 9 号</td><td>E117. 806 396°　N34. 485 618°</td></tr>
<tr><td>韩庄运河</td><td>河道 10 号</td><td>E117. 485 390°　N34. 574 430°</td></tr>
<tr><td rowspan="2">梁济运河</td><td>河道 11 号</td><td>E116. 459 198°　N35. 479 404°</td></tr>
<tr><td>河道 12 号</td><td>E116. 261 101°　N35. 667 059°</td></tr>
<tr><td>柳长河</td><td>河道 16 号</td><td>E116. 192 780°　N35. 864 291°</td></tr>
<tr><td>小运河</td><td>河道 17 号</td><td>E116. 061 593°　N36. 175 843°</td></tr>
<tr><td>南运河</td><td>河道 18 号</td><td>E116. 280 147°　N37. 511 045°</td></tr>
</table>

4.1.3.4　**第四批 2019 年 5 月和 9 月**

2019 年 5 月和 9 月对骆马湖开展了两次水生生态调查和监测。具体如下：

(1)根据湖泊功能区划和水生生物分布现状,以及流域土壤类型、植被、土地利用特征,将湖泊分成 5 个区,每个分区各有 1~2 个采集点,共 9 个(见表 4-5)。

(2)大型水生植物调查样方区为库岸带水向区向库区中心延伸 10 m 或至最大可涉水深度(水深 2 m)水域,取样宽度为 10 m。

(3)底栖动物取样区为库岸带水向区向库区中心延伸 10 m 或至最大可涉水深度(水深 2 m)水域,宽度为 10 m。

(4)鱼类调查按照鱼类调查的相关技术标准进行取样监测。

表 4-5　骆马湖水生生态监测点(2019 年)

序号	分区名称	监测点位	监测点坐标
1	湖区一	点位 1	E118°11′22.36″　N34°11′42.18″
2	湖区二	点位 2	E118°06′35.62″　N34°07′31.61″
		点位 3	E118°08′44.16″　N34°02′22.47″
3	湖区三	点位 4	E118°13′25.96″　N34°07′21.38″
4	湖区四	点位 5	E118°14′43.82″　N34°05′56.44″
		点位 6	E118°15′41.91″　N34°03′58.72″
5	湖区五	点位 7	E118°11′10.00″　N34°02′06.08″
		点位 8	E118°15′17.19″　N34°00′48.23″
6	湖心	点位 9	E118°10′50.22″　N34°04′45.82″

4.1.4 调查和监测方法

4.1.4.1 浮游植物调查方法

1. 野外采集

浮游植物定性样品的采集采用 25 号浮游生物网(网孔直径为 64 μm),在水面表层呈"∞"字形缓慢捞取浮游植物样品,并将网内浓缩液置于 50 mL 塑料水样瓶中,现场用鲁哥氏液固定,带回实验室供镜检。浮游植物定量样品用有机玻璃采水器取表层水和水面下 0.5 m 处水各 5 L,混合均匀,取混合水样 1 L,现场用鲁哥氏液固定;样品带回实验室后移入沉淀器,静置 24 h 后吸去上清液,定容至 30 mL,用浮游植物计数框在显微镜下计数。

2. 制片及标本鉴定

1)制片

硅藻样品采用酸处理方法对样品进行处理,具体方法如下:取 1~2 mL 样品到厚壁玻璃试管,样品量根据生物量情况做适当调整,加入 1 mL 浓硫酸,热水浴(60 ℃以上)0.5 h。小心滴加 1 mL 浓硝酸,然后热水浴(80 ℃)48 h。静置 12 h 或者更长时间,小心吸走上面酸液,加入 0.3~0.5 mL 重铬酸钾饱和溶液,静置 12 h 以上。小心吸走上清液,然后用蒸馏水清洗 4~5 遍,然后加入蒸馏水,静置 12 h 或者更长时间。小心吸走上面蒸馏水,然后加入 95%酒精,静置 12 h 以上。小心吸走上面酒精,最后用 95%酒精定容至 1 mL 待用。振荡均匀,迅速吸取 40 μL 样品,滴至盖玻片中心,样品自动扩散,待酒精挥发完全。盖玻片上滴上 40 μL 树胶,倒盖在载玻片上,待树胶变干,可以镜检。

2)标本鉴定

在 1 000 倍油镜下,随机选取 100 个视野鉴定到种或变种并计数,每个片子计数个数不少于 300 个硅藻壳,否则增加计数视野。将各样点计数进行汇总,并换算成单位面积石块上的藻类密度。非硅藻类浮游植物则直接用显微镜观察鉴定,优势种类应鉴定到种,其他种类至少应鉴定到属。主要种类或优势种类鉴定后应有关于它们形态的简要描绘和草图,以便查对。如果是用定量标本先做定性观察用,则应在镜检后将吸出的样品冲洗回样品瓶中,且防止样品的混杂污染。所有样品应贴上标签,标明采样站号、日期等。

3)镜检计数

计数方法采用视野法,即利用显微镜的目镜视野选取需要计数的面积,计数其中的所有浮游植物。应先计算出一定放大倍数时的视野面积,即用台微尺测量视野的直径,按圆面积计算。利用计数框上的小方格或按显微镜移动台上的标尺刻度来选取所要计数的视野,但应使所计数的视野均匀分布在计数框的整个面积内。计数视野的数目可根据样品中浮游植物数量的多少来确定,一般计数 100~300 个视野。

4.1.4.2　浮游动物调查方法

1. 野外采集

定性采集采用 13 号筛绢制成的浮游生物网在水中呈"∞"字形拖曳采集,将网头中的样品放入 50 mL 样品瓶中,加 2.5 mL 福尔马林液进行固定。原生动物和轮虫定量样品取表层水和水面下 0.5 m 处水各 5 L,混合均匀,取混合水样 1 L,加鲁哥氏碘液固定。带回实验室,移入沉淀器,静置 24 h 后吸去上清液,定容至 30 mL。用血球计数板在显微镜下分属计数。

每个枝角类和桡足类样品用 2.5 L 采水器采集混合水样 20 L。水样经 13 号浮游生物网过滤收集甲壳动物,收集的样品用 4%的甲醛溶液固定,并全部用于计数。浮游动物中枝角类和桡足类定量样品采集处理同浮游植物,定容至 30 mL 后用 1 mL 计数框显微镜下分属计数。

2. 样品镜检和计数

定性样品摇匀后取 2 滴于载玻片上,盖上盖玻片后用显微镜检测种类。定量样品浓缩、定量至约 30 mL 后,摇匀吸取 0.1 mL 样品置于 0.1 mL 计数框内,在显微镜下按视野法计数,数量较少时全片计数,每个样品计数 2 次,取其平均值,每次计数结果与平均值之差应在 15%以内,否则增加计数次数。分析浮游动物种类组成及现存量,鉴定出浮游动物优势种和常见种。

4.1.4.3　大型底栖动物调查方法

1. 样品采集

底栖动物定量样品采集使用 1/16 m^2 的彼得生式采泥器,每个采样点根据生境特点采集 1~3 次,将采集的底泥样品倒入塑料盆中,泥样经 40 目的铜筛筛洗,洗净后装入封口袋中,并加入少量清水。

定性样品采集使用抄网结合手捡进行。手抄网(柄长 1.5 m,网目与铜筛一致,为 40 目)在水草中或更浅的水体岸边采取底栖动物;同时在河岸带石块、枯枝、树叶等基质上捡取定性样品。

2. 样品处理与保存

将洗净的样品带回室内,倒入解剖盘中,用肉眼仔细将动物标本捡出,将个体较小、易断和已破损的环节动物和节肢动物装入小的拇指管中后加入10%福尔马林溶液置入100 mL的塑料广口标本瓶中,软体动物直接置入100 mL的塑料标本瓶中用10%福尔马林溶液固定。

3. 样品鉴定与计量

固定样品经清洗后在显微镜或解剖镜下进行种类鉴定、计数,并用电子天平(精度为0.000 1 g)称量湿重,称重前先用滤纸吸干标本体表液体,最后换算成密度和生物量。底栖动物样品尽量鉴定到属或种,部分水生昆虫区分到科。

4.1.4.4　鱼类调查方法

1. 采集工具和渔获方式

采用定性和定量采集、渔市调查与随访相结合的方法,对调查湖泊的不同生态类型的栖息地鱼类进行调查,对捕捞生产的重要经济鱼类进行统计并随机抽样,抽样数量力求能反映渔获量状况。记录抽样时间、地点、数量。鱼类多样性调查以渔获物收集为主,结合特定生境的专门调查。针对本次调查输水沿线的特点,采用渔网捕获和撒网等综合方法,采集渔获物以获得尽可能多的鱼类种类。在河流较浅水体中,采用地笼或刺网;在河流静水的深水区或缓流区,在当地渔民的协助下,采用鱼簖、流刺网方法获得河流中的鱼类。

2. 样本处理与鉴定

调查渔获物总质量在40 kg以下时,全部取样分析;大于40 kg时,从中挑出大型的和稀有的标本后,随机取出渔获物分析样品20 kg左右,然后把余下的渔获物按品种和规格装箱,记录该采样点准确渔获总质量,并从中再留取特殊需要的样品。同时取出的样品应装箱扎好标签,做好记录,核对无误后用5%~10%的中性福尔马林溶液固定。制作标本时对个体较大的样品鱼,腹腔注射适量的固定液,鳞片易脱落的样品鱼用纱布包裹,放入标本瓶,加入5%~10%甲醛溶液固定,用量要淹没鱼体。

3. 样品分类与鉴定

对采样样品直接分类鉴定,并对数量、重量进行统计。对不同时间或采样点中每个种的渔获物称重,记录相应尾数,并计算百分比。将样品放在体视显微镜下分类鉴定,并对数量进行统计。

标本鉴定及分类主要依据《中国动物志(硬骨鱼纲):鲤形目(中卷)》《中国动物志(硬骨鱼纲):鲤形目(下卷)》《中国动物志(硬骨鱼纲):鲈形目(五)》《中国动物志(硬骨鱼纲):鲈形目(五)(虾虎鱼亚目)》《中国淡水鱼类检索》《长江鱼类》《长江水系渔业资源》《江苏鱼类志》《长江口鱼类》《黄河鱼类志》《山东鱼类志》《河北鱼类志》《天津鱼类》《北京鱼类志》《中国内陆鱼类物种与分布》,分类系统采用《中国鱼类系统检索》(成庆泰等,1987)的分类系统。

生物学参数测定:测定渔获物体长、体重、年龄、性别及性腺发育程度等生物学特征。

测定前对采集的样品清洗、分类,依次进行各项指标的测定,并记录。根据不同鱼类的形态特征,用量鱼板测量鱼类个体的全长、体长等。使用电子天平测定渔获物个体的体重、纯重。对于从一般特征或第二特征(朱星、体色、婚姻色等)可以区别的,用目测法判定雌雄;外形不能区别雌雄的鱼类,解剖观察性腺确定性别。根据性腺不同发育阶段的外观特征(性腺大小、颜色、血管分布状况、卵细胞性状等),用目测法判定其性腺发育程度,共分为6期。

4.数据分析

参考《内陆水域渔业自然资源调查手册》中渔业资源研究方法,结合渔业生态调查资料常用分析方法,采用以下方法进行研究。

1)肥满度系数

肥满度系数(K)表达式如下:

$$K = W/L^3 \tag{4-1}$$

式中:K 为肥满度系数;W 为鱼体质量,g;L 为鱼体长度,cm。

2)生长规律

体长与体重关系表达式如下:

$$W = aL^b \tag{4-2}$$

式中:W 为鱼体质量,g;L 为鱼体长度,cm;a、b 为相关系数,其中 a 为生长的条件因子,b 值判断鱼类的生长情况。

当 $b=3$ 时,说明鱼的生长为等速生长(匀速生长型),当 b 大于或小于3时,其生长情况为异速生长。生长方程:

体长生长方程　　$$L_t = L_\infty \times [1-e^{-K(t-t_0)}] \tag{4-3}$$

体重生长方程　　$$W_t = W_\infty \times [1-e^{-K(t-t_0)}]^3 \tag{4-4}$$

式中:L_t 和 W_t 分别为 t 时的个体长度和质量;L_∞ 和 W_∞ 分别为渐进长度和质量;K 为生长参数,与鱼类代谢和生长有关;t_0 为假定常数,即 $W=0$ 时的年龄,理论上应小于0。

3)优势种

用Pinkas(1971)的相对重要性指数IRI来研究鱼类优势种的优势度,计算公式如下:

$$\mathrm{IRI} = (N + W)F \tag{4-5}$$

式中:N 为某一物种尾数占总尾数的百分比;W 为该物种质量占总质量的百分比;F 为某一物种在调查中出现的频率。

优势种以样品中IRI指数前五位的种类为主要优势种。

4)鱼类多样性

shannon-wiener 多样性指数(H'):

$$H' = -\sum_{i}^{s} P_i \ln P_i \tag{4-6}$$

Pielou 均匀度指数(J'):

$$J' = H'/\ln S \tag{4-7}$$

Simpson 优势度指数(λ):

$$\lambda = \sum P_i^2 \tag{4-8}$$

式中:J'为均匀度指数;H'为物种多样性指数;λ 为优势度指数;S 为样品中总种数;P_i 为第 i 种的个体丰度(n_i)与总丰度(N)的比值,N 为群落中所有物种丰度(尾数),n_i 为第 i 个物种的丰度(尾数)。

5. 渔业生产状况调查

向各地渔业主管部门及渔民调查了解鱼类的资源和渔获量。着重收集渔业统计资料,主要内容为调查水域内渔获物种类、历年渔业生产状况、渔获物统计,按不同季节(繁殖、育肥、越冬等)、捕捞旺季和生殖季节定期统计,增殖放流时间、放流种类和数量。

4.1.4.5　水生植物调查方法

1. 野外采集

挺水植物(如芦苇)可用卷尺直接选取 0.5 m×0.5 m 随机样方,把样方内所有植株从基部割取,或者用 1 m^2 采样方框采集。采集时,应将方框内的全部植物从基部割取。

沉水植物、浮叶植物和漂浮植物一般用水草定量夹(面积为 1/5 m^2 的采草器)采集 2~3 次。当沉水植物和浮叶植物密度过大,定量夹已盛不下水草时,可用 0.25 m^2 采样方框数株采集。每个采样点应采集 2~3 个平行样品,采集的样品应除去污泥等杂质,装入封口袋中,带回实验室。

定性采集:挺水植物可直接用手采集,浮叶植物和沉水植物可用水草采集耙采集,漂浮植物可直接用手或抄网采集。同时,结合目测,确定挺水植物和沉水植物种类,估算总盖度、分种盖度,称量各沉水植物的鲜重。

2. 样品处理与鉴定

将采集样品带回实验室洗净,放入孔径较小的大型塑料沥水筐,待水草表面水分晾干后进行鉴定分类,记录水生维管束植物的种类组成,去掉枯根叶,分别称其湿重,并压制标本;根据每平方米中的各类植物的现存量和它们的分布面积,即可求出该区域水体中各类大型水生植物的总现存量和各类植物所占的比例。

4.2　浮游植物现状分析

4.2.1　输水沿线湖泊浮游植物现状调查研究

4.2.1.1　2013 年调查评价结果

2013~2020 年,研究组自 2013 年开始结合相关河湖健康评估、水生生态现状和安全评价等相关项目陆续对东线一期工程输水沿线河流、湖泊开展水生生态现状质量进行调查。2013 年 3~10 月洪泽湖水生生态调查,湖区的浮游植物细胞密度平均值为 603.82 万个/L,而且这次监测中共鉴定出5门117种,其中硅藻29种、甲藻3种、蓝藻23种、绿藻49种、裸藻13种。浮游植物主要包括硅藻、蓝藻、绿藻3个类群,还有少量甲藻、裸藻等,其中蓝藻为优势类群,所占比例为82.89%,硅藻为9.33%,绿藻为7.67%,其他类群为0.11%。

研究组对此次数据进行分析,在时间动态上,蓝藻比例最高,6月、9月、10月均达到90%以上;其次为硅藻和绿藻,3月、4月硅藻均超过27%;绿藻3~8月一直相对稳定至10%左右,9月、10月小于3%;其他藻类全年所占的比例均小于1%。在空间上,成子湖蓝藻比例在90%以上;硅藻除在中心湖区、老子山区和临淮区所占比例较小外,其他地方所占比例约20%;绿藻在成子湖区所占的比例超过20%,其他地方所占比例均不到10%。

4.2.1.2 2018年调查评价结果

2018年为了解南水北调一期沿线湖泊生态状况,针对南四湖展开了两次水生态调查,调查期为5月和9月。两次调查共采集到浮游植物205种(属),分属8门。其中,绿藻门86种(属),占种类数比例最高,其次是硅藻门55种(属)、蓝藻门37种(属)、裸藻门14种(属)、甲藻门6种(属)、金藻门3种(属)、隐藻门3种(属)、黄藻门1种(属)。南四湖各门类浮游植物种(属)数(2018年)见表4-6。

表4-6 南四湖各门类浮游植物种(属)数(2018年)

项目	蓝藻门	金藻门	硅藻门	甲藻门	裸藻门	绿藻门	隐藻门	黄藻门	总计
5月	18	3	42	4	10	53	3	0	133
9月	21	1	29	3	5	47	1	1	108
合计	37	3	55	6	14	86	3	1	205

从各门类组成分析可知,两次调查均显示蓝绿藻丰度组成较高,均超过了50%,其次是硅藻;而从生物量分析可知,5月调查显示绿藻和硅藻生物量组成最高,分别达到49%和34%,而9月则是甲藻和蓝藻生物量组成最高,分别达到41%和25%。

从全湖分析可知,5月主要优势度大于0.1的主要种类分别为假鱼腥藻 *Pesudanabaena sp.*、链状假鱼腥藻 *Pseudanabaena catenata*、浮游细鞘丝藻 *Leptolyngbya planktonica*。9月优势度大于0.2的主要种类为微囊藻 *Microcystis* sp.、银灰平裂藻 *Merismopedia glauca*。

南四湖从北至南依次为南阳湖、独山湖、昭阳湖和微山湖。其中,前三个合称上级湖,微山湖又称下级湖。

根据各湖内浮游植物不同,对南四湖进行具体分析,南阳湖5月主要优势门类为蓝藻门,占比43%,优势种为浮游细鞘丝藻 *Leptolyngbya planktonica*(0.17);独山湖优势门类为绿藻门和蓝藻门,占比分别为32%和24%,没有优势度超10%的种类;昭阳湖主要优势门类为蓝藻门,占比62%,主要优势种为假鱼腥藻 *Pesudanabaena* sp.(0.18)、链状假鱼腥藻

Pseudanabaena catenata(0.17)和浮游细鞘丝藻 *Leptolyngbya planktonica*(0.11);微山湖优势门类为硅藻门,主要优势种为放射星杆藻 *Asterionella ralfsii*(0.11)。

南阳湖 9 月主要优势门类为蓝藻门,占比 53%,主要优势种为银灰平裂藻 *Merismopedia glauca*(0.16)、带多甲藻 *Peridinium zonatum*(0.12)、固氮鱼腥藻 *Anabaena azotica*(0.11)、卵形隐藻 *Cryptomonas ovata*(0.12)、微囊藻 *Microcystis* sp.(0.15);独山湖主要优势门类为蓝藻门,占比 47%,主要优势种为银灰平裂藻 *Merismopedia glauca*(0.34)、双对栅藻 *Scenedesmus bijuga*;昭阳湖优势门类为蓝藻门,占比 64%,主要优势种为银灰平裂藻 *Merismopedia glauca*(0.20)、固氮鱼腥藻 *Anabaena azotica*(0.15)、小环藻 *Cyclotella* sp.(0.11);微山湖优势门类为蓝藻门,占比 78%,主要优势种为微囊藻 *Microcystis* sp.(0.26)、席藻 *Phormidium* sp.(0.12)。

南四湖不同湖区种类与现存量统计(2018 年)见表 4-7。

表 4-7　南四湖不同湖区种类与现存量统计(2018 年)

项目	时间	南阳湖	独山湖	昭阳湖	微山湖
种类/个	5 月	107	92	92	103
	9 月	73	41	67	92
丰度/(个/L)	5 月	4.81×10^5	2.60×10^5	3.45×10^6	3.94×10^5
	9 月	1.35×10^7	1.59×10^7	1.46×10^7	1.44×10^7
生物量/(mg/L)	5 月	1.32	1.06	5.58	1.15
	9 月	27.26	10.14	11.51	9.29

4.2.1.3　2019 年调查评价结果

为全面了解南水北调东线一期工程输水沿线湖库的生态情况,2019 年开展了骆马湖水生生态调查,为保持一致性,调查时间同样选在了 5 月和 9 月。两次调查共采集到骆马湖浮游植物 193 种(属),分属 8 门。其中,绿藻门(Chlorophyta)80 种(属),占种类数比例最高,其次是硅藻门(Bacillariophyta)54 种(属)、蓝藻门(Cyanophyta)31 种(属)、裸藻门 13 种(属)、甲藻门 7 种(属)、金藻门 2 种(属)、隐藻门 5 种(属)、黄藻门 1 种(属)。两次采样浮游植物种类数接近,但 9 月绿藻种类数增加了 8 种,而硅藻种类数减少 6 种,并且黄藻门和金藻门浮游植物未检出。骆马湖各门类浮游植物种(属)数(2019 年)见表 4-8。

表 4-8　骆马湖各门类浮游植物种(属)数(2019 年)

项目	蓝藻门	金藻门	硅藻门	甲藻门	裸藻门	绿藻门	隐藻门	黄藻门	总计
5 月	19	2	38	2	9	53	3	1	127
9 月	19	0	32	6	12	61	4	0	134
合计	31	2	54	7	13	80	5	1	193

5月调查骆马湖浮游植物丰度变化范围为(0.03~3.30)×10^7 cell/L,平均丰度为7.94×10^6 cell/L;生物量变化范围为0.41~9.67 mg/L,平均生物量为3.05 mg/L;9月调查骆马湖浮游植物丰度变化范围为(0.178~1.11)×10^7 cell/L,平均丰度为5.65×10^6 cell/L;生物量变化范围为1.51~33.9 mg/L,平均生物量为10.0 mg/L。

从各门类组成分析可知,两次调查均显示蓝藻密度所占比例较高,均超过了50%;从生物量分析可知,5月调查显示生物量比例组成较高的门类依次是隐藻、绿藻、硅藻,比例分别达到34%、26%、10%,而9月硅藻生物量所占比例最高,达到了84%。

从全湖浮游植物各门类丰度和生物量组成分析可知,5月主要优势度大于0.1的主要种类为极小假鱼腥藻 *Pseudanabaena minima*、依沙矛丝藻 *Cuspidothrix issatschenkoi* 和浮游细鞘丝藻 *Leptolyngbya planktonica*。9月优势度大于0.2的主要种类为依沙矛丝藻 *Cuspidothrix issatschenkoi*、水华束丝藻 *Aphanizonmenon flos-aquae* 和湖生假鱼腥藻 *Pseudanabaena limnetica*。

4.2.1.4 2020年调查评价结果

2020年,为调查掌握南水北调东线一期工程输水沿线水生生态安全状况,研究组在前期水生生态调查和监测的基础上,对一期工程输水沿线南四湖、骆马湖、东平湖和洪泽湖水生生态现状进行了较为全面的调查。根据此次调查结果,南四湖、骆马湖、东平湖和洪泽湖浮游植物种类较多,且种类数量比较接近;所有湖泊均采集到绿藻门、蓝藻门、硅藻门、隐藻门、裸藻门、甲藻门、金藻门和黄藻门的浮游植物物种。从类群分析可知,各个湖泊均以绿藻门、硅藻门和蓝藻门为优势类群。其中,绿藻门在洪泽湖、骆马湖、南四湖和东平湖中种类数量较多,均为100种左右,其次为硅藻门,均为50种左右;蓝藻门在湖泊中均高于20种。

从种类组成分析可知,洪泽湖共鉴定出浮游植物8门222种,其中绿藻门种类最多,有100种,硅藻门、蓝藻门和裸藻门次之,分别为49种、31种和25种,金藻门有7种,隐藻门有4种,甲藻门和黄藻门种类最少,均仅有3种。洪泽湖浮游植物的主要类群为绿藻门、硅藻门、蓝藻门和裸藻门,属类较多,所含种类数占总种数的92.35%。绿藻门中栅藻属种类最多,有11种;衣藻属次之,有7种。硅藻门中舟形藻属种类最多,有10种。蓝藻门中微囊藻属和平裂藻属均为4种。裸藻门中裸藻属种类最多,有8种。

骆马湖共鉴定出浮游植物8门247种,其中,绿藻门种类最多,有110种,硅藻门有55种,蓝藻门和裸藻门均为31种,金藻门有8种,隐藻门、黄藻门和甲藻门最少,均仅有4种。骆马湖浮游植物的主要类群为绿藻门、硅藻门、蓝藻门和裸藻门,属类较多,所含种类占总种数的91.90%。绿藻门中栅藻属种类最多,有10种;其次是盘星藻属,有8种。硅藻门中舟形藻属种类最多,有11种。蓝藻门中微囊藻属、平裂藻属和颤藻属均为4种。裸藻门中裸藻属种类最多,有9种;鳞孔藻属次之,有7种。

南四湖共鉴定出浮游植物8门250种,其中绿藻门种类最多,有102种,硅藻门、裸藻门和蓝藻门次之,分别为58种、35种和33种,金藻门有7种,黄藻门、甲藻门和隐藻门最少,分别仅有6种、5种和4种。南四湖浮游植物的主要类群为绿藻门、硅藻门、裸藻门和蓝藻门,属类较多,所含种类占总种数的91.20%。绿藻门中栅藻属种类最多,有11种;其次是鼓藻属,有9种。硅藻门中舟形藻属种类最多,有11种。裸藻门中裸藻属种类最多,有10种;其次是鳞孔藻属,有9种。蓝藻门中微囊藻属、平裂藻属和颤藻属均为4种。

总体分析沿线各湖泊的浮游植物平均密度和生物量,从密度分析可知,浮游植物的平均密度从高到低依次为洪泽湖、东平湖、南四湖和骆马湖。从类群分析可知,各个湖泊均以蓝藻门和绿藻门的平均密度为最高,其中,蓝藻门在高邮湖中较高,均高于1 000万个/L;绿藻门在洪泽湖中密度较高,高于500万个/L,在其他湖泊中均不足300万个/L。从生物量分析可知,各湖泊内浮游植物生物量从高到低依次为洪泽湖、东平湖、南四湖和骆马湖。从类群分析可知,各个湖泊中高邮湖、南四湖和东平湖以蓝藻门生物量占主要优势,洪泽湖和骆马湖以绿藻门和硅藻门生物量占主要优势。蓝藻门生物量在南四湖中较高,均高于1.50 mg/L,邵伯湖最小,不足0.1 mg/L;绿藻门生物量在洪泽湖中较高,均高于1.00 mg/L,在其他湖泊中均不足1.00 mg/L;硅藻门生物量在洪泽湖和东平湖中较高,均高于1.00 mg/L,在其他湖泊中均不足1.00 mg/L。

洪泽湖浮游植物平均密度为1 142.40万个/L,绿藻门、蓝藻门、隐藻门和硅藻门的密度占平均密度的比例较高,是洪泽湖浮游植物的优势门类,其中蓝藻门密度最高,为515.22万个/L,占平均密度的45.10%;隐藻门次之,为239.90万个/L,占平均密度的21.00%;硅藻门和蓝藻门分别占平均密度的18.60%和11.10%;裸藻门、金藻门、黄藻门和甲藻门密度相对较小,共仅占洪泽湖总平均密度的4.20%,其中甲藻门平均密度最小,不足1%。

骆马湖浮游植物平均密度为830.20万个/L,绿藻门、蓝藻门、隐藻门和硅藻门的密度占平均密度的比例较高,是骆马湖浮游植物的优势门类,其中绿藻门密度最高,为278.12万个/L,占平均密度的33.50%;蓝藻门次之,为237.44万个/L,占平均密度的29%;裸藻门和隐藻门的密度分别为138.64万个/L和118.72万个/L,各占平均密度的16.70%和14.30%;裸藻门、黄藻门、甲藻门和金藻门的密度相对较小,占平均密度的比例较低,共仅占6.89%,其中甲藻门密度最小,占比不足1%。

南四湖浮游植物平均密度为904.78万个/L,其中以蓝藻门的密度占绝对优势,占比达81.15%,为734.25万个/L;绿藻门次之,为127.14万个/L,占平均密度的14.05%;其他门类密度相对较小,共占平均密度的4.80%,甲藻门、黄藻门和金藻门密度最小,占比均不足1%。

东平湖浮游植物平均密度为997.03万个/L,绿藻门、蓝藻门、隐藻门和硅藻门的密度占平均密度的比例较高,是东平湖浮游植物的优势门类,其中蓝藻门密度最高,为447.70万个/L,占平均密度的44.90%;其次是绿藻门和硅藻门,分别为222.35万个/L和201.41万个/L,各占平均密度的22.30%和20.20%;隐藻门占平均密度的9.10%,裸藻门、黄藻门、甲藻门和金藻门的密度占平均密度的比例较低,共仅占3.49%。

南水北调东线一期工程输水沿线各湖泊浮游植物的种类数及所占比例(2020年)见表4-9,浮游植物的密度及所占比例(2020年)见表4-10,浮游植物的生物量及所占比例(2020年)见表4-11。

从各湖泊浮游植物种群分析可知,邵伯湖和南四湖浮游植物优势种的种类较多,各9种,其他湖泊均为7~8种。其中,南四湖和东平湖共有优势种5种,分别为小球藻、湖

表 4-9　南水北调东线一期工程输水沿线各湖泊浮游植物的种类数及所占比例(2020 年)

项目	洪泽湖		骆马湖		南四湖		东平湖	
	种类数/种	百分比/%	种类数/种	百分比/%	种类数/种	百分比/%	种类数/种	百分比/%
绿藻门	100	45.06	110	44.53	102	40.80	100	44.64
蓝藻门	31	13.96	31	12.55	33	13.20	31	13.84
硅藻门	49	22.07	55	22.27	58	23.20	50	22.32
隐藻门	4	1.80	4	1.62	4	1.60	4	1.79
裸藻门	25	11.26	31	12.55	35	14.00	23	10.27
甲藻门	3	1.35	4	1.62	5	2.00	5	2.23
黄藻门	3	1.35	4	1.62	6	2.40	4	1.79
金藻门	7	3.15	8	3.24	7	2.80	7	3.12
合计	222		247		250		224	

表4-10　南水北调东线一期工程输水沿线各湖泊浮游植物的密度及所占比例(2020年)

项目	洪泽湖		骆马湖		南四湖		东平湖	
	密度/(万个/L)	百分比/%	密度/(万个/L)	百分比/%	密度/(万个/L)	百分比/%	密度/(万个/L)	百分比/%
绿藻门	515.22	45.10	278.12	33.51	127.14	14.05	222.35	22.30
蓝藻门	126.81	11.10	237.44	28.60	734.25	81.15	447.70	44.90
硅藻门	212.49	18.60	118.72	14.30	20.08	2.22	201.41	20.20
隐藻门	239.90	21.00	138.64	16.70	16.21	1.79	90.74	9.10
裸藻门	21.86	1.91	26.10	3.15	5.05	0.56	15.90	1.59
甲藻门	2.73	0.24	3.25	0.39	0.81	0.09	1.98	0.21
黄藻门	11.11	0.97	13.14	1.58	0.03	0.01	8.01	0.80
金藻门	12.29	1.08	14.67	1.77	1.21	0.13	8.94	0.90
合计	1 142.41		830.08		904.78		997.03	

表 4-11　南水北调东线一期工程输水沿线各湖泊浮游植物的生物量及所占比例(2020 年)

项目	洪泽湖		骆马湖		南四湖		东平湖	
	生物量/(mg/L)	百分比/%	生物量/(mg/L)	百分比/%	生物量/(mg/L)	百分比/%	生物量/(mg/L)	百分比/%
绿藻门	1.11	38.14	0.60	28.04	0.27	10.80	0.48	17.33
蓝藻门	0.29	9.97	0.54	25.23	1.66	66.40	1.01	36.46
硅藻门	1.10	37.80	0.61	28.50	0.10	4.00	1.04	37.55
隐藻门	0.16	5.50	0.09	4.21	0.01	0.40	0.06	2.17
裸藻门	0.12	4.12	0.15	7.01	0.43	17.20	0.09	3.25
甲藻门	0.01	0.35	0.01	0.47	0.01	0.40	0.01	0.36
黄藻门	0.06	2.06	0.07	3.27	0.01	0.40	0.04	1.44
金藻门	0.06	2.06	0.07	3.27	0.01	0.40	0.04	1.44
合计	2.91		2.14		2.50		2.77	

泊伪鱼腥藻、尖针杆藻、具星小环藻和尖尾蓝隐藻;洪泽湖和骆马湖共有优势种为4种,分别为小球藻、微囊藻、广缘小环藻和尖尾蓝隐藻;骆马湖和南四湖共有优势种也为4种,分别为小球藻、湖泊伪鱼腥藻、尖针杆藻和尖尾蓝隐藻。

南水北调东线一期工程输水沿线各湖泊浮游植物的优势种(2020年)见表4-12。

表4-12 南水北调东线一期工程输水沿线各湖泊浮游植物的优势种(2020年)

项目	洪泽湖	骆马湖	南四湖	东平湖
小球藻	+	+	+	+
栅藻				
小型色球藻			+	
弓形藻				
细链丝藻	+			
集球藻	+			
肥壮蹄形藻		+		
月牙藻			+	
狭形纤维藻			+	
针形纤维藻				+
卷曲纤维藻				
四足十字藻				
小席藻				
微囊藻	+	+		+
依沙束丝藻				+
两栖颤藻		+		
湖泊伪鱼腥藻		+	+	+
卷曲鱼腥藻			+	
平裂藻				
隐球藻				
变异直链藻				
单生卵囊藻				
尖针杆藻		+	+	+
钝脆杆藻				+
小环藻				
扭曲小环藻	+			
广缘小环藻	+	+		
具星小环藻			+	+
颗粒直链藻				
岛直链藻				
卵形隐藻				
尖尾蓝隐藻	+	+	+	+
拟多甲藻				
合计	7	8	9	9

2013~2020 年,对南水北调东线一期工程输水沿线湖泊做过共计 5 次调查,从这 5 次调查中能看出洪泽湖、骆马湖、东平湖和南四湖均以蓝藻门和绿藻门种类最多,小球藻为四大湖泊共有的优势种。优势种中针杆藻为中富营养水体指示种,而隐藻、针杆藻、伪鱼腥藻为富营养化的重要水体指示种。从多年调查结果综合分析,在一定程度上南水北调东线一期工程输水沿线湖泊存在湖泊富营养化的风险,各湖泊水质营养指标需要进行新一轮治理,水生浮游植物种群结构亟须改善和修复,以此降低输水和调蓄湖泊的营养水平。2020 年研究组调查到的湖泊针杆藻、伪鱼腥藻显微镜下影像见图 4-3。

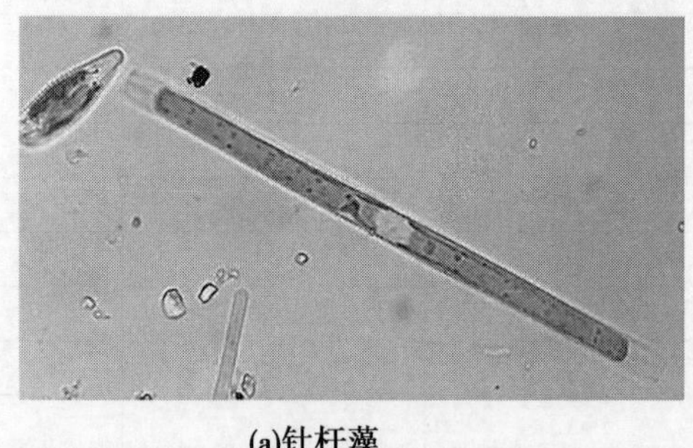

(a)针杆藻

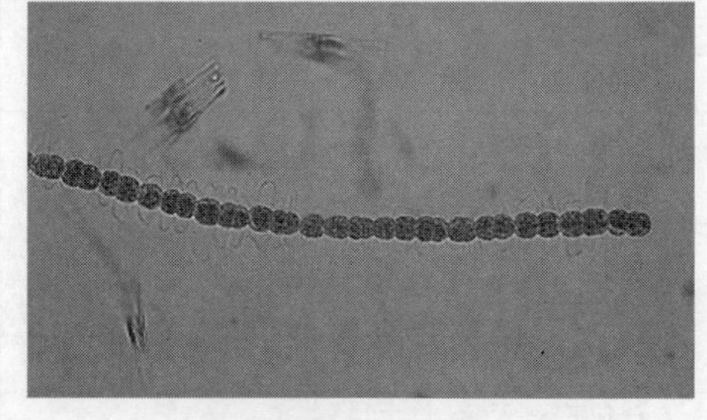

(b)伪鱼腥藻

图 4-3 研究调查到的湖泊针杆藻、伪鱼腥藻显微镜下影像

4.2.2 输水沿线水库浮游植物现状调查分析

工程建设前,因大屯水库是天然洼地和农田改建而成的,土壤中含有较多的氮、磷、腐殖质等,在引蓄黄河水后,土壤中的营养物质进入水体当中,加之引蓄外源水途中带入的有机质,水体中的营养物质骤增,超过了水体的承载能力,使水库的水生生态系统失衡,库内浮游植物覆盖整个水面,导致水环境恶化,水质仅为地表饮用水水源地 V 类水标准,水体严重富营养化,失去饮用功能,无法正常向市区供水,被迫于 1997 年 11 月 7 日开始停止向市区供水。治理部门于 1998 年春根据估算结果,向水库内投放鱼种,使水质得到了有效的控制,但由于鱼种投放比例不够合理,肉食性鱼类较多,使浮游动物生物量大量减少,而浮游植物生物量过剩,光合作用增强,消耗 CO_2 增多,水生生物生长繁殖速率加快,新陈代谢速率提高,耗氧量增大,加之生物体死亡数量增加,在氧化分解过程中耗氧量增大,使得水环境又相对恶化。随着鱼类个体的增长,并通过捕捞调控了鱼类的种类结构、规格、数量,使生物结构更趋合理,水体质量逐步提高。大屯水库的浮游植物生物量在 2000 年平均为 2.40 mg/L,此次调查结果显示平均生物量降为 0.36 mg/L。分析认为,鲢鱼、草鱼等草食性鱼类投放数量较多,易造成天然饵料资源短缺,抑制浮游植物的生长和繁衍,水体中营养物质(氮、磷)不能合理地转化;而鳙鱼、小杂鱼等投放数量较少,成活率低,易造成天然饵料丰富,浮游动物过量繁衍,导致浮游植物的生长和繁衍受到抑制,使营养物质不能正常转化,从而使水体质量降低。利用生物技术科学调控,合理捕捞鱼类资源使浮游植物生物量由 2000 年的平均 2.40 mg/L 降至此次的 0.36 mg/L,使水体营养程度降低,水体质量提高。

南水北调东线一期工程输水沿线水库主要包括大屯水库、双王城水库和东湖水库。对于水库的生态调查,主要为 2020 年 8~9 月的全面生态调查,调查的对象主要为大屯水库。在这次调查中,大屯水库共检出 5 门 47 种,其中,绿藻门最多,共计 19 种,硅藻门和蓝藻门次之,分别有 15 种、8 种,其他门类种类数较少。大屯水库浮游植物平均密度为 470.27 万个/L,生物量为 0.36 mg/L,均以绿藻门占优势。

大屯水库浮游植物的密度和生物量及所占比例见表 4-13、优势种类的密度及所占比例见表 4-14。

表 4-13　大屯水库浮游植物的密度和生物量及所占比例

类别	大屯水库			
	密度/(万个/L)	百分比/%	生物量/(万个/L)	百分比/%
蓝藻门	120.75	25.68	0.02	5.56
绿藻门	326.08	69.34	0.20	55.56
硅藻门	16.3	3.46	0.07	19.44
裸藻门	4.08	0.87	0.03	8.33
隐藻门	3.06	0.65	0.04	11.11
甲藻门	—	—	—	—
合计	470.27		0.36	

表 4-14　大屯水库浮游植物优势种类的密度及所占比例

类别	大屯水库	
	密度/(万个/L)	百分比/%
湖泊伪鱼腥藻	40.76	8.70%
蛋白核小球藻	29.04	6.20
细小平裂藻	—	—
网状空星藻	205.33	43.80
四尾栅藻	50.95	0.11
细浮鞘丝藻	—	—
卵形隐藻	—	—
单角盘星藻具孔变种	25.48	5.43

4.2.3　输水沿线河道浮游植物现状调查分析

研究组 2020 年对南水北调东线一期工程输水干线河道全线进行了水生生态环境质量现状调查和监测,东线一期工程输水干线河道因黄河分割为淮河流域和海河流域,依据水生生态系统具有显著的流域特征,调查范围以黄河为分界线,将河流分为黄河以南和黄河以北,其中黄河以南包括入江水道、徐洪河、梁济运河、柳长河、金宝航道、房亭河、韩庄运河和中运河等共计 11 条输水河流,黄河以北主要为京杭运河小运河段。

4.2.3.1 黄河以南输水干线河道

东线一期工程输水干线河道浮游植物的种类统计(黄河以南)见表4-15。研究组从调查和监测的浮游植物物种组成分析可知,黄河以南河道浮游植物种类数相对较高,采集物种主要包括蓝藻门、绿藻门、硅藻门、裸藻门、隐藻门、金藻门和甲藻门的浮游植物物种。从各类群分析可知,以绿藻门、硅藻门和蓝藻门为优势类群,其中,绿藻门种类数最高,为51种,硅藻门较高,26种,蓝藻门13种,其他门类种类数在各河道中均相对较少,均不足10种。

表4-15 东线一期工程输水干线河道浮游植物的种类统计(黄河以南)

类别	种类数/种	百分比/%
蓝藻门	13	12.27
绿藻门	51	48.11
硅藻门	26	24.53
裸藻门	7	6.60
隐藻门	3	2.83
金藻门	2	1.89
甲藻门	4	3.77
合计	106	100

南水北调东线一期工程输水沿线河道浮游植物的密度和生物量及所占比例(黄河以南)见表4-16,南水北调东线一期工程输水沿线黄河以南各输水河道浮游植物的密度及所占比例见表4-17,南水北调东线一期工程输水沿线黄河以南各输水河道浮游植物的生物量及所占比例见表4-18,南水北调东线一期工程输水沿线黄河以南各输水河道浮游植物优势种的密度见表4-19。

表4-16 南水北调东线一期工程输水沿线河道浮游植物的密度和生物量及所占比例(黄河以南)

项目	密度/(万个/L)	百分比/%	生物量/(mg/L)	百分比/%
蓝藻门	3 218.77	87.68	0.50	36.49
绿藻门	269.67	7.34	0.18	13.14
硅藻门	152.61	4.15	0.41	29.93
裸藻门	9.42	0.26	0.14	10.22
隐藻门	17.91	0.49	0.07	5.11
金藻门	0.93	0.03	0.02	1.46
甲藻门	1.73	0.05	0.05	3.65
合计	3 671.04		1.37	

表 4-17　南水北调东线一期工程输水沿线黄河以南各输水河道浮游植物的密度及所占比例

河道	蓝藻门		绿藻门		硅藻门		裸藻门		隐藻门		金藻门		甲藻门		合计
	密度/(万个/L)	百分比/%	密度/(万个/L)	百分比/%	密度/(万个/L)	百分比/%	密度/(万个/L)	百分比/%	密度/(万个/L)	百分比/%	密度/(万个/L)	百分比/%	密度/(万个/L)	百分比/%	密度/(万个/L)
廖家沟	1.02	4.35	13.24	56.51	5.10	21.74	1.02	4.35	2.04	8.70			1.02	4.35	23.44
入江水道	637.89	55.50	364.80	31.73	59.10	5.14	18.34	1.60	65.22	5.67	2.04	0.18	2.04	0.18	1 149.43
金宝航道	68.27	49.26	31.59	22.80	32.61	23.53	3.06	2.21	3.06	2.21					138.58
三河	7.13	10.94	47.89	73.43	4.08	6.25	6.11	9.38							65.22
徐洪河	88.80	13.49	519.17	78.85	36.85	5.60	7.21	1.09	5.43	0.83			0.91	0.14	658.37
房亭河	25.81	8.19	271.73	86.21	16.30	5.17	1.36	0.43							315.21
韩庄运河	56.05	62.50	29.55	32.95	4.08	4.55									89.67
中运河	36.68	55.10	19.02	28.57	10.87	16.33									66.57
梁济运河	6 414.75	95.08	229.13	3.40	84.43	1.25	8.15	0.12	8.44	0.13			1.46	0.02	6 746.36
柳长河	6 603.11	90.41	203.80	2.79	440.21	6.03	24.46	0.33	24.46	0.33	8.15	0.11			7 304.19
洸府河	21 466.93	90.11	1 236.39	5.19	985.03	4.13	33.97	0.14	88.31	0.37			13.59	0.06	23 824.22

表 4-18　南水北调东线一期工程输水沿线黄河以南各输水河道浮游植物的生物量及所占比例

河道	蓝藻门		绿藻门		硅藻门		裸藻门		隐藻门		金藻门		甲藻门		合计
	生物量/（mg/L）	百分比/%	生物量/（mg/L）	百分比/%	生物量/（mg/L）	百分比/%	生物量/（mg/L）	百分比/%	生物量/（mg/L）	百分比/%	生物量/（mg/L）	百分比/%	生物量/（mg/L）	百分比/%	生物量/（mg/L）
廖家沟	0.000 3	0.61	0.01	20.29	0.01	20.28	0.004	8.11	0.005	10.14		40.57	0.02	40.57	0.049 3
入江水道	0.09	8.89	0.50	49.41	0.13	12.85	0.25	24.70	0.001	0.10	0.001	0.10	0.04	3.95	1.012
金宝航道	0.01	4.35	0.01	4.35	0.17	73.91	0.01	4.35	0.03	13.04					0.23
三河	0.000 2	0.33	0.02	33.23	0.01	16.61	0.03	49.83							0.060 2
徐洪河	0.03	6.98	0.24	55.81	0.07	16.28	0.05	11.63	0.02	4.65			0.02	4.65	0.43
房亭河	0.01	5.26	0.14	73.69	0.03	15.79	0.01	5.26							0.19
韩庄运河	0.01	25.00	0.02	50.00	0.01	25.00									0.04
中运河	0.002	3.23	0.01	16.12	0.05	80.65									0.062
梁济运河	1.31	63.90	0.20	9.76	0.33	16.10	0.16	7.80	0.02	0.98			0.03	1.46	2.05
柳长河	2.03	51.52	0.09	2.28	0.96	24.37	0.60	15.23	0.07	1.78	0.19	4.82			3.94
洸府河	2.01	28.88	0.72	10.34	2.71	38.94	0.42	6.03	0.67	9.63			0.43	6.18	6.96

表4-19　南水北调东线一期工程输水沿线黄河以南各输水河道浮游植物优势种的密度

单位:万个/L

优势种		廖家沟	入江水道	金宝航道	三河	徐洪河	房亭河	韩庄运河	中运河	梁济运河	柳长河	洸府河	黄河以南河道
湖泊伪鱼腥藻				56.05				45.86	33.97	2 428.13	570.64	5 672.43	1 131.07
细浮鞘丝藻				10.19									
湖生颤藻										2 323.32			503.58
小席藻													339.08
固氮鱼腥藻			101.90										
铜绿微囊藻											5 461.84		636.58
细小平裂藻			464.66									10 217.17	1 394.16
蛋白核小球藻		2.04					76.09		6.79				
小球藻		2.04											
似月形衣藻		2.04	224.18			51.28			8.15				
球衣藻		3.06											
小空星藻							36.68						
网球藻								12.23					
尖细栅藻		2.04											
四角十字藻				16.30									
四角盘星藻					8.15								
丝藻					30.57	353.21	54.35						
近缘针杆藻		4.08									407.60		
尖尾蓝隐藻		2.04											
优势种	种类数/种	7	3	3	2	2	3	2	3	2	3	2	5
	密度占比/%	73.91	68.79	59.56	59.38	68.17	53.02	64.77	73.47	70.43	88.17	66.70	83.12
第一优势种	种类	球衣藻	细小平裂藻	湖泊伪鱼腥藻	丝藻	丝藻	蛋白核小球藻	湖泊伪鱼腥藻	湖泊伪鱼腥藻	湖泊伪鱼腥藻	铜绿微囊藻	细小平裂藻	细小平裂藻
	密度占比/%	13.04	40.43	40.44	46.88	53.65	24.14	51.14	51.02	35.99	74.78	42.89	28.90

黄河以南各输水河道共采集浮游植物7门106种,其中,绿藻门的种类占总种数的一半左右,其次是硅藻门和蓝藻门,其他门类的种类数相对较少。从黄河以南各河道的物种数分析可知,洸府河浮游植物种类最多,达64种;其次是徐洪河,有58种;入江水道和梁济运河次之,均有42种,但两河道的种类组成不尽相同;其他5个河道的种类在22~34种,柳长河、金宝航道、房亭河、韩庄运河和中运河依次有34种、33种、32种、25种和22种;而三河和廖家沟的种类较少,分别有18种和13种。

从各类群的分布分析可知,蓝藻门、绿藻门和硅藻门分布最广,在11个河道均有分布;裸藻门在除中运河外的10个河道均有分布;隐藻门在除三河和房亭河外的9个河道均有分布;甲藻门在除三河和韩庄运河外的9个河道均有分布;而金藻门分布最窄,仅在入江水道和柳长河有分布。从调查区域的各河道分析可知,黄河以南的11个河道均采集到蓝藻门、绿藻门和硅藻门的浮游植物,其中入江水道和柳长河均采集到7个门类的浮游植物,廖家沟、金宝航道、徐洪河、梁济运河和洸府河均采集到6个门类的浮游植物,且这5个河道均未采集到金藻门的浮游植物,房亭河、韩庄运河和中运河均采集到5个门类的浮游植物,但不同河道未采集到的2个门类不完全相同,而三河只采集到4个门类。

黄河以南输水河道浮游植物的平均生物量为1.37 mg/L,其中蓝藻门的生物量最高,达0.50 mg/L,占平均生物量的36.49%;其次为硅藻门,生物量为0.41 mg/L,占平均生物量的29.93%;随后依次是绿藻门和裸藻门,其生物量分别为0.18 mg/L和0.14 mg/L,分别占平均生物量的13.14%和10.22%;隐藻门和甲藻门的生物量较低,分别为0.07 mg/L和0.05 mg/L,分别占平均生物量的5.11%和3.65%;而金藻门的生物量最低,仅为0.02 mg/L,在平均生物量中仅占1.46%。从调查区域的各河道分析(见表4-18)可知,洸府河浮游植物生物量最高,达6.96 mg/L,其次依次是柳长河、梁济运河和入江水道,生物量分别为3.94 mg/L、2.05 mg/L和1.012 mg/L,徐洪河、金宝航道、房亭河、中运河、三河和廖家沟的生物量较低,在0.06~0.43 mg/L,韩庄运河的生物量最小,仅为0.04 mg/L。从各类群生物量所占的比例分析可知,梁济运河和柳长河浮游植物生物量均以蓝藻门占绝对优势,所占比例分别为63.90%和51.52%,入江水道、徐洪河、房亭河和韩庄运河浮游植物生物量均以绿藻门占主要优势,所占比例分别为49.41%、55.81%、73.69%和50.00%,金宝航道、中运河和洸府河浮游植物生物量均以硅藻门为主,所占比例分别为73.91%、80.65%和38.94%,三河浮游植物生物量以裸藻门为主,所占比例为49.83%,廖家沟浮游植物生物量以金藻门为主,所占比例为40.57%。

河道浮游植物的平均密度为3 671.04万个/L,其中,以蓝藻门占绝对优势,占平均密度的80%以上;平均生物量为1.37 mg/L,以蓝藻门和硅藻门占主要优势。从调查区域的各河道分析可知,洸府河浮游植物的密度最高,为23 824.22万个/L,其次是柳长河和梁济运河,密度分别为7 304.19万个/L和6 746.36万个/L,随后依次是入江水道、徐洪河、房亭河、金宝航道、韩庄运河、中运河和三河,其密度在65.22万~1 149.43万个/L,廖家沟浮游植物的密度最低,仅为23.44万个/L。从各类群密度所占的比例分析可知,在黄河以南的11个输水河道中以蓝藻门和绿藻门的密度占绝对优势,其中入江水道、金宝航道、韩庄运河、中运河、梁济运河、柳长河等河道的密度均以蓝藻门占绝对优势,所占比例在49.26%~95.08%,而廖家沟、三河、徐洪河和房亭河4个河道的密度均以绿藻门占绝对优势，所占比例分别为 56. 51%、73. 43%、78. 85%和 86. 21%。

黄河以南整体河系的浮游植物群落的优势类群一共有 5 种，所有优势种的密度共计 4 004. 47 万个/L，占所有物种密度之和的 83. 12%，且其优势种全部属于蓝藻门，分别为湖泊伪鱼腥藻、湖生颤藻、小席藻、铜绿微囊藻、细小平裂藻。其中，细小平裂藻的平均密度最高，达 1 394. 16 万个/L，其密度占所有物种总密度的 28. 94%，为黄河以南调查区域整体河系的第一优势种，其次为伪鱼腥藻，其平均密度为 1 131. 07 万个/L，占所有物种总密度的 23. 48%，为黄河以南调查区域整体河系的第二优势种，铜绿微囊藻和湖生颤藻的平均密度较为接近，分别为 636. 58 万个/L 和 503. 58 万个/L，其密度分别占所有物种总密度的 13. 21%和 10. 45%，小席藻的平均密度最低，仅为 339. 08 万个/L，其密度占所有物种总密度的 7. 04%。黄河以南整体河系的浮游植物群落的优势类群均未出现绿藻门、硅藻门、裸藻门、隐藻门、金藻门和甲藻门的种类。

从调查区域各个河道分析可知，廖家沟的优势种最多，有 7 种，但各类群所占的比例均较低且较接近，优势种的密度在 2. 04 万~4. 08 万个/L，其中近缘针杆藻和球衣藻的密度较高，分别为 4. 08 万个/L 和 3. 06 万个/L，占该区域平均密度的 17. 39%和 13. 04%，其他 5 种优势种的密度均为 2. 04 万个/L，均占该区域平均密度的 8. 70%，分别是蛋白核小球藻、小球藻、似月形衣藻、尖细栅藻和尖尾蓝隐藻。入江水道、金宝航道、房亭河、中运河和柳长河的优势种均为 3 种，入江水道中细小平裂藻的密度最高，为 464. 66 万个/L，占该区域平均密度的 40. 43%，为入江水道的第一优势种，似月形衣藻次之，其密度为 224. 18 万个/L，占该区域平均密度的 19. 50%，为入江水道的第二优势种，随后是固氮鱼腥藻，其密度为 101. 90 万个/L，占该区域平均密度的 8. 87%，为入江水道的第三优势种；金宝航道中湖泊伪鱼腥藻的密度最高，为 56. 05 万个/L，占该区域平均密度的 40. 44%，成为金宝航道的第一优势种，而四角十字藻和细浮鞘丝藻的密度较接近，分别为 16. 30 万个/L 和 10. 19 万个/L，分别占该区域平均密度的 11. 76%和 7. 35%；房亭河中蛋白核小球藻的密度最高，为 76. 09 万个/L，占该区域平均密度的 24. 14%，为房亭河的第一优势种，其次是丝藻，其密度为 54. 35 万个/L，占该区域平均密度的 17. 24%，为房亭河的第二优势种，随后是小空星藻，其密度为 36. 68 万个/L，占该区域平均密度的 11. 64%，为房亭河的第三优势种；中运河中湖泊伪鱼腥藻的密度最高，为 33. 97 万个/L，占该区域平均密度的 51. 02%，为中运河的第一优势种，而似月形衣藻和蛋白核小球藻的密度较接近，分别为 8. 15 万个/L 和 6. 79 万个/L，分别占该区域平均密度的 12. 24%和 10. 20%；柳长河中铜绿微囊藻的密度最高，为 5 461. 84 万个/L，占该区域平均密度的 74. 78%，为柳长河的第一优势种，而湖泊伪鱼腥藻和近缘针杆藻的密度较接近，分别为 570. 64 万个/L 和 407. 60 万个/L，分别占该区域平均密度的 7. 81%和 5. 58%。三河、徐洪河、韩庄运河、梁济运河的优势种均为 2 种，三河和徐洪河中丝藻的密度最高，分别为 30. 57 万个/L 和 353. 21 万个/L，分别占该区域平均密度的 46. 88%和 53. 65%，均为三河和徐洪河的第一优势种，三河的第二优势种为四角盘星藻，其密度为 8. 15 万个/L，占该区域平均密度的 12. 50%，而徐洪河的第二优势种为似月形衣藻，其密度为 51. 28 万个/L，占该区域平均密度的 14. 52%；韩庄运河和梁济运河中湖泊伪鱼腥藻的密度最高，分别为 45. 86 万个/L 和 2 428. 13 万个/L，分别占该区域平均密度的 51. 14%和 35. 99%，均为韩庄运河和梁济运河的第一优势种,韩庄运河第二优势种为网球藻,其密度为 12. 23 万个/L,占该区域平均密度的 13. 64%,而梁济运河第二优势种为湖生颤藻,其密度与第一优势种伪鱼腥藻较为接近,为 2 323. 32 万个/L,占该区域平均密度的 34. 44%。洸府河中细小平裂藻的密度最高,为 10 217. 17 万个/L,占该区域平均密度的 42. 89%,为洸府河的第一优势种,洸府河的第二优势种为湖泊伪鱼腥藻,其密度为 5 672. 43 万个/L,占该区域平均密度的 23. 81%。

从优势种的分布分析可知,在 11 个河道中未出现 1 种共有的优势种,其中湖泊伪鱼腥藻分布最广,为 6 个河道共有的优势种,分别为金宝航道、韩庄运河、中运河、梁济运河、柳长河和洸府河;其次是似月形衣藻,为 4 个河道共有的优势种,分别为廖家沟、入江水道、徐洪河和中运河;蛋白核小球藻和丝藻均为 3 个河道共有的优势种,但每个优势种分布的河道不尽相同,蛋白核小球藻为廖家沟、房亭河和中运河的优势种,丝藻为三河、徐洪河和房亭河的优势种;细小平裂藻和近缘针杆藻均为 2 个河道共有的优势种,但该 2 个优势种分布的河道完全不同,细小平裂藻是入江水道和洸府河的优势种,近缘针杆藻是廖家沟和柳长河的优势种;细浮鞘丝藻、四角十字藻、湖生颤藻、固氮鱼腥藻、铜绿微囊藻、小球藻、球衣藻、尖细栅藻、尖尾蓝隐藻、小空星藻、网球藻和四角盘星藻分布最窄,均只是 1 个河道的优势种,其中细浮鞘丝藻和四角十字藻均仅为金宝航道的优势种,湖生颤藻仅为梁济运河的优势种,固氮鱼腥藻仅为入江水道的优势种,铜绿微囊藻仅为柳长河的优势种,小球藻、球衣藻、尖细栅藻和尖尾蓝隐藻均仅为廖家沟的优势种,小空星藻仅为房亭河的优势种,网球藻仅为韩庄运河的优势种,四角盘星藻仅为三河的优势种。从优势种的类群分析可知,黄河以南 11 个河道的优势种均未出现属于裸藻门、金藻门和甲藻门的藻类植物,其中入江水道、金宝航道、韩庄运河和中运河 4 个河道皆出现了蓝藻门和绿藻门的优势种,三河、徐洪河和房亭河 3 个河道仅出现了绿藻门的优势种,梁济运河和洸府河 2 个河道仅出现了蓝藻门的优势种,仅柳长河出现了蓝藻门和硅藻门的优势种,且仅廖家沟出现了绿藻门、硅藻门和隐藻门的优势种。以上调查结果说明黄河以南输水河道处于一定的富营养化状态,富营养化相关指示浮游植物具有一定种群优势度。

根据河道富营养化相关指示浮游植物调查结果,研究组认为造成黄河以南输水河道富营养化的主要污染源分析如下:

(1)黄河以南河道基本常年通水,水量比较充足,且温度适宜,比较适合浮游生物及水生植物的生长,代谢旺盛造成底泥沉积的污染物增多,但河道清淤不及时又造成了污染物质向水体中的排放量增多。

(2)黄河以南河道周边人口密集,工业发达,人为污染和工业污染比较严重,排放的生活污水和工业废水随着雨季的降水很容易转化为径流,挟带大量的污染物质进入河道。

(3)黄河以南输水河道的运输业比较发达,在运输过程中船只泄漏的油及排出的其他化工污染物进入河道,污染水体。船只的运输会对水体产生剧烈的扰动,使水体的流动性变大,会对河底底泥产生扰动,使水域内悬浮物浓度升高,流动性强的水体将不利于浮游植物的聚集,浑浊的水体也不利于浮游植物的生长,因此黄河以南各输水河道浮游植物的生物量普遍较小。

4.2.3.2　黄河以北输水河道小运河

本次黄河以北输水河道的调查主要集中在小运河,小运河以绿藻门、蓝藻门和硅藻门为主要类群。研究及调查期间共发现浮游植物种类 48 种,绿藻门种类数最多,为 27 种,其次是蓝藻门和硅藻门,同为 9 种。从类群分析可知,蓝藻门、绿藻门、硅藻门与裸藻门、隐藻门、金藻门、甲藻门之间的差异较大,尤其是金藻门和甲藻门,在小运河本次调查中并未检测到。此外,小运河还发现特有种 3 种,分别为鱼腥藻、具尾四角藻、并联藻。

根据调查分析,小运河浮游植物的密度为 49 360. 36 万个/L。结合各类群所占比例分析可知,裸藻门、隐藻门、金藻门和甲藻门的密度在所调查区域中均不占主要优势,占主要优势的为蓝藻门,其所占比例高达 95. 13%。小运河浮游植物生物量为 18. 71 mg/L,从各类群生物量所占比例分析可知,蓝藻门的生物量在小运河占主要优势,所占比例高达 74. 33%。分析小运河优势种,很显然蓝藻门为小运河浮游植物的优势种群,主要有湖泊伪鱼腥藻、细小平裂藻和固氮鱼腥藻。其中湖泊伪鱼腥藻的密度为 15 692. 60 万个/L,占该区域平均密度的 31. 79%,显著成为小运河的第一优势种,说明小运河也存在水体微污染及富营养化趋势的情况。

4. 3　浮游动物现状分析

4. 3. 1　输水沿线湖泊浮游动物现状调查分析

4. 3. 1. 1　2013 年调查评价结果

在 2013 年对洪泽湖水生态调查中,共鉴定浮游动物 41 种,属 4 个门。浮游动物主要包括轮虫、桡足类、原生动物和枝角类 4 类群,其中轮虫占 33. 11%、桡足类占 14. 24%、枝角类占 33. 90%、原生动物占 18. 64%。

此次调查期间不同类群时空分布情况也有差异。研究发现,对于轮虫而言,3 月蒋坝所占比例较小,为 37. 13%,其他监测点所占比例均较高;4 月龙集北偏北最高为 95. 21%;5 月所有监测点轮虫所占比例均极小。对于桡足类,3 月和 5 月在各个监测点所占比例均较小;4 月在成河西和成河北所占比例最高,分别为 77. 32%和 69. 92%,龙集北偏北、高良涧最少。原生动物方面,4 月和 6 月可能由于原生动物易分解,镜检中未发现原生动物;3 月在蒋坝、成河中和高良涧所占比例较高,分别为 62. 87%、35. 71%和 20. 55%,在其他区域较少。枝角类方面,3 月在龙集北偏北所占比例最高为 23. 90%,在其他区域所占比例均很小;4 月在高良涧所占比例最高为 96. 17%,在龙集北偏北所占比例最小,为 4. 79%,其他区域为 30%~73%。6 月除成子湖区具有少量轮虫,全湖基本以桡足类和枝角类为主。7 月除高良涧、老子山、龙北三点轮虫比例较小外,其他湖区的轮虫比例均不小于 50%,枝角类全湖平均为 8. 66%,各点比例相差不大,原生动物则是在少数几个点位发现所占比例较高,如高良涧(92. 47%)、成西(9. 93%)、濉河口(9. 05%),枝角类在老子山、龙北所占比例最高,为 78. 55%、76. 72%,其他区域比例较低,为 20%左右。8 月成北、临淮、濉河口三点轮虫所占比例较高,为 76. 55%、79. 28%、75. 52%,其他均以枝角类为优势种,平均比例可达 60. 42%,桡足类和原生动物分布较为均匀,所占比例较小。9 月原生动物所占比例上升,其中濉河口、龙北、龙集北偏北、临淮的轮虫比例较高,为 77.41%,只有高良涧的桡足类比例为 50.28%,所占比例较高,枝角类在全湖比例较为均衡,数量都不多。10 月原生动物比例上升明显,成中和龙集北偏北点达到 93.63%与 88.03%,濉河口的轮虫比例为全湖最高,为 93.99%,而其他各点就明显较低,桡足类和枝角类比例分布也较为均匀,数量较少。

洪泽河全湖区内的浮游动物个体密度平均值为 1 265.79 个/L,其时空动态变化规律与浮游植物细胞密度基本一致。表现为:在时间上,4 月最低,为 74.99 个/L,7 月达到第一个峰值(704.50 个/L),8 月下降,9 月达到最大,为 6 064.12 个/L。在空间上,成东的浮游动物个体密度最高达到 3 191.85 个/L,濉河口次之,为 2 089.7 个/L,临淮、成西及成子湖区域的浮游动物个体密度均超过了 1 000 个/L,老子山最低,仅为 204.12 个/L,蒋坝及中心湖区的成中、高良涧的浮游动物个体密度也较小,均不到 380 个/L。

4.3.1.2 2018 年调查评价结果

2018 年研究组对南四湖的生态调查中发现, 南四湖春季(5 月)浮游动物 133 种,其中原生动物 37 种、轮虫 65 种、枝角类 21 种、桡足类 10 种;秋季(9 月)浮游动物 128 种,其中原生动物 60 种、轮虫 55 种、枝角类 7 种、桡足类 6 种。

春季南四湖原生动物密度变动在 1 400.0~26 800.0 ind./L,均值为 7 823.5 ind./L,生物量变动在 70~1 340 μg/L,均值为 391.2 μg/L。就上下级湖区而言,原生动物密度和生物量上级湖远高于下级湖,就不同湖区而言,昭阳湖原生动物密度和生物量最高,微山湖最低。

秋季南四湖原生动物密度变动在 3 660.0~95 200.0 ind./L,均值为 43 520.0 ind./L,生物量变动在 24~1 816.7 μg/L,均值为 559.3 μg/L。就上下级湖区而言,原生动物密度和生物量上级湖远高于下级湖,就不同湖区而言,南阳湖原生动物密度和生物量最高,微山湖最低。

4.3.1.3 2019 年调查评价结果

2015 年 6 月,中国科学院南京地理与湖泊研究所调查的定量样品中,骆马湖及周边莫夫河、零号渠浮游动物包括枝角类、桡足类、轮虫和原生动物四大类。骆马湖 10 个采样点周年采样共鉴定出种类 68 种,其中枝角类 12 种、桡足类 13 种、轮虫 20 种、原生动物 23 种。

研究组 2019 年调查,骆马湖共记录浮游动物 4 类 37 种,统计结果见表 4-20。其中,原生动物 12 种、轮虫 19 种、枝角类 3 种、桡足类 3 种。

表 4-20 骆马湖及周边河道浮游动物调查物种统计

物种名称		骆马湖	莫夫河	零号渠
原生动物	Protozoa			
1. 淡水筒壳虫	*Tintinnidium fluviatile*	+	+	+
2. 侠盗虫属	*Strobilidium* sp.	+		+
3. 钟虫属	*Vorticella* sp.	+	+	+
4. 毛板壳虫	*Coleps hirtus*		+	

续表 4-20

物种名称		骆马湖	莫夫河	零号渠
原生动物	Protozoa			
5. 喇叭虫属	*Stentor* sp.	+	+	
6. 银灰膜袋虫	*Cyclidium glaucoma*	+		+
7. 喙纤虫属	*Loxodes* sp.	+		
8. 尾草履虫	*Paramecium caudatum*			+
9. 游仆虫属	*Euplotes* sp.			+
10. 伪尖毛虫	*Oxytricha fallax*			+
11. 球砂壳虫	*Difflugia globulosa*			+
12. 纤毛虫一种	Ciliata fam. ,gen. et sp.	+	+	+
轮虫	Rotifera			
13. 前节晶囊轮虫	*Asplanchna priodonta*	+	+	+
14. 裂痕龟纹轮虫	*Anuraeopsis fissa*	+	+	+
15. 暗小异尾轮虫	*Trichocerca pusilla*	+	+	+
16. 广布多肢轮虫	*Polyarthra vulgaris*	+	+	+
17. 长三肢轮虫	*Filinia longiseta*	+	+	
18. 角突臂尾轮虫	*Brachionus angularia*	+	+	
19. 月形腔轮虫	*Lecane luna*	+		
20. 剪形臂尾轮虫	*Brachionus forficula*	+		
21. 螺形龟甲轮虫	*Keratella cochlearis*	+	+	
22. 曲腿龟甲轮虫	*Keratella valga*	+	+	+
23. 疣毛轮属	*Synchaeta* sp.		+	
24. 裂足轮虫	*Schizocerca diversicornis*	+	+	
25. 萼花臂尾轮虫	*Brachionus calyciflorus*	+	+	
26. 鞍甲轮属	*Lepadella sp.*	+		
27. 囊形单趾轮虫	*Monostyla bulla*		+	+
28. 泡轮属	*Pompholyx* sp.	+		
29. 脾状四肢轮虫	*Tetramastix opoliensis*	+		
30. 方块鬼轮虫	*Trichotria tetractis*			+
31. 轮虫一种	Rotifera fam. ,gen. et sp.		+	
枝角类	Cladocera			
32. 矩形尖额溞	*Alona rectangula*		+	
33. 短尾秀体溞	*Diaphanosoma brachyurum*	+	+	
34. 钩弧网纹溞	*Ceriodphnia hamata*	+		

续表 4-20

物种名称		骆马湖	莫夫河	零号渠
桡足类	Copepoda			
35. 透明温剑水蚤	*Thermocyclops hyalinus*	+	+	+
36. 小剑水蚤属	*Microcyclops* sp.	+	+	+
37. 无节幼体	*Nauplius*	+	+	
合计		27	23	18

淡水筒壳虫、钟虫属、纤毛虫一种、前节晶囊轮虫、裂痕龟纹轮虫、暗小异尾轮虫、广布多肢轮虫、曲腿龟甲轮虫、透明温剑水蚤和小剑水蚤属在调查的 3 个水体(河流和湖泊)中均有分布。毛板壳虫、尾草履虫、游仆虫属、伪尖毛虫、球砂壳虫、疣毛轮属、囊形单趾轮虫、方块鬼轮虫、矩形尖额溞仅在河道水体里出现(湖内未调查到)。喙纤虫属、月形腔轮虫、剪形臂尾轮虫、鞍甲轮属、泡轮属、脾状四肢轮虫、钩弧网纹溞仅在骆马湖水体内发现。物种多样性最好的水体为骆马湖(27 种),其次是莫夫河 (23 种),零号渠最差(18 种)。

对于骆马湖及周边河道调查区域水体而言,调查得到的浮游动物的总丰度为 8 826. 54 ind. /L 和 0. 85 mg/L。其中,原生动物是最优势类群(平均值 7 222. 2 ind. /L,81. 82%;0. 36 mg/L,42. 35%),其次是轮虫(平均值 1 527. 2 ind. /L,17. 30%;0. 18 mg/L,21. 18%)、桡足类(平均值 75. 7 ind. /L,0. 86%;0. 28 mg/L,32. 94%)和枝角类(1. 3 ind. /L, 0. 01%;0. 026 mg/L,3. 06%)。输水湖泊骆马湖浮游动物优势种丰度及比例见表 4-21,输水湖泊骆马湖及周边河道浮游动物的密度和生物量见表 4-22。

表 4-21　输水湖泊骆马湖及周边河道浮游动物优势种丰度及比例

物种名称	密度/(ind. /m^2)	百分比/%
纤毛虫一种	3 169. 6	29. 0
钟虫属	2 843. 5	26. 0
淡水筒壳虫	1 304. 3	11. 9
侠盗虫属	573. 9	5. 3

表 4-22　输水湖泊骆马湖及周边河道浮游动物的密度和生物量

浮游动物	骆马湖		莫夫河		零号渠		平均值	
	密度/(ind. /L)	生物量/(mg/L)	密度/(ind. /L)	生物量/(mg/L)	密度/(ind. /L)	生物量/(mg/L)	密度/(ind. /L)	生物量/(mg/L)
原生动物	10 800	0. 54	3 000	0. 15	7 866. 7	0. 39	7 222. 2	0. 36
轮虫	1 980	0. 24	2 325	0. 28	276. 7	0. 03	1 527. 2	0. 18
枝角类	1. 3	0. 03	2. 6	0. 05	0	0. 00	1. 3	0. 026
桡足类	127. 3	0. 45	98. 6	0. 39	1. 3	0. 01	75. 7	0. 28
总计	12 908. 6	1. 26	5 426. 2	0. 87	8 144. 7	0. 43	8 826. 4	0. 846

输水湖泊骆马湖及周边河道平均的生物多样性为：Shannon-Wiener 指数（1.87）和 Margalef 指数（1.23）、平均均匀度（0.7）。生物多样性从优至劣依次为骆马湖>莫夫河>零号渠。输水湖泊骆马湖及周边河道浮游动物（2019 年调查）的生物多样性见表 4-23。

表 4-23　输水沿线湖泊骆马湖及周边河道浮游动物（2019 年调查）的生物多样性

项目	零号渠	骆马湖	莫夫河	平均
Shannon-Wiener	1.6	2.2	1.8	1.87
Margalef	1.1	1.4	1.2	1.23
平均均匀度	0.6	0.8	0.7	0.7

4.3.1.4　2020 年调查评价结果

2020 年，研究组针对南水北调东线一期工程输水线路沿线湖泊（洪泽湖、骆马湖、南四湖、东平湖）浮游动物物种及种群进行了详细的调查和监测。从本次的浮游动物物种及种群调查和监测结果总体分析可知，各湖泊间的种类数存在较大差异，物种组成也有较大差异。从种类数上分析可知，各湖泊物种数在 68～130 种。其中，东平湖和南四湖种类数最多，超过 120 种；其次是洪泽湖。从分布上分析可知，萼花臂尾轮虫、角突臂尾轮虫、前节晶囊轮虫、短尾秀体溞、长额象鼻溞、台湾温剑水蚤、螺形龟甲轮虫、广布中剑水蚤和曲腿龟甲轮虫分布最为广泛，在湖泊中均有出现；剪形臂尾轮虫在除东平湖外的其他湖泊中也均有采集到。其他物种仅在部分湖泊中采集到。南水北调东线一期工程输水沿线各湖泊浮游动物的种类数及所占比例见表 4-24，南水北调东线一期工程输水沿线湖泊浮游动物各类群密度及所占比例见表 4-25，南水北调东线一期工程输水沿线湖泊浮游动物各类群生物量及所占比例见表 4-26，南水北调东线一期工程输水沿线湖泊浮游动物的优势种见表 4-27。

表 4-24　南水北调东线一期工程输水沿线各湖泊浮游动物的种类数及所占比例

湖泊	原生动物		轮虫		枝角类		桡足类		合计
	种类数/种	比例/%	种类数/种	比例/%	种类数/种	比例/%	种类数/种	比例/%	
洪泽湖	22	23.16	38	40.00	20	21.05	15	15.79	95
骆马湖	23	33.82	20	29.41	12	17.65	13	19.12	68
南四湖	42	33.33	49	38.89	24	19.05	11	8.73	126
东平湖	34	26.15	55	42.31	23	17.69	18	13.85	130

调查的湖泊中，洪泽湖和骆马湖浮游动物种类数分别为 95 种和 68 种。东平湖采集到的浮游动物最多，共采集到 130 种，其中原生动物 34 种、轮虫 55 种、枝角类 23 种、桡足类 18 种；南四湖共采集到浮游动物 126 种，其中原生动物 42 种、轮虫 49 种、枝角类 24 种、桡足类 11 种。其次是洪泽湖，共采集到浮游动物 95 种，其中原生动物 22 种、轮虫 38 种、枝角类 20 种、桡足类 15 种；骆马湖采集到浮游动物 68 种，其中原生动物 23 种、轮虫 20 种、枝角类 12 种、桡足类 13 种。

表 4-25 南水北调东线一期工程输水沿线湖泊浮游动物各类群密度及所占比例

湖泊	原生动物		轮虫		枝角类		桡足类		合计
	密度/(ind./L)	比例/%	密度/(ind./L)	比例/%	密度/(ind./L)	比例/%	密度/(ind./L)	比例/%	密度/(ind./L)
洪泽湖	1 239.0	84.93	166.6	11.42	16.6	1.14	36.6	2.51	1 459.8
骆马湖	4 208.3	81.57	552.9	10.72	152.9	2.96	245.2	4.75	5 159.3
南四湖	470.0	22.13	1 648.0	77.59	2.0	0.09	4.0	0.19	2 124.0
东平湖	1 050.4	21.36	3 854.3	78.36	3.8	0.08	10.1	0.21	4 918.6

表 4-26 南水北调东线一期工程输水沿线湖泊浮游动物各类群生物量及所占比例

湖泊	原生动物		轮虫		枝角类		桡足类		合计
	生物量/(mg/L)	比例/%	生物量/(mg/L)	比例/%	生物量/(mg/L)	比例/%	生物量/(mg/L)	比例/%	生物量/(mg/L)
洪泽湖	0.062	4.98	0.199	16.00	0.402	32.32	0.581	46.70	1.244
骆马湖	0.147	2.58	1.303	22.84	1.826	32.01	2.429	42.58	5.705
南四湖	0.020	0.97	1.980	95.65	0.040	1.93	0.030	1.45	2.070
东平湖	0.024	0.65	3.542	95.99	0.069	1.87	0.055	1.49	3.690

表 4-27　南水北调东线一期工程输水沿线湖泊浮游动物的优势种

种类	学名	洪泽湖	骆马湖	南四湖	东平湖
念珠钟虫	*Vorticella monilata*				+
简裸口虫	*Holophrya simplex*				+
小螺足虫	*Cochliopodium minutum*				+
游仆虫属的一种	*Euplotes* sp.				+
淡水筒壳虫	*Tintinnidium fluviatile*				+
恩茨筒壳虫	*Tintinnidium entzii*				+
拱砂壳虫	*Difflugia amphora*				
壶形砂壳虫	*Difflugia lebes*				+
似铃壳虫属的一种	*Tintinnopsis* sp.				+
王氏似铃壳虫	*Tintinnopsis wangi*			+	+
锥形似铃壳虫	*Tintinnopsis conicus*				+
小长吻虫	*Lacrymaria minima*				+
双环栉毛虫	*Didinium nansutum*				+
单环栉毛虫	*Didinium balbianii*				+
旋回侠盗虫	*Strobilidium gyrans*				+
纤毛虫未定种	*Ciliate* sp.				
钟虫	*Vorticella* sp.				
毛板壳虫	*Coleps hirtus*				
裸口虫属	*Holophrya* sp.				
瞬目虫属	*Glaucoma* sp.				
侠盗虫	*Strobilidium*		+		

续表 4-27

种类	学名	洪泽湖	骆马湖	南四湖	东平湖
弹跳虫	*Halteria*	+	+		
砂壳虫	*Difflugia*		+		
急游虫	*Strombidium* sp.	+	+		
杂葫芦虫	*Cucurbitella mespiliformis*				+
萼花臂尾轮虫	*Brachionus calyciflorus*	+		+	+
剪形臂尾轮虫	*Brachionus forficula*			+	
裂足臂尾轮虫	*Brachionus schizocerca*			+	
角突臂尾轮虫	*Brachionus calyciflorus*			+	
螺形龟甲轮虫	*Keratella cochlearis*	+	+		
曲腿龟甲轮虫	*Keratella valga*	+		+	
矩形龟甲轮虫	*Keratella quadrata*				
长肢多肢轮虫	*Polyarthra dolichoptera*	+			
猪吻轮虫属的一种	*Dicranophorus* sp.			+	
长三肢轮虫	*Filinia longiseta*		+	+	
裂痕龟纹轮虫	*Anuraeopsis fissa*			+	
等刺异尾轮虫	*T. similis*			+	
冠饰异尾轮虫	*T. lophoessa*			+	
暗小异尾轮虫	*Trichocerca pusilla*			+	
针簇多枝轮虫	*Polyarthra trigla*		+	+	
前节晶囊轮虫	*Asplanchna priodonta*	+	+		
卜氏晶囊轮虫	*Asplanchna brightzwelli*		+		

续表 4-27

种类	学名	洪泽湖	骆马湖	南四湖	东平湖
广布多肢轮虫	*Polyarthra vulgaris*				
水轮虫属	*Epiphanes* sp.				
简弧象鼻溞	*Bosmina coregoni*				
长额象鼻溞	*Bosmina longirostris*	+	+		+
多刺裸腹溞	*M. macroopa*		+		
角突网纹溞	*Ceriodaphnia cornuta*		+		
短尾秀体溞	*Diaphanosoma brachyurum*		+		
尖额溞属的一种	*Alona* sp.				+
透明溞	*Daphnia hyalina*	+			
汤匙华哲水蚤	*Sinocalanus dorii*	+			
中华窄腹水蚤	*LiMnoithona sinensis*	+			
温剑水蚤属的一种	*Thermocyclops* sp.				
广布中剑水蚤	*Mesocyclops leuckuensis*		+		
近邻剑水蚤	*Cyclops vicinus*				
圆形盘肠溞	*Chydorus sphaericus*		+		
中华窄腹剑水蚤	*LiMnoithona sinensis*		+		
角突刺剑水蚤	*Acanthocyclops thomasi*				
剑水蚤属的一种	*Eucyclops* sp.				+
无节幼体	*Nauplius*		+		+

洪泽湖、骆马湖、南四湖、东平湖浮游动物调查具体情况如下：

在洪泽湖共发现浮游动物 95 种，其中，轮虫 38 种（40.00%）、原生动物 22 种（23.16%）、枝角类 20 种（21.05%）、桡足类 15 种（15.79%）。洪泽湖浮游动物的密度和生物量为 1 458.8 ind/L 和 1.244 mg/L，以原生动物占绝对优势，密度为 1 239.0 ind./L，所占比例为 84.93%。优势种中轮虫种类数最多，有 5 种，分别为螺形龟甲轮虫、前节晶囊轮虫、长肢多肢轮虫、萼花臂尾轮虫和曲腿龟甲轮虫，其他 3 类优势种各有 2 种，原生动物为弹跳虫和急游虫，枝角类为长额象鼻溞、透明溞，桡足类为汤匙华哲水蚤和中华窄腹水蚤。洪泽湖水质现状为劣Ⅴ类，水体为营养型污染，主要是总磷、总氮超标，洪泽湖水质已呈现富营养化。湖水的富营养化使得浮游动物的种类和数量发生改变，一些敏感的物种逐渐消失，耐污动物的种类和数量也在不断变化。

在骆马湖发现浮游动物共 68 种，其中，原生动物 23 种，占 33.82%；轮虫 20 种，占 29.41%，枝角类 12 种，占 17.65%，桡足类 13 种，占 19.12%。骆马湖全湖浮游动物年平均数量为 5 159.3 ind./L，其中，枝角类年平均数量为 152.9 ind./L，桡足类为 245.2 ind./L，轮虫为 552.9 ind./L，原生动物 4 208.3 ind./L。骆马湖全湖浮游动物年平均生物量为 5.705 mg/L，其中枝角类年平均数量为 1.826 mg/L，桡足类 2.429 mg/L，轮虫 1.303 mg/L，原生动物 0.147 mg/L。优势种共有 17 种，其中轮虫优势种为针簇多肢轮虫、螺形龟甲轮虫、长三肢轮虫、前节晶囊轮虫和卜氏晶囊轮虫；原生动物优势种为急游虫、弹跳虫、侠盗虫和砂壳虫；枝角类优势种为长额象鼻溞、角突网纹溞、多刺裸腹溞和短尾秀体溞；桡足类优势种为广布中剑水蚤、圆形盘肠溞、中华窄腹剑水蚤和无节幼体。

在南四湖共发现浮游动物 126 种，其中，轮虫 49 种（38.89%），原生动物 42 种（33.33%）、枝角类 24 种（19.05%）、桡足类 11 种（8.73%）。南四湖中的微山湖浮游动物种数最多，其次是南阳湖、昭阳湖和独山湖。各湖区浮游动物的种类分布基本一致，物种数量最大的都是轮虫，其次为原生动物、枝角类和桡足类。南四湖记录到优势种 13 种，绝大多数种类为轮虫。从南四湖不同湖区分析可知，各湖区优势种都以轮虫为主。其中，微山湖 9 种、独山湖 9 种、昭阳湖 9 种、南阳湖 3 种，共优种为针簇多肢轮虫和角突臂尾轮虫。南四湖浮游动物全年平均密度为 2 124.0 ind./L，其中，原生动物的平均密度为 470.0 ind./L，占总密度的 22.13%；轮虫为 1 648.0 ind./L，占总密度的 77.59%；枝角类为 2.0 ind./L，桡足类为 4.0 ind./L，枝角类和桡足类的密度比例之和不足总密度的 5%。南四湖浮游动物全年平均生物量为 2.070 mg/L，其中，原生动物为 0.020 mg/L，占总量的 0.97%；轮虫为 1.980 mg/L，占总量的 95.65%；枝角类为 0.040 mg/L，占总量的 1.93%；桡足类为 0.030 mg/L，占总量的 1.45%。

东平湖共检出浮游动物 130 种，其中原生动物 34 种（26.15%）、轮虫 55 种（42.31%）、枝角类 23 种（17.69%）、桡足类 18 种（13.85%）。东平湖浮游动物的密度和生物量分别为 4 918.6 ind./L 和 3.690 mg/L，以轮虫占优势。对比原有调查资料，2020 年的这一次调查得到的浮游动物种类数高于庞清江等调查的 113 种和窦素珍等调查的 66 属 100 种，该差异可能与降水和渔业活动有关，特别是 2000 年以后周边城市工农业生产明显增强等多种因素对东平湖水质等生态因子造成影响，从而影响到湖泊生态系统与浮游动物群落结构的演替变迁。

2020 年洪泽湖调查出的浮游动物种类明显高于 2013 年,2018 年和 2020 年南四湖调查出的浮游动物种类相差不大。从开始调查至今,输水沿线湖泊的优势种多以轮虫为主。2020 年洪泽湖研究调查到的轮虫在显微镜下的影像见图 4-4。

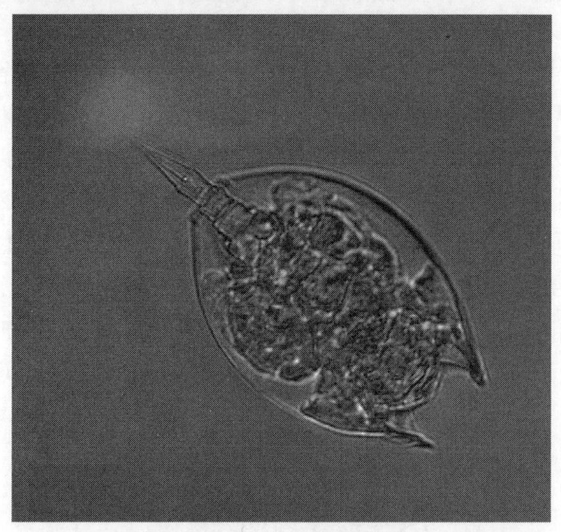

图 4-4　研究调查到的轮虫在显微镜下的影像

轮虫形体微小, 长 0.04~2 mm, 多数不超过 0.5 mm,广泛分布于湖泊、池塘、江河、近海等各类淡、咸水水体中,以孤雌生殖为主,繁殖速度极快,被部分学者称之为“暴发式的增殖”,平均寿命一般为 5~7 d。轮虫卵在恶劣条件下形成休眠卵,环境适宜时再次繁殖,且其对大部分药物不敏感,所以一旦暴发很难根治。轮虫是大多数经济水生动物幼体的开口饵料。输水调蓄湖泊中轮虫占据优势,也体现沿线湖泊存在大量渔业养殖的问题,精养鱼塘放养密度不断加大,水体出现富营养化趋势,加上水环境污染防治效果和水质改善不明显,此种条件下容易导致轮虫大量繁殖。此外,调查中小球藻、小环藻等浮游植物占据沿线湖泊优势,这些都是轮虫生长繁殖的食物,条件适宜时易引起轮虫大量繁殖,容易产生水质污染问题。

4.3.2　输水水库浮游动物现状调查分析

2020 年输水水库浮游动物现状调查大屯水库共发现浮游动物 16 种,其中,原生动物、轮虫、枝角类和桡足类各 4 种,占总类群的 25%。大屯水库浮游动物的密度和生物量为 750.8 ind./L 和 600.0 ind./L,以原生动物占优势。优势种有 5 种,以原生动物为主,有 4 种,分别为毛板壳虫、裸口虫属、长吻虫属、薄咽虫属,轮虫类仅有暗小异尾轮虫一种。其中,轮虫种的臂尾属的耐污种比较多,可以作为水质富营养化的指示物种,说明大屯水库水环境有污染的风险、水生态环境质量有恶化的趋势。

4.3.3　输水沿线河道浮游动物现状调查分析

4.3.3.1　黄河以南输水河道浮游动物现状调查分析

研究组在 2020 年调查黄河以南的输水河道中,发现轮虫的种类数最多,其次是原生动物和桡足类,枝角类的种类数最少。在黄河以北的输水河道中,轮虫的种类数最多,其次是原生动物,桡足类和枝角类的种类数较少。浮游动物共有 70 种,其中轮虫的种类数最多,有 31 种,所占比例为 44. 29%;其次为原生动物,有 16 种,所占比例为 22. 86%,枝角类和桡足类种类数相对较少,分别为 11 种和 12 种,所占比例分别为 15. 71%和 17. 14%。

调查区域浮游动物的平均密度为 2 486. 9 ind. /L,其中,轮虫的密度最高,达 1 154. 1 ind. /L,占总平均密度的 46. 40%,枝角类和桡足类的平均密度相对较小,分别为 19. 7 ind. /L 和 266. 0 ind. /L,各占 0. 79%和 10. 70%;浮游动物的平均生物量为 3. 820 mg/L,其中,桡足类的生物量最高,达 1. 995 mg/L,占平均生物量的 52. 22%;其次为轮虫生物量,为 1. 387 mg/L,所占比例为 36. 31%;枝角类和原生动物的平均生物量较低,枝角类的生物量为 0. 393 mg/L,所占比例为 10. 29%;原生动物的生物量最低,为 0. 045 mg/L,所占比例仅为 1. 18%。南水北调东线一期工程输水河道浮游动物物种组成(黄河以南)见图 4-5,南水北调东线一期工程黄河以南输水河道浮游动物的密度和生物量见图 4-6。

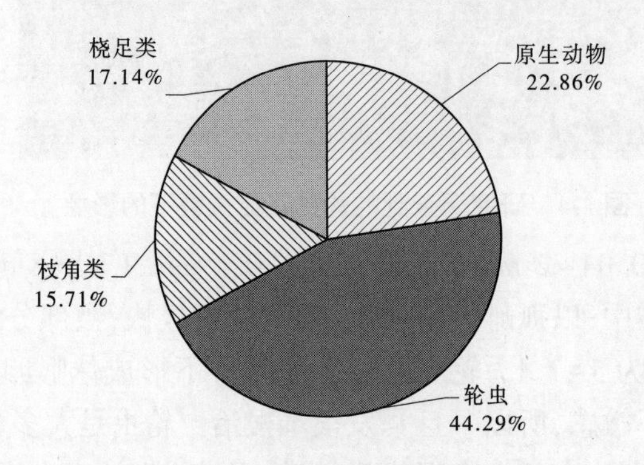

图 4-5 南水北调东线一期工程输水河道浮游动物物种组成(黄河以南)

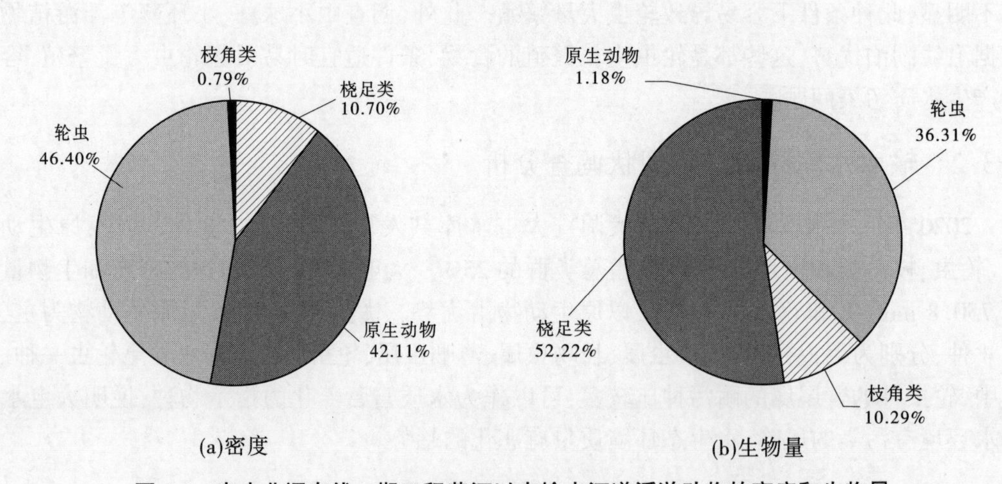

图 4-6 南水北调东线一期工程黄河以南输水河道浮游动物的密度和生物量

2020 年东线一期工程黄河以南输水河道浮游动物调查期间,调查区域浮游动物的种类数存在差异,种类数为 7~31 种。其中,徐洪河采集到的浮游动物种类数最多,共采集到浮游动物31种,其中轮虫的种类数最多,为12种,其次是枝角类和桡足类,分别为6种和11种,原生动物种类数最少,仅为2种;其次是洸府河、入江水道、韩庄运河、梁济运河和柳长河,采集到浮游动物种类数依次为26种、25种、23种、22种和22种,其均是轮虫种类数最多,除洸府河桡足类种类数最少外,其他河道均是原生动物种类数最少;房亭河和中运河采集到的浮游动物种类数各为16种,金宝航道和三河采集到的种类数各为11种,均以轮虫种类数最多,原生动物种类数最少;廖家沟采集到的浮游动物种类数最少,仅为7种,其中枝角类最多,为4种,轮虫和桡足类较少,分别为1种和2种,且未采集到原生动物。

各河道类群在组成上也存在差异。其中,原生动物和轮虫之间的差异大一些,枝角类和桡足类的差异相对小一些。在原生动物中,洸府河的种类数最多,达8种;其余各河道原生动物的种类数都相对较少,仅1~4种,而且廖家沟和三河未采集到原生动物。原生动物在各河道的分布除纤毛虫未定种分布较广泛外,其他各种仅分布在1~3个河道,且稀有物种较多。在轮虫中,入江水道和洸府河物种数最多,达14种;其次为徐洪河,为12种;韩庄运河和梁济运河种类数相同,均为9种;柳长河和中运河相对较少,分别为8种和6种;而剩余4个河道物种数都较少,仅为1~4种,而且金宝航道未采集到轮虫。其中,有4个物种在各河道中分布较广,分别为疣毛轮虫属、螺形龟甲轮虫、曲腿龟甲轮虫和广布多肢轮虫,分布范围在6~7个河道。其余各物种在各河道内分布较少,仅分布在1~4个河道,大部分物种为稀有物种。在枝角类中,徐洪河和韩庄运河的种类数最多,为6种;其次是中运河,为5种;廖家沟、入江水道、金宝航道、三河、房亭河、梁济运河和柳长河采集到的枝角类物种均为4种;洸府河采集到的物种数最少,仅2种。其中,采集到的枝角类物种除短尾秀体溞、长额象鼻溞和裸腹溞属在各河道分布较广泛外,尤其是短尾秀体溞分布在11个河道中,其他各物种仅在1~4个河道中分布。在桡足类中,徐洪河物种数最大,达11种,其他各河道物种数均较少,仅2~6种,廖家沟和洸府河最少,各为2种。其中,剑水蚤桡足幼体和球状许水蚤的分布范围较广,分别为10种和9种,而其他各物种分布较为狭窄,仅1~6个河道,如意真剑水蚤最少,仅在1个河道中调查发现。南水北调东线一期工程输水沿线黄河以南输水河流浮游动物各河道物种数见表4-28、图4-7,南水北调东线一期工程输水沿线黄河以南各河流调查区域浮游动物各类群的密度见图4-8,南水北调东线一期工程输水沿线黄河以南各河流调查区域浮游动物各类群的生物量见图4-9。

表4-28 南水北调东线一期工程输水沿线黄河以南输水河流浮游动物各河道物种数

河道	原生动物	轮虫	枝角类	桡足类	总计
金湾河	0	1	4	2	7
入江水道	2	14	4	5	25
金宝航道	2	0	4	5	11
三河	0	2	4	5	11

续表 4-28

河道	原生动物	轮虫	枝角类	桡足类	总计
徐洪河	2	12	6	11	31
房亭河	2	4	4	6	16
韩庄运河	3	9	6	5	23
中运河	1	6	5	4	16
梁济运河	4	9	4	5	22
柳长河	4	8	4	6	22
洸府河	8	14	2	2	26

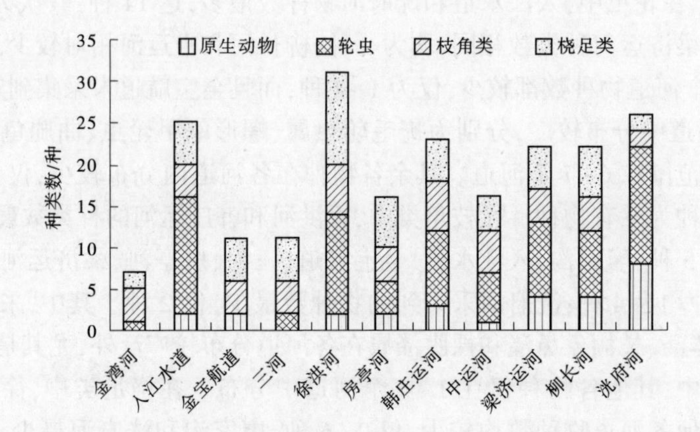

图 4-7 南水北调东线一期工程输水沿线黄河以南输水河道浮游动物种类数

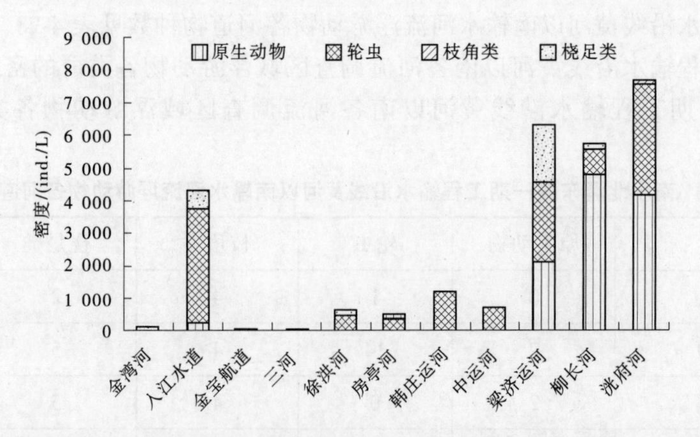

图 4-8 南水北调东线一期工程输水沿线黄河以南各河流调查区域浮游动物各类群的密度

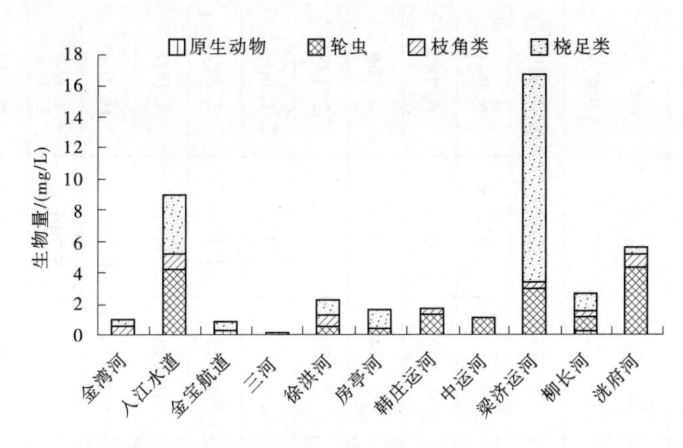

图 4-9　南水北调东线一期工程输水沿线黄河以南各河流调查区域浮游动物各类群的生物量

4.3.3.2　黄河以北输水河道浮游动物现状调查分析

东线一期工程输水沿线小运河在 2020 年生态调查过程中采集到的浮游动物种类数 21 种,以轮虫种类数最多,原生动物种类数最少。调查发现小运河原生动物 3 种,特有种分别为下毛目和淡水筒壳虫,轮虫 10 种,枝角类为 5 种。原形盘肠溞、镰吻弯额溞和矩形尖额溞分别为小运河的特有种,桡足类 3 种。小运河浮游动物的密度为 34 205.9 ind./L,生物量为 34.23 mg/L。从各类群生物量所占比例分析可知,轮虫占总类群的 98.98%,占绝对优势。2020 年南水北调东线一期工程黄河以北输水河道小运河浮游动物密度和生物量见表 4-29。

表 4-29　2020 年南水北调东线一期工程黄河以北输水河道小运河浮游动物密度和生物量

原生动物		轮虫		枝角类		桡足类		合计	
密度/(ind./L)	生物量/(mg/L)	密度/(ind./L)	生物量/(mg/L)	密度/(ind./L)	生物量/(mg/L)	密度/(ind./L)	生物量/(mg/L)	密度/(ind./L)	生物量/(mg/L)
6 000	0.255	28 200	33.881	4.1	0.081	1.8	0.013	34 205.9	34.23

小运河优势种 3 类,分别为广布多肢轮虫、暗小异尾轮虫和顶生三肢轮虫。其中,顶生三肢轮虫的密度为 10 200.0 ind./L,占该区域平均密度的 29.82%,为该区域的第一优势种。南水北调东线一期工程输水沿线黄河以南各河流浮游动物密度和生物量见表 4-30。

对比分析黄河以南和黄河以北的输水河道浮游动物,黄河以南输水河道和黄河以北输水河道的浮游动物种类数存在较大差异,物种组成也有较大差异。从种类数上分析可知,黄河以南输水河道的浮游动物种类数多于黄河以北浮游动物种类数。在黄河以南的输水河道中,轮虫的种类数最多,其次是原生动物和桡足类,枝角类的种类数最少。在黄河以北和黄河以南的输水河道中,均以轮虫的种类数最多,通过浮游动物群落组成分析,黄河以南和黄河以北输水河道的大多数优势种为中-富营养化指示种。因此,以浮游动物种类评价水质,为中-富营养型水体。

表 4-30　南水北调东线一期工程输水沿线黄河以南各河流浮游动物密度和生物量

河道	原生动物		轮虫		枝角类		桡足类		合计	
	密度/(ind./L)	生物量/(mg/L)	密度/(ind./L)	生物量/(mg/L)	密度/(ind./L)	生物量/(mg/L)	密度/(ind./L)	生物量/(mg/L)	密度/(ind./L)	生物量/(mg/L)
廖家沟	0	0	50.0	0.060	23.8	0.476	51.1	0.383	124.9	0.919
入江水道	250.0	0.011	3 500.0	4.205	48.8	0.975	500.0	3.750	4 298.8	8.941
金宝航道	0	0	0	0.000	10.9	0.217	69.6	0.522	80.5	0.739
三河	0	0	0	0.000	2.1	0.042	3.2	0.024	5.3	0.066
徐洪河	33.3	0.001	450.0	0.541	34.0	0.681	127.9	0.959	645.3	2.182
房亭河	50.0	0.002	300.0	0.360	1.4	0.029	162.0	1.215	513.4	1.606
韩庄运河	50.0	0.002	1 100.0	1.322	8.6	0.172	16.1	0.121	1 174.7	1.617
中运河	50.0	0.002	650.0	0.781	6.4	0.128	12.8	0.096	719.2	1.007
梁济运河	2 130.0	0.091	2 415.0	2.902	20.7	0.414	1 772.3	13.292	6 338.0	16.699
柳长河	4 800.0	0.204	780.0	0.937	17.1	0.342	148.7	1.115	5 745.8	2.598
洸府河	4 155.0	0.177	3 450.0	4.145	42.6	0.852	62.7	0.470	7 710.3	5.644
平均	1 047.1	0.045	1 154.1	1.387	19.7	0.393	266.0	1.995	2 486.9	3.820

4.4　底栖动物现状分析

4.4.1　沿线湖泊底栖动物现状调查分析

4.4.1.1　2013 年湖泊底栖动物调查评价

研究组 2013 年对洪泽湖的调查中,共发现底栖动物 12 种,属 3 门 5 纲 8 属。底栖动物生物量为 77.02 g/m^2,其中鲍集最高达到 470.54 g/m^2,老子山和临淮区次之,为 70 g/m^2 左右;濉河口最低,仅为 5.48 g/m^2;其他区域差异不大,集中在 24 g/m^2 左右。底栖动物个体数量湖区平均值为 342.29 个/m^2,不同区域差异较大,其中鲍集最高达到 1 444.44 个/m^2,半城最小为 69.14 个/m^2。寡毛纲比例平均值为 69%,其中超过 90%的有高良涧、蒋坝,濉河口区最小为 41%。洪泽湖多样性指数平均值为 1.07,其中太平、龙集较高,分别为 1.68、1.47;高良涧最低,为 0.44。2013 年洪泽湖底栖动物生物量、个体密度、寡毛纲比例和多样性指数见表 4-31。

表 4-31　洪泽湖底栖动物生物量、个体密度、寡毛纲比例和多样性指数(2013 年)

地点	生物量/(g/m^2)	数量/(个/m^2)	寡毛纲比例	多样性指数
濉河口	5.48	188.89	0.41	0.81
太平	37.76	94.22	0.49	1.68
老子山	71.68	461.11	0.50	1.25
半城	46.41	69.14	0.64	1.01
韩桥	24.58	86.42	0.70	0.98
龙集	49.51	151.11	0.74	1.47
临淮	88.10	477.78	0.85	1.30
鲍集	470.54	1 444.44	0.88	0.54
蒋坝	16.80	218.06	0.93	0.94
高良涧	24.85	372.22	0.96	0.44
高渡	11.49	201.78	0.51	1.39

4.4.1.2　2018 年湖泊底栖动物调查评价

研究组 2018 年对南四湖的两次调查中发现底栖动物 53 种,其中水生昆虫 18 种、软体动物 15 种、寡毛类种 10 种、甲壳动物 3 种、其他类群 7 种。出现频次超过 40%的常见种为霍甫水丝蚓、环棱螺、苏氏尾鳃蚓、水丝蚓属一种、摇蚊属摇蚊和纹沼螺。优势度大于 0.02 的优势种为环棱螺、霍甫水丝蚓、长足摇蚊、水丝蚓、摇蚊属摇蚊、纹沼螺和克拉泊水丝蚓。

春季南四湖底栖动物总平均密度为 234.9 ind./m^2,总平均生物量为 128.704 4 g/m^2。其中上级湖底栖动物密度为 204.7 ind./m^2,平均生物量为 113.600 3 g/m^2;下级湖底栖动物密度为 278.1 ind./m^2,平均生物量为 150.281 6 g/m^2。就不同类群密度和生物量分析可知,软体动物的密度在全湖中均远高于其他类群,为南四湖的主要优势类群。此外,上级湖底栖动物密度和平均生物量均低于下级湖。

秋季南四湖底栖动物总平均密度为 102. 18 ind. /m^2,总平均生物量为 20. 292 3 g/m^2。其中,上级湖底栖动物密度为 121. 54 ind. /m^2,平均生物量为 15. 674 2 g/m^2;下级湖底栖动物密度为 82. 82 ind. /m^2,平均生物量为 24. 910 4 g/m^2。就不同类群密度和生物量分析可知,水生昆虫和寡毛类的密度在全湖中均远高于其他类群,为南四湖的主要优势类群。此外,上级湖底栖动物密度高于下级湖,而平均生物量则低于下级湖。

4. 4. 1. 3　2019 年湖泊底栖动物调查评价

研究组 2019 年对骆马湖的生态调查中发现底栖动物 31 种,隶属 4 门 8 纲 13 科,其中水生昆虫 12 种、软体动物 9 种、寡毛类种 6 种、甲壳类 1 种、多毛类 1 种、其他类群 2 种。出现频次超过 40%的常见种为霍甫水丝蚓 *Limnodrilus hoffmeisteri*、水丝蚓属一种 *Limnodrilus* sp. 、苏氏尾鳃蚓 *Branchiura sowerbyi*、环棱螺 *Bellamya* sp. 、小摇蚊 *Microchironomus* sp. 和长足摇蚊 *Tanypus* sp. 。优势度大于 0. 02 的优势种为霍甫水丝蚓、水丝蚓属一种、苏氏尾鳃蚓、环棱螺、小摇蚊、长足摇蚊和克拉泊水丝蚓 *Limnodrilus claparedeianus*。水生昆虫密度百分比 29. 14%、软体动物占比 14. 84%、寡毛类占比 53. 41%、甲壳类占比 0. 87%、多毛类占比 0. 11%、其他类群占比 1. 63%。总体分析可知,寡毛类占据优势地位,其次为水生昆虫(摇蚊类)和软体动物。针对调查的季节不同对骆马湖底栖动物进行分析:

春季,骆马湖底栖动物 25 种,隶属 4 门 7 纲 10 科,其中水生昆虫 10 种、软体动物 6 种、寡毛类种 6 种、多毛类 1 种、其他类群 2 种。出现频次超过 40%的常见种为环棱螺 *Bellamya* sp. 、霍甫水丝蚓 *Limnodrilus hoffmeisteri*、克拉泊水丝蚓 *Limnodrilus claparedeianus*、水丝蚓属一种 *Limnodrilus* sp. 、小摇蚊 *Microchironomus* sp. 、长足摇蚊 *Tanypus* sp. 和苏氏尾鳃蚓 *Branchiura sowerbyi*。优势度大于 0. 02 的优势种为水丝蚓属一种、克拉泊水丝蚓、环棱螺、小摇蚊、纹沼螺 *Parafossarulus striatulus*、长足摇蚊、霍甫水丝蚓和拟摇蚊 *Parachironomus* sp. 。总体分析可知,寡毛类占据优势地位,其次为水生昆虫(摇蚊类)和软体动物。春季骆马湖底栖动物平均密度为 168. 44 ind. /m^2,变动在 20~324 ind. /m^2。平均生物量为 43. 013 4 g/m^2,变动在 0. 595 2~171. 361 6 g/m^2。

秋季,底栖动物种类相对减少,共 15 种,隶属 3 门 4 纲 7 科,其中水生昆虫 6 种、软体动物 4 种、寡毛类种 4 种、甲壳类 1 种。出现频次超过 40%的常见种为霍甫水丝蚓 *Limnodrilus hoffmeisteri*、水丝蚓属一种 *Limnodrilus* sp. 、苏氏尾鳃蚓 *Branchiura sowerbyi*、环棱螺 *Bellamya* sp. 、小摇蚊 *Microchironomus* sp. 和长足摇蚊 *Tanypus* sp. 。优势度大于 0. 02 的优势种为霍甫水丝蚓、水丝蚓属一种、苏氏尾鳃蚓、环棱螺、小摇蚊和长足摇蚊。总体分析可知,依旧是寡毛类占据优势地位,其次为水生昆虫(摇蚊类)和软体动物。秋季骆马湖底栖动物平均密度为 241. 78 ind. /m^2,变动在 64~752 ind. /m^2;秋季骆马湖底栖动物平均生物量为 14. 77 g/m^2,变动在 0. 472 0~37. 892 1 g/m^2。

4. 4. 1. 4　2020 年湖泊底栖动物调查评价

研究组 2020 年全面生态调查中发现底栖动物类群在不同湖泊中存在较大差异,物种组成也有较大差异。从种类数上分析可知,各湖泊物种数变化范围在 24~72 种,其中南四湖的种类数要明显高于其他湖泊,高达 72 种,其次为洪泽湖,骆马湖、东平湖物种数相近。不同种类中,节肢动物在南四湖的物种数最多,为 34 种,其次为洪泽湖、骆马湖,东平湖最少，分析可知节肢动物的物种数在各个湖泊中差异较大；环节动物相对于其他类群在各个湖泊中采集到的物种数较少，物种数在2~14种，其中在南四湖和洪泽湖中种类数较多，为14种和13种，剩余湖泊的物种数均在10种以下；软体动物相比其他类群在各个湖泊中采集到的物种数较多，物种数变化范围在9~28种，东平湖、南四湖、洪泽湖的物种数均在20种以上，具体从各纲分析可知，腹足纲主要集中在洪泽湖，瓣鳃纲主要集中在骆马湖，在南四湖、东平湖中，腹足纲和瓣鳃纲的物种数相差不大；洪泽湖和南四湖还采集到线虫一种，其他湖泊均未采集到。南水北调东线一期工程输水沿线湖泊底栖动物物种数见表4-32。

表4-32 南水北调东线一期工程输水沿线湖泊底栖动物物种数

湖泊	环节动物	软体动物			节肢动物	其他动物	总计
		腹足纲	瓣鳃纲	总计			
洪泽湖	13	8	14	22	21	1	57
骆马湖	8	10	5	15	12	0	35
南四湖	14	11	12	23	34	1	72
东平湖	5	15	13	28	3	0	36

从密度分析可知各大湖泊的底栖动物情况，底栖动物密度最高的湖泊是南四湖，为1 146 ind./m^2，占整个调查区域密度的63.2%。其中，节肢动物的密度最高，达629 ind./m^2，所占比例为54.9%；其次为环节动物434 ind./m^2，所占比例为37.9%；软体动物的密度为80 ind./m^2，所占比例为7.0%；最少的为线虫动物，仅为3 ind./m^2，仅占0.3%。

洪泽湖底栖动物的密度为403 ind./m^2。其中，节肢动物的密度最高，达204 ind./m^2，所占比例为50.6%；其次为节肢动物118 ind./m^2，所占比例为29.3%；软体动物的密度最少，为81 ind./m^2，所占比例为20.1%。

东平湖底栖动物的密度为187 ind./m^2。其中，软体动物的密度最高，达105 ind./m^2，所占比例为56.1%；其次为节肢动物60 ind./m^2，所占比例为32.1%；环节动物的密度最少，为22 ind./m^2，所占比例为11.8%。

骆马湖的底栖动物密度仅占整个调查区域密度的4.3%。其中，软体动物和环节动物的密度均为30 ind./m^2，所占比例为38.5%；节肢动物的密度最低，仅为18 ind./m^2，所占比例为23.1%。南水北调东线一期工程输水沿线湖泊底栖动物的密度见表4-33。

表4-33 南水北调东线一期工程输水沿线湖泊底栖动物的密度 单位：ind./m^2

底栖动物	洪泽湖	骆马湖	南四湖	东平湖
环节动物	204	30	434	22
软体动物	81	30	80	105
节肢动物	118	18	629	60
其他动物	0	0	3	0
总计	403	77	1 146	187

从生物量分析可知，整体上各湖泊区域总平均生物量为 117.66 g/m^2，大型底栖动物平均生物量变化范围在 6.92~220.38 g/m^2。东平湖的生物量为 157.72 g/m^2。其中，软体动物的生物量占绝对优势，高达 156.66 g/m^2，所占比例为 99.3%；其次为节肢动物 0.74 g/m^2，环节动物最少为 0.32 g/m^2，两者生物量之和所占比例为 0.7%。

洪泽湖的生物量为 150.46 g/m^2。其中，软体动物的生物量占优势，高达 147.35 g/m^2，所占比例为 97.9%；其次为环节动物 2.70 g/m^2，所占比例为 1.8%；节肢动物最少，为 0.41 g/m^2，所占比例为 0.3%。

南四湖的生物量为 105.31 g/m^2。其中，软体动物的生物量占绝对优势，为 99.55 g/m^2，所占比例为 94.5%；其次为节肢动物 4.09 g/m^2，所占比例为 3.9%；环节动物最少，为 1.67 g/m^2，所占比例为 1.6%。

骆马湖的生物量为 37.62 g/m^2。其中，软体动物的生物量占绝对优势，高达 37.10 g/m^2，所占比例为 98.6%；节肢动物和环节动物的生物量均为 0.26 g/m^2，两者生物量之和所占比例为 1.4%。南水北调东线一期工程输水沿线湖泊底栖动物生物量见表 4-34。

表 4-34　南水北调东线一期工程输水沿线湖泊底栖动物生物量　单位：g/m^2

底栖动物	洪泽湖	骆马湖	南四湖	东平湖
环节动物	2.70	0.26	1.67	0.32
软体动物	147.35	37.10	99.55	156.66
节肢动物	0.41	0.26	4.09	0.74
其他动物	0	0	0	0
总计	150.46	37.62	105.31	157.72

从各类群的物种分布分析可知，各湖泊出现的环节动物和节肢动物多以常见种居多，特别是一些耐污染的种类，如霍甫水丝蚓、苏氏尾鳃蚓、摇蚊幼虫等，这些种类均是典型的富营养化指示种，适应流水性的物种极少；软体动物种类数也较多，其中腹足纲的种类要多于瓣鳃纲的种类，但有的湖泊，瓣鳃纲种类只采集到一些定性的标本，活体标本较少，而腹足纲种类数虽然较多，但个别种分布狭窄，仅在 1~2 个湖泊出现，这主要与其生态环境有关。

从底栖动物的现存量和优势种分析可知，各湖泊间底栖动物的密度和生物量差异较大，从底栖动物的密度上分析可知，多数湖泊的密度主要是环节动物和节肢动物的密度占主导地位，如南四湖、洪泽湖等；从底栖动物的生物量分析可知，众多湖泊的生物量都以软体动物的生物量占优势，这是因为软体动物个体比较大，且体外有壳，使其生物量远远高于其他类群。优势种主要是一些典型的耐污种类，如霍甫水丝蚓、环棱螺属和摇蚊科种类，且优势种的密度所占总密度的比例较高，如高邮湖的底栖动物密度为 114 ind./m^2，但长角涵螺的密度为 61 ind./m^2，所占比例为 53.2%，在南四湖的底栖动物密度主要以优势种为主，优势种密度之和所占比例高达 81.1%。

除共有种外，有的湖泊还存在特有种，寡鳃齿吻沙蚕为洪泽湖的特有种，密度为 33 ind./m^2，所占比例为 8.2%，红裸须摇蚊为南四湖的特有种，密度为 247 ind./m^2，所占比例为 21.6%。南水北调东线一期工程输水沿线湖泊的优势种密度及其百分比见表 4-35。

表 4-35　南水北调东线一期工程输水沿线湖泊的优势种密度及其百分比

单位：ind/m^2

种类	洪泽湖	骆马湖	南四湖	东平湖
霍甫水丝蚓 *Limnodrilus hoffmeisteri*	102(25.4%)	8(10.7%)	297(26.0%)	
苏氏尾鳃蚓 *Branchiura dowerbyi*	48(11.8%)	14(17.6%)	55(4.8%)	
寡鳃齿吻沙蚕 *Nephtys oligobranchira*	33(8.2%)			
中国圆田螺 *Cipangopaludian chinensis*				
方形环棱螺 *Bellamya quadrata*		17(21.9%)	33(2.9%)	
纹沼螺 *Parafossarulus striatulus*				22(11.8%)
长角涵螺 *Alocinma longicornis*		7(9.0%)	26(2.3%)	64(34.2%)
狭萝卜螺 *Radix lagotis*				
背角无齿蚌 *Anodonta woodiana*				
河蚬 *Corbicula fluminea*	29(7.2%)			
羽摇蚊 *Chironomus plumosus*			123(10.7%)	27(14.4%)
软铗小摇蚊 *Microchironomus tener*				
喙隐摇蚊 *Cryptochironomus rostratus*				
中国长足摇蚊 *Tanypus chinensis*			206(18.0%)	
灰跗多足摇蚊 *Polypedilum leucopus*				
红裸须摇蚊 *Propsilocerus akamusi*			247(21.6%)	
总密度	402	77	1 142	187
密度所占比例	52.6%	59.2%	86.3%	60.4%
第一优势种	霍甫水丝蚓	方形环棱螺	霍甫水丝蚓	长角涵螺

从历年调查中分析均可知,各湖泊的优势种以霍甫水丝蚓、环棱螺属和摇蚊科等耐污种类为主。霍甫水丝蚓是一种广泛分布的水栖寡毛类,耐污性较强,能在低氧环境下正常繁殖生长,甚至在短期缺氧情况下亦能生存。这种霍甫水丝蚓常会在污染严重的水体内出现,是水体富营养化或者水体污染的标志性指示物种。2020 年湖泊水生态调查水丝蚓显微镜影像见图 4-10。目前,南水北调输水水质整体较好,但从各湖泊的底栖动物及浮游动、植物优势物种调查结果综合分析可知,仍存在一定水质污染及生态系统演变的可能性。

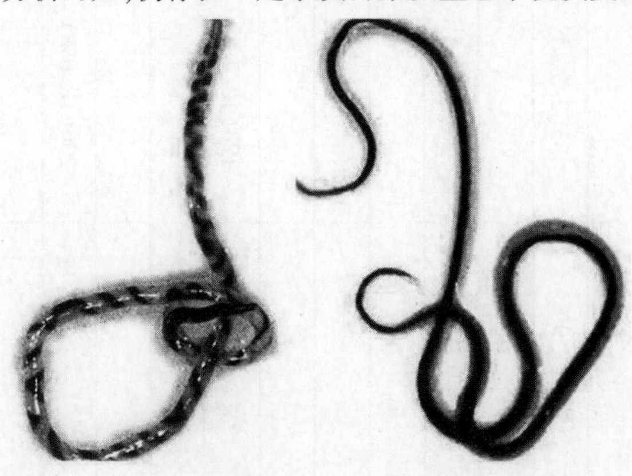

图 4-10　2020 年湖泊水生态调查水丝蚓显微镜影像

4.4.2　沿线水库底栖动物现状调查分析

大屯水库属于封闭型平原水库,在 2020 年的底栖动物调查中采集到底栖动物 14 种,其中主要以昆虫纲(10 种)为主,仅采集到 2 种螺类、2 种环节动物。水库蓄水以后,水体由流动变成相对静止,随着气温、光照和环境条件的改变,水体也发生了质的变化。当外界条件适宜时,水域中的水生动、植物繁衍速度加快,夏秋蓝藻、绿藻形成水华,使水的透明度降低,水质恶化。水位上升后,水库原有的底栖动物生长区域将被淹没在水下几米至十几米,水深过大将使这些区域的底栖动物逐渐死亡,从而导致水库大型底栖动物在调水后的一段时间内减少。其中,昆虫纲的成虫是陆生会飞翔的,可以主动地寻找适宜的水域环境产卵繁殖,所以采集到的数量较多;软体动物(特别是蚌科的种类)由于个体较大,移动能力弱,所以未采集到;腹足纲的一些螺类有一定的移动能力,在水流、来往船只以及其他因素的辅助下,可短距离迁移,所以物种多样性要高于瓣鳃纲,采集到 2 种;环节动物的一些种类(如霍甫水丝蚓等)适应环境能力强,具有很强的再生能力,调查和监测过程中均采集到样本。

4.4.3　项目输水沿线河道底栖动物现状调查分析

4.4.3.1　黄河以南输水河道底栖动物现状调查分析

1. 种类组成

2020 年,研究组水生态调查南水北调东线一期工程黄河以南的输水河道有廖家沟、入江水道、金宝航道、三河、徐洪河、房亭河、韩庄运河、中运河、梁济运河、柳长河和洸府河。在调查中,黄河以南的河道共采集到底栖动物 36 种,隶属于 21 科 34 属。其中,环节动物4科6属6种,占总数的16.7%,其中多毛纲1种、寡毛纲2种、蛭纲3种;软体动物9科12属14种,占总数的38.9%,其中瓣鳃纲5种、腹足纲9种;水生节肢动物的种类最多,有8科16属16种,占总数的44.4%,水生昆虫中以双翅目的种类为主,有11种,占水生昆虫种类数的68.75%,其次为半翅目、蜻蜓目和毛翅目,分别有3种、1种和1种,各占水生昆虫种类数的18.75%、6.25%和6.25%。从科、属分类阶元分析可知,水生昆虫中的摇蚊科种类最多,有9种,其次为豆螺科和蚌科,各有3种,颤蚓科、石蛭科和田螺科各有2种,其他各科均只有1种;沼螺属和无齿蚌属各有2种,其他各属均只有1种,这表明该调查区域的大型底栖动物中单种属所占比例较大。南水北调东线一期工程输水沿线黄河以南河道底栖动物组成见图4-11。

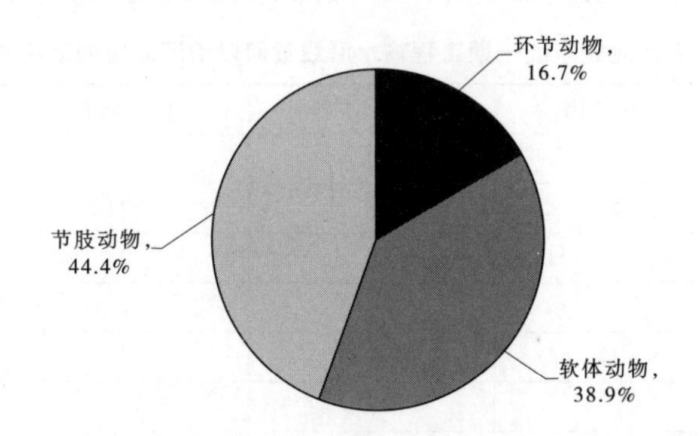

图4-11　南水北调东线一期工程输水沿线黄河以南河道底栖动物组成

从各物种的分布和数量分析可知,环节动物中霍甫水丝蚓分布较为广泛,至少在9个河道出现,数量较多,而其他种类(苏氏尾鳃蚓、沙蚕、扁蛭属一种、巴蛭属一种和八目石蛭)分布范围较小,仅在1~3个河道出现,而且数量较少;软体动物中的方形环棱螺、纹沼螺、方格短沟蜷、淡水壳菜、狭萝卜螺、圆顶珠蚌、蚶形无齿蚌和河蚬分布广泛,在5~11个河道出现,数量较多,其次为中国圆田螺、大沼螺、长角涵螺、半球多脉扁螺、背角无齿蚌和中国淡水蛏,仅在1~3个河道出现,数量较少,仅采集到几个标本;节肢动物中分布最广以及数量最多的皆为摇蚊科,其中尤其以摇蚊属一种为典型代表,至少在5个河道出现,而且数量最多,其他摇蚊科物种分布范围较小,仅在1~3个河道出现,而且数量也较少,而节肢动物中其他科的物种分布范围更小,除潜水蝽科一种在3个河道出现,其他各科仅在1~2个河道出现,大部分为该区域的稀有种类,如蜻蜓目的蜻科一种、半翅目的褐蝽科一种、划蝽科一种以及毛翅目的原石蚕科一种。南水北调东线一期工程输水沿线黄河以南河道水生昆虫组成见图4-12。

从不同河道底栖动物的种类数分析可知,洸府河采集到的种类数最多,达15种,其次为三河、徐洪河、金湾河、韩庄运河、中运河、入江水道、金宝航道、房亭河、梁济运河和柳长河,种类数分别有14种、14种、13种、12种、12种、12种、11种、10种、10种和9种。廖家沟和金宝航道种类数较少,分别有5种和3种。南水北调东线一期工程输水沿线黄河以南河道底栖动物物种数见表4-36。

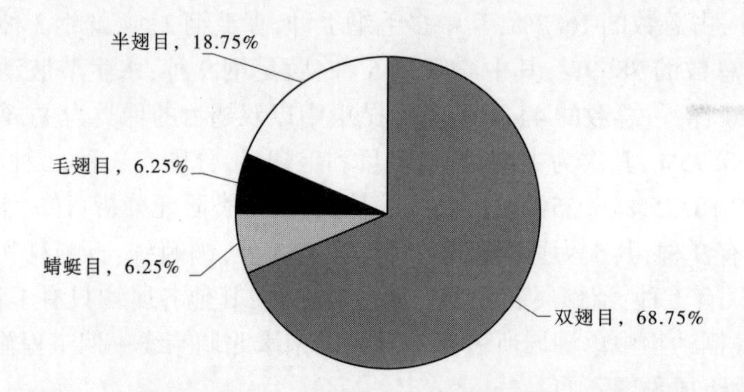

图 4-12 南水北调东线一期工程输水沿线黄河以南河道水生昆虫组成

表 4-36 南水北调东线一期工程输水沿线黄河以南河道底栖动物物种数

河道	环节动物	软体动物	节肢动物	合计
金湾河	2	2	1	5
入江水道	4	5	2	11
金宝航道	0	3	0	3
三河	4	9	1	14
徐洪河	2	10	2	14
房亭河	1	7	2	10
韩庄运河	1	9	2	12
中运河	1	8	3	12
梁济运河	2	7	1	10
柳长河	1	3	5	9
洸府河	1	3	11	15

结合底栖动物各类群分析可知，各河道之间物种组成上的主要差距体现在环节动物和节肢动物的种类数上。入江水道和三河的环节动物最多，达 4 种，其次是金湾河、徐洪河和梁济运河，各有 2 种，除金宝航道未采集到环节动物外，其他河道采集到的种类数都为 1 种；洸府河的节肢动物最多，达 11 种，而本类群在其他河道采集到的种类数都较少，仅 1~5 种，而且金宝航道未采集到节肢动物。软体动物在徐洪河和金湾河中种类数最多，达 10 种，软体动物总种类数较多，在各河道之间的种类数相对差别最小。南水北调东线一期工程黄河以南各河道底栖动物物种数见图 4-13。

2. 现存量

调查区域大型底栖动物的平均密度为 931 ind./m^2。其中，软体动物的平均密度最高，为 768 ind./m^2，占 82.5%，其次为节肢动物，为 102 ind./m^2，占 11.0%，环节动物的平均密度为 60 ind./m^2，占 6.5%。大型底栖动物的平均生物量为 648.11 g/m^2，以软体动物的平均生物量占绝对优势，达 647.72 g/m^2，占平均生物量的 99.94%；节肢动物和环节动物的生物量较低，分别为 0.31 g/m^2 和 0.07 g/m^2，两者所占比例之和为 0.06%。南水北调东线一期工程输水沿线黄河以南各河道底栖动物密度见图 4-14。

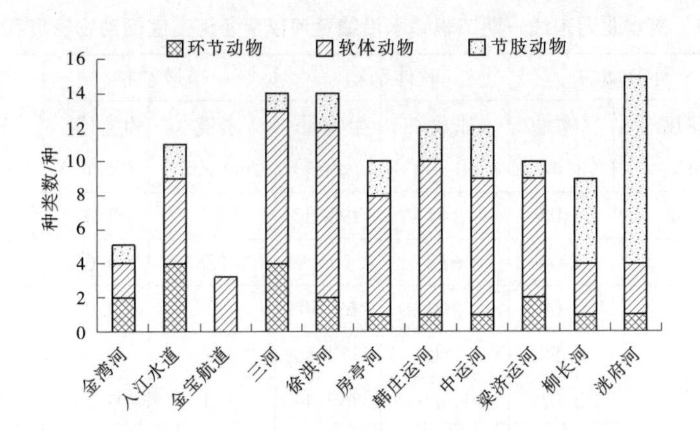

图 4-13　南水北调东线一期工程黄河以南各河道底栖动物物种数

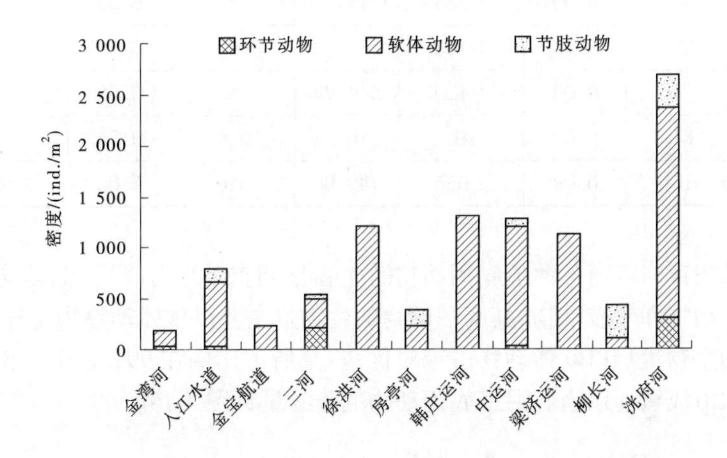

图 4-14　南水北调东线一期工程输水沿线黄河以南各河道底栖动物密度

从输水沿线黄河以南各河道底栖动物密度调查结果分析可知，洸府河底栖动物的密度较高，达 2 688 ind. /m^2，其后依次为韩庄运河、中运河、徐洪河、梁济运河和入江水道，分别为 1 312 ind. /m^2 和 1 285 ind. /m^2、1 215 ind. /m^2、1 136 ind. /m^2 和 792 ind. /m^2，三河(544 ind. /m^2)、柳长河(440 ind. /m^2)、房亭河(392 ind. /m^2)和金宝航道(240 ind. /m^2)的密度较低，廖家沟底栖动物的密度最低，为 192 ind. /m^2。

结合各类群的密度及其所占比例分析可知，11 个河道之间差异明显，各河道的密度大部分是以软体动物占优势，软体动物在金湾河、入江水道、金宝航道、徐洪河、韩庄运河、中运河、梁济运河和洸府河占优势，其密度所占的比例分别为 75. 00%、79. 80%、100%、97. 81%、98. 17%、90. 87%、98. 59%和 76. 49%，三河主要以环节动物和软体动物为主，其所占比例分别为 39. 71%和 51. 47%，房亭河主要以软体动物和节肢动物为主，其所占比例分别为 57. 14%和 40. 82%，柳长河中节肢动物的密度明显高于其他河道，其密度所占的比例为 74. 55%。南水北调东线一期工程输水沿线黄河以南各河道底栖动物密度和生物量见表 4-37。

表 4-37 南水北调东线一期工程输水沿线黄河以南各河道底栖动物密度和生物量

河道	环节动物		软体动物		节肢动物		总计	
	密度/(ind./m²)	生物量/(g/m²)	密度/(ind./m²)	生物量/(g/m²)	密度/(ind./m²)	生物量/(g/m²)	密度/(ind./m²)	生物量/(g/m²)
金湾河	32	0.05	144	293.22	16	0.01	192	293.28
入江水道	32	0.04	632	1 705.91	128	0.08	792	1 706.03
金宝航道	0	0.00	240	69.30	0	0.00	240	69.30
三河	216	0.50	280	357.80	48	0.00	544	358.30
徐洪河	5	0.01	1 189	869.44	21	0.23	1 215	869.68
房亭河	8	0.01	224	377.95	160	0.10	392	378.06
韩庄运河	8	0.00	1 288	1 533.16	16	0.02	1 312	1 533.18
中运河	32	0.10	1 168	513.65	85	0.59	1 285	514.34
梁济运河	8	0.00	1 120	544.74	8	0.58	1 136	545.32
柳长河	8	0.00	104	110.73	328	0.74	440	111.47
洸府河	316	0.09	2 056	749.06	316	1.08	2 688	750.23

从输水沿线黄河以南各河道底栖动物的生物量调查结果分析可知，除金宝航道由于未采集到环节动物和节肢动物，其底栖动物的生物量主要以软体动物为主外，其余调查区域底栖动物的生物量均以软体动物占绝对优势，其所占比例在99%以上。南水北调东线一期工程输水沿线黄河以南各河道底栖动物的生物量见图 4-15。

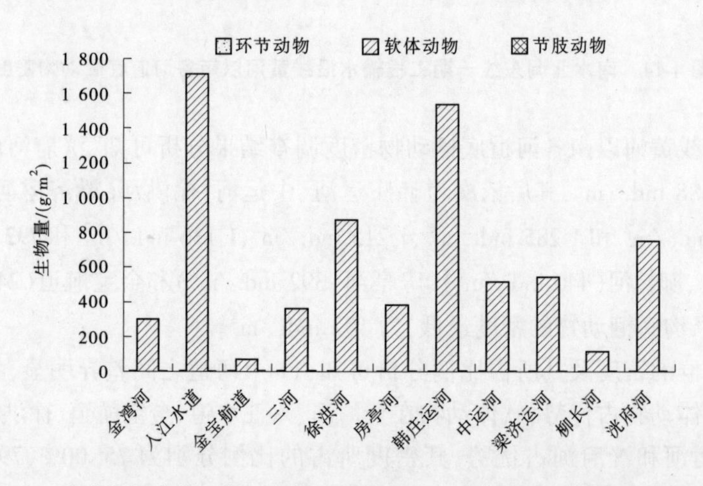

图 4-15 南水北调东线一期工程输水沿线黄河以南各河道底栖动物的生物量

3. 优势种

南水北调东线一期工程输水沿线黄河以南河道的优势种及其密度见表 4-38。从输水沿线黄河以南河道的优势种调查结果分析可知，各调查区域的优势类群组成及其密度存在明显差异。三河和房亭河的优势种最多，各有 4 种，分别由环节动物、软体动物和节肢动

表 4-38　南水北调东线一期工程输水沿线黄河以南河道的优势种及其密度

单位:ind. /m^2

优势类群	黄河以南										
	金湾河	入江水道	金宝航道	三河	徐洪河	房亭河	韩庄运河	中运河	梁济运河	柳长河	洸府河
霍甫水丝蚓 *Limnodrilus hoffmeisteri*				88							
苏氏尾鳃蚓 *Branchiura dowerbyi*				80							
方形环棱螺 *Bellamya quadrata*	128	632	112	136	656	160	944	869	892	80	1 520
纹沼螺 *Parafossarulus striatulus*			48								
长角涵螺 *Alocinma longicornis*			80	64							
狭萝卜螺 *Radix lagotis*											532
方格短沟蜷 *Semisulcospira cancellata Bonson*					408			155	204		
半球多脉扁螺 *Polypylis hemisphaerula*						40					
灰跗多足摇蚊 *Polypedilum leucopus*										168	
纤长跗摇蚊 *Tanytarsus gracilentus*										112	
羽摇蚊 *Chironomus plumosu*		104				48					
德永雕翅摇蚊 *Glyptotendipes tokunagai*						112					
总密度	192	792	240	544	1 216	392	1 312	1 285	1 136	440	2 688
密度所占比例	66. 7%	92. 9%	100%	67. 6%	87. 5%	91. 8%	72. 0%	79. 7%	96. 5%	81. 8%	76. 3%
第一优势种	方形环棱螺	方形环棱螺	方形环棱螺	方形环棱螺	方形环棱螺	方形环棱螺	方形环棱螺	方形环棱螺	方形环棱螺	灰跗多足摇蚊	方形环棱螺

物组成,其密度之和分别占该区域平均密度的 67. 6%和 91. 8%;其次是金宝航道和柳长河,其底栖动物的优势种各有 3 种,其中,金宝航道的第一优势种为方形环棱螺,而柳长河的第一优势种为灰跗多足摇蚊;徐洪河、中运河、梁济运河和洸府河底栖动物的优势类群组成类似,都由软体动物组成,其优势类群各有 2 种,并且徐洪河、中运河、梁济运河和洸府河的第一优势种均为方形环棱螺。此外,入江水道也有 2 种优势类群,但其主要由软体动物和节肢动物组成,其第一优势种为软体动物(方形环棱螺);金湾河和韩庄运河都只有 1 种优势类群,其优势种都是方形环棱螺。

从优势类群和密度分析可知,方形环棱螺在 11 个调查区域中都属于优势种,且在 10 个调查区域(除柳长河外)作为第一优势种,而且密度都明显较大,其次是方格短沟蜷,在 3 个调查区域中(徐洪河、中运河、梁齐运河)作为第二优势种,长角涵螺在 2 个调查区域(金宝航道、三河)成为优势种,摇蚊属也在 2 个调查区域(入江水道、房亭河)成为优势种,其余各优势类群仅在 1 个调查区域内为优势种类,且密度相对较小。

4. 多样性分析

黄河以南底栖动物的 Shannon-Wiener 多样性指数平均值为 1. 776,变化范围为 0. 954~3. 060;Margalef 种类丰富度指数的平均值为 1. 568,变化范围为 0. 739~2. 370;Pielou 均匀度指数的平均值为 0. 910,变化范围是 0. 539~1. 371,见图 4-16。

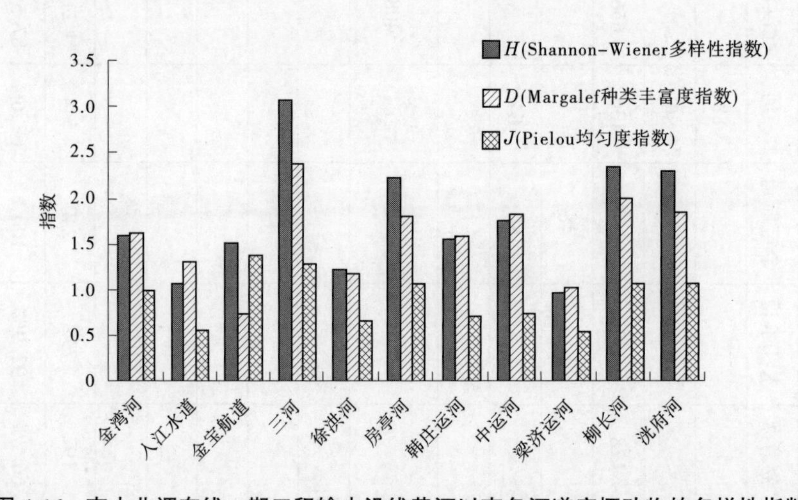

图 4-16　南水北调东线一期工程输水沿线黄河以南各河道底栖动物的多样性指数

从各河道调查区域分析可知,各调查区域底栖动物群落的多样性指数存在一定差异,但各指数基本呈现出一致的变化趋势,总体上分析可知,Shannon-Wiener 多样性指数与 Margalef 种类丰富度指数趋势较为接近,但各区域差异较大,三河的最高,其次为房亭河、柳长河、洸府河、中运河、金湾河、韩庄运河、金宝航道、徐洪河、入江水道,梁济运河的值最小,其值为 0. 954。Margalef 种类丰富度指数除在金宝航道突然下降外,其余各区域变化趋势与 Shannon-Wiener 多样性指数的变化趋势一致。Pielou 均匀度指数在各区域相对较为一致,变化范围在 0. 539~1. 371。

4. 4. 3. 2　黄河以北输水河道底栖动物现状调查分析

南水北调东线一期工程输水沿线黄河以北主要调查对象为小运河。在此次调查中,小运河底栖动物种类数为 14 种,其中环节动物 1 种、软体动物 5 种、节肢动物 8 种。小运河的底栖动物密度总体水平不高,为 1 680 ind./m^2,生物量为 309.97 g/m^2。节肢动物在小运河占绝对优势,密度达 1 408 ind./m^2,生物量为 0.65 g/m^2。小运河河道底栖动物的密度和生物量见表 4-39。

表 4-39　小运河河道底栖动物的密度和生物量

环节动物		软体动物		节肢动物		总计	
密度/(ind./m^2)	生物量/(g/m^2)	密度/(ind./m^2)	生物量/(g/m^2)	密度/(ind./m^2)	生物量/(g/m^2)	密度/(ind./m^2)	生物量/(g/m^2)
240	0.17	32	309.15	1 408	0.65	1 680	309.97

从调查数量来看,小运河第一优势种均为灰跗多足摇蚊,此外优势种为霍甫水丝蚓和德永雕翅摇蚊,其中德永雕翅摇蚊在此次调查中仅在小运河发现。

小运河节肢动物较多,这是由于小运河常年存水量少,而且因为调水经常出现断流,因此河内存在大量软体动物的空壳,仅有节肢动物尤其是摇蚊种类丰富。尽管部分底栖动物的密度和生物量较高,但主要是一些典型的耐污种类,如霍甫水丝蚓和多足摇蚊属一种。总体分析可知,小运河河道底栖动物群落结构呈现出结构单一、物种丰富度低和高度耐污性等显著特征。

4.5　鱼类现状分析

4.5.1　沿线湖泊鱼类现状调查分析

4.5.1.1　2013 年沿线湖泊鱼类调查评价

2013 年,研究组对洪泽湖鱼类进行调查,从渔获物中鉴定鱼类 43 种、虾类 3 种、蟹类 1 种,合计 47 种。研究确定优势种数量最高的种类为鲫,居前十位的种类中,鲫、鲢、草鱼、鲤等为传统经济鱼类。洪泽湖鱼类相对优势种指标居前十位的优势种(2013 年)见表 4-40。

表 4-40　洪泽湖鱼类相对优势种指标居前十位的优势种(2013 年)

种类	相对重要性指标	
	位次	IRI
鲫 *Carassius auratusauratus*	1	0.713
大鳍鱊 *Acheilognathus macropterus*	2	0.203
红鳍原鲌 *Cultrichthys erythropterus*	3	0.165
鲢 *Hypophthalmichthys molitrix*	4	0.136
麦穗鱼 *Pseudorasbora parva*	5	0.127
刀鲚 *Coilia nasus*	6	0.109

续表 4-40

种类	相对重要性指标	
	位次	IRI
兴凯鱊 *Acheilognathus chankaensis*	7	0.080
草鱼 *Ctenopharyngodon idellus*	8	0.069
似鳊 *Pseudobrama simoni*	9	0.061
鲤 *Cyprinus capio*	10	0.054

4.5.1.2 2018 年沿线湖泊鱼类调查评价

济宁市人民政府为了修复渔业资源，南四湖及其贯通河道实行了禁渔制度，禁渔期为每年 3~6 月。在禁渔期，2018 年鱼类资源调查工作仅进行资料收集与渔民调查访问。2018 年 9 月 3~26 日才在南四湖各湖区进行了鱼类资源调查。南四湖渔获物调查共采集到鱼类标本 1 458 尾，合计鱼类 35 种。在采集的渔获物中，湖鲚、似鱎、麦穗鱼、鲫和红鳍原鲌等 5 种鱼类数量占比较高，总计达 64.12%；而渔获物中重量占比较高的物种为湖鲚、鲫、鲢、似鱎和红鳍原鲌。对渔获物种类进行生物学分析，主要经济鱼类中大多是小个体似鱎、湖鲚、麦穗鱼等，其次为个体稍大的鲫、红鳍原鲌等，渔获物整体呈现为个体小、年龄低的特点。大型经济鱼类鲢、鳙、草鱼和鲤的出现频率非常低，且鳜、翘嘴鲌等大型肉食性鱼类所占重量百分比也较低，湖区渔业资源总体表现为衰退的趋势。另外，南四湖各湖区出现入侵物种双带缟鰕虎鱼，虽然生物量占比较小，但不容忽视。这种物种具有生存能力强、繁殖能力高且对生态系统危害大的特点，能够破坏水域生态系统中的复杂食物网，数据显示该物种已经逐渐在南四湖形成种群。

为比较南四湖各湖区鱼类资源量的大小，初步探究鱼类分布的空间变化，在调查期间利用统一标准的多网目复合刺网在微山湖、昭阳湖和独山湖分别进行了采样，对采样结果分析后可知，昭阳湖鱼类资源量更为丰富，微山湖居中，独山湖最低。南四湖各湖区鱼类资源量差异（2018 年）见图 4-17。

4.5.1.3 2019 年沿线湖泊鱼类调查评价

2019 年 9~10 月，研究组对骆马湖鱼类群落现状进行了数次实地采样调查。调查显示，骆马湖共发现鱼类 58 种，隶属于 8 目 15 科。其中，鲤科鱼类物种数最多，共计 35 种，占总鱼类数的 60.34%；鰕虎鱼科 4 种，占 6.9%；鳅科和鲿科鱼类均 3 种，占 5.17%；银鱼科和塘鳢科均 2 种，分别占 3.45%；其余各科均只有 1 种。骆马湖渔获物主要优势物种以刀鲚、间下鱵、大鳍鱊、红鳍原鲌为主，其他小个体鱼类虽然有一定分布，但数量占比较低，可见骆马湖鱼类资源趋向于小型化和单一化；其次，重量占比较高的经济鱼类以鲢、鳙、鲫、鲤为主，但这些鱼的数量占比较低。在渔民捕捞生产过程中，较低的出现频率增加了经济鱼类捕获的偶然性，增加了捕捞成本。鲢、鳙等江河洄游性鱼类自然种群规模较小，其种群规模更大程度上依赖于渔政管理部门的增殖放流活动。湖泊中大型肉食性鱼类数量占比和重量占比均较低，这与湖泊中极为丰富的饵料资源现状形成了反差，虽然肉

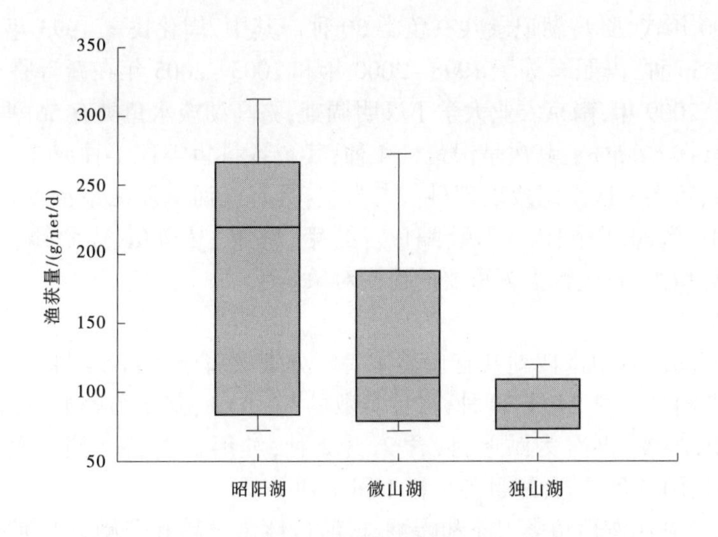

图4-17　南四湖各湖区鱼类资源量差异(2018年)

食性鱼类的饵料可得性更高,但其种群规模却相对较小,从侧面也反映出骆马湖捕捞强度较高。

调查同时发现,骆马湖也存在外来入侵物种,分别是须鳗鰕虎鱼和双带缟鰕虎鱼。虽然生物量和数量占比较小,但这两种入侵种具有生存能力强、繁殖能力高且对生态系统危害大的特点。若该物种种群继续增大,有可能对骆马湖土著鱼类种群造成较大破坏。

4.5.1.4　2020年沿线湖泊鱼类调查评价

1. 2020年沿线湖泊鱼类调查结果

1) 洪泽湖

2020年对南水北调沿线湖泊进行调查。这次调查中洪泽湖共有鱼类63种,分别隶属于9目16科47属。其中,以鲤形目最多,含2科40种,占种类数的62.5%;其次为鲈形目,含6科10种,占种类数的15.62%;再次为鲇形目,含2科3种,占种类数的4.76%。鲱形目、鲑形目各含1科3种,鳗鲡目、鲻形目、颌针鱼目、合鳃鱼目各含1科1种。

本次调查发现点纹银鮈 *Squalidus wolterdstorffi*(*Regan*)、彩副鱊 *Panacheilognathus imberbis*(*Günther*)、方氏鳑鲏 *Rhodeus fangi*(*Miao*)、鲻 *Mugil cephalusLinnaeus*、鳗鲡和波氏吻鰕虎鱼 *Rhinogobius cliffordpopei* (*Nichols*)。未能采集到的流水性鱼类有17种;江海洄游性鱼类3种,分别是花鳗鲡、须鳗虾虎鱼、暗纹东方鲀;湖泊定居性鱼类4种,分别是长须黄颡鱼、光泽黄颡鱼、中华青鳉和大眼鳜 *Siniperca kneri Garman*;江河洄游性鱼类鲢1种。

2) 骆马湖

这次调查中骆马湖采集到鱼类52种,隶属于7目14科。其中,鲤形目2科34种,约占总种数的65.38%;鲈形目6科10种,约占19.23%;鲇形目2科3种,约占5.77%;鲑形目1科2种,约占3.85%;鲱形目、颌针鱼目、合鳃鱼目均为1科1种。

20世纪90年代,骆马湖记录共有鱼类80种。其中,周化民等1993年6~11月采集到骆马湖鱼类56种,冯照军等于1998~2000年和2003~2005年在新沂骆马湖湿地共采集鱼类76种。2009年,南京农业大学丁汉明调查,骆马湖淡水鱼类有56种,分属9目16科,鲤科35种,占62.5%。其次是银鱼科4种;其余各科鱼类仅1种或2种,因其连接运河与长江相通,鱼类的区系组成以鲤科鱼类为主,具有江河平原区系特点,大体与长江中下游各湖区相一致,其中鲤鱼、鲫鱼、鳊鱼、鲌、鲴、鳑鲏、马口鱼、赤眼鳟、青鱼、草鱼、鲢鱼、鳙鱼为习见鱼类,不少种类为重要的捕捞对象。

3)南四湖

在2020年的调查中南四湖共有鱼类47种,分别隶属于7目14科40属。其中以鲤形目最多,含2科7亚科24属30种,占种类数的63.83%;其次为鲈形目,含6科10种,占种类数的21.28%;再次为鲇形目,含2科2种;鲑形目1科2属2种,占种类数的4.26%;鲱形目、颌针鱼目、合鳃目各1科1属1种。

调查未采集到洄游性鱼类刀鲚和鳗鲡、过河口性鱼类鲮和花鲈以及河道性鱼类鮈亚科和乌苏里拟鲿等种类;鲢、鳙等江湖洄游性鱼类主要依靠人工放流维持;新记录有湖鲚、间下鱵、须鳗鰕虎鱼 *Taenioides cirratus* 和双带缟鰕虎 *Tridentiger bifasciatus* 4种。

4)东平湖

东平湖共有鱼类43种,分别隶属于7目14科39属。其中以鲤形目最多,含2科7亚科24属28种,占种类数的65.12%;其次为鲈形目,含6科8种,占种类数的18.6%;再次为鲇形目,含2科2种;鲑形目1科2属2种,占种类数的4.65%;鲱形目、颌针鱼目、合鳃目各1科1属1种。

未采集到黄河水系洄游性鱼类刀鲚和鳗鲡、过河口性鱼类鲮和花鲈、河道性鱼类鳅鮀和乌苏里拟鲿等鱼类在东平湖消失。南水北调东线调水运行后,新记录湖鲚(*Coilia nasus taihuensis*)和间下鱵(*Hyporhamphus intermedius*)2种。

2. 2020年沿线湖泊鱼类调查结果分析

1)区系特征

根据李思忠(1981)的《中国淡水鱼类的分布区划》,南水北调东线工程涉及的湖泊均属于华东区。其中,南四湖、东平湖鱼类区划属于华东区的河海亚区,而骆马湖、洪泽湖等湖泊鱼类区划属于华东区的江淮亚区。河海亚区以江河平原鱼类为主体;第三纪早期鱼类次之;再次为东洋区印度平原鱼类或相近的鱼类及北温带北部的北方平原鱼类等。江淮亚区仍以中国江河平原鱼类为主体,第三纪早期鱼类次之,再次为在东洋区占优势的印度平原鱼类。因此,研究组认为南水北调东线工程输水沿线湖泊均以江河平原鱼类和第三纪早期鱼类为主。

2)生态类群

按生境类型划分,可将南水北调沿线湖泊鱼类划分为四大类群,即河海洄游鱼类、江湖半洄游鱼类、河流鱼类和定居性鱼类等4个生态类群。江湖半洄游鱼类以青鱼、草鱼、鲢、鳙四大家鱼,以及鳊、鳡、鳍、鯮等为典型代表,这些物种形成了在湖泊生长肥育、在江河流水环境繁殖的习性,对江湖一体的生态环境具有良好的适应性,在长江中下游尤其是中游种群繁盛,是主要的渔业对象;河海洄游鱼类包括有溯河洄游的中华鲟、鲥鱼、刀鲚、银鱼、鲮、鲻、花鲈及降河洄游的鳗鲡等鱼类，平时生活于海水中，春末夏初顺河口溯河到淡水中产卵，以刀鲚较多。此外，尚有半咸水性鱼类，如鰕虎鱼及暗纹东方鲀等。河流鱼类指主要在长江干、支流的流水环境中生活，极少进入湖泊的种类，如马口鱼、吻鮈和长吻鮠等，个别种类数量尚多，具有一定经济价值；定居性鱼类指在局部水域能够完成生活史的一些鱼类，如鲤、鲫、乌鳢、鳜、红鲌、黄颡鱼等，由于其对环境条件的适应能力强，分布较为广泛，种群数量大，在淡水渔业生产中占重要地位。

3）珍稀濒危鱼类

长江流域是东亚鲤科鱼类起源和演化的中心，是我国四大家鱼产卵场和水产种质资源库。长江中下游湖泊群洪泽湖中生活的草鱼、鲢、鳙、翘嘴鲌、赤眼鳟、鲂、团头鲂、红鳍原鲌、细鳞斜颌鲴、银鲴、鲤、鲫、黄颡鱼、黄鳝、鳜等已经被列入《国家重点保护经济水生动植物资源名录》。

黄河下游珍稀濒危鱼类有黄河鲤、刀鲚、松江鲈、中华鲟、白鲟和北方铜鱼等，其中松江鲈和黄河鲤被称为我国淡水四大名鱼。曾经在山东段有分布的中华鲟、白鲟和北方铜鱼已消失多年。刀鲚为洄游性鱼类，每年3月性成熟的个体溯黄河而上，5~6月在东平湖产卵，自陈山口建闸后切断了其洄游路线，加上黄河持续多年断流，湖区资源已逐渐枯竭。

4）优势种

湖泊优势种中存在较大差异。洪泽湖鱼类相对优势种指标（相对重要性指数IRI值）最高的种类为湖鲚，鲫、鲤、鲢、鳙、黄颡鱼等传统经济鱼类均出现在前十位中。

同样运用相对重要性指数对骆马湖鱼类优势种进行分析，结果显示，鲫、鲤、红鳍原鲌、鲢、鳙是湖泊的优势种。

箔（网簖）渔获物中具有较高经济价值的IRI指数分析发现，鲫、红鳍原鲌、黄颡鱼、湖鲚、鲤是南四湖优势度最大的5种鱼类。从食性看，杂食性鱼类（如鲫、鲤等）和浮游生物食性鱼类（如鲢、鳙、湖鲚等）占据较大优势。

2005年以来，东平湖持续开展了大规模的增殖放流活动，放流鲢鱼、鳙鱼、草鱼、鲂鱼、黄河鲤鱼、河蟹苗种4亿尾，有效地补充了天然渔业资源的不足。本次调查统计各种网具的主要渔获物相对重要性指数居前十位的种类为：鲤、红鳍原鲌、黄颡鱼、鲢、鳙、草鱼、湖鲚、鲫、䱗和翘嘴鲌。

5）鱼类多样性分析

鉴于2020年鱼类调查数据丰富，在此基础上分析南水北调东线沿线湖泊鱼类群落多样性指数，组成群落的生物种类越多，其多样性指数值越大。各湖泊Shannon-Wiener多样性指数H'均值在2.035~2.743，相比多样性指数H'的一般范围（1.5~3.5），目前各湖的鱼类多样性指数偏低，发现从调水区经过各级调蓄湖泊到受水区湖泊，鱼类Shannon-Wiener多样性指数、Margalef种类丰富度指数、物种丰富度Richness值越低，均匀度指数差异较小。小型化会导致各种鱼类数量分布上趋于不均，小型野杂鱼类过度增长成为鱼类多样性指数、均匀度指数下降的原因之一。南水北调东线一期工程输水沿线湖泊不同采样站点的鱼类多样性指数见表4-41。

表 4-41　南水北调东线一期工程输水沿线湖泊不同采样站点的鱼类多样性指数

站点名称	Shannon-Wiener 多样性指数(H')	Margalef 种类丰富度指数(D)	Simpson 优势度指数(λ)	Pielou 均匀度指数(E)
洪泽湖	2.743	3.834	0.739 4	0.756 9
骆马湖	2.356	3.432	0.738 1	0.715 8
南四湖	2.350	3.568	0.724 6	0.693 4
东平湖	2.427	3.443	0.723 7	0.710 8

6)鱼类“三场一通道”

长江扬州段及其通江湖泊是长江下游及其河口洄游鱼类的产卵场,如中华鲟、前颌间银鱼、鲥鱼、刀鲚、暗色东方鲀以及四大家鱼等,湖泊阻隔已失去了江海洄游鱼类和江湖半洄游鱼类产卵繁殖的场所,滨岸水草区是鲤、鲫、乌鳢和鳜等鱼类的产卵场。东平湖历史上是黄河刀鲚的产卵场,同时是黄河鲤的产卵场,由于陈山口建闸和黄河断流,东平湖失去洄游性鱼类产卵场的作用。

由于洪水的季节性泛滥,通江湖泊具有大面积植被覆盖良好的季节性淹没区,不仅支持了水体的食物网,也为产黏性卵的鱼类提供产卵基质,并为幼鱼提供了躲避敌害的庇护生境。洪泽湖主要以产黏性卵鱼类产卵场为主,产黏性卵种类主要有鲤、鲫、黄颡鱼、瓦氏黄颡鱼、鲇、黄尾鲴、泥鳅、花䱻等。其中,鲤、鲫、鲇、花䱻等主要以水生维管束植物为产卵基质,如鲤、鲫、乌鳢、鳜等鱼类将卵产在水草上,产卵场小而分散且极不稳定。黄颡鱼、瓦氏黄颡鱼、黄尾鲴等主要以砂、砾石为产卵基质。此外,产漂流性卵的鱼类有鲢、鳙、草鱼、青鱼、蛇鮈、银鮈、吻鮈、银鲴、翘嘴鲌、赤眼鳟、大鳞副泥鳅、䱗等。

4.5.2　沿线水库鱼类现状调查分析

2020 年鱼类调查中大屯水库共调查到鱼类 25 种,分别隶属于 4 目 9 科。其中以鲤形目最多,含 2 科 18 种,占种类数的 72%;其次为鲈形目,含 4 科 4 种,占种类数的 16%;再次为鲇形目,含 2 科 2 种,占种类数的 8%;合鳃目各 1 科 1 属 1 种,占种类数的 4%。

大屯水库是河北省大(2)型平原水库,承担着向城区供水的功能。其水源主要来自引黄济冀的黄河水,每年 11~12 月由山东位山三干渠提水,补充水源为王大引水工程的保定王快水库水,远期为南水北调东线工程调引的长江水。其鱼类区系组成与黄河干流鱼类组成相似。根据李思忠(1981)《中国淡水鱼类的分布区划》,大屯水库属于华东区河海亚区,鱼类区系组成以中国江河平原鱼类为主,其次为第三纪早期鱼类。

大屯水库最常见的有草鱼、䱗、鲫、鲮、花鲈、鲇、鲤、泥鳅、黄鳝等(部分调查中未采集到),主要经济鱼类有鲫、鲤、鲢、草鱼等 10 余种,产量最多的是鲫。南水北调东线一期工程输水沿线水库定置刺网渔获物组成情况见表 4-42。

表 4-42　南水北调东线一期工程输水沿线水库定置刺网渔获物组成情况

种类	大屯水库			
	尾数/尾	百分比/%	质量/kg	百分比/%
鲢	8	3.02	19.44	8.05
鲫	36	13.58	14.76	6.11
鲤	14	5.28	53.20	22.02
黄颡鱼	47	17.74	21.62	8.95
鳙	5	1.89	13.68	5.66
红鳍原鲌	21	7.92	31.29	12.95
䱗	73	27.55	18.98	7.85
翘嘴鲌	17	6.42	30.79	12.74
草鱼	6	2.26	24.20	10.01
鳊	38	14.34	13.68	5.66
合计	265		241.64	

4.5.3　输水沿线河道鱼类现状调查分析

4.5.3.1　黄河以南输水沿线河道鱼类现状调查分析

南水北调东线一期工程输水沿线河道鱼类物种组成存在较大差异，黄河以南输水河道共采集到鱼类 9 目 16 科 44 种。其中鲤形目的种类数最多，共 2 科 26 种，所占比例为 59.1%；其次是鲈形目，共 5 科 8 种，所占比例为 18.2%；鲇形目有 2 科 2 种；鲑形目有 2 科 2 种；鲱形目有 1 科 2 种，所占比例各为 4.5%；鳗鲡目、鲻形目、颌针鱼目、合鳃鱼目各有 1 科 1 种，所占比例各为 2.3%。

1. 种类组成与分布

1) 廖家沟、淮河入江水道、金宝航道和三河

采集鱼类共计 44 种，分别隶属于 9 目 15 科。其中鲤形目最多，含 2 科 26 种，占总种类数的 59.09%；其次为鲈形目，含 5 科 8 种，占总种类数的 18.18%；鲇形目 2 科 2 属 2 种；鲑形目 1 科 2 属 2 种；鲱形目 1 科 1 属 2 种；鳗鲡目 1 科 1 属 1 种；鲻形目 1 科 1 属 1 种；颌针鱼目 1 科 1 属 1 种；合鳃目 1 科 1 属 1 种。

2) 徐洪河、房亭河、中运河和韩庄运河

采集鱼类共计 36 种，分别隶属于 7 目 13 科。其中鲤形目最多，含 2 科 23 种，占总种类数的 63.89%；其次为鲈形目，含 5 科 7 种，占总种类数的 19.44%；鲇形目 2 科 2 属 2 种；鲑形目 1 科 1 属 1 种；鲱形目 1 科 1 属 1 种；颌针鱼目 1 科 1 属 1 种；合鳃目 1 科 1 属 1 种。

3) 梁济运河、柳长河和洸府河

采集鱼类共计 34 种,分别隶属于 7 目 13 科。其中鲤形目最多,含 2 科 7 亚科 17 属 23 种,占总种类数的 67. 65%;其次为鲈形目,5 科 2 亚科 5 属 5 种,占总种类数的 14. 71%;鲇形目 2 科 2 属 2 种;鲑形目 1 科 1 属 1 种;鲱形目 1 科 1 属 1 种;颌针鱼目 1 科 1 属 1 种;合鳃目 1 科 1 属 1 种。

2. 鱼类区系特征

根据李思忠(1981)《中国淡水鱼类的分布区划》,黄河以南南水北调输水河道多属于华东区江淮亚区,该区的鱼类区系以江河平原鱼类和第三纪早期鱼类为主。

3. 生态类群

淮河入江水道、廖家沟、三河、金宝航道鱼类多数为湖泊或河流定居性鱼类,包括鲤科的鲌亚科、鱊亚科、鲤亚科、鮈亚科、鲿科、鲇科、鳢科和银鱼科鱼类等,它们中有的在繁殖季节做短距离洄游;洄游性鱼类属江湖半洄游性鱼类,如鲢、鳙、草鱼。

按产卵类型可分为黏性卵、沉性卵、浮性卵和漂流性卵 4 种类型的鱼类;产黏性卵的鱼类如鲤亚科鲿科和鲇科鱼类,产漂流性卵的鱼类如鲢亚科鱼类和草鱼等,产沉性卵的鱼类如银鱼科鱼类;产浮性卵的鱼类如鱼是科鱼类。

徐洪河和房亭河鱼类多数为湖泊或河流定居性鱼类,在繁殖季节做短距离洄游;洄游性鱼类分江海洄游性鱼类和江湖洄游性鱼类 2 种,鲢、鳙、草鱼和青鱼为江湖洄游性鱼类,但这些河道状况已不具备家鱼产卵的条件;鳗鲡和刀鲚为江海洄游性鱼类,已洄游不到该河段。

4. 优势种

淮河入江水道优势度最高的前 5 种鱼类为湖鲚、鲫、鲤、鳘、乌鳢。

徐洪河优势度最高的 5 种鱼类为鲫、鲤、鳊、红鳍原鲌、黄尾鲴。

中运河、韩庄运河、房亭河优势度最高的 5 种鱼类为鲫、红鳍原鲌、湖鲚、鲤、鳘。

梁济运河和柳长河优势度最高的 5 种鱼类为鲫、鲤、湖鲚、鲇、红鳍原鲌。

洸府河优势度最高的 5 种鱼类为鲫、红鳍原鲌、湖鲚、鲤、鳘。

5. 珍稀濒危鱼类

河道鱼类多为广泛分布的定居性鱼类,无珍稀濒危鱼类。未发现大型的固定的“鱼类三场”及洄游通道。

6. 鱼类多样性分析

淮河入江水道因控制闸与长江水交流,并且有水量保障,水面开阔,鱼类物种丰富度较高,该地区鱼类资源受人为干扰也较小,但在各调查点均发现了鱼类,按鱼类种类可将各调查点分为 3 类。第一类是廖家沟,此处维持相对较好的水生态系统,拥有鱼类 30 多种。第二类是淮河入江水道其他河道,生态环境好一些,调查发现 20 余种鱼类;白马湖下游引河的上游正在排污水,鱼类都躲避至支流中,共发现 16 种鱼类。第三类是金宝航道和三河,受航运影响,鱼类种类和资源量较少。南水北调苏北段 4 个调查站点鱼类物种丰富度差别较大,且受调水期和洪水期排涝影响,鱼类多样性指数较高。徐洪河和中运河一直水质较好,有较丰富的鱼类和虾类,维持较高的鱼类多样性和较好的水生态系统,有鱼类 30 多种。南水北调山东段主要输水河道运行以来,梁济运河和柳长河两岸直立驳岸,无污水汇入，鱼类区系和南四湖相近，因此调查水域鱼类物种丰富度较高，有较丰富的鱼类和虾类，鱼类 30 种左右。洸府河生态环境在持续恢复中，受到上游养殖污染和少量工业污染，但仍有较多的鱼类和虾类，只是多样性较低，有鱼类 20~31 种。2020 年输水沿线黄河以南河道进行生态调查，淮河入江水道不同采样站点的鱼类多样性指数见表 4-43，输水沿线河道苏北段不同采样站点的鱼类多样性指数见表 4-44，输水沿线河道山东段不同采样站点的鱼类多样性指数见表 4-45。

表 4-43　淮河入江水道不同采样站点的鱼类多样性指数

站点名称	Shannon-Wiener 多样性指数(H')	Margalef 种类丰富度指数(D)	Simpson 优势度指数(λ)	Pielou 均匀度指数(E)
廖家沟	2.659	3.527	0.774 3	0.853 2
淮河入江水道	2.756	3.416	0.732 8	0.853 6
金宝航道	2.436	3.653	0.763 1	0.690 2
三河	2.348	3.238	0.737 6	0.637 4

表 4-44　输水沿线河道苏北段不同采样站点的鱼类多样性指数

站点名称	Shannon-Wiener 多样性指数(H')	Margalef 种类丰富度指数(D)	Simpson 优势度指数(λ)	Pielou 均匀度指数(E)
徐洪河	2.350	3.671	0.762 4	0.673 4
房亭河	2.114	3.447	0.727 3	0.718 0
中运河	2.439	3.348	0.743 9	0.697 5
韩庄运河	2.563	3.312	0.787 3	0.753 5

表 4-45　输水沿线河道山东段不同采样站点的鱼类多样性指数

站点名称	Shannon-Wiener 多样性指数(H')	Margalef 种类丰富度指数(D)	Simpson 优势度指数(λ)	Pielou 均匀度指数(E)
洸府河	1.531	1.978	0.713 5	0.854 5
梁济运河	2.658	3.123	0.728 5	0.938 2
柳长河	2.759	3.985	0.833 2	0.837 1

7. 渔获物组成分析

淮河入江水道优势度最高的前 10 种鱼类为湖鲚、鲫、鲤、鳙、乌鳢、黄颡鱼、红鳍原鲌、黄尾鲴、大鳍鱊、圆尾斗鱼。2020 年对输水沿线黄河以南河道进行生态调查，淮河入江水道前 10 种优势鱼类的渔获物组成见表 4-46。

表 4-46　淮河入江水道前 10 种优势鱼类的渔获物组成

种类	体长范围/mm	平均体长/mm	体重范围/g	平均体重/g	出现率/%
鲫	19.33~136.54	68.59	2.14~136.32	29.63	100
湖鲚	97.44~185.00	112.76	8.11~86.37	30.12	91.67
鲤	115.22~328.00	184.41	18.40~913.25	302.55	58.33
鳙	126.03~306.14	157.45	83.42~972.10	295.34	66.67
乌鳢	99.58~275.63	171.99	67.54~407.82	176.65	58.33
黄颡鱼	44.68~115.74	78.42	9.87~46.85	24.87	50.00
红鳍原鲌	66.71~163.55	99.48	8.47~89.54	28.38	50.00
黄尾鲴	82.57~137.22	105.18	8.14~36.09	17.96	50.00
大鳍鱊	22.49~35.84	28.25	2.06~9.48	4.66	91.66
圆尾斗鱼	21.28~32.18	23.14	1.89~3.16	2.26	83.33

徐洪河优势度最高的 10 种鱼类为鲫、鲤、鳊、红鳍原鲌、鲇、黄尾鲴、大鳍鱊、鳌、泥鳅、圆尾斗鱼。2020 年对输水沿线黄河以南河道进行生态调查,徐洪河前 10 种优势鱼类的渔获物组成见表 4-47。

表 4-47　徐洪河前 10 种优势鱼类的渔获物组成

种类	体长范围/mm	平均体长/mm	体重范围/g	平均体重/g	出现率/%
鲫	15.64~132.00	71.34	2.64 ~109.53	25.78	68.75
鲤	92.65~298.00	154.39	9.50~513.02	201.43	29.41
鳊	76.86~248.20	103.57	6.65~300.96	21.84	23.52
红鳍原鲌	57.65~148.00	98.57	4.36~69.43	18.45	52.94
鲇	153.00~229.00	171.23	59.36~280.91	146.04	41.17
黄尾鲴	84.65~136.35	108.37	8.02~34.76	18.78	47.06
大鳍鱊	24.38~36.65	28.03	3.34~11.44	5.87	64.70
鳌	65.32~146.65	102.47	4.86~37.43	14.52	52.94
泥鳅	38.00~104.87	86.00	1.98~16.22	9.04	47.05
圆尾斗鱼	24.36~31.89	28.05	2.08~3.27	2.83	74.70

房亭河中优势度最高的 10 种鱼类为鲫、鲤、短颌鲚、红鳍原鲌、鳘、翘嘴鲌、乌鳢、光泽黄颡鱼、鲢、大鳍鱊,小型鱼类以数量和出现频率高而成为优势种。2020 年对输水沿线黄河以南河道进行生态调查,房亭河前 10 种优势鱼类的渔获物组成见表 4-48。

表 4-48　房亭河前 10 种优势鱼类的渔获物组成

种类	体长范围/mm	平均体长/mm	体重范围/g	平均体重/g	出现率/%
鲫	12.58~126.00	82.53	3.23 ~113.98	21.87	95.83
鲤	72.65~219.00	134.62	8.20~482.31	231.22	62.5
短颌鲚	77.83~202.00	152.637	5.23~26.82	11.07	79.17
红鳍原鲌	77.65~169.00	113.51	4.20~82.55	15.24	33.33
鳘	81.00~178.90	95.43	6.67~32.97	15.43	58.33
翘嘴鲌	91.65~215.94	120.34	7.56~105.08	26.48	20.83
乌鳢	108.54~264.00	168.56	97.67~423.62	191.08	33.33
光泽黄颡鱼	64.35~127.93	81.38	9.06 ~33.65	14.56	75
鲢	124.00~368.87	178.94	68.93~976.78	163.77	16.67
大鳍鱊	23.45~38.70	27.56	3.85~22.13	6.22	66.67

柳长河中优势度最高的 10 种鱼类为鲫、鲤、红鳍原鲌、短颌鲚、鳘、翘嘴鲌、乌鳢、光泽黄颡鱼、鲢、大鳍鱊,小型鱼类以数量和出现频率高而成为优势种。

八里湾泵站下柳长河干渠内 8 个地笼渔获物情况如下:主要渔获物有鲇、湖鲚、乌鳢、麦穗鱼、棒花鱼、子陵吻鰕虎鱼等鱼类及日本沼虾等,其中渔获量数量最大的为湖鲚,全长均分布在 100 mm 左右;主要渔获量为湖鲚 6.5 kg、鲇 10 尾 3.4 kg、青虾 1.8 kg、乌鳢 1 尾 0.7 kg。其中湖鲚全长均在 100 mm 左右。

4.5.3.2　黄河以北输水沿线河道鱼类现状调查分析

2020 年全线生态调查中,小运河共采集鱼类 31 种,分别隶属于 4 目 10 科。其中鲤形目最多,含 2 科 21 种,占总种类数的 67.74%;其次为鲈形目,含 5 科 6 种,占总种类数的 19.35%;再次为鲇形目,含 2 科 3 种,占总种类数的 9.68%;合鳃目 1 科 1 种。南水北调东线黄河以北输水沿线河道大多利用人工挖掘的干渠和原京杭运河河道,大多不与本地水系相交,鱼类组成主要受供水水系的影响。在没有调水时段,由于没有上游来水,小运河大多处于断流状态,汛期时又作为泄洪河道,导致鱼类物种丰富度均不高。

4.6　水生维管束植物现状分析

4.6.1　沿线湖泊水生维管束植物现状调查分析

4.6.1.1　2013 年沿线湖泊水生维管束植物调查评价

2013 年对骆马湖大型水生植物进行了调查,共发现水生植物 26 种,隶属 2 门 16 科

22属。其中,浮水植物8种,包括槐叶萍、水鳖、浮萍、紫背浮萍、芡实、荇菜、野菱、凤眼莲;挺水植物11种,包括芦苇、荻、菰草、香蒲、菖蒲、慈姑、莲、水葱、空心莲子草(俗称水花生)、鸭舌草、风车草;沉水植物7种,包括狐尾藻、篦齿眼子菜、马来眼子菜、黑藻、菹草、金鱼藻和苦草。

4.6.1.2　2018年沿线湖泊水生维管束植物调查评价

2018年,调查到南四湖水生植物11科13属18种,其中,沉水植物12种、漂浮植物3种、浮叶植物2种、挺水植物1种。沉水植物占据优势地位,漂浮植物和浮叶植物种类较少。菹草、篦齿眼子菜、穗状狐尾藻及荇菜为优势种。按照不同季节分别观察南四湖水生植物。南四湖春季植被覆盖度最大,水生植物物种数10种。全湖植物以眼子菜科为优势科,其次为小二仙草科,再次为龙胆科。其中,眼子菜科的菹草为出现频度最高的沉水植物种类,穗状狐尾藻其次。南四湖夏季水生植物物种丰富度明显增加,物种数增加到15种,新增加的物种为眼子菜科的马来眼子菜、莼菜科的水盾草、水鳖科的苦草和水鳖、苋科的喜旱莲子草、槐叶苹科的槐叶苹和莲科的莲。全湖仍然以眼子菜科为优势科,其次为小二仙草科,再次为水鳖科和龙胆科。穗状狐尾藻出现频度变为最大,其次为菹草和荇菜,再次为篦齿眼子菜、苦草和水鳖。南四湖秋季植被覆盖度最小,种数降为11种。出现次数最多的为菹草,此时菹草多为石芽,其次为篦齿眼子菜和穗状狐尾藻。从出现频度分析可知,优势种仍然是眼子菜科,其次为小二仙草科。冬季水生植物仅调查到5种,其中菹草出现的频度最高,且都为萌发状态,其他物种出现的频度较少,冬季时优势种是眼子菜科。

4.6.1.3　2019年沿线湖泊水生维管束植物调查评价

2019年对骆马湖水生植物进行了全湖调查,骆马湖有高等水生植物11种,隶属7科9属,主要有芦苇、竹叶眼子菜、欧菱、菹草、穗状狐尾藻等。

骆马湖在未采沙前,水生植物集中分布在西部的浅水湖区和北部的消落区,以沉水植物为主,优势种依次为金鱼藻、黄丝草、轮叶黑藻、菹草、苦草、竹叶眼子菜等,这几种水生植物的生物量之和占全湖总生物量的90%以上。菹草主要分布在湖区东部的敞水区,且生物量较少,北部滩地有部分挺水植物(芦苇等)。受黄沙开采影响,湖区原有的地形、地貌受到破坏,开采后有的区域水深达到几十米,使原有的金鱼藻、轮叶黑藻、苦草等优势种生物量减少,生态系统遭受破坏,但营养盐并未因黄沙开采而降低,水体富营养化程度加大,直接导致水生植物群落发生变化。原先在东部敞水区的菹草种子复活,加上适宜的温度、湿度和丰富的营养盐,又没有制约条件的出现,使得菹草逐步成为湖中水草优势种群。

此外,在调查中发现空心莲子草已经在骆马湖各湖区均有分布,其肆无忌惮地发展可能会压缩本地土著植物的生存空间。2019年骆马湖调查水生维管束植物照片见图4-18。

4.6.1.4　2020年沿线湖泊水生维管束植物调查评价

2020年从各湖泊水生维管束植物调查结果分析可知,水生维管束植物总物种数为18~59种。其中,总物种数最多的湖泊是南四湖(60种),其次为东平湖,其余湖泊物种数为18~30种。

从调查的水生植物的分布分析可知,漂浮植物主要集中在南四湖,为6种,其余湖泊物种数较低,均在3种及以下;沉水植物主要分布在南四湖,物种数为16种,其次在东平

(a)空心莲子草群系　(b)菹草群系

(c)荇菜群系　(d)芦苇群系

图4-18　2019年骆马湖调查水生维管束植物照片

湖、洪泽湖、骆马湖，分布相差不大，物种数分别为10种、9种、9种；挺水植物主要分布在南四湖和东平湖，物种数分别为29种和19种，在洪泽湖和骆马湖分布较少；浮叶根生植物主要分布在南四湖，物种数为9种，其次为洪泽湖、骆马湖、东平湖，物种数为6种、6种、7种。南水北调东线一期工程输水沿线各湖泊水生维管束植物物种数见表4-49。

表4-49　南水北调东线一期工程输水沿线各湖泊水生维管束植物物种数

类别	洪泽湖	骆马湖	南四湖	东平湖
漂浮植物	3	1	6	3
沉水植物	9	9	16	10
挺水植物	8	8	29	19
浮叶根生植物	6	6	9	7
合计	26	24	60	39

1. 洪泽湖水生维管束植物调查评价

在2020年的调查中，洪泽湖共有水生植物26种，按照生活类型进行划分，沉水植物共9种，占总数的34.6%，包括轮叶黑藻、狐尾藻、菹草、马来眼子菜、苦草等；挺水植物8种，占总数的30.8%，包括芦苇、慈姑、水葱、狭叶香蒲、水龙等；浮叶根生植物共6种，占总数的23.1%，包括莲、细果野菱、荇菜、芡实、水鳖、凤眼莲；漂浮植物3种，占总数的

11.5%,包括槐叶萍、浮萍、紫萍。沉水植物中马来眼子菜在148个采样点中共出现81次,生物量平均为200 g/m²,优势度为33.07%。相比之下,经常与马来眼子菜混生的荇菜,平均生物量较马来眼子菜高40 g/m²,但只在32个采样点存在,优势度为17.65%。这2种植物的优势度占洪泽湖水生植物群丛优势度的50.72%,是洪泽湖最常见、分布面积最广的植物。挺水植物芦苇的优势度为29.05%,平均生物量为237 g/m²。南水北调东线一期工程输水沿线湖泊洪泽湖水生维管束植物类型统计见图4-19。

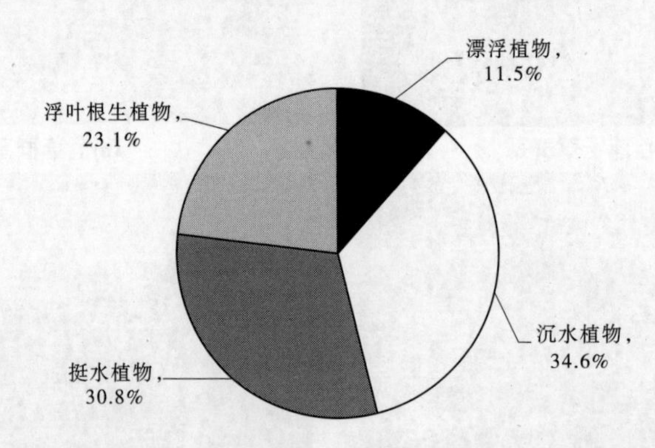

图4-19　南水北调东线一期工程输水沿线湖泊洪泽湖水生维管束植物类型统计

经调查,洪泽湖共有5个植被类型,主要为芦苇群丛、荇菜群丛、马来眼子菜群丛、荇菜+马来眼子菜群丛、荇菜+苦草群丛。其中,芦苇群丛的主要伴生种为浮萍、水花生、紫萍等;荇菜群丛的主要伴生种为马来眼子菜、轮叶黑藻、苦草等;马来眼子菜群丛的主要伴生种为苦草、金鱼藻、菹草等;荇菜+苦草群丛的主要伴生种是零星的漂浮植物,如凤眼莲、浮萍和苦草。不同植被群丛的生物量差异明显,其中荇菜+马来眼子菜群丛的生物量为245 g/m²,这不仅由于2种植物的株型较大,而且与其分布范围广泛有关。在单优植物群丛中,马来眼子菜群丛的生物量最高。

洪泽湖水生植被的分布沿湖岸向湖心3.5 km范围内,依次为挺水植物、浮叶植物、沉水植物带状分布格局。随着水深的增加,芦苇群丛、荇菜群丛、马来眼子菜群丛依次向水深处分布。但在马来眼子菜群丛分布带的外缘向水深更深处延伸区域,水生植被群丛的分布格局则呈现多样性,最常见的格局是单优植物群丛呈现0.5~2 km² 斑块状分布,马来眼子菜群丛和荇菜群丛大多以不规则斑状在水深1.5 m以上的水中分布,其根系附近常伴生有大量苦草。

20世纪50年代以前,洪泽湖水生植被非常繁茂,甚至造成行船困难,曾有"鸡头、菱角半年粮"之说。自从1953年三河闸建成之后,湖区植被大部分被水淹没,水生植被种群遭到严重破坏。与以往的分布相比,水生植被的分布面积发生了巨大变化。1952年以前,湖西区水生植被水草覆盖面积在70%以上,某些河道和湖边由于芦苇等水生植被过于繁茂,船只都无法通行。到20世纪70年代末,湖区水生植被覆盖面积只有15%。通过GPS定位和ArcGIS结合,利用国家基础地理信息系统全国1:400万数据库下载的洪泽湖地图计算,洪泽湖的面积为1 950 km²,本次调查范围内水生植被面积为149.24 km²,占全湖面积的7.65%。根据文献记载,扣除芦苇群丛的面积,洪泽湖1993年水生植被面积

524.40 km^2。芦苇大多分布在淮河入湖口的滩涂上,而滩涂不在本次调查范围内,不用扣除。由此可见,1993~2008 年仅 16 年时间,洪泽湖水生植被面积就减少 375.16 km^2,减少了 71.54%。植物种群和分布面积减少是导致湖泊自净能力减弱、水质下降的重要原因之一。

水位的变化主要通过抑制水生植被的光合作用进而对植物的生长和繁衍形成胁迫。三河闸建闸前,即 1914~1937 年、1951~1953 年,洪泽湖水位主要受淮河来水量多寡及入江水道流量大小的影响,在此期间洪泽湖多年平均水位为 10.60 m。1953 年,三河闸建成以后,洪泽湖由一个天然湖泊演变为一个综合利用的水库型湖泊,多年平均水位(以蒋坝水位站为代表)为 12.37 m,平均水位抬高了近 1.77 m。1954 年以来,主汛期水位逐步稳定在 12.5 m 左右,而非汛期水位有逐步抬高的趋势。20 世纪六七十年代的水位在 12.5 m 以内,1980~1990 年,非汛期水位进一步抬升至 13.0 m。频繁水位波动不仅直接影响植物的光合作用,而且由于水位的汛期与一些依靠种子繁殖的植物的花期吻合,从而对植物种群的扩散造成一定的影响;同时,水位波动导致的底泥运动还对克隆水生植物克隆体在底泥中的定居产生不利影响。南水北调工程的实施使水位提高,对洪泽湖水生植被的生存形成进一步的威胁。

20 世纪 80 年代后期以来,养蟹热造成大量的天然湿地被围垦,2008 年洪泽湖围网养殖面积已经扩展到约 253 km^2,占全湖总面积的 13.0%。高密度鱼类放养和饲料的投放,使原本水质较好、水生植被种类丰富、生物量较高的水域的水生植迅速消失。养殖的需要使围网附近的水生植被也遭到毁灭性的破坏,适口性不佳的植物或鱼类取食后残留的根茎在水体中腐烂分解,造成水质进一步恶化。养殖规模的不断扩大,使水上生活的渔民数量开始增加,由此产生的生活污水也对水生植被的生存环境形成一定的潜在威胁。

2. 骆马湖水生维管植物调查评价

骆马湖水生植物共有 24 种,按生活类型计,沉水植物 9 种,占总数的 37.5%,包括金鱼藻、狐尾藻、苦草、轮叶黑藻、马来眼子菜、微齿眼子菜、菹草等;挺水植物 8 种,占总数的 33.3%,包括喜旱莲子草、水蓼、荆三棱、芦苇、香蒲、狭叶香蒲等;浮叶根生植物 6 种,占总数的 25.0%,包括芡实、莲、菱、荇菜、金银莲花、水鳖;漂浮植物 1 种,占总数的 4.2%。南水北调东线一期工程输水沿线湖泊骆马湖水生维管束植物类型统计见图 4-20。

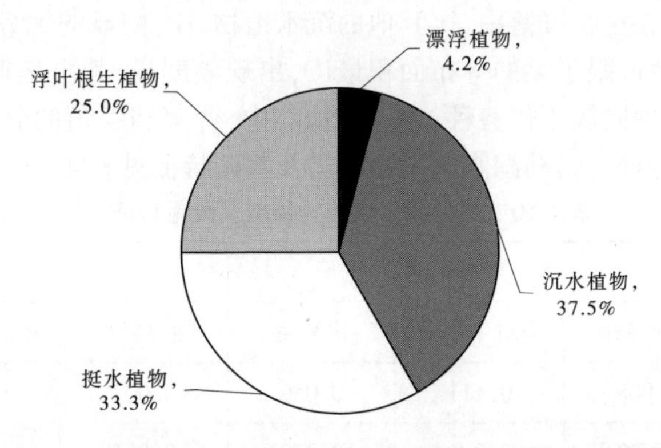

图 4-20　南水北调东线一期工程输水沿线湖泊骆马湖水生维管束植物类型统计

综合船上观测数据和水草采集点的调查结果,主要水生植被的分布特征有以下几点:

(1)通过全湖水生植物调查,总体上呈南多北少的趋势。水生植物主要分布在骆马湖中南部区域,平均生物量为 8.28 kg/m^2,覆盖度为 80%~90%,甚至可达 100%,在低水位时期船只难以通行。骆马湖北部为采砂区,最大水深达 13.8 m,生境遭到破坏,基本上没有水生植被的生存,在一些浅滩处及沿岸区水生植被呈片状或块状分布,主要植物种类为芦苇、茭草、菱角等,生物量匮乏。

(2)沉水植物数量众多。在骆马湖分布的水生植物中,沉水植物不论从种类还是数量上都占据着主导地位,分布范围广、数量众多,所形成的群落结构复杂,层次明显。其中分布面积较广、数量较大的有篦齿眼子菜、微齿眼子菜、狐尾藻等。沉水植物主要分布在骆马湖南部,优势种为篦齿眼子菜、微齿眼子菜和狐尾藻,其中篦齿眼子菜和微齿眼子菜覆盖度与密度较大、生物量较高。篦齿眼子菜分布靠近岸线,而马来眼子菜则向敞水区分布较多。南部近岸带水域水生植物物种多样性较高,主要分布在挺水植物外沿,优势种不突出。

(3)浮叶植物的主要植被是荇菜、菱角。荇菜分布地区较广,一般呈斑块状分布或聚集成片大面积分布。在沿岸浅水、航道周围有大面积荇菜分布区域。一般在荇菜分布区域会有少量的菱角和金银莲花伴生。荇菜和菱角同沉水植物分布区一样在骆马湖南部大面积分布,但单位面积生物量较少,为非优势种。在浮叶植物大面积聚集的区域形成水下弱光环境,影响沉水植物的生长。因此,该区域沉水植物分布生物量相对较少。

(4)挺水植物主要的群丛有芦苇、茭草、狭叶香蒲,一般都是以单一物种成片出现,形成单优植物群丛,分布在沿岸带的浅水区或滩涂湿地上。据调查,在骆马湖西部近岸浅水带呈条状分布,优势种为芦苇、茭草等挺水植物,其次有荆三棱、苔草、水蓼及李氏禾等。在骆马湖西北部浅滩处呈片状或块状分布。湖面调查中的挺水植物出现频度低。

(5)由于骆马湖的 pH 为 7.3~10.1,年平均 8.8 左右,微碱性,是篦齿眼子菜生长最为适宜的环境,所以骆马湖分布较多篦齿眼子菜,是绝对的优势物种。

(6)整个骆马湖近岸带绝大部分用来围网养鱼,水生植被仅分布在近围网区域的浅水区域,植物种类相对单一,生物量匮乏。

在 7 月和 10 月这两个月份,微齿眼子菜、狐尾藻、荇菜、菱角、苦草都有较大的生物量和较高的出现频度。在植物群落中,比其他的沉水植物具有明显的优势,属于优势种。

在沉水植物中,微齿眼子菜的分布面积最广,出现频度高,其次是狐尾藻和篦齿眼子菜。三者在群落结构中同属于优势种;在浮叶植物中,荇菜和菱角的分布面积最广,出现频度高,属于绝对优势种。骆马湖水生植物种类及数量特征见表 4-50。

表 4-50 骆马湖水生植物种类及数量特征

水生植物	7月			10月		
	相对频度	相对生物量	优势度	相对频度	相对生物量	优势度
马来眼子菜	0.008	0.111	0.059	0.007	0.096	0.052
荇菜	0.253	0.306	0.279	0.055	0.096	0.075

续表 4-50

水生植物	7月			10月		
	相对频度	相对生物量	优势度	相对频度	相对生物量	优势度
狐尾藻	0.083	0.306	0.194	0.027	0.212	0.119
微齿眼子菜	0.255	0.167	0.211	0.114	0.096	0.105
苦草	0.033	0.278	0.155	0.028	0.115	0.072
黑藻	0.000	0.028	0.014	0.000	0.019	0.010
金鱼藻	0.008	0.222	0.115	0.022	0.077	0.049
菱角	0.308	0.333	0.321	0.000	0.019	0.010
金银莲花	0.000	0.000	0.000	0.010	0.038	0.024
篦齿眼子菜	0.053	0.139	0.096	0.000	0.000	0.000

从生物量方面可知，微齿眼子菜群落生物量3 400~12 800 g/m^2，平均6 070 g/m^2；篦齿眼子菜群落生物量2 208 g/m^2；荇菜群落250~11 200 g/m^2，平均3 615 g/m^2；狐尾藻群落生物量25~3 575 g/m^2，平均生物量为1 185 g/m^2。

根据7月与10月的调查，通过水生植物分布面积盖度估算目测范围内水生植物的面积，盖度小于1%的不计入水生植物的分布面积。6月，水生植物的分布面积为38.78 km^2，占湖区总面积的14.92%；10月，水生植物的分布面积为37.46 km^2，占湖区总面积的14.40%。微齿眼子菜和狐尾藻是最主要的沉水植物，两者的分布面积在7月与10月分别为26.30 km^2 和27.11 km^2，占水生植物总面积的67.80%和72.36%，总生物量约为1.97×10^5 t。荇菜作为最主要的浮叶植物，分布面积约为31.94 km^2 和30.88 km^2，总生物量约为1.1×10^5 t。

在沉水植物分布较广的骆马湖南部区域和西南区域，沉水植物有较高的生物量和较高的物种数，生物多样性较高，群落生态系统复杂。由于沉水植物对水体中氮、磷等营养元素的吸收净化，导致该区域的水体环境明显好于其他区域。

通过对比以往骆马湖的水生植被的分布情况，分析可知，1990~2000年，骆马湖生态系统遭到破坏，大型水生植物区的面积明显减少，这是由于随着当地经济的发展，围垦、水产养殖、向湖中排放污染物和水草收割等人类活动对骆马湖生态系统的干扰强度逐渐加大，水生植物的分布面积逐步缩小。2000~2008年，通过对骆马湖水体富营养化进行了有效治理，水生植物分布面积慢慢增加，并有向骆马湖南部发展的趋势。2008年至今，由于北部湖区大面积采砂，改变了水体生境，破坏了原有的生态系统，北部湖区水生植物大面积缩小，仅在湖岸浅滩处有少量的分布。植物群落、生物量及分布面积的减少是导致湖区自净能力减弱、水质变差的重要原因。

3. 南四湖水生维管束植物调查评价

南四湖调查共有水生植物60种，按照生活类型划分，挺水植物29种，占总数的48.3%，包括水蕨、红蓼、长叶水苋菜、水芹、泽泻、狭叶香蒲、荆三棱等；沉水植物共16种，占总数的26.7%,包括水盾草、金鱼藻、穗状狐尾藻、菹草、篦齿眼子菜、大茨藻、小茨藻等;浮叶根生植物共9种,占总数的15.0%,包括睡莲、莲、芡实、两栖蓼、荇菜、水鳖等;漂浮植物6种,占总数的10.0%,包括粗硬水蕨、槐叶萍、满江红、大薸、浮萍、紫萍。南水北调东线一期工程输水沿线湖泊南四湖水生维管束植物类型见图4-21。

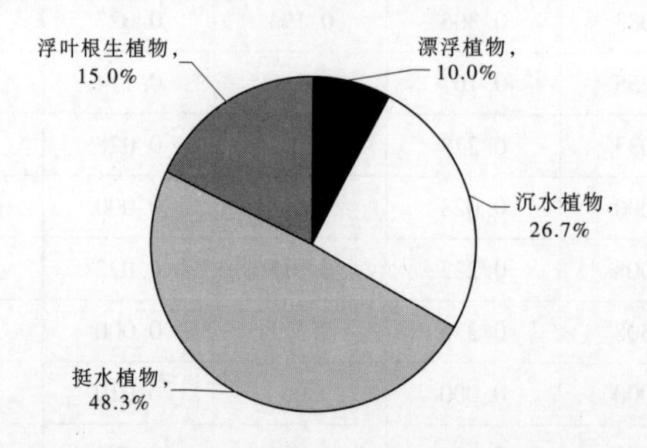

图4-21　南水北调东线一期工程输水沿线湖泊南四湖水生维管束植物类型统计

南四湖水生维管束植物科的分布类型较简单,体现了水生植物广域分布的特点,属的分布类型较为复杂,说明该植物区系同其他植物区系有较为广泛的联系,并含有许多较为典型的隐域性区系成分,如眼子菜属、狐尾藻属、芦苇属等。以世界分布科为主体,除世界分布科外,热带分布科与温带分布科优势明显,体现了南四湖湿地植物区系特别是水中生长的植物稳定的水体小气候环境下的地理分布共性和明显的泛热带性到北温带性的过渡。寡种属和单种属优势明显,尽管其80%的属所含植物种类不是该植物区系植物群落的建群种和优势种,但可反映出该植物区系属级水平的多样性,同时也说明该区系中属的分化程度较高。

植物群落多呈斑块状分布或零星分布。其中,世界分布种有水蓼、藨草、眼子菜、旋鳞莎草、反枝苋、沼生蔊菜、长苞香蒲、狐尾藻等。温带分布种有稗等。热带分布种有水蕨、喜旱莲子草、狗尾草等。世界分布种是该植物区系中最主要的成分,温带分布种稍多于热带分布种,也是重要的组成部分,说明其具有明显的泛热带和温带的过渡性特点。

南四湖及其4个子湖区水生维管束植物优势种群和群落类型的研究结果表明,菹草、光叶眼子菜、荇菜、菱、篦齿眼子菜、穗状狐尾藻为南四湖植物群落的主要建群种,不同湖区有一定差异。20世纪80年代,南四湖敞水区水生维管束植物的主要建群种为黑藻、菹草、光叶眼子菜、微齿眼子菜、金鱼藻、篦齿眼子菜。近30年来,菹草、光叶眼子菜、篦齿眼子菜仍为敞水区水生维管束植物的主要建群种,但其生物量和分布范围明显扩大;荇菜、菱、穗状狐尾藻等生物量和分布范围明显扩大,也逐渐演化成南四湖敞水区水生维管束植物的主要建群种;黑藻、微齿眼子菜的生物量和分布明显缩小,正逐渐被菹草、光叶眼子菜、荇菜等替代;浮叶根生植物发展迅速,荇菜的分布面积不断扩大,且具有较宽的生态辐,在浮叶根生植物中生物量最高。

根据水生维管束植物群丛,南四湖主要由沉水和浮叶根生两种生态型的群丛构成。浮叶根生植物类型主要有荇菜群丛、菱群丛和菱+荇菜群丛等;沉水植物类型主要有菹草群丛、菹草+篦齿眼子菜群丛、光叶眼子菜群丛、篦齿眼子菜群丛、金鱼藻群丛、黑藻+苦草群丛、苦草群丛等。

根据敞水区维管束植物的优势种及其组成特征，对南四湖敞水区不同季节维管束植物群丛类型进行了分析。全湖敞水区四季共有29个水生维管束植物群丛。春季南四湖敞水区水生维管束植物群丛共有4个，各湖区均匀分布且全部为菹草群丛，在四季中群丛类型最为单一，其中昭阳湖与南阳湖为菹草的单优植物群丛，微山湖菹草群丛中伴生有少量的金鱼藻和穗状狐尾藻，独山湖菹草群丛中只伴生有少量的金鱼藻。夏季南四湖敞水区水生维管束植物群丛共有7个、微山湖4个，主要是光叶眼子菜单优群丛和伴生有少量篦齿眼子菜的光叶眼子菜群丛，其次是伴生有少量黑藻、篦齿眼子菜的金鱼藻群丛和伴生有穗状狐尾藻、光叶眼子菜的篦齿眼子菜+菱群丛；昭阳湖1个，为苦草群丛，伴生有菱、金鱼藻、竹叶眼子菜、莲；独山湖2个，分别是伴生有菱、金鱼藻、穗状狐尾藻的荇菜群丛和伴生有穗状狐尾藻、金鱼藻、黑藻的光叶眼子菜群丛。秋季南四湖敞水区水生维管束植物群丛共有11个，在四季中群丛类型最为丰富，微山湖4个，主要是光叶眼子菜单优群丛和伴生有少量篦齿眼子菜、金鱼藻的光叶眼子菜群丛，其次是2个伴生有金鱼藻、菹草、槐叶萍、竹叶眼子菜、黑藻、微齿眼子菜、光叶眼子菜等的荇菜群丛；昭阳湖3个，单优群丛2个，分别为菱群丛和光叶眼子菜群丛，伴生穗状狐尾藻、篦齿眼子菜、菹草的黑藻+苦草群丛1个；独山湖2个，都为单优群丛、荇菜群丛和篦齿眼子菜群丛；南阳湖2个，分别为荇菜的单优群丛和伴生金鱼藻的菱+荇菜群丛。冬季南四湖敞水区水生维管束植物群丛共有7个、微山湖2个，主要为光叶眼子菜单优群丛和伴生竹叶眼子菜的菹草群丛；昭阳湖3个，菹草单优群丛和伴生有少量穗状狐尾藻、金鱼藻的菹草群丛各1个，其次是伴生有荇菜、菹草的篦齿眼子菜群丛1个；独山湖2个，伴生有竹叶眼子菜、穗状狐尾藻的菹草+篦齿眼子菜群丛和伴生有少量金鱼藻的菹草群丛各1个。

4. 东平湖水生维管束植物调查评价

东平湖水生维管束植物39种，分别隶属于2门17科30属39种。按照生活型划分，挺水植物19种，占总数的48.7%，包括喜旱莲子草、水蓼、花蔺、慈姑、水葱、狭叶香蒲等；沉水植物共10种，占总数的25.7%，包括金鱼藻、狸藻、狐尾藻、篦齿眼子菜、大茨藻、小茨藻等；浮叶根生植物共7种，占总数的17.9%，包括莲、芡实、两栖蓼、菱、四角菱、荇菜、凤眼莲；漂浮植物3种，占总数的7.7%，包括槐叶萍、浮萍、紫萍。南水北调东线一期工程输水沿线湖泊东平湖水生维管束植物类型统计见图4-22。

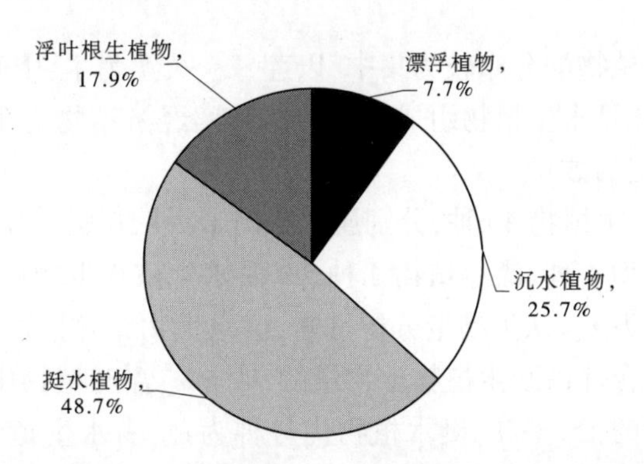

图4-22　南水北调东线一期工程输水沿线湖泊东平湖水生维管束植物类型统计

据陈洪达(1974)研究方法,以断面法对东平湖的水生植物的生物量进行分析,得到东平湖生物量为1.23~5.41 kg/m^2,平均为2.13 kg/m^2。2020年8月东平湖水生植物生物量计算结果见表4-51。

表4-51　2020年8月东平湖水生植物生物量计算结果

水生植物	轮叶黑藻	眼子菜	狐尾藻	菱	芡	莲	芦苇	金鱼藻	荇菜	菹草
生物量/(kg/m^2)	0.87	0.33	0.26	0.22	0.12	0.042	0.041	0.023	0.020	0.019
所占比例/%	40.75	15.41	12.16	10.12	5.69	1.95	1.93	1.07	0.98	0.88

东平湖春季水生植物以菹草为主,占水生植物总量的85%左右。8月总生物量中以轮叶黑藻所占比例最大,达40.75%,其次为眼子菜、狐尾藻。值得注意的是,轮叶黑藻、眼子菜、狐尾藻、金鱼藻等沉水植物是草食性鱼类优良的食料,同时又构成了草上产卵鱼类产卵场的重要植物,生物量占总生物量的69.39%。另外,菱、芡实、莲等经济作物占生物量总量的17.77%,其余植物的生物量较少。2020年8月东平湖生物量较大的水生植物群丛见表4-52。

表4-52　2020年8月东平湖生物量较大的水生植物群丛

位置	主要水生植物种类	水面面积/万亩	平均生物量/(kg/m^2)
大安山—莲花景	莲、菱、轮叶黑藻、光叶眼子菜、金鱼藻	1.21	5.41
潘庄—庄科	芦苇、菱、荆三棱、芡实等	2.252	1.32
前埠子	芦苇、荆三棱、芡实、藨草、狐尾藻、轮叶黑藻	2.13	3.15
梁庄	芡实、芦苇、菱、荆三棱、莲	0.3	2.11
侯荷村—陈山口	芦苇、藨草、荆三棱	0.240 2	1.31
桑园后	芦苇、荆三棱	0.100 5	1.51
大清河	芦苇、莲	0.001 5	3.62

东平湖内水生经济植物的分布较为集中,以莲、菱、芡实为主,中间夹杂着其他水生植物。分析可知,东平湖8月水生植物组成以莲、菱、芡实经济植物为主,另外金鱼藻、眼子菜、轮叶黑藻也占有一定的数量。

东平湖1979年有水生植物40种,分别属于2门18科30属。其中,挺水植物21种、沉水植物11种、浮叶植物4种、漂浮植物4种。9月水生植物生物量为2 147.3 g/m^2(湿重),总生物量为30.06万t。从生物量分析可知,沉水植物轮叶黑藻、苦草、马来眼子菜、金鱼藻以及穗花狐尾藻合计占水生植物生物量的74.6%;浮叶植物中的优势种为菱、芡,合计占水生植物生物量的15.87%;挺水植物优势种为菰,占水生植物生物量的3.29%;芦苇、蒲草等其他种类合占水生植物生物量的6.24%。水生植物基本呈环带状分布,覆盖度85%。挺水植物主要分布在水深0.25~1.0 m的湖岸带;漂浮植物和浮叶植物带不明显,多分布在水深 1.0 m 左右,并常与挺水植物和沉水植物混杂伴生,如菱—轮叶黑藻群落,菱—荇—轮叶黑藻—马来眼子菜群落;沉水植物多分布在水深 1.98~2.20 m 的广泛水域内。1994 年东平湖有水生植物 19 种。其中,挺水植物 6 种、沉水植物 9 种、浮叶植物 4 种。漂浮植物已绝迹,物种多样性明显下降。挺水植物中,菰、水葱、荆三棱以及鹅观草等常见种已消失,芦苇面积逐年萎缩,仅存 220 hm^2 左右。浮叶植物菱、荇大多为 1983 年人工种植,面积呈现逐渐减少的趋势。

从物种分析可知,与历史资料相比,挺水植物菰、两栖蓼、藨草等已消失。芦苇仅在湖北部、老湖镇西部有少量分布,面积 110 hm^2。蒲草主要分布在东金山以东湖区,面积约 40 hm^2。两群落中有少量花蔺、假稻伴生。浮叶植物菱、荇以及四角菱群落面积约 3 160 hm^2,主要分布在湖东及湖西部,边缘常伴生有少量的漂浮植物浮萍、紫萍和凤眼莲。凤眼莲在 1979 年时还不存在,估计是大汶河流域漂流而入的,应防止其泛滥,危害生态安全。在沉水植物分布中,轮叶黑藻、金鱼藻、马来眼子菜、穗花狐尾藻等尚能构成单一或共优群落,而苦草、菹草已成为伴生种。多断面调查表明,水生植物覆盖度已降至 51%;平均生物量降为 852.6 g/m^2(湿重)。总体分析可知,水生植物群落的分布已经从环带状转变为断带状。

据调查分析,水生植物衰退的原因有:

(1)大汶河流域水质污染的影响。大汶河流域的污废水及水土流失严重地影响了东平湖的水质。

(2)过量网围养殖的影响。至 2004 年东平湖网围养殖面积已达 2 670 hm^2,网箱养殖面积 67 hm^2。过量的网箱、网围养殖造成了水质污染。网围养殖方式使网围内的水生植物逐渐枯竭:在 2~3 年内,鱼类喜食的马来眼子菜、轮叶黑藻以及苦草、小茨藻、菰、芦苇等种群数量相继减少,直至完全消失;而不喜食的物种如穗花狐尾藻呈现扩大趋势。

(3)过度捞取的影响。当地渔民常大量毁坏性捞取沉水植物来喂养池鱼、家畜、禽,对植物群落造成了较为严重的破坏。

(4)水体富营养化的影响。浮游植物大量繁殖使水体透明度下降,对沉水植物和浮叶植物的存活率和生长有重要影响,尤其是沉水植物在生长初期位于湖底,受水下光照不足的制约最为强烈。

此外,围垦导致的湖滩地消失、植物发芽期时的高水位也是水生植物衰退的原因。

4.6.2　沿线水库水生维管束植物现状调查分析

2020 年鱼类调查中大屯水库仅采集到 3 种水生植物:其中 2 种沉水植物,分别为小二仙草科的狐尾藻、水鳖科的轮叶黑藻;1 种挺水植物,为禾本科的芦苇。在北大港水库共采集到 20 种水生植物,其中沉水植物较多为 10 种,所占比例为 50%,分别为金鱼藻科的金鱼藻,小二仙草科的狐尾藻,水鳖科的苦草和轮叶黑藻,眼子菜科的马来眼子菜、篦齿眼子菜、小眼子菜、菹草、川蔓藻,茨藻科的大茨藻;其次为挺水植物 8 种,所占比例为 40%,分别为千屈菜科的千屈菜,黑三棱科的黑三棱,天南星科的菖蒲,莎草科的水葱,禾本科的芦苇,香蒲科的香蒲,雨久花科的梭鱼草,鸢尾花科的黄花鸢尾;最少的是浮叶根生植物,仅为 2 种,所占比例仅为 10%,分别为睡莲科的睡莲,龙胆科的荇菜。南水北调东线一期工程输水沿线水库水生维管束植物优势种见表 4-53。

表 4-53 南水北调东线一期工程输水沿线水库水生维管束植物优势种

科	优势种	大屯水库
小二仙草科 *Haloragidaceae*	狐尾藻 *Myriophyllum verticillatum* L.	+
水鳖科 *Hydrocharitaceae*	轮叶黑藻 *Hydrilla verticillata* Royle.	+
禾本科 *Gramineae*	芦苇 *Phragmites communis* Trin.	+

4.6.3 项目输水沿线河道水生维管束植物现状调查分析

4.6.3.1 黄河以南输水河道水生维管束植物现状调查分析

1. 水生维管束植物物种组成

在黄河以南共采集到水生维管束植物 19 种，隶属于 12 科。其中沉水植物较多，为 7 种，约占 36.8%；其次为挺水植物 6 种，约占 31.6%；漂浮植物和浮叶根生植物均为 3 种，所占比例均为 15.8%。南水北调东线一期工程输水沿线黄河以南河道水生维管束植物类型统计见图 4-23。

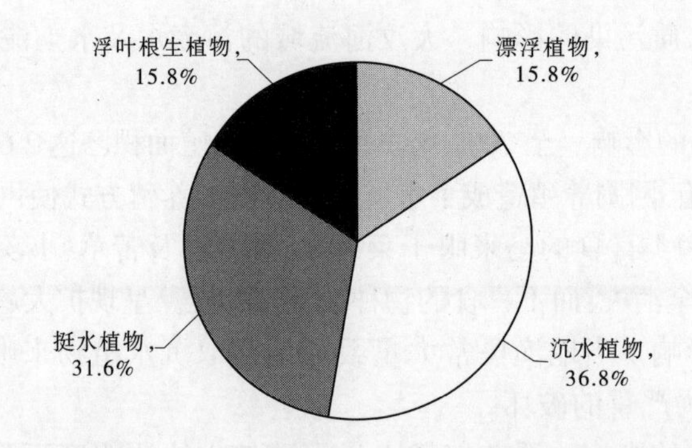

图 4-23 南水北调东线一期工程输水沿线黄河以南河道水生维管束植物类型统计

从黄河以南各河道的物种数分析可知，各河道的物种数为 4~10 种，其中徐洪河和中运河的物种数高于其他河道，均为 10 种；梁济运河和房亭河的物种数分别为 8 种和 7 种；入江水道和金宝航道物种数相同，均为 6 种；三河、洸府河和柳长河的物种数相同，均为 5 种；金湾河和韩庄运河物种数相同，均为 4 种。南水北调东线一期工程输水沿线黄河以南各河道水生维管束植物物种数见表 4-54 。

表 4-54 南水北调东线一期工程输水沿线黄河以南各河道水生维管束植物物种数

河道	漂浮植物	沉水植物	挺水植物	浮叶根生植物	合计
金湾河	0	2	2	0	4
入江水道	0	1	3	2	6
金宝航道	2	3	0	1	6
三河	0	2	3	0	5

续表 4-54

河道	漂浮植物	沉水植物	挺水植物	浮叶根生植物	合计
徐洪河	2	3	4	1	10
房亭河	2	1	3	1	7
中运河	3	5	0	2	10
韩庄运河	1	1	0	2	4
洸府河	0	0	3	2	5
梁齐运河	2	3	2	1	8
柳长河	1	0	3	1	5

虽然物种数相似,但物种组成存在较大差异,有的河道未采集到漂浮植物,如入江水道,有可能与漂浮植物一般生活在水体的静水区域有关。有的河道未采集到挺水植物,如金宝航道,这是因为河道周围有堤,而挺水植物主要生活在0~1.5 m的浅水处或者潮湿的岸边。有的河道物种数分布较均匀,如梁齐运河和房亭河,4种生活型的植物均有分布。

从类群分布分析可知,漂浮植物在中运河中有3种,在金宝航道、徐洪河、房亭河、梁齐运河中均有2种,在韩庄运河和柳长河中均有1种,在廖家沟、入江水道、三河、洸府河中未采集到;沉水植物在中运河中为5种,在金宝航道、徐洪河和梁齐运河中为3种,在廖家沟和三河中均为2种,在入江水道、房亭河和韩庄运河中均为1种,在洸府河和柳长河中未采集到;挺水植物在徐洪河中有4种,在入江水道、三河、房亭河、洸府河和柳长河中均为3种,在金湾河和梁齐运河中均为2种,在金宝航道、中运河和韩庄运河中未采集到;浮叶根生植物相比其他3种生活型的水生植物,采集到的物种数较少,在入江水道、中运河、韩庄运河、洸府河中为2种,在金宝航道、徐洪河、房亭河、梁齐运河和柳长河中均为1种,在廖家沟和三河中未采集到。南水北调东线一期工程输水沿线黄河以南河道水生维管束植物物种数统计见图4-24。

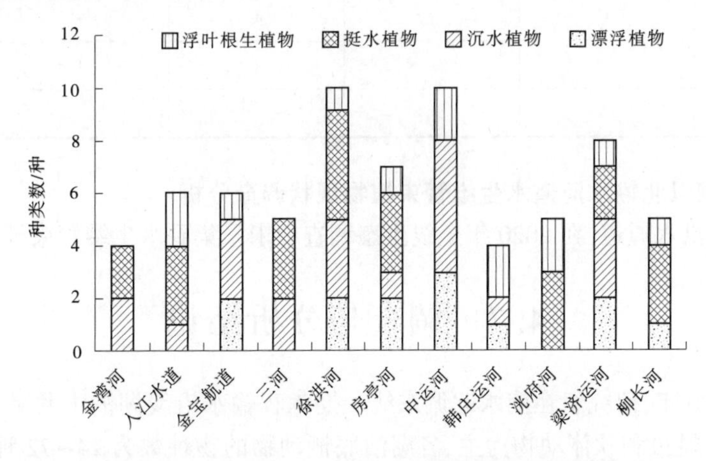

图4-24　南水北调东线一期工程输水沿线黄河以南河道水生维管束植物物种数统计

2. 水生维管束植物物种分布

在黄河以南河道中,沉水植物中的金鱼藻、浮叶根生植物中的水鳖、漂浮植物中的浮萍、挺水植物中的芦苇和喜旱莲子草广泛分布在众多河道。其中,金鱼藻分布在廖家沟、入江水道、金宝航道、三河、徐洪河、房亭河、中运河、梁齐运河 8 个河道中,出现频率达 72.7%;水鳖分布在金宝航道、徐洪河、房亭河、中运河、韩庄运河、洸府河、梁齐运河、柳长河 8 个河道中,出现频率达 72.7%;浮萍分布在金宝航道、徐洪河、房亭河、中运河、韩庄运河、梁齐运河、柳长河 7 个河道中,出现频率达 63.6%;芦苇分布在金湾河、入江水道、三河、徐洪河、洸府河、房亭河、梁齐运河、柳长河 8 个河道中,出现频率达 72.7%;喜旱莲子草分布在入江水道、三河、徐洪河、房亭河、洸府河、梁齐运河 6 个河道中,出现频率达 54.5%;其余水生植物出现频率均在 50%以下。在黄河以北河道中,只有挺水植物芦苇分布广泛,其分布在三干渠、南运河、马厂减河、马圈引河、子牙河、大清河 6 个河道中,出现频率高达 85.7%;其余水生植物出现频率均在 50%以下。

表 4-55　南水北调东线一线工程输水沿线河道水生维管束植物分布统计

河道	金鱼藻	喜旱莲子草	水鳖	浮萍	芦苇
廖家沟	+				+
入江水道	+	+			+
金宝航道	+		+	+	
三河	+	+			+
徐洪河	+	+	+	+	+
房亭河	+	+	+	+	+
中运河			+	+	
韩庄运河	+		+	+	
洸府河		+	+		+
梁齐运河	+	+	+	+	+
柳长河			+	+	+
小运河					

4.6.3.2　黄河以北输水河道水生维管束植物现状调查分析

小运河为洪水通道,在 2020 年全线生态调查中未采集到水生维管束植物。

4.7　调查与分析结论

2013~2020 年,研究组在南水北调东线一期工程输水沿线湖泊中共采集到底栖动物 138 种,以水生昆虫和软体动物为主,各湖泊底栖动物的物种数为 24~72 种;采集到浮游植物 453 种,以绿藻门、硅藻门和蓝藻门为主,各湖泊浮游植物的物种数为 82~250 种;采集到浮游动物 322 种,以原生动物和轮虫为主,各湖泊浮游动物种类数为 59~130 种;采集到水生维管束植物93种,以挺水植物为主,各湖泊水生维管束植物的物种数为18~59种;各湖泊鱼类的物种数为35~64种,多以分布广泛的常见鱼类为主。此外,水生生物各类群(浮游植物、浮游动物、底栖动物、水生维管束植物、鱼类)的密度、生物量和优势种在各湖泊间差异较大。

在用于输水和调蓄的大屯水库采集到底栖动物14种,其中主要以昆虫纲为主的有10种,仅采集到2种螺类、2种环节动物;采集到浮游植物47种,以绿藻门、硅藻门和蓝藻门为主;采集到浮游动物16种;采集到水生维管束植物3种;采集到鱼类25种。

东线一期工程输水沿线河道采集到底栖动物51种,以水生昆虫为主,各河段物种数为2~21种;采集到浮游植物106种,以绿藻门、硅藻门和蓝藻为主,各河道的物种数为13~64种;采集到浮游动物70种,以轮虫为主,各河道的物种数为7~31种;采集到水生维管束植物19种,各河道物种数为4~10种,以挺水植物和沉水植物为主;各河段鱼类的种类数相差不大,物种组成也比较类似,均以广泛分布的常见种为主。鱼类9目15科44种,其中鲤形目的种类数最多。就各调查河段而言,水生生物各类群(浮游植物、浮游动物、底栖动物、水生维管束植物、鱼类)的群落结构均存在一定差异。

2013~2020年,研究组在南水北调东线一期工程输水沿线河湖调查到的耐污及富营养化浮游动植物、水生维管束指示物种,表明南水北调东线一期工程输水沿线湖泊水生生态系统因水质、捕捞、养殖等存在一定的水生生态安全隐患,应解决生态修复措施遏制和改善水生生态环境质量。

第 5 章 水生生态变化趋势研究

南水北调东线工程利用南方地区的水资源优势,增强北方地区的经济优势,有利于提高受水区水资源与水环境承载能力,改善资源配置效率,促进经济结构的战略性调整,遏制并逐步改善日趋恶化的生态环境,工程实施具有经济与社会效益(主要包括工业和居民生活供水效益、农业供水效益、防洪效益、航运效益、排涝效益等)和生态环境效益,复苏河湖生态环境,生态改善功能凸显。

南水北调东线一期工程输水沿线河湖通过京杭运河通洪泽湖、骆马湖、南四湖、东平湖等湖泊进行输水和调蓄,至 2022 年上半年共 8 个调水年度输水对京杭运河沿线河流和调蓄湖泊的水生态环境产生直接和潜伏的生态影响逐步显现。本章通过分析南水北调东线一期工程建设前后及运行 8 个调水年度后输水沿线水生生态生物多样性及湿地面积变化情况,研究工程运行对沿线的京杭运河及洪泽湖、骆马湖、南四湖、东平湖的水生生态环境演变趋势及生态环境问题。

5.1 调蓄湖泊健康评估

5.1.1 洪泽湖健康评估

洪泽湖是南水北调东线工程调水最重要的调蓄和水源湖泊,其河湖健康情况及其变化趋势直接与调水水质和生态环境安全相关联。2011 年(一期)和 2013 年(二期),相关研究开展淮河流域重要河湖健康评估试点工作,由于洪泽湖的重要性,选择洪泽湖为第一批试点湖泊的健康评估对象。

5.1.1.1 2013 年洪泽湖生态完整性评估

根据《河湖健康评价指南》,评估项目组从水文水资源、物理结构、水质和生物四个准则层组成的技术评估方案中的权重和综合得分,经加权平均,得到洪泽湖生态完整性评估综合得分为 55.4 分,赋分结果见表 5-1。

表 5-1 洪泽湖生态完整性评估赋分结果(2013 年)

准则层	权重	各准则层得分	生态完整性得分
水文水资源	0.2	69.8	55.4
物理结构	0.2	47.8	
水质	0.2	53.8	
生物	0.4	52.9	

5.1.1.2 洪泽湖健康指数得分

根据《河湖健康评价指南》计算方式和赋分情况,综合社会服务功能与生态完整性的得分结果和各自权重,计算洪泽湖健康目标层分值,即洪泽湖健康指数,得分63.9分,赋分结果见表5-2。

表5-2 洪泽湖健康指数计算结果(2013年)

项目	权重	赋分
生态完整性状况赋分	0.7	55.4
社会服务准则层	0.3	83.6
洪泽湖健康指数	63.9	

5.1.1.3 2011年和2013年两期评估对比结果

根据第4章所述洪泽湖河湖岸线监测、生态调查和监测结果,两期洪泽湖健康评估结果及其两期评估对比情况见表5-3。

从评估项目组对洪泽湖的健康评估结果分析,2011年、2013年洪泽湖健康评估分别得分57.9分、63.9分,本书认为2013年洪泽湖健康状况有所改善,洪泽湖的水生态环境总体趋好,2013年水功能区全部达标,其他各项指标基本持平,使洪泽湖从2011年的亚健康状态改善为健康状态(见表5-4),近期洪泽湖健康水平可能持续改善。

5.1.1.4 洪泽湖不健康的压力和表征

从2011年和2013年洪泽湖健康评估过程和结果综合分析,研究认为洪泽湖不健康的压力和表征总结如下。

1. 入湖流量变异程度较大

入湖流量变异程度指环湖河流入湖实测月径流量与天然月径流过程的差异。反映评估湖泊流域水资源开发利用对湖泊水文情势的影响程度,同时也是对湖泊水文节律变异评价的重要方面。洪泽湖入湖河流主要有淮河、池河、新汴河、怀洪新河、濉河、老濉河、徐洪河等。

洪泽湖入湖流量变异程度由评估年环湖主要入湖河流逐月实测径流量之和与天然月径流量的平均偏离程度表达。入湖流量变异程度指标(FD)值越大,说明相对天然水文情势的湖泊水文情势变化越大,对湖泊生态的影响也越大。

根据淮河、池河、新汴河、怀洪新河、濉河、老濉河、徐洪河等7条洪泽湖主要入湖河流控制站2013年逐月天然径流量及实测径流量,利用入湖流量变异程度评判指标公式计算,入湖流量变异程度指标FD为1.823 6,根据赋分标准,洪泽湖入湖流量变异程度赋分为22.6分。说明洪泽湖流域水资源开发利用对湖泊水文情势产生了一定的影响,其中就包括南水北调东线一期工程对洪泽湖水位抬高及调蓄利用的影响。

2. 河湖连通不畅

根据多年平均资料,入洪泽湖河流中,淮干的入湖径流量占总入湖径流量的80%以上,全年无阻隔;入湖河流中除淮干外的其他主要入湖河流,其入湖径流量占总入湖径流量不足20%。由2013年的实测资料分析,河流的断流阻隔时间均在3~11个月,且水功能区达标率较低,因此将除淮干外的其他主要入湖河流合并处理。合并后,2013年实测入湖年径流量7.69亿m^3,占多年平均实测入湖年径流量(49.6亿m^3)的15.5%,平均断流时间6个月,共6个水功能区,2013年平均达标率为53%。

表 5-3　2011 年和 2013 年洪泽湖健康指数两期成果对比

准则层	指标层	一期试点指标层赋分	二期试点指标层赋分	指标层权重	一期试点准则层赋分	二期试点准则层赋分	生态完整性计算权重	一期试点生态完整性赋分	二期试点生态完整性赋分	湖泊健康指数计算权重	一期试点湖泊健康指数	二期试点湖泊健康指数
水文水资源	最低生态水位满足状况	90	90	0.7	70.6	69.8	0.2	53.1	55.4	0.7	57.9	63.9
	入湖流量变异程度	25.3	22.6	0.3								
物理结构	河湖连通状况	40	40	0.4	48.7	47.8	0.2					
	湖泊萎缩状况	28	28	0.3								
	湖滨带状况	81	78	0.3								
水质	溶解氧水质状况	85.3	95.0	取最小值	38.1	53.8	0.2					
	富营养状况	38.1	53.8									
	耗氧有机污染状况	81.9	60.3									
生物	浮游植物数量	66	64.5	0.15	54	52.9	0.4					
	浮游动物生物损失指数	62	57.5	0.15								
	大型水生植物覆盖度	50	63.9	0.2								
	大型底栖无脊椎动物生物完整性指数	67	54.5	0.25								
	鱼类生物损失指数	31	31	0.25								
社会服务功能	水功能区达标指标	50.0	100	0.25	69.3	83.6	—	—	—	0.3	—	—
	水资源开发利用指标	89.3	90.6	0.25								
	防洪指标	63.9	63.9	0.25								
	公众满意度指标	73.8	73.8	0.25								

表5-4　洪泽湖健康评估分级对比

等级	类型	颜色	一期分级结果	二期分级结果	赋分范围
1	理想状况	蓝			80~100
2	健康	绿			60~80
3	亚健康	黄			40~60
4	不健康	橙			20~40
5	病态	红			0~20

淮沭新河2013年实测出湖年径流量60.52亿 m^3，超过多年平均实测入湖年径流量（59.5亿 m^3）；全年无断流；水功能区（淮沭河宿迁调水保护区）2013年达标率为91.7%。灌溉总渠的2013年实测出湖年径流量为42.39亿 m^3，占多年平均实测出湖年径流量（81.23亿 m^3）的52.2%；断流时间为4个月；水功能区（苏北灌溉总渠淮安调水保护区）2013年达标率为100%。入江水道的2013年实测出湖年径流量为29.4亿 m^3，占多年平均实测出湖年径流量（185.1亿 m^3）的15.9%，断流时间为9个月，水功能区（入江水道淮安调水保护区）2013年达标率为100%。

根据评估项目调查，评估期间除淮河干流外其他诸河大多是由于断流时间为最差条件，洪泽湖环湖出入河流连通性不畅程度严重。

3.水环境需进一步改善

洪泽湖健康评估水质准则层各指标赋分为：评估期间溶解氧水质状况95.0分、富营养状况53.8分、好氧有机污染状况60.3分，对比健康分级，溶解氧为理想状态、富营养状况和好氧有机污染徘徊于健康与亚健康的界线。但上述结果并不能说明洪泽湖水环境真实问题，分析水质监测数据，洪泽湖总磷和高锰酸盐指数偶有超标状况。

4.鱼类种质资源下降

研究组两期鱼类种质资源监测结果发现，鱼类损失指数高达51%，说明过去几十年来洪泽湖及淮河流域健康状况受到过损害，对洪泽湖水生态系统的稳定和演变产生了一定的影响。主要原因分析如下：

（1）洪泽湖渔业资源过度捕捞是根本原因，一定时期内破坏了洪泽湖渔业生产条件。

（2）洪泽湖存在的水质不达标，轻度富营养及水质问题得不到有效改善和解决，引起鱼类多样性持续降低。

（3）洪泽湖浮游生物、水生植物等鱼类的天然饵料的减少也是非常重要的原因。

（4）湖区的网围养殖规模过大造成天然水面的减少。

5.1.2　骆马湖健康评估

5.1.2.1　骆马湖健康评估结果

2019年，淮河流域健康评估项目组对南水北调东线一期工程重要调蓄湖泊——骆马湖进行了河湖健康评估。根据《河湖健康评价指南》及相关技术标准，项目组通过对水文水资源、湖滨带、河湖连通情况、湖泊萎缩状况、地表水水质、水生物、防洪情况、公众满意度等资料收集、调查监测、整理分析，综合评估骆马湖健康水平为亚健康，水生态系统稳定和安全水平存在问题。

经研究分析，认为骆马湖健康面临的问题主要为：水资源开发利用程度过高、入湖流量变异程度高、水环境质量有待提高、河湖连通不畅、湖滨带干扰大、湖滨带植被覆盖度低等。

提出了恢复骆马湖健康的保护建议为：在流域尺度大力推进节水型社会建设；开展流域水环境综合治理；加强生态调度，保障生态流量；整顿湖滨带人类活动；湖滨带生态修复，恢复生态系统结构与功能。

2019 年骆马湖健康指数计算结果见表 5-5。

表 5-5　2019 年骆马湖健康指数计算结果

<table>
<tr><th>准则层</th><th>指标层</th><th>指标层赋分</th><th>指标层权重</th><th>准则层赋分</th><th>生态完整性计算权重</th><th>生态完整性赋分</th><th>湖泊健康指数计算权重</th><th>湖泊健康指数</th></tr>
<tr><td rowspan="2">水文水资源</td><td>最低生态水位满足状况</td><td>90</td><td>0.7</td><td rowspan="2">68.40</td><td rowspan="2">0.2</td><td rowspan="13">47.42</td><td rowspan="13">0.7</td><td rowspan="17">51.66</td></tr>
<tr><td>入湖流量变异程度</td><td>18</td><td>0.3</td></tr>
<tr><td rowspan="3">物理结构</td><td>河湖连通状况</td><td>9.85</td><td>0.4</td><td rowspan="3">17.68</td><td rowspan="3">0.2</td></tr>
<tr><td>湖泊萎缩状况</td><td>8.5</td><td>0.3</td></tr>
<tr><td>湖滨带状况</td><td>37.3</td><td>0.3</td></tr>
<tr><td rowspan="4">水质</td><td>溶解氧水质状况</td><td>100</td><td rowspan="4">取最小值</td><td rowspan="4">57.54</td><td rowspan="4">0.2</td></tr>
<tr><td>富营养状况</td><td>57.54</td></tr>
<tr><td>耗氧有机污染状况</td><td>87.13</td></tr>
<tr><td>底泥污染状况</td><td>100</td></tr>
<tr><td rowspan="4">生物</td><td>浮游植物数量</td><td>47.5</td><td>0.2</td><td rowspan="4">46.75</td><td rowspan="4">0.4</td></tr>
<tr><td>大型水生植物覆盖度</td><td>41.5</td><td>0.2</td></tr>
<tr><td>大型底栖无脊椎动物生物完整性指数</td><td>47.5</td><td>0.3</td></tr>
<tr><td>鱼类生物损失指数</td><td>49</td><td>0.3</td></tr>
<tr><td rowspan="4">社会服务功能</td><td>水功能区达标指标</td><td>100</td><td>0.25</td><td rowspan="4" colspan="3">61.55</td><td rowspan="4">0.3</td></tr>
<tr><td>水资源开发利用指标</td><td>17.7</td><td>0.25</td></tr>
<tr><td>防洪指标</td><td>45.5</td><td>0.25</td></tr>
<tr><td>公众满意度指标</td><td>83</td><td>0.25</td></tr>
</table>

对比湖泊健康评估分级表，2019 年南四湖湖健康水平处于亚健康状态（见表 5-6）。

表5-6 2019年骆马湖健康评估分级

等级	类型	颜色		赋分范围
1	理想状况	蓝		80~100
2	健康	绿		60~80
3	亚健康	黄		40~60
4	不健康	橙		20~40
5	病态	红		0~20

项目组评价认为,2019年骆马湖生态完整性状况不佳(47.42分),各准则层综合得分顺序为水文水资源>水质>生物>物理结构。这个顺序反映出近年来骆马湖的物理结构情况是其生态问题的短板,是骆马湖生态稳定和安全出现问题的关键和根本。从各指标层分析可知,骆马湖健康评估物理结构准则层中的河湖连通状况(9.85分)、湖泊萎缩状况(8.5分)、湖滨带状况(37.3分)及水文水资源准则层中的入湖流量变异程度(18分)等4个指标得分低,到了不健康甚至病态的状态,亟须通过水利工程进行骆马湖生态修护。

从社会服务准则层综合得分(61.55分)分析,研究组认为骆马湖社会服务功能的发挥尚可,但水资源开发利用指标得分(17.7分)很低,限制了骆马湖社会服务功能更好地发挥。

5.1.2.2 骆马湖健康存在问题

1. 河湖连通不畅

河湖连通状况指湖泊水体与出入湖河流及周边湖泊、湿地等自然生态系统的连通性,反映湖泊与湖泊流域的水循环健康状况。重点评价主要环湖河流(包括主要入湖河流和出湖河流)与湖泊水域之间的水流畅通程度。

2019年骆马湖河湖连通状况赋分为9.85分,单个指标健康状况为病态。具体表现为4条出湖河流(新沂河、中运河、六塘河、徐洪河),由于下闸时间长导致全年断流阻隔时间均大于4个月,达到严重阻隔程度,4条出湖河流的顺畅状况赋分(5分、12.5分、12.5分、7.5分)均很低。

2. 湖泊萎缩较严重

骆马湖湖泊萎缩状况的历史参考水面面积采用的是20世纪60年代的水面面积,本次评估得分为8.5分,单个指标处于病态状态,说明近60年骆马湖的湖泊面积萎缩程度较大,萎缩情况不容乐观。但结合骆马湖实际情况可知,骆马湖萎缩程度较大的原因为防洪工程建设,近几十年堤防不断整修加固,使骆马湖防洪标准从10年一遇提高到50年一遇。

3. 湖滨带状况较差

骆马湖湖滨带状况不佳,赋分为37.3分。湖滨带状况包括湖岸稳定性、湖滨带植被覆盖率、湖滨带人工干扰程度三个方面。总体分析可知,骆马湖湖滨带状况赋分低的原因主要为植被覆盖度低及人工干扰程度大,集中表现为骆马湖北部(点位2)、西北部(点位1)、东南部(点位6、点位7)人工干扰较大及南部(点位7、点位8)、西南部(点位9)、东北部(点位4)植被覆盖度低。

根据现场情况可知,西北部的人工干扰活动主要为湖岸带陆域建有公路及湖岸带农业耕种和垃圾堆放,北部的人工干扰活动主要为湖岸带陆域农业耕种、湖岸带垃圾堆放及湖岸硬性砌护,东部的人工干扰活动主要为湖岸带陆域农业耕种及湖岸带垃圾堆放,南部的人工干扰活动主要为湖岸带陆域建有房屋及湖岸带硬性砌护和垃圾堆放。根据现场调查可知,南部及西南部区域湖滨带无植被覆盖。

总体分析,骆马湖湖岸带原生植被主要为草本植物及少量灌木丛,乔木主要为人工参与种植而成的杨树、柳树、刺槐等林地。由于沿湖农业垦殖、硬性砌护、房屋建设等,原生植被生长空间被压缩,人工种植的林地内草本和灌木分布稀疏,骆马湖湖滨带植被覆盖度偏低。骆马湖周边人口稠密,人为干扰较多,硬性砌护、垃圾堆放、农业耕种等改变湖岸带原始形态的行为比较多见。

4. 入湖流量变异程度较大

骆马湖入湖流量变异程度指环湖河流入湖实测月径流量与天然月径流过程的差异。它反映评估湖泊流域水资源开发利用对湖泊水文情势的影响程度,同时也是对湖泊水文节律变异评价的重要方面。入湖流量变异程度指标(FD)值越大,说明相对天然水文情势的湖泊水文情势变化越大,对湖泊生态的影响也越大。

骆马湖入湖流量变异程度指标 FD 为 2.57,根据赋分标准,骆马湖入湖流量变异程度赋分为 18.0 分。说明骆马湖水资源开发利用对湖泊水文情势产生了较大的影响。

5. 水资源开发利用率过高

骆马湖水资源开发利用率达 77.3%,赋分为 17.7 分,水资源开发利用率已经超出了合理开发利用上限 (40%),这意味着当今整个流域的生态系统演变已不在自然平衡和发展的框架之内,完全处于人类活动的深度影响之下。

骆马湖流域水资源短缺,属于资源型短缺地区,虽然有南水北调引江水的补充,但水资源供需矛盾依然严峻。骆马湖水资源为促进骆马湖及周边地区农业灌溉和城市生活供水提供了重要保障。骆马湖周边主要灌区有来龙、沂北、淮西、嶂山和皂河 5 个灌区,实际灌溉面积高达 140 余万亩。周边生活取水口 4 个,承担着宿迁、新沂等城市的供水任务。但长期以来,骆马湖水资源缺乏统一规划、流域与区域管理有待协调、行业间管理仍需磨合,加之灌区众多无度取水严重、节水措施不力,导致了水资源严重浪费,极大地降低了骆马湖水资源综合开发利用的效益。

6. 水环境质量有待进一步提升

骆马湖富营养化存在一定的风险,赋分为 57.54 分,是水质准则层 4 个指标中赋分最低的,为亚健康状态。其中,叶绿素 a 最差,赋分在 40 分左右,总磷、高锰酸盐指数和透明度指标也较差,赋分在 50 分左右。骆马湖各分区营养状态基本为轻度富营养。

骆马湖是南水北调东线一期工程的重要调蓄湖泊,也是宿迁市骆马湖饮用水水源地和徐州市骆马湖饮用水水源地,供水人口 620 万,其水质和水生态安全关系到东线工程输水水质和水源地水质安全,因此为保障饮水安全,应加强骆马湖水环境管理,提高水环境质量,改善骆马湖水生态环境质量,全面提高骆马湖健康水平和生态环境质量。

5.1.3 南四湖健康评估

5.1.3.1 南四湖健康评估结果

2018 年淮河流域健康评估对南水北调东线一期工程重要调蓄湖泊——南四湖健康

状况进行了健康评估。根据《河湖健康评价指南》及相关技术标准，健康评估项目组通过对水文水资源、湖滨带、河湖连通情况、湖泊萎缩状况、水质、水生物、防洪情况、公众满意度等资料收集、调查监测、整理分析，得到南四湖健康评估结果为亚健康，水生态系统稳定和安全水平存在问题。

经研究分析，南四湖健康面临的问题主要有：水资源开发利用程度过高、水环境质量有待提高、鱼类多样性衰减、河湖连通不畅、湿地退化、湖滨带干扰大、入湖流量变异程度高等。提出了恢复南四湖健康的保护建议有：在流域尺度大力推进节水型社会建设；开展流域水环境综合治理；推进鱼类种质资源恢复与保护工作；加快恢复河湖连通；依法严格管理，恢复和保护自然湿地。2018 年南四湖健康指数计算结果见表 5-7。

表 5-7 2018 年南四湖健康指数计算结果

<table>
<tr><th>准则层</th><th>指标层</th><th>指标层赋分</th><th>指标层权重</th><th>准则层赋分</th><th>生态完整性计算权重</th><th>生态完整性赋分</th><th>湖泊健康指数计算权重</th><th>湖泊健康指数</th></tr>
<tr><td rowspan="2">水文水资源</td><td>最低生态水位满足状况</td><td>90</td><td>0.7</td><td rowspan="2">66.66</td><td rowspan="2">0.2</td><td rowspan="14">49.17</td><td rowspan="14">0.7</td><td rowspan="18">54.9</td></tr>
<tr><td>入湖流量变异程度</td><td>12.2</td><td>0.3</td></tr>
<tr><td rowspan="3">物理结构</td><td>河湖连通状况</td><td>10.64</td><td>0.4</td><td rowspan="3">28.42</td><td rowspan="3">0.2</td></tr>
<tr><td>湖泊萎缩状况</td><td>41.55</td><td>0.3</td></tr>
<tr><td>湖滨带状况</td><td>39</td><td>0.3</td></tr>
<tr><td rowspan="4">水质</td><td>溶解氧水质状况</td><td>97.34</td><td rowspan="4">取最小值</td><td rowspan="4">56.37</td><td rowspan="4">0.2</td></tr>
<tr><td>富营养状况</td><td>56.37</td></tr>
<tr><td>耗氧有机污染状况</td><td>87.47</td></tr>
<tr><td>底泥污染状况</td><td>96.2</td></tr>
<tr><td rowspan="5">生物</td><td>浮游植物数量</td><td>49.96</td><td>0.15</td><td rowspan="5">47.2</td><td rowspan="5">0.4</td></tr>
<tr><td>浮游动物多样性指数</td><td>68.6</td><td>0.15</td></tr>
<tr><td>大型水生植物覆盖度</td><td>50</td><td>0.2</td></tr>
<tr><td>大型底栖无脊椎动物生物完整性指数</td><td>49.96</td><td>0.25</td></tr>
<tr><td>鱼类生物损失指数</td><td>27.6</td><td>0.25</td></tr>
<tr><td rowspan="4">社会服务功能</td><td>水功能区达标指标</td><td>100</td><td>0.25</td><td rowspan="4" colspan="3">68.3</td><td rowspan="4">0.3</td></tr>
<tr><td>水资源开发利用指标</td><td>0</td><td>0.25</td></tr>
<tr><td>防洪指标</td><td>95.2</td><td>0.25</td></tr>
<tr><td>公众满意度指标</td><td>78</td><td>0.25</td></tr>
</table>

对比湖泊健康评估分级表，2018 年南四湖健康水平处于亚健康状态(见表 5-8)。

表 5-8 2018 年南四湖健康评估分级

等级	类型	颜色		赋分范围
1	理想状况	蓝		80~100
2	健康	绿		60~80
3	亚健康	黄		40~60
4	不健康	橙		20~40
5	病态	红		0~20

项目组评价认为,2018 年南四湖生态完整性状况不佳,各准则层综合得分顺序为水文水资源>水质>生物>物理结构。这个顺序反映出近年来南四湖的物理结构情况是其生态问题的短板,是南四湖生态稳定和安全出现问题的关键和根本。从各指标层分析可知,南四湖健康评估物理结构准则层中的河湖连通状况、湖泊萎缩状况、湖滨带状况及水文水资源准则层中的入湖流量变异程度等 4 个指标得分低,到了不健康甚至病态的状态,亟须通过水利工程进行南四湖生态修护。

从社会服务准则层综合得分(68.3 分)分析可知,南四湖社会服务功能的发挥尚可,但水资源开发利用程度过高的问题有待通过切实有效的措施进行改善。

5.1.3.2 南四湖健康存在问题

南四湖流域为典型的农业流域,是我国传统的农业耕作区,全流域 69.4%为农业用地,人口密度也大,工农业用水逐年增加,但 2018 年最低生态水位达到 100%满足,生态用水调度起到了举足轻重的作用。另外,通过多年的治理,南四湖堤防工程及环湖闸坝口门基本能满足设计要求。但受流域高密度的人口分布与高污染产业结构以及对水资源不合理开发利用等因素的影响,南四湖也出现了一些生态问题。

1. 水资源开发利用率过高

南四湖水资源开发利用率达 76.8%,赋分为 0 分。南四湖流域水资源短缺,属于资源型短缺地区,虽然有跨流域调水的引黄水和引江水的补充,但水资源供需矛盾依然严峻。南四湖水资源为促进南四湖及周边地区国民经济和社会的发展做出了重大贡献。但长期以来,南四湖水资源缺乏科学的统一规划和管理,加之引水灌溉缺乏有效的控制,用水无计划、取水未经许可、节水没措施 、水资源开发利用方式粗放,导致了水资源严重浪费,极大地降低了南四湖水资源综合开发、利用的效益。南四湖滨湖有 200 万 kW 以上的火力发电厂 5 处,年耗水量约 1.5 亿 m^3,航运年用水量为 4 200 万 m^3,地区居民生活用水、工业用水量约 6 亿 m^3。近年来,随着经济社会的不断发展和城镇化的不断加快,南四湖流域的需水量在不断增加,造成了南四湖水资源严重匮乏。目前,南四湖周边年平均需水量达 34.75 亿 m^3,供水量不足 19.73 亿 m^3,缺水量达 15.02 亿 m^3。

2. 水环境质量有待进一步提升

南四湖富营养化存在一定的风险,赋分为 56.27 分,是水质准则层 4 个指标中赋分最低的,为亚健康状态。其中,总磷和透明度分指标较差,赋分在45分左右。

近年来,在山东省"治、用、保"流域污染治理策略的指导下,大力推进流域内城市环境基础设施建设、清洁生产和污染治理等工作,使南四湖流域水环境质量显著提升。部分入湖河流尚不能达标或稳定达标,超标因子主要为高锰酸盐指数和氨氮。南四湖湖区水质监测结果显示,湖区水质总体已达到地表水Ⅲ类水质标准,但总氮、总磷指标在湖区部分地区仍不稳定。

3. 鱼类物种多样性衰减

南四湖鱼类物种多样性衰减,本次评估南四湖鱼类损失指数赋分仅为27.6分。通过查阅相关资料,认为主要是由水质污染、水资源不足、捕捞强度大和其他人工干扰等历史遗留问题造成的。

南四湖的水质主要受入湖河流水质的影响,京杭运河(断面1)、洸府河(断面2)、泗河(断面3)、东渔河(断面4)、洙赵新河(断面5)和城郭河(断面6)的主要污染指标溶解氧、COD_{Cr}、BOD_5和挥发酚在1990~1998年平水期的平均值大部分达到地表水Ⅲ类水质标准,甚至超过了地表水Ⅴ类水质标准。1990~1998年各监测断面对应的各参数平均值见图5-1。

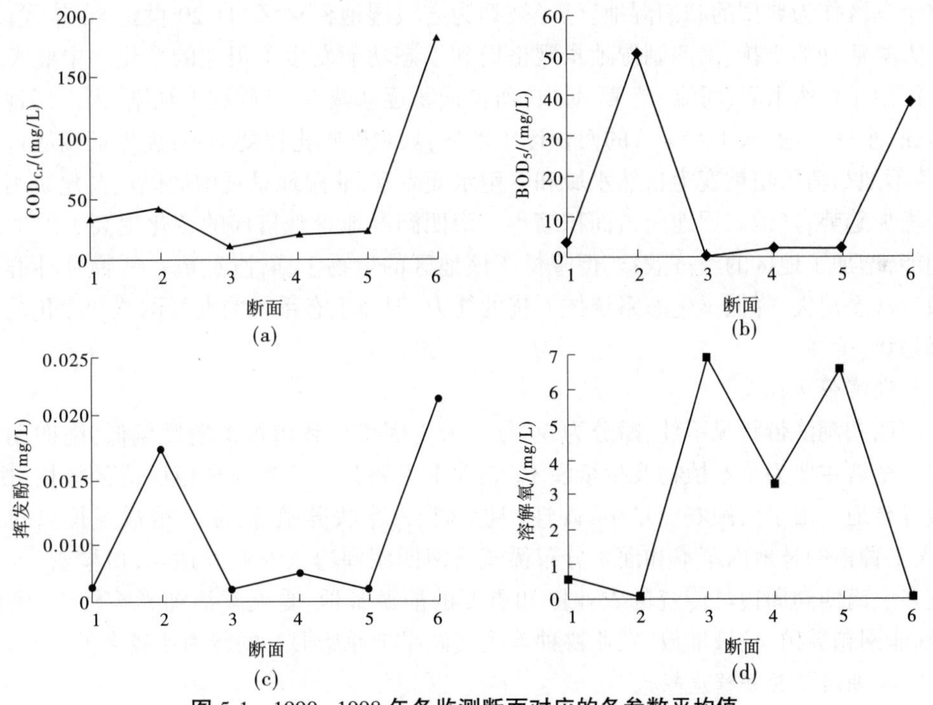

图5-1　1990~1998年各监测断面对应的各参数平均值

南四湖水资源不足是影响该区鱼类繁衍的一个重要原因。由于南四湖对洪水的调蓄能力较低,近几年连续干旱,加之对急剧增加的农业、工业等用水量尚无有效的控制措施,因此在鱼类的繁殖季节,水位连续下降,时常湖区连死库容也难以保证,造成正在繁殖的鱼类不能产卵,或产卵后鱼苗不能孵化,特别是对水位变动适应性较差的鲐科、银鱼科、鱵科和斗鱼科等鱼类逐渐减少直至消亡,同样,水位连续下降对需有流水刺激方能产卵的鲤鱼类等经济鱼类也十分不利,呈急剧下降趋势。特别是经历了 2001~2002 年南四湖较长时间的干涸后,南四湖鱼类再次遭到毁灭性打击。

另一个主要原因是历史上捕捞强度未被有效地控制住。不仅呈全水层作业,而且几近全年作业,加上没能认真执行禁渔期(3 月 15 日至 6 月 25 日 100 d 左右)和网目控制及取缔有害渔具渔法等项规定,使捕捞的多种鱼类的平均尾重仅几十克,达 4. 4 g 的幼鲫也难逃捕网。近几年捕捞强度过高,已远远超过了天然鱼类资源的再生能力,这是造成鱼类资源,特别是大型、敞水性及其他适应能力较差的鱼类资源下降的主要原因。

此外,水生植物多样性的衰退、水生植物生物量的减少和鱼类区系的变化也是鱼类资源衰退的原因。

4. 河湖连通不畅

河湖连通状况指湖泊水体与出入湖河流及周边湖泊、湿地等自然生态系统的连通性,反映湖泊与湖泊流域的水循环健康状况。南四湖河湖连通状况赋分为 10. 64 分,单个指标健康状况为不健康。

5. 湿地退化

南四湖湿地萎缩明显,湿地景观格局变化较大,湿地萎缩状况赋分为 41. 55 分。南四湖整个湖区作为典型的湖泊湿地,已经被列为省级湿地保护区,自 20 世纪 80 年代以来,由于人类活动的干扰,南四湖湿地景观格局和生态功能发生了很大的变化。主要表现为自然湿地(自然水面、河流、芦苇、荷田)所占面积逐渐减少,破碎程度加剧;人工湿地(养殖水面、水库坑塘、人工水渠)的面积逐年增加,景观破碎化程度不一;优势景观从自然水域、芦苇地与荷田植被变为自然水域和养殖水面景观;非湿地景观中居民点及建筑用地面积呈增加趋势,其他农用地所占面积缩小。南四湖湿地景观格局的变化提高了湿地的生产功能,增加了地区的经济效益,但降低了该地区的生物多样性,造成一些物种种群数量的减少甚至消失,降低了生态系统抗干扰的能力,湿地生态系统的大气调节和净化功能呈下降趋势。

6. 湖滨带干扰大

南四湖湖滨带状况不佳,赋分为 39 分。人为因素导致植被覆盖度偏低;南四湖湖岸带原生植被主要为草本植物及少量灌木丛,乔木主要为人工参与种植而成的杨树、柳树、刺槐等林地。由于沿湖农业垦殖、硬性砌护、码头、畜牧养殖等,原生植被生长空间被压缩,人工种植的林地内草本和灌木分布稀疏。南四湖周边工农业发达,人口稠密,人为干扰较多。南四湖周边是传统的农业区和重要的能源基地,受人类活动影响较大,硬性砌护、渔业网箱养殖、垃圾堆放、农业耕种等改变湖岸带原始形态的行为比较多见。

7. 入湖流量变异程度较大

入湖流量过程变异指环湖河流入湖实测月径流量与天然月径流过程的差异。它反映评估湖泊流域水资源开发利用对湖泊水文情势的影响程度,同时也是对湖泊水文节律变异评价的重要方面。南四湖入湖河流众多,有水文测站的 14 条河流,共 53 条河流入湖。

南四湖入湖流量变异程度由评估年环湖主要入湖河流逐月实测径流量之和与天然月径流量的平均偏离程度表达。入湖流量变异程度指标(FD)值越大,说明相对天然水文情势的湖泊水文情势变化越大,对湖泊生态的影响也越大。

在南四湖湖东主要入湖河流控制站黄庄、书院、尼山水库、马楼、马河水库、滕州、柴胡店、薛城,以及湖西河流入湖控制站后营、梁山闸、孙庄、鱼城、丰县闸、沛城闸等 14 条主要入湖河流控制站 2017 年逐月天然径流量及实测径流量的基础上,增加界河、洙水河、郑集河、大沙河、鹿口河、老万福河、蔡河、惠河等南四湖其余 43 条入湖河流,利用入湖流量变异程度评判指标公式计算,入湖流量变异程度指标 FD 为 3.21,根据赋分标准,南四湖入湖流量变异程度赋分为 12.2 分。说明南四湖流域水资源开发利用对湖泊水文情势产生了较大的影响。南四湖流域中的河道取水量比湖泊取水量多 3.6 亿 m^3,河道取水量为 19.6 亿 m^3,占流域天然径流量 26.3 亿 m^3 的 75%,占总进水量(包括黄河大汶河引水) 35.6 亿 m^3 的 55%,取水量已经超出了河流合理开发利用上限(40%),这意味着当今整个流域的生态系统演变已不在自然平衡和发展的框架之内,完全处于人类活动的深度影响之下。

5.2　输水河湖湿地变化趋势及影响研究

为研究南水北调东线一期工程建设和运行调水对输水河湖湿地变化趋势及影响,本次项目组南水北调东线一期工程输水湖泊湿地变化趋势及影响通过选取建设前(2002 年之前,一期)、施工期(2005~2011 年,两期)、运行期(2014~2016 年,一期)以及近期(2019 年)的 4 个时段,对 4 个时段 5 个年度中的 2 个时期(非汛期、汛期)洪泽湖、骆马湖、南四湖、东平湖这些典型湿地区域卫片进行解译对比分析,结合现有的输水湖泊湿地资料,运用景观法(以植被作为主导因素),并结合土壤、地貌等因子进行综合分析,研究南水北调东线一期工程实施前后对输水河湖湿地变化趋势及影响,尝试长系列系统性综合分析南水北调东线一期工程实施后对湿地潜在或未显现的生态影响。

5.2.1　河湖湿地变化趋势及影响研究方法

湖泊湿地景观广义上是指出现在从微观到宏观不同尺度上的,具有空间异质性或缀块性的湿地单元,而湿地景观格局则是指大小和形状不一的湿地景观斑块在空间上的排列,是各种生态过程在不同尺度上综合作用的结果。湖泊湿地生态系统作为介于水陆两大生态系统的一个过渡性地带,对于维持生物多样性、生态平衡具有不可替代的作用。研究湖泊湿地景观动态变化的特征和规律,可通过动态度、转移矩阵、景观格局指数 3 个方面来进行系统性对比分析,这样既对湿地面积数量进行了研究,又对湿地时空变化规律和结构性变化进行了深入分析。

5.2.1.1　**湖泊湿地动态度**

湖泊湿地动态度可描述湿地相对自身变化的程度,也可很好地突出湿地变化的时间特征,是湖泊湿地动态研究的重要模型。

区域湿地动态变化的程度和速率可以用土地利用变化动态度进行描述,计算公式如下:

$$LC = [(U_b - U_a)] \times U_a^{-1} \times T^{-1} \times 100\% \tag{5-1}$$

式中:LC 为某一土地利用类型的动态度;U_a 和 U_b 分别为研究初期和研究末期该类型的面积数量;T 为时间间隔。

5.2.1.2 转移矩阵

随着长时间演变,湖泊湿地中的自然湿地和人工湿地之间、湿地与非湿地之间发生了一定的类型间转换。研究通过建立几个时间段湿地景观类型的转移矩阵,可得出各湿地类型的转换情况,展现湿地景观变化的方向。

5.2.1.3 湿地景观格局指数

湿地景观格局是指大小和形状不一的景观斑块在空间上的排列,它是景观异质性的重要表现,也是各种生态过程在不同尺度上作用的结果。景观格局指数是能反映其湿地组成和空间分布特征的定量指标;同时也能体现湿地景观演化的方向、速率和空间差异,亦便于从中分析引起这种演变的驱动机制。本书将选取斑块个数(NP)、斑块所占景观面积比例(LAND)、斑块密度指数(PD)、景观多样性指数(SHDI)、均匀度指数(SHEI)这5个景观格局指数来进行分析。

相关计算方法如下:

(1)斑块所占景观面积比例(LAND)。

$$\mathrm{LAND} = S_i / S \tag{5-2}$$

式中:S_i 为第 i 种湿地景观的面积;S 为所有湿地景观面积之和。

(2)斑块密度指数(PD)。

$$\mathrm{PD} = N_i / S_i \tag{5-3}$$

式中:N_i 是指第 i 种湿地景观的斑块个数;S_i 为第 i 种湿地景观的面积。

(3)景观多样性指数(SHDI)。

景观多样性指数是指湿地景观元素或湿地生态系统在结构、功能以及随时间变化方面的多样性,它反映了湿地景观类型的丰富度和复杂度,它的大小反映湿地景观要素的多少和各景观要素所占比例的变化。

$$\mathrm{SHDI} = \sum_{k=1}^{m} P_k \ln P_k \tag{5-4}$$

式中:P_k 为第 k 种湿地景观类型占总面积的比例;m 为评价区中湿地景观类型的总数。

(4)均匀度指数(SHEI)。

均匀度指数反映湿地景观中各斑块在面积上分布的不均匀程度,其值越大,表明景观各组成成分的分配越均匀。

$$\mathrm{SHEI} = \sum_{k=1}^{m} P_k \ln P_k / \ln m \tag{5-5}$$

式中:P_k 为斑块类型 k 在湿地景观中的比例;m 为评价区中湿地景观类型的总数。

5.2.2 输水湖泊湿地生态年际变化分析

5.2.2.1 洪泽湖重要湿地生态年际变化分析

1. 洪泽湖湿地总面积变化

1)汛期洪泽湖湿地总面积变化

本次研究对洪泽湖2019年5~9月和2020年7~8月卫片解译结果见表5-9。综合分析解译数据可知,洪泽湖区域以湖泊湿地为主,南水北调东线一期工程实施后洪泽湖总湿地面积在汛期有所减少,沼泽湿地在各年份变动幅度最大,河流水域面积建设前占比为10%,2005 年开始河流水域湿地面积呈现减少的趋势;人工湿地在施工结束后有明显的下降趋势。沼泽湿地和湖泊湿地的面积呈波动性变化。

表 5-9　南水北调东线一期工程建设运行不同时期洪泽湖汛期湿地面积情况

土地类型		不同时期湿地面积卫片解译结果/hm²				
		2002 年（建设前）	2005 年（施工期）	2010 年（施工期）	2016 年（运行期）	2019 年（运行期）
湿地	河流水域	15 285.15	8 583.84	8 081.82	8 281.46	6 877.31
	沼泽湿地	4 961.25	6 803.82	11 609.91	6 403.95	15 740.01
	湖泊湿地	96 581.70	109 836.09	97 167.06	105 467.24	101 631.02
	人工湿地	37 272.24	38 720.52	41 867.46	31 933.13	24 183.07
	小计	154 100.34	163 944.27	158 726.25	152 085.78	148 431.41
非湿地	林地	1 863.00	2 013.91	2 513.43	1 764.41	1 453.73
	灌草地	12 475.90	3 442.54	4 891.35	8 692.99	9 070.97
	耕地	13 993.21	13 936.12	14 906.22	16 730.27	17 455.47
	建设用地	2 046.76	1 142.37	3 441.96	5 205.76	8 067.65
	小计	30 378.87	20 534.94	25 752.96	32 393.43	36 047.82
合计		184 479.21	184 479.21	184 479.21	184 479.21	184 479.23

洪泽湖湿地面积动态变化的原因是综合性和交互性的,与近 20 年间人类活动持续不间断的干扰(包括南水北调东线一期工程的建设和运行因素)有关,同时也与自然气候、降水量和水资源利用开发等有关。因此,可能是近年来降雨量持续偏低、气温升高,降水量、入湖水量的减少以及洪泽湖湖堤人工湿地建设,从而导致洪泽湖在汛期河流水域、湿地总面积有所减少。在湿地向非湿地转移时,演替顺序为湖泊湿地/河流湿地→沼泽湿地→灌草地→林地。调查中发现,洪泽湖在湿地面积变化时,非湿地中灌草地的面积变化最为明显,主要原因是灌草地与沼泽湿地以及湖泊水域的相互转移,产生的主要原因可能是滨湖风光带建设及非汛水位低造成的。

洪泽湖湿地面积在汛期较非汛期的面积减小,主要是受人工调蓄的影响,主要体现在汛期提前下泄水量,使湖泊水位下降,湖泊湿地面积减小;沼泽湿地受人工调蓄的影响,在汛期与湖泊湿地相互转移明显,年际间受气候及降雨量的影响也较大,因此波动较为明显;工程实施后,蓄水水位抬高,周边退渔还湿、退耕还湿成效明显,因此人工湿地的占比在运行后逐渐降低。

2) 非汛期洪泽湖湿地总面积变化

本次研究在南水北调东线一期工程建设运行不同时段洪泽湖非汛期卫片解译结果见表 5-10。

表 5-10　南水北调东线一期工程建设运行不同时段洪泽湖非汛期湿地面积情况

土地类型		不同时期湿地面积卫片解译结果/hm^2				
		2002 年（建设前）	2004 年（施工期）	2009 年（施工期）	2016 年（运行期）	2019 年（运行期）
湿地	河流水域	11 972.43	6 783.75	7 864.29	8 984.43	6 260.02
	沼泽湿地	3 196.98	4 561.02	8 398.26	3 122.87	11 401.67
	湖泊湿地	118 544.94	116 101.26	122 415.84	120 122.03	117 667.01
	人工湿地	28 867.64	36 676.71	27 008.55	26 105.27	21 268.76
	小计	162 581.99	164 122.74	165 686.94	158 334.60	156 597.46
非湿地	林地	1 860.60	2 005.28	2 057.21	1 786.45	1 431.86
	灌草地	4 985.54	3 447.02	166.47	2 395.95	1 278.22
	耕地	13 047.36	13 680.26	14 623.83	16 268.47	17 130.62
	建设用地	2 003.72	1 223.91	1 944.76	5 693.76	8 041.05
	小计	21 897.22	20 356.47	18 792.27	26 144.63	27 881.75
合计		184 479.21	184 479.21	184 479.21	184 479.22	184 479.21

南水北调东线一期工程将洪泽湖(非汛期)蓄水位由 13.0 m 抬高至 13.5 m;2013 年运行以来,洪泽湖水位变化为 11.43 m(2016 年 9 月 27 日)~13.80 m(2016 年 11 月 14 日)。

非汛期湿地总面积变化趋势与汛期基本一致。非湿地中耕地、建设用地、林地等数据与汛期一致,相对稳定,灌草地变化幅度较大。湿地变化趋势为湿地全部外因素综合影响的总和,由于仅在非汛期进行调水,而进行调水的非汛期和未进行调水的汛期,洪泽湖变化大致相同,说明湿地总面积的变化总体上受调水影响不大。此外,非汛期湖泊湿地面积相比汛期要大,沼泽湿地的面积相应变小,一方面是因为在南水北调工程实施前,洪泽湖即为蓄水湖库,汛期会提前下泄水量,导致湖泊水位下降,湖泊湿地面积减少,沼泽湿地面积增加;另一方面,非汛期调水也会使湖泊水位上升,湖泊湿地面积增加,沼泽湿地面积减少。

2. 洪泽湖湿地动态度变化

1) 汛期

经项目组研究,洪泽湖汛期湿地总面积动态度变化在-0.80~-0.22,总体变化幅度较小;汛期各类型的湿地面积以沼泽湿地变化幅度最大。各类型湿地变化幅度在 2016~2019 年变化较大,但在 2002~2019 年整体的变化幅度较小。在所有湿地类型中,湖泊湿地最为稳定。南水北调东线一期工程建设运行不同时段洪泽湖丰水期湿地面积的动态度见表 5-11。

表 5-11　南水北调东线一期工程建设运行不同时段洪泽湖丰水期湿地面积的动态度　%

湿地类型	2016~2019 年	2002~2019 年
河流水域	-5.65	-3.24
沼泽湿地	48.60	12.78
湖泊湿地	-1.21	0.31
人工湿地	-8.09	-2.07
湿地总面积	-0.80	-0.22

湿地总面积在工程运行前后无明显变化，各湿地类型受气候、降雨及人工调蓄的影响，内部易发生相互转移。洪泽湖区域河流水域和沼泽湿地面积较小，容易受气候及降雨的影响，对人为干扰的敏感度较高，较容易转移为其他湿地类型，也容易向灌草地、草地等非湿地类型转移，因此动态度变化较大，且正向变化和负向变化都有，湿地总面积持续下降。

2）非汛期

对比汛期，非汛期洪泽湖湿地动态变化趋势基本一致，湖泊湿地非汛期较汛期的变化幅度进一步减小，说明非汛期调水使湖泊面积在非汛期相对稳定。南水北调东线一期工程建设运行不同时段洪泽湖非汛期湿地面积的动态度见表 5-12。

表 5-12　南水北调东线一期工程建设运行不同时段洪泽湖非汛期湿地面积的动态度　%

湿地类型	2016~2019 年	2001~2019 年
河流水域	-10.11	-2.81
沼泽湿地	88.37	15.10
湖泊湿地	-0.68	-0.04
人工湿地	-6.18	-1.55
湿地总面积	-0.37	-0.22

3. 洪泽湖湿地景观转移矩阵

1）汛期

南水北调东线一期工程运行后，汛期主要为湿地景观向非湿地景观转移；湿地景观中，人工湿地同时也在向自然湿地转移。人工湿地包括水库坑塘、运河、输水河、水产养殖场、稻田/冬水田，由于退耕还湿、退渔还湿的施行，水产养殖场、稻田/冬水田等人工湿地逐渐转移为湖泊水域、沼泽湿地等自然湿地类型。

2）非汛期

非汛期湿地景观向非湿地景观转移，主要表现为沼泽向灌草地转移；湿地景观中，人工湿地同时也在向自然湿地转移。非汛期与汛期景观转移趋势基本一致，都是由非湿地转移为湿地，但转移幅度较汛期小。说明非汛期调水对洪泽湖湿地转移矩阵仅有量的区别而无质的区别。

4. 洪泽湖湿地景观格局变化

1）汛期

经研究发现，南水北调东线一期工程运营后，洪泽湖汛期湿地斑块数量有所减少，以人工湿地斑块减少最为明显,湖泊湿地斑块数量最为稳定。南水北调东线一期工程建设运行不同时段洪泽湖汛期各类型湿地斑块解译数量统计结果见表 5-13。

表 5-13　南水北调东线一期工程建设运行不同时段洪泽湖汛期各类型湿地斑块解译数量统计结果

类型	2002 年	2005 年	2010 年	2016 年	2019 年
河流水域	21 270	11 881	17 927	15 262	14 316
沼泽湿地	18 095	20 782	25 199	20 298	25 285
湖泊湿地	955	1 497	1 542	1 474	1 395
人工湿地	22 043	14 581	9 445	9 095	7 856
合计	62 363	48 741	54 113	46 129	48 852

由南水北调东线一期工程建设运行不同时段洪泽湖汛期湿地景观指数统计结果(见表 5-14)分析可知:

(1)洪泽湖湖泊湿地在洪泽湖地区 LAND 比例最大,说明洪泽湖区域以湖泊湿地景观为主;工程运行后湖泊湿地的 LAND 有所升高,运行后的比例为 69.35%、68.47%;工程建设前为 62.67%,施工期为 67.00%、61.22%;说明湖泊湿地占总湿地面积的比例在工程运行后有所升高。主要原因是南水北调东线一期工程运行后,洪泽湖(非汛期)蓄水位由 13.0 m 抬高至 13.5 m,同时启动了滨湖堤防防护工程,使湖岸消落带区域在水位较低时较难转移为其他湿地类型,使湿地面积减小,湖泊湿地 LAND 比例升高;另外部分人工湿地退耕还湿、退渔还湿,也会增加湖泊面积使湖泊湿地 LAND 比例升高。

(2)洪泽湖沼泽湿地和河流水域在洪泽湖地区斑块密度指数较大,说明斑块破碎较为严重,稳定性较低;湖泊湿地在各个时期的斑块密度指数变动很小,仅施工期(2010 年)为 0.02,其余均为 0.01;洪泽湖不同时段多样性和均匀度均比较低,说明洪泽湖区域湿地景观多样性较低,均匀度较差,主要是因为湖泊水域占较大面积,同时斑块数量较少,景观均匀分布的可能性较低。各湿地类型的景观多样性指数和景观均匀度指数在 2002 年以后趋于稳定,说明在这 10 余年时间各湿地景观斑块类型基本呈均衡化趋势分布。

表 5-14　南水北调东线一期工程建设运行不同时段洪泽湖汛期湿地景观指数统计结果

<table>
<tr><th>年份</th><th>湿地类型</th><th>LAND/%</th><th>PD/(个/hm²)</th><th>SHDI</th><th>SHEI</th></tr>
<tr><td rowspan="4">2002</td><td>河流水域</td><td>9.92</td><td>1.39</td><td rowspan="4">1.95</td><td rowspan="4">0.18</td></tr>
<tr><td>沼泽湿地</td><td>3.22</td><td>3.65</td></tr>
<tr><td>湖泊湿地</td><td>62.67</td><td>0.01</td></tr>
<tr><td>人工湿地</td><td>24.19</td><td>0.59</td></tr>
<tr><td rowspan="4">2005</td><td>河流水域</td><td>5.24</td><td>1.38</td><td rowspan="4">0.90</td><td rowspan="4">0.09</td></tr>
<tr><td>沼泽湿地</td><td>4.15</td><td>3.05</td></tr>
<tr><td>湖泊湿地</td><td>67.00</td><td>0.01</td></tr>
<tr><td>人工湿地</td><td>23.62</td><td>0.38</td></tr>
</table>

续表 5-14

年份	湿地类型	LAND/%	PD/(个/hm²)	SHDI	SHEI
2010	河流水域	5.09	2.22	0.99	0.08
	沼泽湿地	7.31	2.17		
	湖泊湿地	61.22	0.02		
	人工湿地	26.38	0.23		
2016	河流水域	5.45	1.84	0.87	0.09
	沼泽湿地	4.21	3.17		
	湖泊湿地	69.35	0.01		
	人工湿地	21.00	0.28		
2019	河流水域	4.63	2.08	0.94	0.09
	沼泽湿地	10.60	1.61		
	湖泊湿地	68.47	0.01		
	人工湿地	16.29	0.32		

2)非汛期

在非汛期,洪泽湖湿地斑块数目运行后与建设前相比总体有所减少,尤其河流水域斑块数在工程建设后减少较多。湿地斑块数量与汛期相比有显著降低,但变动趋势基本一致,可能是由于汛期下泄水量使沼泽裸露,斑块增加,工程运行后,非汛期调水使水位上升,淹没部分沼泽,因此沼泽斑块减少。洪泽湖非汛期湿地景观指数与汛期变化趋势基本一致;不同时段湿地景观指数也基本一致,说明洪泽湖不同时段各类型湿地斑块数受非汛期调水影响较小。南水北调东线一期工程建设运行不同时段洪泽湖汛期各类型湿地斑块解译数量统计结果见表 5-15,南水北调东线一期工程建设运行不同时段洪泽湖非汛期湿地景观指数统计结果见表 5-16。

表 5-15　南水北调东线一期工程建设运行不同时段洪泽湖汛期各类型湿地斑块解译数量统计结果

类型	2001 年	2004 年	2009 年	2016 年	2019 年
河流水域	14 821	10 827	9 494	6 191	5 005
沼泽湿地	13 571	11 947	18 551	19 006	15 860
湖泊湿地	783	949	1 198	920	972
人工湿地	10 724	11 062	12 266	9 946	10 652
合计	39 899	34 785	41 509	36 063	32 489

表 5-16 南水北调东线一期工程建设运行不同时段洪泽湖非汛期湿地景观指数统计结果

年份	湿地类型	LAND/%	PD/(个/hm²)	SHDI	SHEI
2001	河流水域	7.36	1.24	1.61	0.15
	沼泽湿地	1.97	4.24		
	湖泊湿地	72.91	0.01		
	人工湿地	17.76	0.37		
2004	河流水域	4.13	1.60	0.81	0.08
	沼泽湿地	2.78	2.62		
	湖泊湿地	70.74	0.01		
	人工湿地	22.35	0.30		
2009	河流水域	4.75	1.21	0.82	0.07
	沼泽湿地	5.07	2.21		
	湖泊湿地	73.88	0.01		
	人工湿地	16.30	0.45		
2016	河流水域	5.67	0.69	0.75	0.08
	沼泽湿地	1.97	6.09		
	湖泊湿地	75.87	0.01		
	人工湿地	16.49	0.38		
2019	河流水域	4.00	0.80	0.81	0.08
	沼泽湿地	7.28	1.39		
	湖泊湿地	75.14	0.01		
	人工湿地	13.58	0.50		

5.2.2.2 骆马湖重要湿地生态年际变化分析

1. 骆马湖湿地总面积变化

1)汛期

南水北调东线一期工程建设运行不同时段骆马湖汛期湿地面积变化情况见表 5-17。由解译数据分析可知,骆马湖区域以湖泊湿地为主,工程实施后骆马湖在丰水期湿地总体面积基本不变,湖泊湿地总体有上升趋势,沼泽湿地在各年份变动幅度最大,河流水域占比较小,人工湿地在施工结束后有明显的下降趋势。非湿地中,林地、耕地、建设用地都有逐年增长的趋势,灌草地受湿地面积波动影响较大,灌草地一般分布在湖泊和河流周边,易被水淹没转移为湖泊湿地、河流湿地或沼泽湿地;浅水位的湖泊河流也易转移为沼泽湿地,进而又转移为灌草地。

骆马湖湖泊水域湿地面积的逐年升高可能与新沂骆马湖湿地自然保护区、宿迁骆马湖自然保护区的建立与维护有关;沼泽湿地受气候及降雨量的影响较大,同时湖泊湿地内部可以相互转移,因此波动较为明显;工程实施后,周边退渔还湿、退耕还湿成效明显,因此人工湿地的占比在运行后逐渐降低。

表 5-17　南水北调东线一期工程建设运行不同时段骆马湖汛期湿地面积变化情况

湿地类型		不同时段湿地面积卫片解译结果/hm²				
		2001 年（建设前）	2005 年（施工期）	2009 年（施工期）	2016 年（运行期）	2019 年（运行期）
湿地	河流水域	660.31	884.34	589.76	779.84	685.05
	沼泽湿地	4 103.70	2 137.02	3 520.22	2 212.47	1 613.78
	湖泊湿地	16 898.50	20 099.94	19 670.94	21 458.98	22 058.75
	人工湿地	3 078.79	5 137.07	4 622.75	4 186.07	4 040.03
	小计	24 741.30	28 258.37	28 403.67	28 637.36	28 397.61
非湿地	林地	394.49	476.53	554.17	579.22	684.85
	灌草地	7 012.95	2 854.04	2 546.57	2 132.21	2 266.63
	耕地	2 202.45	2 752.45	2 786.40	2 821.79	2 868.14
	建设用地	499.77	509.56	560.13	680.37	633.72
	小计	10 109.66	6 592.58	6 447.27	6 213.59	6 453.34
合计		34 850.96	34 850.95	34 850.94	34 850.95	34 850.95

2)非汛期

南水北调东线一期工程建设运行不同时段骆马湖非汛期湿地面积变化情况见表 5-18。研究发现,非汛期不同时段的骆马湖湿地面积变化与汛期基本一致:河流水域面积变化较小,占比较小;沼泽湿地波动较大;湖泊湿地波动上升;人工湿地在施工结束后明显下降。非汛期与汛期湿地面积主要差异为:运行后,骆马湖非汛期湿地总面积有所增加,2016 年较 2010 年有显著增加,2019 年又有所下降,但总面积仍然高于 2010 年;湖泊湿地面积增加,沼泽湿地面积有所减少,而汛期并无此变化。除这两个年度外,非汛期湖泊湿地面积也显著高于汛期的,原因一方面是 2016 年非汛期骆马湖区雨量增加,另一方面是调水期调水也会使骆马湖湖泊水位上涨,湖泊水域面积增加,同时淹没部分沼泽和灌草地,灌草地的淹没使非湿地向湿地转化,使湖泊湿地面积和湿地总面积都有所增加,而湿地中的沼泽湿地受到淹没,致使其面积减小。

2. 骆马湖湿地动态度变化

1)汛期

湿地总面积的动态度为±0.28 到±0.87(见表 5-19),较为稳定。各类型的湿地面积以沼泽湿地变化幅度最大。

表 5-18　南水北调东线一期工程建设运行不同时段骆马湖非汛期湿地面积变化情况

土地类型		不同时段湿地面积卫片解译结果/hm^2				
		2002 年（建设前）	2005 年（施工期）	2010 年（施工期）	2016 年（运行期）	2019 年（运行期）
湿地	河流水域	730.39	910.35	648.68	951.11	893.98
	沼泽湿地	3 494.03	1 389.41	2 934.03	1 273.19	757.38
	湖泊湿地	20 276.02	22 911.37	20 987.12	24 555.16	24 835.72
	人工湿地	3 360.54	3 857.58	4 542.41	4 326.00	3 542.39
	小计	27 860.98	29 068.71	29 112.24	31 105.46	30 029.47
非湿地	林地	397.54	477.41	515.48	414.86	711.16
	灌草地	3 858.43	2 061.24	1 934.35	122.68	596.42
	耕地	2 231.563	2 731.56	2 764.4937	2 600.76	2 885.64
	建设用地	502.432 73	512.03	524.388 88	607.19	628.26
	小计	6 989.97	5 782.24	5 738.71	3 745.49	4 821.48
合计		34 850.95	34 850.95	34 850.95	34 850.95	34 850.95

表 5-19　南水北调东线一期工程建设运行不同时段骆马湖汛期湿地面积的动态度　　%

湿地类型	2016~2019 年	2001~2019 年
河流水域	−4.05	0.22
沼泽湿地	−9.02	−3.57
湖泊湿地	0.93	1.80
人工湿地	−1.16	1.84
湿地总面积	−0.28	0.87

汛期产生以上影响主要是由于骆马湖区域沼泽湿地和河流水域湿地面积较小，容易受人为干扰及降雨的影响；同时骆马湖为调蓄水库，在汛期为调蓄洪水，会提前下泄水量，以至于湖泊水域的面积不因降雨量过大水位上涨而面积大幅增加，受人工调蓄后，湖泊湿地的面积更趋于稳定。

2）非汛期

湿地总面积变动幅度总体上较为稳定。湖泊非汛期各湿地类型 2002~2019 年动态度均值较汛期均小（除河流水域湿地外），说明 2002~2019 年非汛期各湿地面积较汛期稳定。说明工程运行后，非汛期调水使湖泊水位上涨，对维持湿地面积的稳定有积极作用。南水北调东线一期工程建设运行不同时段骆马湖非汛期湿地面积的动态度见表 5-20。

表 5-20　南水北调东线一期工程建设运行不同时段骆马湖非汛期湿地面积的动态度　%

湿地类型	2016~2019 年	2002~2019 年
河流水域湿地	-2.00	1.32
沼泽湿地	-13.50	-2.68
湖泊湿地	0.38	1.08
人工湿地	-6.04	-1.30
湿地总面积	-1.15	0.51

3. 骆马湖湿地景观转移矩阵

1) 汛期

南水北调东线一期工程运行后,汛期主要为非湿地景观向湿地景观转移;湿地景观中,由于退耕还湿、退渔还湿的施行,水产养殖场、稻田/冬水田等人工湿地逐渐转移为湖泊水域、沼泽湿地等自然湿地类型。

2) 非汛期

非汛期非湿地景观向湿地景观转移,主要为灌草地向湖泊水域转移;湿地景观中,人工湿地同时也在向自然湿地转移。非汛期与汛期景观转移趋势基本一致,都是由非湿地转移为湿地,但转移幅度较汛期小。说明非汛期调水对洪泽湖湿地转移矩阵仅有量的区别而无质的区别。

4. 骆马湖湿地景观格局变化

1) 汛期

在汛期,骆马湖湿地斑块数目有所波动,以湖泊湿地最为稳定,沼泽湿地和人工湿地斑块波动性较大,河流水域斑块有逐渐减少趋势。由南水北调东线一期工程建设运行不同时段骆马湖汛期各类型湿地斑块数见表 5-21。

表 5-21　南水北调东线一期工程建设运行不同时段骆马湖汛期各类型湿地斑块数

类型	2002 年	2005 年	2009 年	2016 年	2019 年
河流水域	731	794	551	575	459
沼泽湿地	959	548	476	799	690
湖泊湿地	793	686	792	781	596
人工湿地	898	604	555	867	732
合计	3 381	2 632	2 374	3 022	2 477

由南水北调东线一期工程建设运行不同时段骆马湖汛期湿地景观指数统计结果(见表 5-22)分析可知:

(1)湖泊湿地在骆马湖地区 LAND 比例最大,说明骆马湖区域以湖泊湿地景观为主;工程运行后湖泊湿地的 LAND 有所升高,这可能与工程运行后退耕还湿、退渔还湿使人工湿地转移为湖泊湿地有关。

(2)沼泽湿地、河流水域和人工湿地在洪泽湖地区斑块密度指数较大,说明斑块破碎较为严重,稳定性较低;湖泊湿地在各个时期的斑块密度指数变动较小。

(3)各湿地类型的景观多样性指数和景观均匀度指数均处于较低水平且工程实施后均有所下降,但下降幅度较小,可能是由于工程运行后湖泊面积增加,淹没其他湿地类型,使其他类型湿地面积和斑块数量降低,导致景观多样性指数和均匀度指数均有所降低。

表 5-22　南水北调东线一期工程建设运行不同时段骆马湖汛期湿地景观指数统计结果

年份	湿地类型	LAND/%	PD/(个/hm^2)	SHDI	SHEI
2002	河流水域	2.67	1.11	1.83	0.23
	沼泽湿地	16.59	0.23		
	湖泊湿地	68.30	0.05		
	人工湿地	12.44	0.29		
2005	河流水域	3.13	0.90	0.86	0.11
	沼泽湿地	7.56	0.26		
	湖泊湿地	71.13	0.03		
	人工湿地	18.18	0.12		
2009	河流水域	2.08	0.93	0.89	0.10
	沼泽湿地	12.39	0.14		
	湖泊湿地	69.25	0.04		
	人工湿地	16.28	0.12		
2016	河流水域	2.72	0.74	0.79	0.09
	沼泽湿地	7.73	0.36		
	湖泊湿地	74.93	0.04		
	人工湿地	14.62	0.21		
2019	河流水域	2.41	0.67	0.73	0.09
	沼泽湿地	5.68	0.43		
	湖泊湿地	77.68	0.03		
	人工湿地	14.23	0.18		

2)非汛期

骆马湖非汛期湿地斑块的数量小于汛期,且工程运营后,非汛期湿地斑块数量呈上升趋势,而汛期并没有此变化,主要是由于调水期间水位的波动变化导致的。骆马湖非汛期景观格局与汛期景观格局变化趋势基本一致,说明调水工程对骆马湖景观格局的变化趋势影响较小;非汛期景观多样性指数和均匀度指数均比汛期要小,可能是因为非汛期调水,湖泊水位上涨,面积增加,淹没其他湿地类型,使得其他类型湿地面积和斑块数量降低,导致景观多样性指数和均匀度指数均有所降低。南水北调东线一期工程建设运行不同时段骆马湖非汛期各类型湿地斑块数统计结果见表 5-23,南水北调东线一期工程建设运行不同时段骆马湖非汛期湿地景观指数统计结果见表 5-24。

表 5-23　南水北调东线一期工程建设运行不同时段骆马湖非汛期各类型湿地斑块数统计结果

类型	2002 年	2005 年	2010 年	2016 年	2019 年
河流水域	382	417	305	350	268
沼泽湿地	214	299	191	409	367
湖泊湿地	305	345	581	808	936
人工湿地	238	460	492	552	540
合计	1 139	1 521	1 569	2 119	2 111

表 5-24　南水北调东线一期工程建设运行不同时段骆马湖非汛期湿地景观指数统计结果

年份	湿地类型	LAND/%	PD/(个/hm^2)	SHDI	SHEI
2002	河流水域	9.92	1.39	1.68	0.24
	沼泽湿地	3.22	3.65		
	湖泊湿地	62.67	0.01		
	人工湿地	24.19	0.59		
2005	河流水域	5.24	1.38	0.71	0.11
	沼泽湿地	4.15	3.05		
	湖泊湿地	67.00	0.01		
	人工湿地	23.62	0.38		
2010	河流水域	5.09	2.22	0.84	0.09
	沼泽湿地	7.31	2.17		
	湖泊湿地	61.22	0.02		
	人工湿地	26.38	0.23		
2016	河流水域	5.45	1.84	0.70	0.08
	沼泽湿地	4.21	3.17		
	湖泊湿地	69.35	0.01		
	人工湿地	21.00	0.28		
2019	河流水域	4.63	2.08	0.61	0.08
	沼泽湿地	10.60	1.61		
	湖泊湿地	68.47	0.01		
	人工湿地	16.29	0.32		

5.2.2.3　南四湖重要湿地生态年际变化分析

1. 总面积变化

1) 汛期

南水北调东线一期工程建设运行汛期不同时段的南四湖湿地面积变化及不同时段各类型湿地组成变化情况卫片解译结果见表 5-25。从卫片解译结果分析可知,南四湖区域以湖泊湿地和人工湿地为主,工程实施后南四湖在汛期湿地总体面积和湖泊湿地的面积有所下降,沼泽湿地面积有所上升,河流水域占比较小,除 2015 年面积较小外,其余时段较为稳定;人工湿地面积在施工期有上升趋势,施工结束后有明显下降。

表 5-25　不同时段南四湖汛期湿地面积情况

土地类型		不同时段湿地面积卫片解译结果/hm^2				
		2002 年(建设前)	2004 年(施工期)	2009 年(施工期)	2015 年(运行期)	2020 年(运行期)
湿地	河流水域	3 390.48	2 805.46	3 191.15	1 282.63	4 262.47
	沼泽湿地	12 459.96	9 895.48	11 183.80	14 642.54	16 187.33
	湖泊湿地	35 345.00	50 868.04	45 755.01	39 685.94	32 886.02
	人工湿地	26 081.29	32 494.93	39 629.15	37 710.05	33 493.07
	小计	77 276.73	96 063.91	99 759.11	93 321.16	86 828.89
非湿地	林地	2 257.96	2 918.25	3 333.38	3 635.68	3 980.96
	灌草地	29 743.48	19 828.22	12 235.71	17 245.63	20 101.81
	耕地	21 215.56	11 721.53	15 274.59	16 332.24	19 525.31
	建设用地	2 441.04	2 402.86	2 331.98	2 400.06	2 497.79
	小计	55 658.04	36 870.86	33 175.66	39 613.61	46 105.87
合计		132 934.77	132 934.77	132 934.77	132 934.77	132 934.76

南四湖为调蓄湖泊,汛期会提前下泄水量降低水位,由于水位跟湖泊水域的面积相关性较高,因此湖泊水域变化与当年的调蓄规划有关;沼泽湿地受气候及降雨量的影响较大,跟湖泊湿地可以相互转移,因此与湖泊湿地呈负相关;工程实施后,周边退渔还湿、退耕还湿成效明显,因此人工湿地的占比在运行后逐渐降低。

2) 非汛期

非汛期与汛期的变化趋势基本一致,同时非汛期湿地总面积和湖泊湿地的面积明显高于汛期,主要是受汛期下泄水量和非汛期调水的影响。南水北调东线一期工程建设运行不同时段非汛期南四湖湿地面积变化及不同时段各类型湿地组成变化情况卫片解译结果见表 5-26。

表 5-26　不同时段南四湖非汛期湿地面积情况

土地类型		不同时段湿地面积卫片解译结果/hm²				
		2001 年（建设前）	2004 年（施工期）	2009 年（施工期）	2015 年（运行期）	2018 年（运行期）
湿地	河流水域	6 859.44	6 133.77	5 776.74	2 207.85	3 645.16
	沼泽湿地	10 325.43	8 254.65	10 808.52	8 516.21	18 858.40
	湖泊湿地	45 473.60	55 045.53	54 598.23	52 328.20	47 926.37
	人工湿地	35 812.98	41 696.71	34 421.78	33 707.10	26 599.75
	小计	98 471.45	111 130.66	105 605.27	96 759.36	97 029.68
非湿地	林地	2 210.10	2 357.38	3 225.48	3 409.45	3 988.24
	灌草地	9 882.07	7 262.28	8 263.63	15 388.19	11 910.60
	耕地	21 929.56	11 737.34	15 346.40	16 961.93	19 553.85
	建设用地	2 441.59	2 447.11	2 493.99	2 415.85	2 452.40
	小计	36 463.32	23 804.11	29 329.5	38 175.42	37 905.09
合计		134 934.77	134 934.77	134 934.77	134 934.78	134 934.77

2. 湿地动态度变化

1) 汛期

湿地总面积的动态度为±0.69~±1.39（见表 5-27），较为稳定。2015~2020 年河流水域面积动态变幅较大，而在 2002~2020 年总体上河流水域面积动态变幅很小。

湿地总面积变化不大，而湿地中各类型湿地变动幅度较大，因此湿地动态度变化主要表现为湿地类型的内部转移，其中湖泊湿地主要受人工调蓄的影响，人为下泄湖泊水量时，湖泊湿地面积减小，动态度发生变化；沼泽湿地、河流水域除受人为调蓄的影响外，还受降雨、人为干扰等影响，因此动态度变化较大。

表 5-27　南水北调东线一期工程建设运行不同时段南四湖汛期湿地面积的动态度　%

湿地类型	2015~2020 年	2002~2020 年
河流水域	46.46	1.43
沼泽湿地	2.11	1.66
湖泊湿地	-3.43	-0.39
人工湿地	-2.24	1.58
湿地总面积	-1.39	0.69

2) 非汛期

非汛期湿地中各类型变动幅度较大，而湖泊湿地总面积动态度变化不大，沼泽湿地和河流水域面积动态度变化较大，湖泊湿地变动较小。2001~2018 年，非汛期动态度湿地总面积、河流水域、沼泽湿地的波动幅度均较汛期大，人工湿地基本一致，湖泊湿地波动幅度较小,说明非汛期调水对湖泊湿地面积稳定有积极作用。南水北调东线一期工程建设运行不同时段南四湖非汛期湿地面积的动态度见表 5-28。

表 5-28 南水北调东线一期工程建设运行不同时段南四湖非汛期湿地面积的动态度 %

湿地类型	2015~2018 年	2001~2018 年
河流水域	21.70	-2.76
沼泽湿地	40.48	4.86
湖泊湿地	-2.80	0.32
人工湿地	-7.03	-1.51
湿地总面积	0.09	1.39

3. 湿地景观转移矩阵

1) 汛期

南水北调东线一期工程运行前,汛期主要为非湿地景观向湿地景观转移;运行后,汛期主要为湿地景观向非湿地景观转移;同时,由于退耕还湿、退渔还湿相关工程的实施,湿地景观中水产养殖场、稻田/冬水田等人工湿地逐渐转移为湖泊水域、沼泽湿地等自然湿地类型。

2) 非汛期

非汛期南四湖的景观转移矩阵基本与汛期一致,说明工程运行后,非汛期调水对南四湖湿地转移矩阵影响很小。

4. 湿地景观格局变化

1) 汛期

在汛期,南四湖湿地斑块数目有所波动,基本呈现出先升后降的趋势,与面积增长趋势较类似;人工湿地斑块波动性较大。斑块数量一方面与景观破碎化有关,另一方面与景观面积也存在一定的关系。湿地类型中,2002 年、2004 年和 2009 年沼泽湿地的斑块数量最多,其次为湖泊湿地,由于沼泽湿地的面积要远小于湖泊湿地的面积,因此在工程运行前,南四湖沼泽湿地的破碎化较为严重。2015 年、2020 年沼泽湿地的斑块数量少于湖泊湿地斑块数量,说明工程运行后改善了南四湖蓄水能力,同期使湖内沼泽湿地破碎化情况有所改善。南水北调东线一期工程建设运行不同时段南四湖汛期各类型湿地斑块数统计结果见表 5-29。

表 5-29 南水北调东线一期工程建设运行不同时段南四湖汛期各类型湿地斑块数统计结果

类型	2002 年	2004 年	2009 年	2015 年	2020 年
河流水域	771	932	1 189	783	1 053
沼泽湿地	4 807	7 776	7 568	8 049	5 614
湖泊湿地	2 558	2 769	3 285	4 007	2 051
人工湿地	2 988	4 036	6 256	8 645	6 874
合计	11 124	15 513	18 298	21 484	15 592

由南水北调东线一期工程建设运行不同时段南四湖汛期湿地景观指数统计结果(见

表 5-30)分析卫片解译结果可知:

(1)湖泊湿地在洪泽湖地区 LAND 比例最大,说明南四湖区域以湖泊湿地景观为主。湖泊湿地的 LAND 比例变动较大,2002 年为 45. 74%、2004 年为 52. 95%、2009 年 45. 87%、2015 年为 42. 53%、2020 年为 37. 87%,可知 2004 年 LAND 比例有大幅上升,2020 年 LAND 比例又大幅下降;这可能与汛期下泄水量有关,汛期提前下泄一部分水量,使湖泊水位降低,湖泊湿地转移为沼泽湿地,从而使湖泊湿地的 LAND 降低。由于每年下泄水量会根据各年汛期的情况受人为调控,因此如选取卫片的时间与汛期下泄水量时间一致,湖泊蓄水位降低,则会使湖泊湿地的 LAND 有较明显的降低;如解译卫片时间时蓄水位较高,则会使湖泊 LAND 升高。

(2)沼泽湿地、河流水域在南四湖地区斑块密度指数较大,说明斑块破碎较为严重,稳定性较低;湖泊湿地在各个时期的斑块密度指数变动较小,稳定性较高。

(3)各湿地类型的景观多样性指数较低,景观均匀度指数也较低,主要是由于区域以湖泊类型为主,其他湿地景观类型分布较少;工程实施后虽略有上下波动,但幅度很小,说明在这 10 余年时间各湿地景观斑块类型基本呈均衡化趋势分布。

表 5-30　南水北调东线一期工程建设运行不同时段南四湖汛期湿地景观指数统计结果

年份	湿地类型	LAND/%	PD/(个/hm^2)	SHDI	SHEI
2002	河流水域	4. 39	0. 23	2. 31	0. 25
	沼泽湿地	16. 12	0. 39		
	湖泊湿地	45. 74	0. 07		
	人工湿地	33. 75	0. 11		
2004	河流水域	2. 92	0. 33	1. 04	0. 11
	沼泽湿地	10. 30	0. 79		
	湖泊湿地	52. 95	0. 05		
	人工湿地	33. 83	0. 12		
2009	河流水域	3. 20	0. 37	1. 08	0. 11
	沼泽湿地	11. 21	0. 68		
	湖泊湿地	45. 87	0. 07		
	人工湿地	39. 72	0. 16		
2015	河流水域	1. 37	0. 61	1. 08	0. 12
	沼泽湿地	15. 69	0. 55		
	湖泊湿地	42. 53	0. 10		
	人工湿地	40. 41	0. 23		
2020	河流水域	4. 91	0. 25	1. 20	0. 12
	沼泽湿地	18. 64	0. 35		
	湖泊湿地	37. 86	0. 06		
	人工湿地	38. 57	0. 21		

2) 非汛期

工程运营后,非汛期湿地斑块较汛期数量有所上升;湖泊斑块的数量上升明显,水位上升会使斑块数量升高,也可能会使斑块数量降低,与当前水位条件下,沼泽和水域的水力连通和分布有关。若当前水位湖心或周边沼泽、陆地分布较多,水位上涨淹没部分沼泽陆地,使水域连通,湿地总斑块数量就会降低;当前水位如沼泽和陆地分布面积较小,湖泊水位上涨后对周边沼泽和陆地斑块的淹没不明显,反而会使周边洼地积水,沼泽面积增加,使得斑块数量上升。非汛期,湿地斑块数量呈波动上升趋势,与汛期基本一致。南四湖非汛期景观格局与汛期景观指数以及变动趋势也基本一致,说明调水工程对南四湖景观的格局影响较小。南水北调东线一期工程建设运行不同时段南四湖非汛期各类型湿地斑块数统计结果见表 5-31,南水北调东线一期工程建设运行不同时段南四湖非汛期湿地景观指数统计结果见表 5-32。

表 5-31　南水北调东线一期工程建设运行不同时段南四湖非汛期各类型湿地斑块数统计结果

类型	2001 年	2004 年	2009 年	2015 年	2018 年
河流水域	1 786	2 422	2 383	1 323	1 789
沼泽湿地	8 171	8 239	8 061	10 596	6 963
湖泊湿地	4 160	5 563	4 359	7 093	4 161
人工湿地	3 165	4 520	4 545	6 444	4 825
合计	17 282	20 744	19 348	25 456	17 738

表 5-32　南水北调东线一期工程建设运行不同时段南四湖非汛期湿地景观指数统计结果

<table>
<tr><th>年份</th><th>湿地类型</th><th>LAND/%</th><th>PD/(个/hm^2)</th><th>SHDI</th><th>SHEI</th></tr>
<tr><td rowspan="4">2001</td><td>河流水域</td><td>6.96</td><td>0.26</td><td rowspan="4">2.29</td><td rowspan="4">0.24</td></tr>
<tr><td>沼泽湿地</td><td>10.49</td><td>0.79</td></tr>
<tr><td>湖泊湿地</td><td>46.18</td><td>0.09</td></tr>
<tr><td>人工湿地</td><td>36.37</td><td>0.09</td></tr>
<tr><td rowspan="4">2004</td><td>河流水域</td><td>5.52</td><td>0.39</td><td rowspan="4">1.07</td><td rowspan="4">0.11</td></tr>
<tr><td>沼泽湿地</td><td>7.43</td><td>1.00</td></tr>
<tr><td>湖泊湿地</td><td>49.53</td><td>0.10</td></tr>
<tr><td>人工湿地</td><td>37.52</td><td>0.11</td></tr>
<tr><td rowspan="4">2009</td><td>河流水域</td><td>5.47</td><td>0.41</td><td rowspan="4">1.10</td><td rowspan="4">0.10</td></tr>
<tr><td>沼泽湿地</td><td>10.23</td><td>0.75</td></tr>
<tr><td>湖泊湿地</td><td>51.71</td><td>0.08</td></tr>
<tr><td>人工湿地</td><td>32.59</td><td>0.13</td></tr>
</table>

续表 5-32

年份	湿地类型	LAND/%	PD/(个/hm^2)	SHDI	SHEI
2015	河流水域	2.28	0.60	1.00	0.12
	沼泽湿地	8.80	1.24		
	湖泊湿地	54.08	0.14		
	人工湿地	34.84	0.19		
2018	河流水域	3.76	0.49	1.14	0.12
	沼泽湿地	19.44	0.37		
	湖泊湿地	49.39	0.09		
	人工湿地	27.41	0.18		

5.2.2.4　东平湖重要湿地生态年际变化分析

1.总面积变化

1)汛期

南水北调东线一期工程建设运行汛期不同时段的东平湖湿地面积变化及不同时段各类型湿地组成变化情况卫片解译结果见表5-33。从卫片解译结果可知,东平湖区域以湖泊湿地为主,工程实施后东平湖在汛期总体面积有所减少,主要为沼泽湿地面积和人工湿地面积的减少,湖泊湿地面积变化很小,产生这种变化的原因可能是近年来降雨量持续偏低、气温升高;同时工程实施后,人工湿地进行了退渔还湿、退耕还湿,因此人工湿地向自然湿地转移,与此同时相对于湖泊湿地,河流水域和沼泽湿地受气候及降雨量的影响较大,所以湿地总面积减少主要表现在沼泽湿地面积和人工湿地面积的减少。

2)非汛期

南水北调东线一期工程建设运行非汛期不同时段的东平湖湿地面积变化及不同时段各类型湿地组成变化情况卫片解译结果见表5-34。从卫片解译结果可知,非汛期的

表5-33　不同时段东平湖汛期湿地面积情况

土地类型		不同时段湿地面积卫片解译结果/hm^2				
		2002年(建设前)	2006年(施工期)	2010年(施工期)	2016年(运行期)	2019年(运行期)
湿地	河流水域	460.71	759.24	682.54	675.31	738.93
	沼泽湿地	3 593.98	3 239.37	3 743.28	3 384.16	3 091.58
	湖泊湿地	11 315.87	11 314.64	11 229.57	11 546.17	11 276.71
	人工湿地	3 183.84	3 480.48	3 249.73	2 138.69	1 577.84
	小计	18 554.40	18 793.73	18 905.12	17 744.33	16 685.06

续表 5-33

土地类型		不同时段湿地面积卫片解译结果/hm²				
		2002 年（建设前）	2006 年（施工期）	2010 年（施工期）	2016 年（运行期）	2019 年（运行期）
非湿地	林地	2 498.00	2 271.60	1 649.94	1 353.00	1 125.46
	灌草地	1 583.41	1 113.84	1 192.67	2 872.14	2 562.51
	耕地	3 485.52	3 911.13	4 252.87	3 471.50	3 632.46
	建设用地	1 669.61	1 700.64	1 790.34	2 349.97	3 785.45
	小计	9 236.54	8 997.21	8 885.82	10 046.61	1 105.88
合计		27 790.94	27 790.94	27 790.94	27 790.94	27 790.94

变化趋势与汛期湖泊湿地与沼泽湿地的变化趋势有所不同,而非汛期湿地总面积和其他类型湿地面积与汛期的变化趋势基本一致。在工程运行后,沼泽湿地面积有缓慢上升的趋势,湖泊湿地面积有缓慢下降的趋势,湖泊湿地面积的变化主要受人工调蓄的影响,在非汛期主要为调水的影响,调水水位升高、湖泊面积增加,调水水位降低、湖泊面积减小,由于湿地总面积与汛期变化趋势一致,且变动幅度较小,说明调水对其影响不大,此外,非汛期湿地面积相比汛期要大,与调水时水位升高,淹没部分灌草地有关。

表 5-34 不同时段东平湖非汛期湿地面积情况表

土地类型		不同时段湿地面积卫片解译结果/hm²				
		2001 年（建设前）	2006 年（施工期）	2010 年（施工期）	2016 年（运行期）	2018 年（运行期）
湿地	河流水域	872.64	855.09	818.01	569.59	835.79
	沼泽湿地	2 698.56	2 470.05	1 378.80	1 767.92	2 224.25
	湖泊湿地	12 259.44	12 861.92	13 595.22	13 154.75	11 985.03
	人工湿地	3 375.72	3 090.42	3 423.06	2 390.32	1 363.43
	小计	19 206.36	19 277.48	19 215.09	17 882.58	16 408.50
非湿地	林地	2 034.41	1 968.01	1 702.05	1 447.60	1 134.43
	灌草地	1 472.64	987.04	1 224.14	2 441.33	2 577.44
	耕地	3 398.94	3 821.31	3 875.22	3 686.67	3 889.46
	建设用地	1 678.59	1 737.10	1 774.44	2 332.76	3 781.11
	小计	8 584.58	8 513.46	8 575.85	9 908.37	11 382.44
合计		27 790.94	27 790.94	27 790.94	27 790.94	27 790.94

2. 湿地动态变化

1) 汛期

汛期除河流水域外,其他类型的湿地面积变化波动相对平稳,在所有湿地类型中,河流水域动态变化较大,湖泊湿地最为稳定。

相对于沼泽和湖泊湿地面积,河流水域面积动态变化较大的主要原因是东平湖区域河流水域面积较小,容易受气候及降雨的影响;其他类型变动较小,说明东平湖各类型湿地相对稳定,变动较小。南水北调东线一期工程建设运行不同时段东平湖汛期湿地面积的动态度见表5-35。

表5-35　南水北调东线一期工程建设运行不同时段东平湖汛期湿地面积的动态度　%

湿地类型	2016~2019年	2002~2019年
河流水域	3.14	3.55
沼泽湿地	-2.88	-0.82
湖泊湿地	-0.78	-0.02
人工湿地	-8.74	-2.97
湿地总面积	-1.99	-0.59

2)非汛期

对比汛期,非汛期湿地动态变化趋势不一致,非汛期调水对东平湖湿地面积的动态度影响较大;非汛期湿地总面积和湖泊湿地动态度较汛期稍高,但两者差值较小(低于4%),因此影响不大。南水北调东线一期工程建设运行不同时段东平湖非汛期湿地面积的动态度见表5-36。

表5-36　南水北调东线一期工程建设运行不同时段东平湖非汛期湿地面积的动态度　%

湿地类型	2016~2018年	2001~2018年
河流水域	23.37	-0.25
沼泽湿地	12.91	-1.03
湖泊湿地	-4.45	-0.13
人工湿地	-21.48	-3.51
湿地总面积	-4.12	-0.86

3.湿地景观转移矩阵

1)汛期

南水北调东线一期工程运行后,汛期主要为湿地景观向非湿地景观转移;湿地景观中,人工湿地同时也在向自然湿地转移。人工湿地包括水库坑塘、运河、输水河、水产养殖场、稻田/冬水田,由于退耕还湿、退渔还湿的施行,水产养殖场、稻田/冬水田等人工湿地逐渐转移为湖泊水域、沼泽湿地等自然湿地类型。

2)非汛期

工程运行后,非汛期湿地景观向非湿地景观转移,转移类型主要为沼泽,转移方向为灌草地;湿地景观中,人工湿地同时也在向自然湿地转移。东平湖非汛期与汛期景观转移趋势基本一致,说明非汛期调水对洪泽湖湿地转移矩阵影响很小。

4. 湿地景观格局变化

1) 汛期

各类型的湿地以沼泽湿地斑块数量最多,结合湿地面积,说明沼泽湿地破碎化最为明显;工程实施后,东平湖各时期斑块数量变化明显,湿地总斑块数量呈先上升后下降的趋势,与沼泽湿地和河流水域湿地的趋势一致;人工湿地在工程实施后斑块数量逐年减少,湖泊湿地虽然面积较广但是由于整体性较好,所以斑块数量较少,湖泊湿地的斑块数量趋势除 2002 年(建设前)较多外,其他时间趋势与湿地总斑块数量趋势一致。施工后,湖泊湿地斑块数量减少的原因可能是清淤工程的实施使其斑块减少。南水北调东线一期工程建设运行不同时段东平湖汛期各类型湿地斑块数见表 5-37。

表 5-37　南水北调东线一期工程建设运行不同时段东平湖汛期各类型湿地斑块数

类型	2002 年	2006 年	2010 年	2016 年	2019 年
河流水域	144	360	390	423	255
沼泽湿地	1 535	1 756	2 067	2 784	2 158
湖泊湿地	1 207	632	939	1 132	692
人工湿地	309	1 553	1 493	1 411	1 145
合计	3 195	4 301	4 889	5 750	4 250

由南水北调东线一期工程建设运行不同时段东平湖汛期湿地景观指数统计结果(见表 5-38)分析可知:

(1)湖泊湿地在东平湖地区 LAND 比例最大,说明洪泽湖区域以湖泊湿地景观为主。工程运行后湖泊湿地的 LAND 有显著升高,运行后的比例为 65.07%、67.59%;工程建设前为 60.99%,施工期为 60.20%、59.40%;与工程运行后部分人工湿地转移为湖泊湿地有关。

(2)湖泊湿地在各个时期的斑块密度指数变动很小,仅施工期(2010 年)为 0.02,其余均为 0.01;沼泽湿地和河流水域在洪泽湖地区斑块密度变动较大,指数也较高,说明斑块破碎化较为严重,稳定性较低。

(3)各湿地类型的景观多样性指数和景观均匀度较小,且有变小的趋势,但幅度很小,说明在这 10 余年时间各湿地景观斑块类型基本呈均衡化趋势分布。

表 5-38　南水北调东线一期工程建设运行不同时段东平湖汛期湿地景观指数统计结果

年份	湿地类型	LAND/%	PD/(个/hm^2)	SHDI	SHEI
2002	河流水域	2.48	0.01	2.03	0.24
	沼泽湿地	19.37	0.43		
	湖泊湿地	60.99	0.11		
	人工湿地	17.16	0.10		

续表 5-38

年份	湿地类型	LAND/%	PD/(个/hm²)	SHDI	SHEI
2006	河流水域	4.04	0.47	1.05	0.13
	沼泽湿地	17.24	0.54		
	湖泊湿地	60.20	0.06		
	人工湿地	18.52	0.45		
2010	河流水域	3.61	0.57	1.05	0.12
	沼泽湿地	19.80	0.55		
	湖泊湿地	59.40	0.08		
	人工湿地	17.19	0.46		
2016	河流水域	3.81	0.63	0.98	0.12
	沼泽湿地	19.07	0.82		
	湖泊湿地	65.07	0.10		
	人工湿地	12.05	0.66		
2019	河流水域	4.42	0.35	0.94	0.12
	沼泽湿地	18.53	0.70		
	湖泊湿地	67.59	0.06		
	人工湿地	9.46	0.73		

2)非汛期

东平湖非汛期湿地斑块数量最多的为人工湿地,其次为沼泽湿地;非汛期湿地斑块总数量与湖泊湿地斑块数量的变动趋势基本一致,人工湿地斑块数量在逐年减少,河流水域以及沼泽湿地斑块数量波动较大,主要原因为河流域水及沼泽湿地在东平湖区域面积较小,容易受气候和人为因素的干扰,较不稳定。

此外,相比汛期,人工湿地、河流水域湿地斑块数量有增加的趋势,沼泽湿地、湖泊湿地斑块数量有所减少,主要是非汛期雨水减少,人工湿地和河流水域湿地景观进一步破碎化,而沼泽湿地和湖泊湿地因为汛期下泄水量、非汛期调水,使非汛期水位升高、汛期水位降低,因此沼泽湿地同湖泊湿地面积呈现相反的趋势,与此同时,沼泽湿地一部分被升高的水位淹没,另一部分因雨水缺少变为旱地,所以沼泽湿地的面积和斑块数量都有所减少。南水北调东线一期工程建设运行不同时段东平湖非汛期各类型湿地斑块数统计结果见表 5-39。

表 5-39　南水北调东线一期工程建设运行不同时段东平湖非汛期各类型湿地斑块数统计结果

类型	2001 年	2006 年	2010 年	2016 年	2018 年
河流水域	851	483	501	190	468
沼泽湿地	739	1 261	744	1 127	1 617
湖泊湿地	896	755	562	582	341
人工湿地	1 852	1 692	1 442	1 436	645
合计	4 338	4 191	3 249	3 535	3 071

由南水北调东线一期工程建设运行不同时段东平湖非汛期湿地景观指数统计结果(见表 5-40),分析可知:

(1)LAND 比例与汛期基本一致,工程运行后湖泊湿地的 LAND 有显著升高。

(2)斑块密度指数变化情况也与汛期类似,即湖泊湿地变动较小;沼泽湿地和河流水域在洪泽湖地区斑块密度变动较大,指数也较高,说明斑块破碎化较为严重,稳定性较低。

(3)各湿地类型的景观多样性指数和景观均匀度相较汛期有所降低,但幅度很小。

表 5-40　南水北调东线一期工程建设运行不同时段东平湖非汛期湿地景观指数统计结果

年份	湿地类型	LAND/%	PD/(个/hm^2)	SHDI	SHEI
2002	河流水域	4. 54	0. 98	2. 02	0. 24
	沼泽湿地	14. 05	0. 27		
	湖泊湿地	63. 83	0. 07		
	人工湿地	17. 58	0. 55		
2005	河流水域	4. 44	0. 56	0. 96	0. 11
	沼泽湿地	12. 81	0. 51		
	湖泊湿地	66. 72	0. 06		
	人工湿地	16. 03	0. 55		
2010	河流水域	4. 26	0. 61	0. 88	0. 10
	沼泽湿地	7. 18	0. 54		
	湖泊湿地	70. 75	0. 04		
	人工湿地	17. 81	0. 42		
2016	河流水域	3. 18	0. 33	0. 83	0. 11
	沼泽湿地	9. 89	0. 64		
	湖泊湿地	73. 56	0. 04		
	人工湿地	13. 37	0. 68		

续表 5-40

年份	湿地类型	LAND/%	PD/(个/hm^2)	SHDI	SHEI
2018	河流水域	5.09	0.56	0.86	0.11
	沼泽湿地	13.56	0.73		
	湖泊湿地	73.04	0.03		
	人工湿地	8.31	0.47		

5.2.3 湿地生态年内变化分析

5.2.3.1 洪泽湖湿地生态年内变化分析

1. 总面积变化

1) 建设前

根据解译数据分析可知,林地、耕地面积变化幅度较小,湿地面积和灌草地面积变动幅度较大,主要是因为随着水位变化,灌草地与湖泊水域、沼泽湿地相互转移导致。

洪泽湖区域各湿地类型中湖泊湿地面积变化较为明显,7 月夏季湖泊湿地面积相对较小,主要是因为汛期提前下泄水量使湖泊面积减小,水位下降,部分湖泊湿地转移为沼泽湿地和灌草丛;河流湿地面积变化呈现夏季相对秋冬季高,主要是受降水量影响。南水北调东线一期工程建设前(2001～2002 年)洪泽湖不同月份各土地类型面积变化见表 5-41。

表 5-41　2001～2002 年洪泽湖不同月份各土地类型面积变化　单位:hm^2

土地类型		2001 年 1 月	2002 年 7 月	2002 年 10 月
湿地	河流水域	11 972.43	15 285.15	12 872.12
	沼泽湿地	3 196.98	4 961.25	3 896.08
	湖泊湿地	118 544.94	96 581.7	105 574.16
	人工湿地	28 867.64	37 272.24	38 467.44
	小计	162 581.99	154 100.34	160 809.80
非湿地	林地	1 860.6	1 863	1 832.92
	灌草地	4 985.54	12 475.9	6 125.14
	耕地	13 047.36	13 993.21	13 647.62
	建设用地	2 003.72	2 046.76	2 063.73
	小计	21 897.22	30 378.87	23 669.41
合计		184 479.21	184 479.21	184 479.21

2) 运行期

工程运行后各类型湿地面积变化总体表现为湖泊湿地面积夏季减少,沼泽湿地面积夏季增加;趋势与建设前基本一致。说明湿地总面积的变化总体上受调水影响不大。

2016年洪泽湖不同月份各土地类型面积变化见表5-42。

表5-42　2016年洪泽湖不同月份各土地类型面积变化　单位：hm^2

土地类型		2016年4月	2016年9月	2016年12月
湿地	河流水域	8 866.44	8 281.46	8 984.43
	沼泽湿地	3 496.58	6 403.95	3 122.86
	湖泊湿地	118 889.77	105 467.24	120 122.03
	人工湿地	27 732.92	31 933.13	26 105.27
	小计	158 985.71	152 085.78	158 334.59
非湿地	林地	1 761.40	1 764.41	1 786.45
	灌草地	2 167.90	8 692.99	2 395.95
	耕地	16 392.18	16 730.27	16 268.47
	建设用地	5 172.02	5 205.76	5 693.75
	小计	25 493.5	32 393.43	26 144.62
合计		184 479.21	184 479.21	184 479.21

2. 湿地动态度变化

1）建设前

工程建设前湿地总面积动态度为-0.31~0.14（见表5-43），总体变化幅度较小；各类型的湿地面积以沼泽湿地变化幅度最大，其次为人工湿地；在所有湿地类型中，湖泊湿地最为稳定。

湿地总面积在一年内变化幅度较小，各湿地类型受气候、降雨及人工调蓄的影响，内部易发生相互转移。洪泽湖区域沼泽湿地、人工湿地面积较小，容易受气候及降雨的影响，对人为干扰的敏感度较高，较容易转移为其他湿地类型，也容易向灌草地、草地等非湿地类型转化，因此动态度变化较大，且正向变化和负向变化都有。

表5-43　2002年洪泽湖不同时段湿地面积的动态度　%

湿地类型	1~7月	7~10月	1~10月
河流水域	1.66	-0.18	1.80
沼泽湿地	3.31	-1.25	-0.85
湖泊湿地	-1.11	0.28	-0.98
人工湿地	1.75	0.10	2.99
湿地总面积	-0.31	0.14	-0.07

2）运行期

对比工程建设前，变化趋势基本一致，湿地总面积、各湿地类型的变化幅度减小，说明工程运行后洪泽湖湿地相对稳定，调水对洪泽湖湿地动态度变化趋势影响不大。南水北调东线一期工程建设后(2016 年)洪泽湖不同时段湿地面积的动态度见表 5-44。

表 5-44　2016 年洪泽湖不同时段湿地面积的动态度　　%

湿地类型	4~9 月	9~12 月	4~12 月
河流水域	-0.33	0.25	0.11
沼泽湿地	4.16	-1.54	-0.86
湖泊湿地	-0.56	0.42	0.08
人工湿地	0.76	-0.55	-0.47
湿地总面积	-0.22	0.12	-0.03

5.2.3.2　骆马湖湿地生态年内变化分析

1. 总面积变化

1)建设前

根据建设前骆马湖不同月份各土地类型面积变化情况可知,林地、耕地、建设用地面积变化幅度较小,汛期湿地总面积较非汛期的少。根据各不同湿地类型面积变化可知,一年之内河流水域、人工湿地面积变化趋势不明显。湖泊湿地面积减少主要是因为汛期会提前下泄水量降低水位;沼泽湿地面积有所降低,主要是因为沼泽湿地受降雨及气候影响较大,且沼泽湿地易受人为干扰,围湖造田等易造成湖泊周边浅水区沼泽湿地面积减少。

南水北调东线一期工程建设前(2001~2002 年)骆马湖不同月份各土地类型面积变化情况见表 5-45。

表 5-45　2001~2002 年骆马湖不同月份各土地类型面积变化情况　　单位:hm^2

土地类型		2001 年 7 月	2002 年 1 月	2002 年 4 月
湿地	河流水域	660.31	730.39	702.01
	沼泽湿地	4 103.7	3 494.03	5 647.69
	湖泊湿地	16 898.5	20 276.02	18 266.77
	人工湿地	3 078.78	3 360.54	3 036.11
	小计	24 741.29	27 860.98	27 652.58
非湿地	林地	394.49	397.54	399.74
	灌草地	7 012.95	3 858.43	4 076.19
	耕地	2 202.45	2 231.563	2 222.17
	建设用地	499.77	502.432 73	500.27
	小计	10 109.66	6 989.97	7 198.37
合计		34 850.95	34 850.95	34 850.95

2)运行期

工程运行后各类型湿地面积变化总体表现为湖泊湿地面积夏季减少,河流水域、人工湿地面积变化不明显，湖泊湿地、河流水域、人工湿地面积变化趋势与建设前基本一致，沼泽湿地面积有所增加，与建设前变化趋势有所差别，主要是因为湖泊水位随着下泄水量降低，浅水区湖泊湿地易转移为沼泽湿地。2016 年骆马湖不同月份各土地类型面积变化情况见表 5-46。

表 5-46　2016 年骆马湖不同月份各土地类型面积变化情况　　单位：hm^2

土地类型		2016 年 1 月	2016 年 3 月	2016 年 7 月
湿地	河流水域	951.11	960.56	779.84
	沼泽湿地	1 273.19	1 396.68	2 212.47
	湖泊湿地	24 555.16	23 957.17	21 458.98
	人工湿地	4 326.00	4 272.27	4 186.07
	小计	31 105.46	30 586.68	28 637.36
非湿地	林地	414.86	490.51	579.22
	灌草地	122.68	461.37	2 132.21
	耕地	2 600.76	2 668.10	2 821.79
	建设用地	607.19	644.29	680.37
	小计	3 745.49	4 264.27	6 213.59
合计		34 850.95	34 850.95	34 850.95

2. 湿地动态度变化

1）建设前

工程建设前湿地总面积动态度为-0.51～-0.22（见表 5-47），总体变化幅度较小；各类型的湿地面积以沼泽湿地变化幅度最大，其次为湖泊湿地。产生的主要原因是 1～7 月从非汛期到汛期，在汛期为调蓄洪水，会提前下泄水量，湖泊水域面积减少，沼泽湿地面积增加，因此湖泊湿地面积和沼泽湿地面积变化幅度相对较大。

表 5-47　2002 年骆马湖不同时段湿地面积的动态度　　%

湿地类型	1～4 月	4～7 月	1～7 月
河流水域	-0.12	-0.18	-0.29
沼泽湿地	0.08	-0.82	-0.76
湖泊湿地	-0.30	-0.22	-0.50
人工湿地	-0.29	0.04	-0.25
湿地总面积	-0.22	-0.32	-0.51

2）运行期

对比工程建设前，河流湿地、沼泽湿地面积变化幅度较大，沼泽湿地、河流水域除受人为调蓄的影响外，还受降雨、人为干扰等影响，因此动态度变化较大。但湿地总面积的变化幅度无明显增加或减少,说明工程运行后对骆马湖湿地动态度影响较小。南水北调东线一期工程建设后(2016年)骆马湖不同时段湿地面积的动态度见表5-48。

表5-48 2016年骆马湖不同时段湿地面积的动态度 %

湿地类型	1~3月	3~7月	1~7月
河流水域	0.02	-0.75	-1.08
沼泽湿地	0.19	2.34	4.43
湖泊湿地	-0.05	-0.42	-0.76
人工湿地	-0.02	-0.08	-0.19
湿地总面积	-0.03	-0.25	-0.48

5.2.3.3 南四湖湿地生态年内变化分析

1.总面积变化

1)建设前

根据建设前南四湖不同月份各土地类型面积变化情况可知,林地、耕地面积变化幅度较小,湿地面积和灌草地面积变动幅度较大,5月湿地面积相对8月较大主要是因为5月后下泄水量,随着水位变化,湖泊浅水区转移为沼泽湿地和灌草地,沼泽湿地面积有所增加。河流水域面积有所减少主要是因为南四湖为蓄水湖泊,湖面狭长,河道有53条之多,河道流量受调蓄影响较大,在汛期,河道水量随下泄水量湖泊水位降低而降低。

南水北调东线一期工程建设前(2001~2002年)南四湖不同月份各土地类型面积变化情况见表5-49。

表5-49 2001~2002年南四湖不同月份各土地类型面积变化情况 单位:hm²

土地类型		2001年12月	2002年5月	2002年8月
湿地	河流水域	6 859.44	5 551.10	3 390.48
	沼泽湿地	10 325.43	12 038.60	12 459.96
	湖泊湿地	45 473.6	39 479.82	35 345
	人工湿地	35 812.98	30 198.64	26 081.29
	小计	78 471.45	87 268.16	77 276.73
非湿地	林地	2 210.1	2 224.45	2 257.96
	灌草地	9 882.07	19 139.77	29 743.48
	耕地	21 929.56	21 833.82	21 215.56
	建设用地	2 441.59	2 468.56	2 441.04
	小计	36 463.32	45 666.60	55 658.04
合计		132 934.77	132 934.77	132 934.77

2)运行期

工程运行后各类型湿地面积变化总体表现为湖泊面积、河流水域面积夏季减少,沼泽湿地面积有所增加。湖泊湿地、河流水域、沼泽湿地面积变化趋势与建设前基本一致。2015 年南四湖土地类型面积变化见表 5-50。

表 5-50 2015 年南四湖土地类型面积变化

单位：hm^2

土地类型		2015 年 1 月	2015 年 4 月	2015 年 7 月
湿地	河流水域	2 207.84	2 426.41	1 282.63
	沼泽湿地	8 516.21	9 192.03	14 642.54
	湖泊湿地	52 328.2	49 673.28	39 685.94
	人工湿地	33 707.1	34 782.42	37 710.05
	小计	96 759.35	96 074.14	93 321.16
非湿地	林地	3 409.45	3 506.80	3 635.68
	灌草地	15 388.19	16 298.32	17 245.63
	耕地	16 961.93	16 651.20	16 332.24
	建设用地	2 415.85	2 404.31	2 400.06
	小计	38 175.42	38 860.63	39 613.61
合计		134 934.77	134 934.77	132 934.77

2. 湿地动态度变化

1）建设前

工程建设前湿地总面积动态度变化为-0.34~0.67（见表 5-51），总体变化幅度较小；各类型的湿地面积以河流水域湿地变化幅度最大，其次为人工湿地。湖泊湿地相对稳定。主要是因为南四湖河道众多，河流、沼泽湿地占比较大，沼泽湿地、河流水域除受人为调蓄的影响外，还受降雨、人为干扰等影响，因此动态度变化较大。

表 5-51 2001~2002 年南四湖不同时段湿地面积的动态度

%

湿地类型	12 月至翌年 5 月	5~8 月	12 月至翌年 8 月
河流水域	-1.14	-1.17	-4.55
沼泽湿地	1.00	0.11	1.86
湖泊湿地	-0.79	-0.31	-2.00
人工湿地	-0.94	-0.41	-2.45
湿地总面积	0.67	-0.34	-0.14

2）运行期

对比工程建设前，不同时段湿地面积的变化趋势基本一致，河流水域、湖泊湿地、人工湿地变化幅度有所降低，主要是因为受工程、人工调蓄影响，减缓各个时期水量变化。沼泽湿地变化幅度有所增加可能与南四湖既是蓄水湖泊，又起行洪和滞洪作用有关，调节水量时，其他湿地和非湿地类型土地易与沼泽湿地相互转移。但南四湖湿地总面积变化幅度较工程建设前变化不明显，说明工程运行后对南四湖湿地影响较小。南水北调东线一期工程建设后（2016年）南四湖不同时段湿地面积的动态度见表5-52。

表5-52　2016年南四湖不同时段湿地面积的动态度　%

湿地类型	1~4月	4~7月	1~7月
河流水域	0.30	-1.41	-2.51
沼泽湿地	0.24	1.78	4.32
湖泊湿地	-0.15	-0.60	-1.45
人工湿地	0.10	0.25	0.71
湿地总面积	-0.02	-0.09	-0.21

5.2.3.4　东平湖湿地生态年内变化分析

1.总面积变化

1)建设前

根据建设前东平湖不同月份各土地类型面积变化情况可知，林地、耕地面积变化幅度较小，湿地面积和灌草地面积变动幅度较大，主要是随着水位变化，灌草地与湖泊湿地、沼泽湿地相互转移导致的。

东平湖区域各湿地类型中湖泊湿地面积变化较为明显，7月夏季湖泊湿地面积相对较小，主要是因为汛期下泄水量使湖泊面积减小；水位下降，部分湖泊转移为沼泽湿地和灌草丛，使夏季沼泽湿地面积相对较大。

南水北调东线一期工程建设前（2001~2002年）东平湖不同月份各土地类型面积变化情况见表5-53。

表5-53　2001~2002年东平湖不同月份各土地类型面积变化情况　单位：hm^2

土地类型		2001年11月	2002年7月	2002年10月
湿地	河流水域	872.64	460.71	928.10
	沼泽湿地	2 698.56	3 593.98	2 755.91
	湖泊湿地	12 259.44	11 315.87	12 144.29
	人工湿地	3 375.72	3 183.84	2 788.44
	小计	19 206.36	18 554.4	18 616.74
非湿地	林地	2 034.41	2 498	2 528.61
	灌草地	1 472.64	1 583.41	1 478.97
	耕地	3 398.94	3 485.52	3 494.68
	建设用地	1 678.59	1 669.61	1 671.93
	小计	8 584.58	9 236.54	9 174.19
合计		27 790.94	27 790.94	27 790.93

2)运行期

工程运行后各类型湿地面积变化总体表现为湖泊面积夏季减少,沼泽湿地面积夏季增加;趋势与建设前基本一致,说明湿地总面积的变化总体上受调水影响不大。2016 年东平湖不同月份各土地类型面积变化情况见表 5-54。

表 5-54 2016 年东平湖不同月份各土地类型面积变化情况 单位:hm^2

土地类型		2016 年 5 月	2016 年 9 月	2016 年 12 月
湿地	河流水域	569.59	675.31	486.61
	沼泽湿地	1 767.92	3 384.16	1 677.93
	湖泊湿地	13 154.75	11 546.17	13 978.76
	人工湿地	2 390.32	2 138.69	2 078.66
	小计	17 882.58	17 744.33	18 221.94
非湿地	林地	1 447.6	1 353	1 406.30
	灌草地	2 441.33	2 872.14	2 365.45
	耕地	3 686.67	3 471.5	3 424.42
	建设用地	2 332.76	2 349.97	2 372.83
	小计	9 908.36	10 046.61	9 569.00
合计		27 790.94	27 790.94	27 790.94

2. 湿地动态度变化

1)建设前

工程建设前湿地总面积动态度为-0.34~0.01(见表 5-55),总体变化幅度较小;各类型的湿地面积以河流水域变化幅度最大,其次为沼泽湿地。湖泊湿地相对稳定。主要是因为沼泽湿地、河流水域除受人为调蓄的影响外,还受降雨、人为干扰等影响,因此动态度变化较大。

表 5-55 2001~2002 年东平湖不同时段湿地面积的动态度 %

湿地类型	11 月至翌年 7 月	7~10 月	11 月至翌年 10 月
河流水域	-3.78	3.04	0.70
沼泽湿地	2.65	-0.70	0.23
湖泊湿地	-0.62	0.22	-0.10
人工湿地	-0.45	-0.37	-1.91
湿地总面积	-0.27	0.01	-0.34

2)运行期

对比工程建设前,湿地面积的变化趋势基本一致,湿地总面积变化幅度差异不大,说明工程运行后对东平湖湿地影响较小。南水北调东线一期工程建设后(2016 年)东平湖不同时段湿地面积的动态度见表 5-56。

表 5-56　2016 年东平湖不同时段湿地面积的动态度　%

湿地类型	5~9 月	9~12 月	5~12 月
河流水域	0.74	−0.84	−1.02
沼泽湿地	3.66	−1.51	−0.36
湖泊湿地	−0.49	0.63	0.44
人工湿地	−0.42	−0.08	−0.91
湿地总面积	−0.03	0.08	0.13

5.2.4　调蓄水位与湿地面积的变化关系

根据洪泽湖水位与湿地面积变化卫片解译结果，湖泊湿地面积、总湿地面积与水位变化基本呈正相关。水位的最高点在 2009 年 12 月 6 日，水位的最低点在 2016 年 9 月 20 日；总湿地面积的最大值在 2016 年 4 月 29 日，最小值在 2002 年 7 月 12 日；与此同时，湖泊面积的最大值在 2009 年 12 月 6 日，最小值在 2010 年 8 月 19 日。因此，在水位最高点，湖泊面积也达到最大值，但是总湿地面积并未随着水位升高而持续升高至最高；水位下降到最低点时，总湿地面积也随之下降，但是湖泊面积并未随着水位降低而持续下降至最低。沼泽湿地面积与水位变化关联不明显。

通过对骆马湖水位资料及解译数据的分析，湖泊湿地面积、总湿地面积与水位变化基本呈正相关。骆马湖在水位最高点，湖泊面积和湿地总面积也达到最大值，但是水位下降到最低点时，总湿地面积和湖泊面积并未随着水位降低而持续下降至最低。沼泽湿地面积与水位关联变化并不明显。

综上所述，湖泊面积和总湿地面积与水位在一定范围内呈正相关，主要是由于水位升高会直接导致湖泊水域面积增加的同时淹没部分沼泽和河流水域以及灌草地等非湿地使湿地面积增加。由于运行期，各蓄水湖泊周边已进行了退耕还湿、退渔还湿，以及防洪筑堤等工程，因此运行期年度内水位升高主要为自然湿地内部转移，以及湿地和非湿地之间的转移，对人工湿地的影响不大。此外，受湖岸地形影响，同时湖泊面积较大，监测点水位不能绝对反映整个湖泊的水位，加之汛期沼泽植被生长旺盛，影响解译精度，使湿地的解译面积出现误差，所以湖泊面积和总湿地面积并没有绝对随水位升高或降低而面积增加或减少。同时，对洪泽湖和骆马湖水位资料以及解译数据的分析，相比总湿地面积，湖泊湿地面积与水位的关联度更高。

影响沼泽湿地变化的因素较多，且与水位的关系也比较复杂，一般来讲，沼泽湿地的面积会随水位的上升先降后升，原因是：当水位处在较低水平，水位上涨会淹没一部分的沼泽湿地，沼泽湿地减少；当水位持续上涨，使周边灌草丛变为沼泽，沼泽湿地面积又增加；如果水位继续上涨，部分沼泽湿地又向湖泊湿地转移；同时沼泽湿地还受人为干扰、降雨、湖岸基质等影响。

水位在各年间及年内波动较大，主要原因为洪泽湖等蓄水湖库受人工调蓄，不能完全反映自然状态下湖泊水位的演替规律,在人工调蓄下,汛期来临前会下泄水量,使水位降低;非汛期调水,使湖泊水位上涨,从而使湖泊湿地及总湿地的面积也受人为调蓄的影响,产生相应的变化。

5.2.5 东线一期工程运营对湖泊湿地生态的影响

5.2.5.1 对湿地植物的影响

南水北调东线一期工程运营对典型蓄水湖库湿地植物的直接影响主要包括水位变化对湿地植物植被的影响;间接影响包括滩涂基质改变对湿地植物资源的影响、滩地含水量改变对湿地植物资源的影响。

1. 水位变化对湿地植物植被的影响

根据南水北调调度运行规划,东平湖不做调蓄水库,各时段规划入湖水量与出湖水量相等,因此对东平湖水资源量基本不影响。所以,水位变化对湿地植物植被的影响主要体现在洪泽湖、骆马湖和南四湖。

南水北调工程运行后,洪泽湖、骆马湖和南四湖湖泊水位与往年相比整体趋势没有明显的升高,仅在个别月份较往年稍高;其中洪泽湖在 2017 年 1 月 15 日左右,2015 年和 2016 年 6~7 月,2016 年和 2017 年 10 月 21 日至 11 月 18 日以及 2014 年 11 月 18 日等时间段,水位数据较往年同等时段高;骆马湖在 2017 年 1~2 月、7 月 29 日至 8 月 12 日较往年同等时段高;南四湖水位有小幅抬升,但南四湖下级湖、上级湖南水北调运行后水位数据均没有达到往年最高值。

水位升高时,非湿地向湿地转移;水位降低时,湿地向非湿地转移。在非湿地向湿地转移时,演替顺序为灌草地/林地→湖泊湿地/河流湿地/沼泽;在湿地向非湿地转移时,演替顺序为湖泊湿地/河流湿地→沼泽湿地→灌草地→林地。根据水位监测数据,水位变化较明显的是洪泽湖、骆马湖;水位上升时,蓄水湖湖水淹没缓坡,并漫过部分陡坡,同时水体流动将对陡坡进行冲刷。缓坡区域内湿生植物被淹没,会造成湿生植物氧气的需求不足、光照强度减弱及热量散失等,导致该区域的湿生植物逐渐腐烂消失,最后被沼泽及水生植物取代;沼泽植物由于不能长期适应淹水,在深水区域的根状茎分蘖次数少、萌发率低,随着水位升高逐渐向浅水区域和滩涂过渡;水生植被由于在深水区域对光照及氧气的需求不足,长期处于营养输出状态,逐渐死亡,甚至消失,在浅水区生长较好,从而最终形成向浅水区域过渡生长的趋势。水位抵达陡坡时,陡坡上部分原有的湿生植物被淹没,逐渐死亡,而后由于陡坡长期受水流冲刷,处于一个不稳定的状态,并无明显的植被更替现象发生。从结果上分析可知,水位升高会引起湿地植被分布区随水位上升而上升,由于沼泽湿地的减少,湿生植被的面积有所下降;而水生植被随水位上升往浅水区过渡生长,并且面积有所增加。

水位下降时,被淹没的部分缓坡裸露,滩涂面积增加,陡坡完全裸露,并趋于稳定状态。缓坡区域土壤含水量相应减少,长期积水区域面积减少,滩涂生境斑块化,处在浅水区域的沉水植物体漂浮在水面上,有些沉水植物、漂浮植物及浮叶植物甚至暴露在滩涂上方,沉水植物逐渐由于失水、生理机能受损等影响而消失或死亡,但在其适合生长的水位,又将形成较稳定的沉水植物型群落,而处在滩涂附近的漂浮及浮叶植物由于其植株体或叶片漂浮于水面，其植株体或叶片随水位下降而下降，又由于漂浮及浮叶植物无性繁殖力强，适应范围广，受水位下降影响相对较小；同时随着缓坡区域土壤含水量的逐渐减小，滩涂面积增加，部分湿生植被得以扩散生长。总体上分析可知，水位下降时，缓坡裸露，水生植被随水位下降而消退，但其植被面积变化不显著，湿生植被随水位下降往缓坡滩涂处扩散分布，其植被面积将有明显增加。

根据现场调查，洪泽湖、南四湖、骆马湖沿岸以沼泽植被和灌丛、灌草丛为主，主要群系有芦苇群系、荻群系、红穗薹草群系、狗牙根群系；部分区域有水泥护堤和人工植被。湖区湖草在3月初返青，4月完成第一阶段的营养生长，并进入生殖生长期，6~7月洪水泛洲淹没，至9~10月，滩地出露，湖草萌发，形成第二次产量。区域芦苇在2月抽梢发叶，2~4月为幼株迅速升高时期，5~7月为营养生长的旺盛时期，8月以后进入生殖生长期，其植物的生物量已初步形成。根据湖区植被的生长周期可知，工程调度使蓄水湖库非汛期水位升高，对低位洲滩区湖草、芦、荻等产生了不利影响，由于洪泽湖、南四湖、骆马湖水位升高仅比往年同时段高，并未达到蓄水湖库水位最高点，淹没范围仍是湖泊消落带，且水位变化会随调水结束而降低，不会使湖岸沼泽长期淹水，因此水位变化实际对蓄水湖泊的影响有限。由于洪泽湖等蓄水湖泊受人为调节，与自然节律有所不同，因此自然植被的生长演替也会受限，表现为灌草丛等植被类型向森林植被类型逐渐转移时，如受淹没影响，则会使其发生逆向演替，转移为草丛。因此，湖库周围次生植被生长较难发生根据自然节律的自然演替过程。

洪泽湖、南四湖、骆马湖沿岸植被现状阶段照片见图5-2~图5-4。

(a) (b) (c) (d)

图5-2 洪泽湖沿岸植被现状阶段照片

(a) (b)

图 5-3 南四湖沿岸植被现状阶段照片

(a) (b) (c) (d)

图 5-4 骆马湖沿岸植被现状阶段照片

2. 滩涂基质改变对湿地植物资源的影响

由于南水北调东线一期工程的实施,典型蓄水湖库水位上升,基质由黏性泥土上升为沙土、黄壤等,湖区边形成多样化基质环境。南四湖、东平湖湖内多滩地的孤岛、半岛和库湾,由于土壤等基质条件不同,在水位升高后,将形成更多的各类小生境,成为各类水生植物适宜的生长环境。由于调水期淹没了一定的陆域,植被腐败以及土壤中的营养物质逐步向水中释放,一定年限内,湖区基质的营养物质将有所增加,有利于水生植物生长。但在主要以粗砂石等保水性差的基质为主的一些坡度陡的滩涂(如骆马湖部分湖岸)上,难以形成局域的具有长期持水能力的小湿地,不利于其他湿生植物的生长。

3. 滩地含水量改变对湿地植物资源的影响

水对湿地生态系统形成、发育以及演化过程具有主导作用，调水引起的水位上升或下降可导致滩地不同区域含水量的增加与减少，进而影响湿地植物资源的分布。调水工程导致水位上升，水位上升引起土壤含水量在滩地上呈梯度状增加，土壤氧气状况逐渐减少，湿地植物由于对水分等条件的适应性不同，湿地植物分布向滩涂附近过渡。

5.2.5.2　对底栖动物的影响

1. 洪泽湖

1）底栖动物变化情况

南水北调东线一期工程建设前，洪泽湖底栖动物的种类较多，计有 8 纲 39 科 57 属 76 种。其中环节动物 3 纲 6 科 7 属 7 种，占总物种数的 9%；软体动物 2 纲 11 科 25 属 43 种，占总物种数的 57%；节肢动物 3 纲 22 科 25 属 26 种，占总物种数的 34%。

施工期 2010~2011 年，调查期间共采集到底栖动物 14 种。其中，寡毛类、摇蚊科幼虫和软体动物分别有 5 种、3 种和 6 种，分别占总物种数的 35.7%、21.4%和 42.9%。洪泽湖底栖动物优势种共有 5 种，河蚬为第一优势种，其次分别为苏氏尾鳃蚓、羽摇蚊、霍甫水丝蚓和铜锈环棱螺。

2020 年 8~9 月，洪泽湖底栖动物 63 种，其中节肢动物 17 种，占 26.98%；软体动物 34 种，占 53.97%；环节动物 12 种，占 19.05%。优势种群主要为苏氏尾鳃蚓、霍甫水丝蚓、河蚬、沙蚕等。南水北调东线一期工程建设前后洪泽湖各时期底栖动物见表 5-57。

表 5-57　南水北调东线一期工程建设前后洪泽湖各时期底栖动物

时期	建设前	施工期	运行期
物种数/种	76 种	14 种	63 种
种类占比	环节动物占总物种数的 9%；节肢动物占 34%；软体动物占 57%	环节动物占总物种数的 35.7%；节肢动物占 21.4%；软体动物占 42.9%	环节动物占 19.05%；节肢动物占 26.98%；软体动物占 53.97%
优势种	—	河蚬、苏氏尾鳃蚓、羽摇蚊、霍甫水丝蚓和铜锈环棱螺	苏氏尾鳃蚓、霍甫水丝蚓、河蚬、沙蚕等
备注	长期监测结果累积	长期监测结果累积	本次调查

三个时期底栖动物种类数波动较大，各时期均以软体动物种类数量占比最大，施工期和运行期优势种中耐污种占比均较大。

2）变化的原因分析

三个时期底栖动物种类数波动较大，主要可能与调查点位和调查人员不同有关。各时期均以软体动物种类数量占比最大，施工期和运行期优势种中耐污种占比均较大，说明洪泽湖底栖动物生态环境未发生明显变化。

2. 骆马湖

1) 底栖动物变化情况

南水北调东线一期工程建设前,骆马湖底栖动物未见记载。

施工期,骆马湖大型底栖动物 41 种,其中环节动物 8 种,占 20%;软体动物 15 种,占 36%;节肢动物 18 种,占 44%。优势种为铜锈环棱螺、苏氏尾鳃蚓、霍甫水丝蚓和长角涵螺。

运行期,骆马湖底栖动物 28 种,其中节肢动物 9 种,占 32.14%;软体动物 14 种,占 50.00%;环节动物 5 种,占 17.86%。优势种群主要为铜锈环棱螺、苏氏尾鳃蚓、霍甫水丝蚓和长角涵螺等。南水北调东线一期工程建设前后骆马湖各时期底栖动物见表 5-58。

表 5-58 南水北调东线一期工程建设前后骆马湖各时期底栖动物

时期	建设前	施工期	运行期
物种数/种	—	41 种	28 种
种类占比	—	环节动物占 20%;软体动物占 36%;节肢动物占 44%	节肢动物占 32.14%;软体动物占 50.00%;环节动物占 17.86%
优势种	—	铜锈环棱螺、苏氏尾鳃蚓、霍甫水丝蚓和长角涵螺	铜锈环棱螺、苏氏尾鳃蚓、霍甫水丝蚓和长角涵螺
备注	未见记载	长期监测结果累积	本次调查

建设前和运行期底栖动物种类数存在一些差异,施工期和运行期骆马湖底栖动物均以软体动物和节肢动物为主,优势种相似度很高。

2) 变化的原因分析

建设前和运行期底栖动物种类数存在一些差异,主要可能与调查点位和调查人员不同有关。施工期和运行期骆马湖底栖动物均以软体动物和节肢动物为主,优势种相似度很高,施工期和运行期优势种中耐污种占比均较大,说明骆马湖底栖动物生态环境未发生明显变化。

3. 南四湖

1) 底栖动物变化情况

南水北调东线一期工程建设前,南四湖底栖动物有 53 种,其中软体动物 36 种、节肢动物 9 种、环节动物 8 种。其优势种主要包括中华圆田螺、中国圆田螺、中华米虾、日本沼虾和秀丽白虾等。

施工期,2010 年南四湖大型底栖动物 35 属 39 种,其中寡毛类 4 属 6 种,软体动物 10 属 10 种,水生昆虫 15 属 17 种,其他 6 属 6 种。优势种为红裸须摇蚊、霍甫水丝蚓、长角涵螺和铜锈环棱螺。

运行期,南四湖底栖动物 50 种,其中节肢动物 22 种,占 44%;软体动物 20 种,占 40%;环节动物 8 种,占 16%。优势种为霍甫水丝蚓、苏氏尾鳃蚓、铜锈环棱螺、羽摇蚊和长足摇蚊等。南水北调东线一期工程建设前后南四湖各时期底栖动物见表 5-59。

三个时期底栖动物种类较为接近,建设前底栖动物优势种为软体动物和节肢动物,施工期和运行期底栖动物优势种有耐污寡毛类物种。

表5-59　南水北调东线一期工程建设前后南四湖各时期底栖动物

时期	建设前	施工期	运行期
物种数/种	53种	39种	50种
种类占比	环节动物占15%；软体动物占68%；节肢动物占17%	环节动物占31%；软体动物占26%；节肢动物占43%	环节动物占16%；节肢动物占44%；软体动物占40%
优势种	中华圆田螺、中国圆田螺、中华米虾、日本沼虾和秀丽白虾等	红裸须摇蚊、霍甫水丝蚓、长角涵螺和铜锈环棱螺	霍甫水丝蚓、苏氏尾鳃蚓、铜锈环棱螺、羽摇蚊和长足摇蚊等
备注	长期监测结果累积	长期监测结果累积	本次调查

2）变化的原因分析

三个时期底栖动物种类较为接近，施工期和运行期南四湖底栖动物优势种有耐污寡毛类物种，说明南四湖底栖生物的生境较差。

4. 东平湖

1）底栖动物变化情况

南水北调东线一期工程建设前，东平湖内有软体动物8科19属28种，其中常见的有双旋环棱螺、中华圆田螺、环棱螺、长角涵螺、纹沼螺、褶纹冠蚌、背角无齿蚌、蚶形无齿蚌和刻纹蚬等9余种。

施工期2006年和2007年对东平湖水域2条断面9个站位的底栖动物进行了3次采样调查，鉴定出底栖动物31种，其中腹足纲10种、瓣鳃纲11种、甲壳纲4种、昆虫纲2种、寡毛纲1种和蛭纲3种。螺类最多，其次为昆虫类和寡毛类。甲壳类、腹足类和水蛭类所占比例较少。

运行期，东平湖底栖动物32种，其中节肢动物4种，占12%；软体动物23种，占72%；环节动物5种，占16%。东平湖优势种为长角涵螺、羽摇蚊和中华圆田螺等。南水北调东线一期工程建设前后东平湖各时期底栖动物见表5-60。

表5-60　南水北调东线一期工程建设前后东平湖各时期底栖动物

时期	建设前	施工期	运行期
物种数/种	28种	31种	32种
种类占比	—	环节动物占14%；软体动物占67%；节肢动物占19%	环节动物占16%；节肢动物占12%；软体动物占72%
优势种	—	—	长角涵螺、羽摇蚊、中华圆田螺
备注	长期监测结果累积	长期监测结果累积	本次调查

2)变化的原因分析

三个时期底栖动物种类数相差不大,各时期均以软体动物种类数量占比最大。东平湖底栖动物生境条件变化较小。

5.2.5.3　对湿地动物影响

南水北调东线一期工程运营对湿地动物的直接影响主要包括水位变化、滩涂基质改变以及植物性植物来源变化等三方面,根据水文数据变化情况及近年来湿地鸟类监测数据,典型蓄水湖库水文变化情况、湿地鸟类类群不尽相同,工程运营对湿地动物影响不同。

1.洪泽湖

1)水位变动、水质变化对鸟类的影响

根据近年遥感数据解译和洪泽湖的水位变化统计,项目运营后,由于调水和调蓄,使洪泽湖正常的节律性受到一定影响。南水北调东线一期工程实施后,洪泽湖蓄水位抬升 0.5 m,升高至 13.5 m。根据洪泽湖蒋坝、高良涧、老子山和尚嘴等水文站的监测统计,近年来在鸟类越冬期的 11 月至翌年 2 月(非汛期),洪泽湖区一直保持着相对较高的水位。根据卫片解译结果,2016~2019 年,洪泽湖区非汛期河流水域、湖泊湿地、人工湿地面积减少,沼泽湿地面积增加,普通鸬鹚、白骨顶与黑水鸡、绿翅鸭、花脸鸭、绿头鸭等鸭类多在沼泽湿地区域、河流水域等湿地觅食,根据实际调查及历史资料分析可知,洪泽湖区域非汛期分布的鸟类主要类群为普通鸬鹚、鹤形目秧鸡科白骨顶鸡与黑水鸡、雁形目鸭科绿翅鸭、花脸鸭、绿头鸭等,河流水域面积减少,沼泽湿地面积增加,使得普通鸬鹚、白骨顶鸡与黑水鸡、绿翅鸭、花脸鸭、绿头鸭等候鸟觅食区域有所变化,对其种类未产生明显影响,因此水位变化实际对越冬季迁徙至洪泽湖的湿地鸟类的影响主要表现为觅食、活动区域的变化。

因此,汛期水位变化对候鸟的影响与非汛期影响类似,表现为水位变化影响洪泽湖区域湿地类型候鸟的分布,并不会对其种群数量产生明显影响。

此外,20 世纪 90 年代以来,受淮河上游及周边入湖河流来水污染的影响,洪泽湖总体上水质一直是Ⅴ类,部分区域水质是劣Ⅴ类。近年来,淮河流域及淮河水质的改善,加上南水北调项目的实施和运营,洪泽湖水质有所好转。根据相关文献和监测数据(王霞等,2019),2019 年全年洪泽湖各监测断面水质基本上达到Ⅲ类。虽然目前依然属于富营养型湖泊,且存在一定的有机污染,但和南水北调工程实施之前相比已经有所改善,对湿地鸟类的栖息和生境修复起到了积极作用。同时,当地也采取了大量的退耕还湿、退渔还湖等保护措施,减少了湖泊内的农耕和渔业活动,将进一步改善洪泽湖水质,为湿地鸟类营造更为适宜的栖息环境,有效减缓了水位变化对湿地鸟类正常迁徙和越冬的影响。在洪泽湖西北部溧河洼、北部成子湖等沿湖水域,江苏省有关部门规划设立洪泽湖东部湿地自然保护区、泗洪洪泽湖自然保护区等,每年来此越冬的雁鸭类如罗纹鸭、花脸鸭、绿翅鸭、斑嘴鸭等超过 2 万只,此外还常见有小天鹅、白尾鹞等国家级重点保护种类。因此,总体上水位变化对鸟类的影响基本是可控的。

2)食物来源对鸟类的影响

根据奚璐翊等研究,因水深导致光照强度减弱而影响 11 m 高程以下的沉水植物正常生长发育,生物量下降,进而影响草食性鱼类和喜草产卵鱼类的产量,同时底栖生物和微生物等种类也有所下降,以上述生物为食物的鸟类如鹭类、鹤类和鸻鹬类等涉禽类也会因为食物的匮乏而迁徙。洪泽湖区鹭类多为夏候鸟或旅鸟,洪泽湖区 6~8 月水位较低(汛期),滩涂裸露,反而有利于鹭类等夏候鸟或旅鸟活动。根据卫片解译结果,2016~2019 年,汛期河流水域、湖泊湿地、人工湿地面积减少,沼泽湿地面积增加,夏季在洪泽湖区分布的鸟类多为鹭类、鸥类,多活动于沼泽湿地、河流水域、湖泊湿地等生境,湿地面积的变动意味着其生境面积的变化,进而影响夏季湿地鸟类的分布,但不会影响其种群数量。根据实地调查情况,洪泽湖分布红穗薹草、芦苇、荻、菰、野慈姑、水蓼、菱、莲、菹草、黑藻、苦草、金鱼藻、眼子菜等草丛沼泽植物、沉水植物等,湖域周边种植水稻,可为区域内涉禽类候鸟、雁形目河鸭属、雁属游禽提供较为丰富的植物性食物来源;根据水生生态调查情况,洪泽湖优势种群主要为苏氏尾鳃蚓、霍甫水丝蚓、沙蚕环节动物,刀鲚等浅水区域分布的鱼类,可为鸻科、鹬科、鹳科、鹮科、鹭科等涉禽类及鸭科秋沙鸭属鸟类提供动物性食物来源。总体来说,工程调水未对洪泽湖鸟类食物来源产生明显影响,因此对其觅食未产生明显影响。

3) 对其他动物的影响

其他两栖和爬行类动物主要活动于湿地及其周边的农田和草地等生境,水位变化主要涉及沿线的库塘和少量的农田等生境,栖息地淹没范围有限,对区域内两栖和爬行类正常栖息活动影响有限。

由于区域内主要为平原地区,生境以农田居多,人为干扰普遍存在,区域内栖息的哺乳类多以小型啮齿类为主,分布范围较广,项目运营及水位变化也未对其造成较大影响。国家重点保护种类水獭仅在洪泽湖西部的保护区核心区内有历史记录,但目前较为罕见。水位扩大增加了部分畅水性鱼类如梅鲚等活动环境,为水獭提供了丰富的食物来源,总体上对其影响不大。

2. 骆马湖

1) 水位变动、水质变化对鸟类的影响

根据历年来对骆马湖水位的监测,每年的 6~7 月水位达到最低,而 11 月至翌年 3 月水位相对较高,并且波动幅度相对较小,在调水期间该湖的蓄水水位相对现状来说较稳定。根据相关文献(冯照军等,2006),骆马湖湿地鸟类中,以旅鸟为主,占湿地历史记录鸟类总种数的 52.6%。而冬候鸟占比为 13.0%,低于夏候鸟的 19.4%,大部分为赤麻鸭、针尾鸭、绿头鸭等为代表的雁鸭类。涉禽类以鹭类为主,大多数为夏候鸟。根据近年的监测和调查,骆马湖成为白骨顶等涉禽类重要的越冬地,每年在此越冬或停留的白骨顶种群超过上万只。因此,在春夏季节,水位和往年同期变化不大,对鹭类等水鸟繁殖和觅食影响较小。根据卫片解译结果,冬候鸟越冬季的 12 月至翌年 2 月(非汛期)骆马湖沼泽湿地、河流水域由于水位升高而导致其面积减少,滩涂裸露较少,绿头鸭等雁鸭类多在沼泽湿地区域、河流水域等湿地觅食,在湖域栖息,骆马湖湿地以绿头鸭等雁鸭类游禽、白骨顶等涉禽类作为越冬候鸟的主体,可能会随着觅食地的减少而导致其类群与其余种类(如鹤类、鸻鹬类等涉禽类)行为相同:在此过境或短暂停留后继续南迁。

作为京杭运河的一部分,骆马湖承担着江苏省南北向的航运交通重任,再加上渔业养殖活动的影响,总体上骆马湖人为干扰相对较大。同时,骆马湖是东线工程的重要调蓄湖泊,也是宿迁市的重要饮用水水源地,承担着宿迁市区供水功能。但在南水北调项目实施以前，由于多年来骆马湖无序采砂、不合理养殖和入湖污染物增加等，骆马湖水质总氮和总磷浓度一直呈增加趋势，造成水体富营养化，对水生生态造成不利影响，进而影响湿地鸟类正常栖息和觅食。而现阶段随着一期工程的实施和运营，再加上生态保护力度的加大，尽管近年来仍存在一定的氮和磷污染，但总体上骆马湖水质有所好转，大部分指标在Ⅱ~Ⅳ类水质标准间波动（湖婷婷等，2016），湿地鸟类的栖息环境有一定的改善。但骆马湖沿岸目前还缺少白鹤等珍稀越冬候鸟停留所需要的安全、富饶的滩涂地，未来几年，随着骆马湖禁渔退湖、退圩还湖的逐步实施及生态环境的不断修复，白鹤等珍稀候鸟在此栖息将很快成为可能。

2）食物来源对鸟类的影响

根据实际调查情况，骆马湖分布红穗薹草、荻、野慈姑、荇菜、菱等草丛沼泽植物、沉水植物，湖域周边种植水稻，可为区域内分布的涉禽类提供较为丰富的植物性食物来源。根据水生生态调查情况，骆马湖优势种主要为铜锈环棱螺、苏氏尾鳃蚓、霍甫水丝蚓和长角涵螺等软体动物，刀鲚等浅水区域分布的鱼类，可为鸻科、鹬科、反嘴鹬科、彩鹬科、水雉科、鹳科、鹮科、鹭科鸟类提供动物性食物来源。总体来说，工程调水未对洪泽湖鸟类食物来源产生明显影响，因此对其觅食未产生明显影响。

3）对其他动物的影响

其他如两栖、爬行及哺乳类动物均为本地常见种类，珍稀濒危种类较为少见，项目的运营并未对本地两栖、爬行及哺乳类动物的种类和群落结构造成较大影响。

3. 南四湖

1）水位变动、水质变化对鸟类的影响

根据南四湖近年来的水位监测数据，南四湖湖区水位较低时间一般在6~8月，而一般10月至翌年4月一直保持较高水位。由于昭阳湖最窄处已经建有拦湖二级坝，将南四湖分隔为上级湖和下级湖，受此调控的影响，南四湖沼泽湿地滩涂等有所裸露。2002年之后沼泽面积减少，是由于南四湖作为南水北调东线工程的调蓄水库，根据需求要扩大湖泊面积。另外，2013年南水北调东线开始通水，南四湖水位上升，输水期水位比输水前提高0.48 m，南四湖下游输水期平均水位比输水前高1.10 m，原有的沼泽被淹没，进一步扩大了湖泊面积。2003年建立南四湖湿地省级自然保护区，提出退耕还湖政策，沼泽作为耕地变为湖泊的过渡期，导致该时期由湖边耕地转变为沼泽。

作为南水北调工程中重要的输水通道和调蓄湖泊，在项目实施以前，南四湖90%以上的湖区综合水质是劣Ⅴ类，尽管经过多次全面整治，南四湖水质得到一定优化，但总体水质还未达到Ⅲ类标准，给湿地鸟类的栖息环境带来一定的污染。经过相关研究，南水北调工程实施后，四个湖区的综合水质达到了Ⅲ类标准，水质有所改善。近年来，随着保护区进行了“两退三还”等生态修复措施，在一定程度上提高了水生植物的覆盖率及生物多样性（李国栋等，2017）。根据卫片解译结果及现场调查情况，2001~2018年非汛期、汛期，昭阳湖西岸、微山湖西北岸及坝下的沼泽面积均有所增加，且南四湖由于土壤基质条件，湖内滩地、孤岛在水位升高后，形成的小生境适宜水生植物生长，这些块区域也为大部分涉禽类如鸻鹬类、大白鹭、苍鹭等提供较为适宜的栖息地和觅食地。偶见有东方白鹳、白琵鹭，对环境较为敏感的灰鹤、白枕鹤等种类在此停歇和觅食，而南四湖越冬期较为常见的小天鹅、绿头鸭、斑嘴鸭、红头潜鸭、白秋沙鸭和普通秋沙鸭等游禽多样性未因南四湖水位变动、水质变化发生明显变化,因此本项目的实施对湿地鸟类正常迁徙和觅食影响相对较小,湿地鸟类的栖息环境也在不断的改善,湖泊水域、沼泽湿地等面积增加,为迁徙至该地的冬候鸟、夏候鸟等湿地鸟类提供了更多的觅食面积,有利于更多的湿地鸟类在南四湖区域觅食、栖息。

2)食物来源对鸟类的影响

根据实际调查情况,南四湖分布芦苇、菰、双穗雀稗、野慈姑、水蓼、菹草、黑藻、竹叶眼子菜等草丛沼泽植物、沉水植物,湖域周边种植水稻,可为区域内分布的以植物性食物为食的涉禽、鸭科河鸭属、雁属鸟类提供较为丰富的植物性食物来源;而南四湖存在的各类鱼类,为以鱼类、底栖动物为食的涉禽、鹡鸰科、鸥科、鸬鹚科、鹈鹕科、鸭科秋沙鸭属等游禽提供动物性食物来源。总体来说,工程调水未对洪泽湖中鸟类食物来源产生明显影响,对其食物来源影响不大,因此对其觅食未产生明显影响。

3)对其他动物的影响

区域内分布的两栖、爬行及哺乳类动物仍为本地常见种类,珍稀濒危种类较为少见,项目的运营并未对本地两栖、爬行及哺乳类动物的种类和群落结构造成较大影响。

4. 东平湖

1)水位变动、水质变化对鸟类的影响

东平湖不做调蓄水库,各时段规划入湖水量与出湖水量相等,且东平湖2002~2018年各类湿地面积在非汛期均有所下降,汛期仅河流水域湿地面积有所增加,东平湖是鸟类迁徙路线上的重要停歇地之一,调水前后东平湖水位变动处于动态平衡状态,根据现场调查情况与资料查阅整合情况,在鸟类越冬、迁徙季节(非汛期),东平湖区域大部分雁鸭类在10月开始进入东平湖流域,补充能量后南迁。翌年2月中旬开始由南方湿地北返的冬候鸟逐步进入东平湖停歇后继续北上繁殖,说明工程实施后水位变动对东平湖鸟类类群及种群数量未产生明显影响。

而根据栗文佳等对近40年东平湖的水质相关研究,20世纪80年代初,东平湖水质总体上达到《地表水环境质量标准》(GB 3838—2002)Ⅱ类水质标准,水环境保持较好状态,但90年代开始水质逐步有所恶化,到南水北调工程实施之前,水质总体处于Ⅴ~劣Ⅴ类,湿地环境相对较差。南水北调工程实施之后,换水频繁,水体环境有所改善,自2014年开始就逐步达到了Ⅲ类水质标准。根据水位变化对湿地植物植被的影响,由于工程实施,东平湖湖内多滩地的孤岛、半岛和库湾土壤等基质条件不同,一定年限内,湖区基质的营养物质有所增加,有利于水生植物生长。水生态环境改善,有益于湖泊水生生物种群的扩大,水生植物的生长也有益于恢复破碎化和岛屿化的生境,为东平湖分布的湿地鸟类提供了较为适宜的栖息和停歇环境。因此,项目的运营在一定程度上对改善东平湖湿地鸟类生活环境、迁徙起到积极意义。

2)食物来源对鸟类的影响

根据实际调查情况,东平湖分布芦苇、竹叶眼子菜等,湖域周边种植水稻,水生植物相对较少,可为以植物性食物为食的涉禽、鸭科河鸭属、雁属游禽提供较少的植物性食物来源,总体来说该区域分布的鹤科、鸭科河鸭属、雁属鸟类种群数量不会太大;根据水生生态调查情况,东平湖分布较多的长角涵螺、羽摇蚊、中华圆田螺等软体动物、环节动物,鲫和鰲等鱼类,可为鸻科、鹬科、反嘴鹬科、彩鹬科、水雉科、鹭科等涉禽类,鹡鸰科、鸥科、鸬鹚科、鹈鹕科、鸭科秋沙鸭属类鸟类提供较多的动物性食物来源,在一定程度上有利于上述涉禽类、游禽类分布。

3)对其他动物的影响

其他如两栖、爬行及哺乳类动物也均为本地常见种类,少量哺乳类动物活动于东平湖周边的山地,基本不受本项目的影响。总体上项目的运营并未对本地两栖、爬行及哺乳类动物的种类和群落结构造成明显影响。

5.3 水生生物影响分析

南水北调东线一期工程建设前,研究组曾对调蓄湖泊饵料生物有较详细的调查,同时研究组通过检索数据库查阅到较多调蓄湖泊工程施工期间饵料生物数据,资料较完整,因此本节重点研究分析南水北调东线一期工程调蓄湖泊饵料生物组成变化,揭示调蓄湖泊20余年间水生态系统组成变化趋势。

5.3.1 洪泽湖水生生物影响分析

5.3.1.1 浮游植物

1. 浮游植物变化

南水北调东线一期工程建设前,洪泽湖的浮游植物共有8门141属165种。浮游植物中绿藻门、蓝藻门和硅藻门种数占84%。生物量以春季最高,为15.16 mg/L;夏季、秋季次之,为7.69 mg/L、2.50 mg/L;冬季最低,为1.75 mg/L。

施工期2011年3月至2013年5月,洪泽湖的浮游植物共有8门104属222种。浮游植物中绿藻门、蓝藻门和硅藻门种数占81%。绿藻门种类占比最高,其次是硅藻门、蓝藻门、裸藻门。优势种为尖尾蓝隐藻、扭曲小环藻、小球藻等。

运行期2020年8~9月,洪泽湖浮游植物5门29种(属),浮游植物中绿藻门、蓝藻门和硅藻门种数占96%。硅藻门占比最高,其次是绿藻门、蓝藻门、甲藻门。优势种为小形色球藻、湖沼色球藻、点形平裂藻、鱼腥藻、颤藻、伪鱼腥藻、鞘丝藻、空球藻、丝藻等。浮游植物平均密度为131.41万ind./L,平均生物量为0.330 mg/L。南水北调东线一期工程建设前后洪泽湖各时期浮游植物调查统计见表5-61。

表5-61　南水北调东线一期工程建设前后洪泽湖各时期浮游植物调查统计

时期	建设前	施工期	运行期
物种数	165种	222种	29种(属)
密度/(万ind./L)	—	—	131.41
生物量/(mg/L)	春季15.16;夏季7.69; 秋季2.50;冬季1.75	—	0.330

续表 5-61

时期	建设前	施工期	运行期
种类占比	绿藻门、蓝藻门、硅藻门种类数占 84%	绿藻门、蓝藻门、硅藻门种类数占 81%	绿藻门、蓝藻门、硅藻门种类数占 96%
优势种	—	尖尾蓝隐藻、扭曲小环藻、小球藻	小形色球藻、湖沼色球藻、点形平裂藻、鱼腥藻等
备注	长期监测结果累积	长期监测结果累积	本次调查

由三个时期数据对比分析可知,运行期浮游植物种类数量明显小于建设前和施工期;三个时期浮游植物均以绿藻门、蓝藻门和硅藻门种类数占比最大;施工期浮游植物优势种有隐藻门、硅藻门、绿藻门的种类,运行期优势种大多为蓝藻门种类,仅有少量绿藻门种类;运行期和建设前对比,浮游植物生物量减少。

2. 变化的原因分析

运行期浮游植物种类数量明显小于建设前和施工期,与建设前和施工期浮游植物种类数量为较长时间内调查到结果的集合,而运行期浮游植物数据仅与本次采集的结果有关。此外,本次运行期浮游植物优势种主要为蓝藻门种类,说明本次调查期间洪泽湖水体营养水平较高,导致浮游植物单一化,从而导致运行期浮游植物种类数量明显减少的结果。施工期浮游植物优势种有隐藻门、硅藻门、绿藻门的种类,而本次运行期浮游植物优势种主要为蓝藻门种类,说明本次调查期间洪泽湖水体出现富营养化现象,导致浮游植物单一化。运行期和建设前比较,浮游植物生物量减少,建设前浮游植物组成多样化,而本次运行期调查以质量较轻的蓝藻门种类密度占优势是运行期浮游植物生物量有所减少的原因之一。

5.3.1.2　浮游动物

1. 浮游动物变化

建设前,洪泽湖的浮游动物有 35 科 63 属 91 种。浮游动物中原生动物 15 科 18 属 21 种,占总物种数的 23%;轮虫 9 科 24 属 37 种,占总物种数的 41%;枝角类 6 科 10 属 19 种,占总物种数的 21%;桡足类 5 科 11 属 14 种,占总物种数的 15%。浮游动物生物量全湖平均值为 1.24 mg/L。

施工期,2010 年 5 月至 2011 年 2 月,洪泽湖的浮游动物有 3 大类 53 种。其中轮虫 34 种,占总物种数的 64%;枝角类 9 种,占总物种数的 17%;桡足类 10 种,占总物种数的 19%。轮虫主要优势种为螺形龟甲轮虫、前节晶囊轮虫、长肢多肢轮虫、萼花臂尾轮虫、曲腿龟甲轮虫;枝角类常见种类为长额象鼻溞、透明溞;桡足类种类为汤匙华哲水蚤和中华窄腹水蚤。

运行期,洪泽湖的浮游动物 4 类 19 种(属),原生动物 1 种(属),占总物种数的 5.3%;轮虫 8 种(属),占总物种数的 42.1%;枝角类 5 种(属),占总物种数的 26.3%;桡足类 5 种(属),占总物种数的 26.3%。优势种为长额象鼻溞、长肢秀体溞、无节幼体、广布中剑水蚤等。洪泽湖浮游动物平均密度 1 075 ind./L,平均生物量 53.31 mg/L。

南水北调东线一期工程建设前后洪泽湖各时期浮游动物调查统计见表 5-62。

表 5-62　南水北调东线一期工程建设前后洪泽湖各时期浮游动物调查统计

时期	建设前	施工期	运行期
物种数/种(属)	91 种	53 种	19 种(属)
密度/(ind./L)	—	—	1 075
生物量/(mg/L)	1.24	—	53.31
种类占比	原生动物占总物种数的23%;轮虫占 41%;枝角类占 21%;桡足类占15%	轮虫占总物种数的64%;枝角类占 17%;桡足类占19%	原生动物占总物种数的 5.3%;轮虫占42.1%;枝角类占26.3%;桡足类占26.3%
优势种	—	螺形龟甲轮虫、长额象鼻溞、汤匙华哲水蚤等	长额象鼻溞、长肢秀体溞等
备注	长期监测结果累积	长期监测结果累积	本次调查

运行期浮游动物种类数量明显小于建设前和施工期;三个时期浮游动物种类组成均以轮虫占比最大;优势种未发生明显变化;运行期浮游动物平均生物量显著高于建设前水平。

2. 变化的原因分析

运行期浮游动物种类数量明显小于建设前和施工期,与建设前和施工期浮游动物种类数量为较长时间内调查到结果的集合,而运行期浮游动物数据仅与本次采集的结果有关。三个时期浮游动物种类组成均以轮虫占比最大,说明洪泽湖仍为适应轮虫生长繁殖的静缓水生境,未发生大的变化。运行期浮游动物平均生物量显著高于建设前水平,可能与本次调查时间为夏季、温度适宜浮游动物繁殖、生物量较高、建设前数据属全年水平、平均生物量较低有关。

5.3.1.3　底栖动物

1. 底栖动物变化

建设前,洪泽湖底栖动物的种类较多,计有 8 纲 39 科 57 属 76 种。其中环节动物 3 纲 6 科 7 属 7 种,占总物种数的 9%;软体动物 2 纲 11 科 25 属 43 种,占总物种数的 57%;节肢动物 3 纲 22 科 25 属 26 种,占总物种数的 34%。

建设前 2010~2011 年,调查期间共采集到底栖动物 14 种。其中,寡毛类、摇蚊科幼虫及软体动物分别有 5 种、3 种和 6 种,分别占总物种数的 35.7%、21.4%和 42.9%。洪泽湖底栖动物优势种共有 5 种,河蚬为第一优势种,其次分别为苏氏尾鳃蚓、羽摇蚊、霍甫水丝蚓和铜锈环棱螺。

2020 年 8~9 月,洪泽湖底栖动物 63 种,其中节肢动物 17 种,占总物种数的 26.98%;软体动物 34 种,占总物种数的 53.97%;环节动物 12 种,占总物种数的 19.05%。优势种主要为苏氏尾鳃蚓、霍甫水丝蚓、河蚬、沙蚕等。

南水北调东线一期工程建设前后洪泽湖各时期底栖动物调查统计见表 5-63。

表5-63 南水北调东线一期工程建设前后洪泽湖各时期底栖动物调查统计

日期	建设前	施工期	运行期
物种数	76种	14种	63种
种类占比	环节动物占总物种数的9%;节肢动物占34%;软体动物占57%	环节动物占总物种数的35.7%;节肢动物占总物种数的21.4%;软体动物占总物种数的42.9%	环节动物占总物种数的19.05%;节肢动物占总物种数的26.98%;软体动物占总物种数的53.97%
优势种	—	河蚬、苏氏尾鳃蚓、羽摇蚊	苏氏尾鳃蚓、霍甫水丝蚓、河蚬、沙蚕
备注	长期监测结果累积	长期监测结果累积	本次调查

表中三个时期底栖动物种类数波动较大,各时期均以软体动物种类数量占比最大,施工期和运行期优势种中耐污种占比均较大。

2.变化的原因分析

三个时期底栖动物种类数波动较大,主要与调查点位和调查人员不同有关。各时期均以软体动物种类数量占比最大,施工期和运行期优势种中耐污种占比均较大,说明洪泽湖底栖动物的生境未发生明显变化。

5.3.2 骆马湖水生生物影响分析

5.3.2.1 浮游植物

1.浮游植物变化

南水北调东线一期工程建设前,骆马湖有浮游植物59属,主要包括硅藻、甲藻和金藻。

施工期2011年3月至2013年5月,骆马湖的浮游植物共有8门110属247种。浮游植物中隐藻门、绿藻门、蓝藻门和硅藻门种数占79%。优势种为尖尾蓝隐藻、扭曲小环藻、湖泊伪鱼腥藻、钝脆杆藻、小球藻、德巴衣藻等。

运行期,本次调查到骆马湖浮游植物6门52种(属),其中蓝藻门9种(属),占总物种数的17%;绿藻门24种(属),占总物种数的46%;硅藻门15种(属),占总物种数的29%;甲藻门和隐藻门各2种,均占总物种数的4%。优势种为尖头藻、小形色球藻、湖沼色球藻、细小平裂藻、鱼腥藻、颤藻、伪鱼腥藻、颗粒直链藻等。

南水北调东线一期工程建设前后骆马湖各时期浮游植物调查统计见表5-64。

表5-64 南水北调东线一期工程建设前后骆马湖各时期浮游植物调查统计

时期	建设前	施工期	运行期
物种数	59属	110属247种	52种(属)
密度/(万ind./L)	—	—	209.29
生物量/(mg/L)	—	—	0.85
种类占比	主要包括硅藻门、甲藻门和金藻门	隐藻门、绿藻门、蓝藻门和硅藻门种数占79%	绿藻门、蓝藻门、硅藻门种类数占92%

续表 5-64

时期	建设前	施工期	运行期
优势种	—	尖尾蓝隐藻、扭曲小环藻、湖泊伪鱼腥藻等	尖头藻、小形色球藻、湖沼色球藻等
备注	长期监测结果累积	长期监测结果累积	本次调查

由三个时期数据对比分析可知,运行期浮游植物种类数量小于建设前和施工期;施工期浮游植物优势种有隐藻门、硅藻门、绿藻门、蓝藻门的种类占比为79%;运行期优势种大多为绿藻门、硅藻门、蓝藻门种类占比达到92%,隐藻门及其他藻类占比大幅减少。

2. 变化的原因分析

运行期浮游植物种类数量小于建设前和施工期,可能的原因是,与建设前和施工期浮游植物种类数量为较长时间内调查到结果的集合,而运行期浮游植物数据仅与本次采集的结果有关,调查研究不充分,调查结果不具有典型的代表性。此外,本次运行期浮游植物优势种主要为绿藻门、硅藻门、蓝藻门种类,优势种类数量减少,也可能是本次调查期间骆马湖水体出现了轻度富营养化现象,导致浮游植物有单一化趋势,浮游植物多样性下降,从而导致运行期浮游植物种类数量减少的结果。

5.3.2.2 浮游动物

1. 浮游动物变化

南水北调东线一期工程建设前,骆马湖浮游动物主要为温带普生性种类,大约有67种,主要包括轮虫、枝角类和桡足类。优势种主要有长肢多肢轮虫、广布多肢轮虫、僧帽溞、长额象鼻溞、近邻剑水蚤等5种。

施工期骆马湖浮游动物调查资料未见记载。

运行期,骆马湖浮游动物4类37种(属),优势种为砂壳虫、无节幼体、近邻剑水蚤、广布中剑水蚤。

总体来看,运行期骆马湖浮游动物种类数量小于建设前;优势种均以轮虫类、桡足类、枝角类为主,浮游动物种属未发生明显变化。

南水北调东线一期工程建设前后骆马湖各时期浮游动物调查统计见表5-65。

表5-65 南水北调东线一期工程建设前后骆马湖各时期浮游动物调查统计

时期	建设前	施工期	运行期
物种数/种(属)	67种	—	37种(属)
密度/(ind./L)	—	—	1 075
生物量/(mg/L)	—	—	53.31
种类占比	—	—	原生动物占8%;轮虫占62%;枝角类占14%;桡足类占16%

续表 5-65

时期	建设前	施工期	运行期
优势种	长肢多肢轮虫、广布多肢轮虫、僧帽溞、长额象鼻溞、近邻剑水蚤	—	砂壳虫、无节幼体、近邻剑水蚤、广布中剑水蚤
备注	长期监测结果累积	未见记载	本次调查

2. 变化的原因分析

运行期浮游动物种类数量小于建设前,可能的原因是建设前浮游动物种类数量为较长时间内调查到结果的集合,而运行期浮游动物数据仅与本次采集的结果有关,调查研究不充分,调查结果不具有典型的代表性。各时期浮游动物优势种均以轮虫类、桡足类、枝角类为主,说明骆马湖水生生态环境变化趋势不明显。

5.3.2.3 **底栖动物**

1. 底栖动物变化

南水北调东线一期工程建设前,骆马湖底栖动物未见记载。

施工期,骆马湖大型底栖动物41种,其中环节动物8种,占20%;软体动物15种,占36%;节肢动物18种,占44%。优势种为铜锈环棱螺、苏氏尾鳃蚓、霍甫水丝蚓和长角涵螺。

运行期,骆马湖底栖动物28种,其中节肢动物9种,占32.14%;软体动物14种,占50.00%;环节动物5种,占17.86%。优势种主要为铜锈环棱螺、苏氏尾鳃蚓、霍甫水丝蚓和长角涵螺等。

南水北调东线一期工程建设前后骆马湖各时期底栖动物调查统计见表5-66。

表5-66 南水北调东线一期工程建设前后骆马湖各时期底栖动物调查统计

时期	建设前	施工期	运行期
物种数	—	41种	28种
种类占比	—	环节动物占20%;软体动物占36%;节肢动物占44%	节肢动物占32.14%;软体动物占50.00%;环节动物占17.86%
优势种	—	铜锈环棱螺、苏氏尾鳃蚓、霍甫水丝蚓和长角涵螺	铜锈环棱螺、苏氏尾鳃蚓、霍甫水丝蚓和长角涵螺
备注	未见记载	长期监测结果累积	本次调查

施工期和运行期底栖动物种类数存在一些差异,但底栖动物均以软体动物和节肢动

物为主,优势种相似度很高。

2. 变化的原因分析

建设前和运行期底栖动物种类数存在一些差异,主要与调查点位和调查人员不同有关。施工期和运行期骆马湖底栖动物均以软体动物和节肢动物为主,优势种相似度很高,施工期和运行期优势种中耐污种占比均较大,说明骆马湖底栖动物的生境未发生明显变化。

5.3.3 南四湖水生生物影响分析

5.3.3.1 浮游植物

1. 浮游植物变化

南水北调东线一期工程建设前,南四湖浮游植物 8 门 46 科 116 属,以绿藻门、隐藻门、硅藻门、蓝藻门种类为主,其中绿藻门最多,为 16 科 51 属;硅藻门次之,为 10 科 22 属。平均密度 218 万 ind./L,平均生物量 1.7 mg/L。

施工期,南四湖浮游植物共有 8 门 86 种(属)。其中绿藻门最多,共 34 种(属),占浮游植物种类数的 39.5%;其次是蓝藻门,计 20 种(属),占浮游植物种类数的 23.3%;再次为硅藻门,计 14 种(属),占 16.28%。

运行期,南四湖 6 门 53 种(属),其中蓝藻门 9 种(属),占浮游植物种类数的 17.0%;绿藻门 27 种(属),占 50.9%;硅藻门 12 种(属),占 22.6%;裸藻门和甲藻门各 2 种,各占 3.8%;隐藻门 1 种,占 1.9%。优势种为尖头藻、弯形小尖头藻、小形色球藻、湖沼色球藻、鱼腥藻、颤藻、伪鱼腥藻、实球藻、二角盘星藻等。浮游植物平均密度 238.85 万 ind./L,平均生物量 0.946 mg/L。

南水北调东线一期工程建设前后南四湖各时期浮游植物调查统计见表 5-67。

表 5-67 南水北调东线一期工程建设前后南四湖各时期浮游植物调查统计

时期	建设前	施工期	运行期
物种数/种(属)	116 属	86 种(属)	53 种(属)
密度/(万 ind./L)	218	—	238.85
生物量/(mg/L)	1.7	—	0.946
种类占比	绿藻门最多,硅藻门次之	绿藻门占浮游植物种类数的 39.5%;其次是蓝藻门,占 23.3%;再次为硅藻门,占 16.28%	绿藻门占浮游植物种类数 50.9%;蓝藻门占 17.0%;硅藻门占 22.6%;裸藻门和甲藻门各占 3.8%;隐藻门占 1.9%
优势种	—	—	尖头藻、弯形小尖头藻、小形色球藻、湖沼色球藻、鱼腥藻等
备注	长期监测结果累积	长期监测结果累积	本次调查

由三个时期数据对比分析可知，运行期浮游植物种类数量小于建设前和施工期；与有数据记载的建设前和运行期对比，两期浮游植物均以绿藻门种类占比最大；施工期浮游植物优势种有硅藻门、绿藻门、蓝藻门的种类，运行期优势种绿藻门种类、密度和生物量均大幅提高，硅藻门和蓝藻门优势度下降；运行期和建设前对比，浮游植物密度比较接近，生物量减少了80%。

2.变化的原因分析

运行期浮游植物种类数量小于建设前和施工期，可能的原因是与建设前和施工期浮游植物种类数量为较长时间内调查到结果的集合，而运行期浮游植物数据仅为本次采集的结果有关。此外，本次运行期浮游植物优势种绿藻门种类、密度和生物量均大幅提高，硅藻门和蓝藻门优势度下降，说明本次调查期间南四湖水体水质较好、营养水平较低，致使耐污型浮游植物种类减少，从而导致运行期浮游植物种类数量减少。

5.3.3.2　浮游动物

1.浮游动物变化

建设前，南四湖浮游动物249种，其中原生动物34种、轮虫141种、枝角类44种、桡足类28种、介形类2种，平均密度5 770 ind./L，平均生物量0.6 mg/L。

施工期，2007~2008年南四湖浮游动物4类52种，根据浮游动物污染指示种分析，2007~2008年南四湖水质介于β中污染带和寡污染带之间。

运行期，南四湖浮游动物4门35种，原生动物4种，占物种总数的11.4%；轮虫22种，占62.9%；枝角类4种，占11.4%；桡足类5种，占14.3%。优势种为砂壳虫、萼花臂尾轮虫、长额象鼻溞、多刺裸腹溞、无节幼体、广布中剑水蚤。南四湖浮游动物平均密度1 576 ind./L，平均生物量33.31 mg/L。

南水北调东线一期工程建设前后南四湖各时期浮游动物调查统计见表5-68。

表5-68　南水北调东线一期工程建设前后南四湖各时期浮游动物调查统计

时期	建设前	施工期	运行期
物种数	249种	52种	35种
密度/(ind./L)	5 770	—	1 576
生物量/(mg/L)	0.6	—	33.31
种类占比	—	—	原生动物占物种总数的11.4%；轮虫占62.9%；枝角类占11.4%；桡足类占14.3%
优势种	—	—	砂壳虫、萼花臂尾轮虫、长额象鼻溞、多刺裸腹溞
备注	长期监测结果累积	未见记载	本次调查

运行期浮游动物种类数量明显小于建设前;建设前和运行期浮游动物种类组成均以轮虫占比最大。

2. 变化的原因分析

运行期浮游动物种类数量明显小于建设前,可能的原因是建设前浮游动物种类数量为较长时间内调查到结果的集合,而运行期浮游动物数据仅为本次采集的结果。建设前和运行期浮游动物种类组成均以轮虫占比最大,说明南四湖仍为适应轮虫生长繁殖的静缓水生生境,总体未发生大的变化。

5.3.3.3 底栖动物

1. 底栖动物变化

南水北调东线一期工程建设前,南四湖底栖动物有53种,其中软体动物36种、节肢动物9种、环节动物8种。其优势种主要包括中华圆田螺、中国圆田螺、中华米虾、日本沼虾和秀丽白虾等。

施工期,2010年南四湖大型底栖动物35属40种,其中寡毛类4属6种,软体动物10属10种,水生昆虫15属18种,其他6属6种。优势种为红裸须摇蚊、霍甫水丝蚓、长角涵螺和铜锈环棱螺。

运行期,南四湖底栖动物50种,其中节肢动物22种,占44%;软体动物20种,占40%;环节动物8种,占16%。优势种为霍甫水丝蚓、苏氏尾鳃蚓、铜锈环棱螺、羽摇蚊、长足摇蚊等。

南水北调东线一期工程建设前后南四湖各时期底栖动物调查统计见表5-69。

表5-69 南水北调东线一期工程建设前后南四湖各时期底栖动物调查统计

时期	建设前	施工期	运行期
物种数	53种	40种	50种
种类占比	环节动物占15%;软体动物占68%;节肢动物占17%	环节动物占15%;软体动物占40%;节肢动物占45%	环节动物占16%;节肢动物占44%;软体动物占40%
优势种	中华圆田螺、中国圆田螺、中华米虾、日本沼虾和秀丽白虾等	红裸须摇蚊、霍甫水丝蚓、长角涵螺和铜锈环棱螺	霍甫水丝蚓、苏氏尾鳃蚓、铜锈环棱螺、羽摇蚊、长足摇蚊等
备注	长期监测结果累积	长期监测结果累积	本次调查

三个时期底栖动物种类较为接近,建设前底栖动物优势种为软体动物和节肢动物,施工期和运行期底栖动物优势种有耐污寡毛类物种。

2. 变化的原因分析

三个时期底栖动物种类较为接近，施工期和运行期南四湖底栖动物优势种有耐污寡毛类物种，说明南四湖底栖动物的生境质量较差。

5.3.4　东平湖水生生物影响分析

5.3.4.1　浮游植物

1. 浮游植物变化

南水北调东线一期工程建设前，东平湖内有浮游藻类7门35科66属，其中绿藻门12科29属，硅藻门10科15属，蓝藻门4科12属、裸藻门5属、黄藻门2属、甲藻门2属、隐藻门1属。

施工期，2011年3月至2013年5月，东平湖的浮游植物共有8门106属224种。浮游植物中绿藻门、蓝藻门和硅藻门种类数占80%。优势种为尖尾蓝隐藻、微球衣藻、依沙束丝藻、湖泊伪鱼腥藻、具星小环藻、小球藻等。

运行期，东平湖浮游植物6门58种（属），浮游植物中蓝藻门、绿藻门种类数占88%，优势种为尖头藻、小形色球藻、湖沼色球藻、鱼腥藻、颤藻、伪鱼腥藻、丝藻等。

南水北调东线一期工程建设前后东平湖各时期浮游植物调查统计见表5-70。

表5-70　南水北调东线一期工程建设前后东平湖各时期浮游植物调查统计

时期	建设前	施工期	运行期
物种数/种（属）	66属	106属224种	58种（属）
密度/（万ind./L）	—	—	238.85
生物量/（mg/L）	—	—	0.946
种类占比	绿藻门最多，硅藻门次之	绿藻门、蓝藻门和硅藻门种类数占80%	蓝藻门、绿藻门种类数占88%
优势种	—	尖尾蓝隐藻、微球衣藻、依沙束丝藻、湖泊伪鱼腥藻、具星小环藻、小球藻等	尖头藻、小形色球藻、湖沼色球藻、鱼腥藻、颤藻等
备注	长期监测结果累积	长期监测结果累积	本次调查

由三个时期数据对比分析可知，施工期浮游植物种类数量明显大于建设前和运行期；施工期浮游植物优势种有硅藻门、绿藻门、蓝藻门的种类，运行期优势种大多为蓝藻门、绿藻门种类，仅有少量硅藻门种类。

2. 变化的原因分析

三个时期东平湖浮游植物种类数量相差较大，可能的原因是施工期浮游植物种类数量为较长时间内调查到结果的集合，而运行期浮游植物数据仅为本次采集的结果。施工期浮游植物优势种有硅藻门、绿藻门、蓝藻门的种类,而本次运行期浮游植物优势种主要为蓝藻门、绿藻门种类,说明本次调查期间东平湖水体可能出现轻度富营养化的情况,导致浮游植物单一化。

5.3.4.2 **浮游动物**

1.浮游动物变化

南水北调东线一期工程建设前,东平湖内有浮游动物69种,其中原生动物31种、轮虫16种、枝角类11种、桡足类11种。以原生动物中的砂壳虫、简壳虫、似铃壳虫、焰毛虫;轮虫中的螺形龟甲虫、针簇多肢轮虫、角突臂尾轮虫、三肢轮虫;枝角类中的秀体、象鼻、裸腹、尖额;桡足类中的汤匙华哲水蚤,广布中剑水蚤、台湾温剑水蚤、跨立水剑蚤和近邻剑水蚤等为优势种。

施工期,浮游动物4类79种,其中原生动物25种、轮虫33种、枝角类8种和桡足类13种。分别占全部种类数的31.65%、41.77%、10.13%和16.45%。轮虫和原生动物是构成东平湖水域浮游动物的主要类群,二者均占总种数的30%以上。

运行期,东平湖浮游动物4类37种(属),其中原生动物4种(属),占总物种数的11%;轮虫24种(属),占65%;枝角类4种(属),占11%;桡足类5种,占13%。优势种为针簇多肢轮虫、曲腿龟甲轮虫、长额象鼻溞、无节幼体、广布中剑水蚤。

南水北调东线一期工程建设前后东平湖各时期浮游动物调查统计见表5-71。

表5-71 南水北调东线一期工程建设前后东平湖各时期浮游动物调查统计

时期	建设前	施工期	运行期
物种数/种(属)	69种	79种	37种(属)
密度/(ind./L)	—	—	1 576
生物量/(mg/L)	—	—	33.31
种类占比	—	原生动物占31.65%、轮虫占41.77%、枝角类占10.13%、桡足类占16.45%	原生动物占11%,轮虫占65%,枝角类占11%,桡足类占13%
优势种	砂壳虫、简壳虫、螺形龟甲虫、针簇多肢轮虫、秀体、象鼻	—	针簇多肢轮虫、曲腿龟甲轮虫、长额象鼻溞等
备注	长期监测结果累积	长期监测结果累积	本次调查

运行期浮游动物种类数量明显小于建设前和施工期；建设前原生动物占比最大，施工期和运行期以轮虫占比最大。优势种未发生明显变化。

2. 变化的原因分析

运行期浮游动物种类数量小于建设前和施工期，与建设前和施工期浮游动物种类数量为较长时间内调查到结果的集合，而运行期浮游动物数据仅与本次采集的结果有关。建设前原生动物占比最大，施工期和运行期以轮虫占比最大，可能是浮游动物群落之间的动态变化过程。

5.3.4.3　底栖动物

1. 底栖动物变化

建设前，东平湖内有软体动物8科19属28种，其中常见的有双旋环棱螺、中华圆田螺、环棱螺、长角涵螺、纹沼螺、褶纹冠蚌、背角无齿蚌、蚶形无齿蚌和刻纹蚬等10余种。

施工期，2006年和2007年对东平湖水域2条断面9个站位的底栖动物进行了3次采样调查，鉴定出底栖动物31种，其中腹足纲10种、瓣鳃纲11种、甲壳纲4种、昆虫纲2种、寡毛纲1种和蛭纲3种。螺类最多，其次为昆虫类和寡毛类。甲壳类、腹足类和水蛭类所占比例较少。

运行期，东平湖底栖动物32种，其中节肢动物4种，占12%；软体动物23种，占72%；环节动物5种，占16%。东平湖优势种群为长角涵螺、羽摇蚊、中华圆田螺等。

南水北调东线一期工程建设前后东平湖各时期底栖动物调查统计见表5-72。

表5-72　南水北调东线一期工程建设前后东平湖各时期底栖动物调查统计

时期	建设前	施工期	运行期
物种数	28种	31种	32种
种类占比	—	环节动物占14%；软体动物占67%；节肢动物占19%	环节动物占16%；节肢动物占12%；软体动物占72%
优势种	—	—	长角涵螺、羽摇蚊、中华圆田螺
备注	长期监测结果累积	长期监测结果累积	本次调查

2. 变化的原因分析

三个时期底栖动物种类数相差不大，各时期均以软体动物种类数量占比最大。东平湖底栖动物的生境条件变化较小。

5.4 鱼类影响分析

5.4.1 输水河段鱼类影响

南水北调东线一期工程输水沿线河道鱼类物种组成存在较大差异，黄河以南输水河道共采集得到鱼类9目15科44种，其中鲤形目的种类数最多，共2科26种，所占比例为59.1%；其次是鲈形目，共5科8种，所占比例为18.2%；鲇形目有2科2种，鲑形目有2科2种，鲱形目有1科2种，所占比例各为4.5%；鳗鲡目、鲻形目、颌针鱼目、合鳃鱼目各有1科1种，所占比例各为2.3%。各输水河段鱼类优势度调查对比如下：

本次研究在夹江和芒稻河调查鱼类8目15科48种，其中以鲤科为主，占比61%；其次为鲿科和银鱼科鱼类，各占比4%；其他各科各占比2%。优势种为鲢、刀鲚、贝氏䱗、草鱼、鳙、鳊和鲫。

淮河入江水道优势度最高的前10种鱼类为湖鲚、鲫、鲤、䱗、乌鳢、黄颡鱼、红鳍原鲌、小黄黝鱼、子陵吻鰕虎鱼、圆尾斗鱼。

徐洪河优势度最高的10种鱼类为鲫、鲤、鳊、红鳍原鲌、黄尾鲴、大鳍鱊、草鱼、小黄黝鱼、子陵吻鰕虎鱼、麦穗鱼。

中运河、韩庄运河、房亭河优势度最高的10种鱼类为鲫、红鳍原鲌、湖鲚、鲤、䱗、鲢、大鳍鱊、麦穗鱼、黄颡鱼、圆尾斗鱼。

梁济运河和柳长河优势度最高的10种鱼类为鲫、鲤、湖鲚、鲇、红鳍原鲌、䱗、似鳊、乌鳢、鲇、麦穗鱼乌鳢。

洸府河优势度最高的10种鱼类为鲫、红鳍原鲌、湖鲚、鲤、䱗、小黄黝鱼、子陵吻鰕虎鱼、麦穗鱼、黄颡鱼乌鳢。

珍稀濒危鱼类：河道鱼类多广泛分布的定居性鱼类，无珍稀濒危鱼类。未发现大型的固定的“鱼类三场”及洄游通道。

淮河入江水道因控制闸与长江水交流，并且有水量保障，水面开阔，鱼类物种丰富度较高，该地区鱼类资源受人为干扰也较小，但在各调查点均采到了鱼类，按鱼种类可将各调查点分为3类。一类廖家沟维持相对较好的水生生态系统，拥有鱼类30多种。二类淮河入江水道生态环境好一些，调查发现20余种鱼类；白马湖下游引河的上游正在排污水，鱼类都躲避至支流中，共发现16种鱼类。三类金宝航道和三河，受航运影响，鱼种类和资源量较少。南水北调苏北段4个调查站点鱼类物种丰富度差别较大，且受调水期和洪水期排涝影响，鱼类多样性指数较高。徐洪河和中运河一直水质较好，有较为丰富的鱼类和虾类，维持较高的鱼类多样性和较好的水生生态系统，有鱼类30多种。南水北调山东段主要输水河道运行以来，梁济运河和柳长河两岸直立驳岸，无污水汇入，鱼类区系和南四湖相近，因此调查水域鱼类物种丰富度较高，有较为丰富的鱼类和虾类，鱼类30种左右。洸府河生态环境在持续恢复中，受到上游养殖污染和少量工业污染，但仍有较多的鱼虾，只是多样性较低，有鱼类20~31种。

5.4.2　调蓄湖泊鱼类影响

5.4.2.1　洪泽湖鱼类影响

1. 种类组成

工程建设前洪泽湖的鱼类9目16科50属68种。主要以人工养殖为特征，保持了一定的水产量，主要经济鱼类有鲤、鲫、鳊、鲂、草鱼、鲢、鳙、青鱼、乌鳢和鳜等。由于过度捕捞、水位剧变、泄洪、干枯等人为和自然因素，导致洪泽湖鱼类资源大量减少。

根据《洪泽湖鱼类资源现状、历史变动和渔业管理策略》(林明利，2013)，科研人员于2010年秋季和2011年夏季对洪泽湖的鱼类资源进行了调查，调查到鱼类63种，隶属17科，其中鲤科鱼类40种，占鱼类总数的63%，其他各科均在5种以下。

本次调查结合2017~2019年的调查成果，洪泽湖有鱼类53种，隶属于8目16科。

综上所述，建设前洪泽湖鱼类68种，2010~2011年调查到鱼类63种，2017~2020年调查到鱼类53种，工程实施的各时期洪泽湖鱼类资源变化不大。

2. 不同时期优势物种组成

建设前，洪泽湖主要经济鱼类有鲤、鲫、鳊、鲂、草鱼、鲢、鳙、青鱼、乌鳢和鳜等；2010~2011年施工期鲫、刀鲚为优势种，鲤、红鳍原鲌和黄颡鱼是鱼类群落的伴生种，鲢、鳙和草鱼为常见种；2017~2020年优势种为刀鲚、寡鳞飘鱼、鳙、鳘、鲫等。

1)优势物种的变化

施工期，洪泽湖优势种为鲫、刀鲚、鲤、红鳍原鲌、黄颡鱼伴生，鲢、鳙和草鱼为常见种。2017~2020年优势种为刀鲚、鲫、寡鳞飘鱼、鳙、鳘等，与施工期基本一致，优势物种基本未发生变化。

2)优势生态类群的变化

工程实施的各时期洪泽湖鱼类优势生态类群均为淡水定居性生态类群。

3. 珍稀特有鱼类

洪泽湖未调查到被列入《中国濒危动物红皮书》及《中国物种红色名录》的鱼类。

4. 鱼类重要生境

洪泽湖的水利设施建设不利于河道溪流与湖泊的交互连通，此外调水工程使其呈现出湖区水位反季节波动的趋势，产黏草基质卵鱼类繁殖期间水位抬高，对产黏草基质卵鱼类繁殖造成了不利影响。

5. 渔业资源

根据《洪泽湖鱼类群落结构及其资源变化》(毛志刚等，2019)，2000~2016年17年间，洪泽湖鱼类捕捞产量的发展趋势大致可分为增长和波动两个阶段。增长阶段：2000~2008年捕捞产量呈现持续增长趋势，从初始的3 060 t逐步增加至14 380 t，平均每年增长1 258 t；波动阶段：2009~2016年，捕捞产量开始呈现波动特征，其中2014年的捕捞量仅为10 267 t，而2015年则迅速增长1.1倍，达到21 191 t。2000~2016年，鲤、鲫和四大家鱼等大中型鱼类比例维持在33.1%~44.0%。与之相对，洪泽湖渔获物组成中，小型浮游动物食性鱼类银鱼和刀鲚的产量均有较大幅度上升，尤其刀鲚所占比例从1949年的1.1%逐步增至2009~2016年的45.3%，成为洪泽湖鱼类群落中的绝对优势种群。2000~

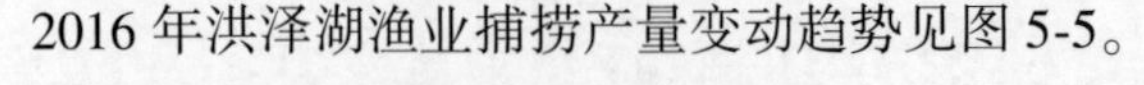
2016 年洪泽湖渔业捕捞产量变动趋势见图 5-5。

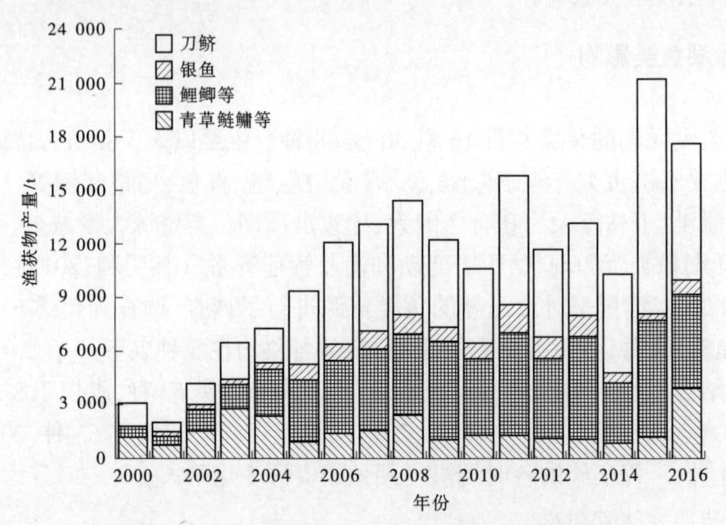

图 5-5　2000~2016 年洪泽湖渔业捕捞产量变动趋势

5.4.2.2　骆马湖鱼类影响

1. 种类组成

工程建设前骆马湖鱼类共有 9 科 16 属 56 种，以鲤科鱼类为主，有 31 种。鲢、鳙、长春鳊、翘嘴红鲌、三角鲂、银飘鱼等是我国特产的江河平原鱼类。骆马湖的渔业对象以鲤、鲫鱼为主，占捕捞总量的 40%，产量占第三位的是银鱼。

本次调查结合 2013~2015 年、2017 年骆马湖调查成果，骆马湖调查到鱼类 57 种，隶属于 8 目 15 科。

综上所述，建设前骆马湖鱼类 56 种，2013~2015 年、2017 年和 2020 年调查到鱼类 57 种。由于施工期未给出鱼类组成名录，无法得知具体的鱼类组成结构，从种类数量上分析可知，施工期到现阶段骆马湖鱼类变化较小。

2. 不同时期优势物种组成

建设前，骆马湖主要经济鱼类有鲤、鲫、银鱼、鲌、鲢、赤眼鳟等；2017 年和 2020 年优势种为鲫、鲤、红鳍原鲌、似鱎、麦穗鱼、间下鱵、刀鲚、大银鱼等。

1) 优势物种的变化

施工期，骆马湖主要经济鱼类与现阶段主要优势种相同的种类有鲤、鲫、鲌类，相似度较高，建设前后骆马湖优势鱼类未发生明显变化。

2) 优势生态类群的变化

工程实施的各时期骆马湖鱼类优势生态类群均为淡水定居性生态类群。

3. 稀特有鱼类

骆马湖未调查到被列入《中国濒危动物红皮书》及《中国物种红色名录》的鱼类。

4. 鱼类重要生境

骆马湖是唯一蓄水水位不变且无工程施工的蓄水湖泊，调水后，该湖的蓄水水位相对较稳定，对鱼类繁殖基本没有影响。

5. 渔业资源

根据《骆马湖夏季鱼类群落结构及其空间分布》(唐晟凯等,2018),鲫、鲤是骆马湖优势度最大的两种鱼类,其数量百分比、质量百分比及相对重要性指数均高于其他鱼类。从食性看,杂食性鱼类(如鲫、鲤等)和浮游生物食性鱼类(如鲢、鳙、刀鲚等)占据较大优势。骆马湖鱼类资源呈现"小型化"特征:一方面,优势种中的小型鱼类的比例较大,刀鲚、似鳊、麦穗鱼等小型野杂鱼类的优势度较大;另一方面,一些经济鱼类的体形偏小,如鲫的尾均质量仅为48.9 g。

5.4.2.3　南四湖鱼类影响

1. 种类组成

工程建设前南四湖有鱼类16科53属78种,其中鲤科鱼类最多,占总数的61.5%,鳅科占6%。

经历了2001~2002年南四湖较长时间的干涸后,南四湖鱼类数量急剧减少。根据《南四湖鱼类群落对南水北调东线工程的响应》,2006年野外调查到南四湖鱼类为32种,隶属6目11科29属。

本次调查结合2017年南四湖调查成果,南四湖调查到鱼类28种,隶属于8目16科。

综上所述,建设前南四湖鱼类78种,经历了2001~2002年南四湖较长时间的干涸后,南四湖鱼类数量急剧减少,2006年调查到鱼类为32种,但未查到鱼类名录,本次调查结合2017年调查到鱼类28种。从种类数量上分析可知,南四湖干涸后鱼类变化较小。

2. 不同时期优势物种组成

建设前,南四湖主要经济鱼类为鲫,其次为黄颡鱼、乌鳢、鲇和鲤等;2006年施工期主要鱼类为鲫,其次为黄颡鱼、乌鳢、鲇、鲤等;本次调查结合2017年南四湖调查成果主要鱼类为刀鲚、鲫、麦穗鱼、似鱎。

1)优势物种的变化

三个时期优势鱼类相同的为鲫,其他优势种差别较大,可能与调查方法及调查人员不一致等因素有关。

2)优势生态类群的变化

三个时期鱼类生态类群均以淡水定居生态类群占绝对优势,优势类群未发生明显变化。

3. 珍稀特有鱼类

南四湖未调查到被列入《中国濒危动物红皮书》及《中国物种红色名录》的鱼类。

4. 鱼类重要生境

南四湖的水利设施建设不利于河道溪流与湖泊的交互连通,此外调水工程使其呈现出湖区水位反季节波动的趋势,产黏草基质卵鱼类繁殖期间水位抬高,对产黏草基质卵鱼类繁殖造成了不利影响。

5. 渔业资源

根据山东省淡水水产研究所和山东省农业专业顾问团水产分团的专题调研结果:2005~2008年,南四湖捕捞产量基本趋于稳定,平均产量48 086 t,产值41 787万元。随着人工增殖和禁渔保护区建设,南四湖内渔业资源逐渐恢复。据初步测算,每年的增殖放流工作可给南四湖单位水域(亩)增加 1.5~2 500 t。

5.4.2.4 东平湖鱼类影响

1. 种类组成

工程建设前东平湖有鱼类 9 目 15 科 44 属 56 种,其中鲤科 35 种。鱼类有 4 个生态类群:海淡水洄游鱼类,如鳗鲡、鲈鱼、刀鲚等,其中刀鲚在渔业生产中占有一定地位,鳗鲡、鲈鱼等数量极少;河湖洄游性鱼类,如青鱼、草鱼、鲢等;河道性鱼类,如马口鱼等,个别种群数量较大,有一定渔业价值;湖泊定居性鱼类,如鲤、鲫、鳜、乌鳢、黄颡鱼及太湖短吻银鱼等,种类多,群体数量大,在渔业生产中占最重要地位。

根据《东平湖日本沼虾国家级水产种质资源保护区综合考察报告》(2010),东平湖鱼类为 4 目 15 科 46 种,主要为鲤形目鲤科 28 种,占 60.9%;其次为鲈形目鱼类 8 种,占 17.4%。东平湖主要经济鱼类有青鱼、草鱼、鲢、鳙、鲤、鲫、鳊、鲂、鲌类、鳜、鳡、鲴类、鲚、银鱼、黄颡鱼、黄鳝、泥鳅、乌鳢、鲇、鮈类、鳗鲡等。

本次调查结合 2017 年东平湖调查成果,东平湖调查到鱼类 24 种,隶属于 8 目 16 科。

综上所述,建设前东平湖鱼类 56 种,2010 年调查到鱼类 46 种,但未查到鱼类名录,本次调查结合 2017 年调查到鱼类 23 种。从种类数量上分析可知,建设前后东平湖鱼类变化较大,但这也可能与调查人员、调查方法以及调查时间不同有关。

2. 不同时期优势物种组成

建设前,东平湖主要经济鱼类为鲤、鲫、鳜、乌鳢、黄颡鱼及太湖短吻银鱼等;2010 年施工期主要鱼类为鲫,其次为贝氏䱗等;本次调查结合 2017 年东平湖调查成果主要鱼类为鲫、䱗和麦穗鱼。

1) 优势物种的变化

三个时期优势鱼类相同的为鲫鱼,其他优势种差别较大,可能与调查方法和调查人员不一致等因素有关。

2) 优势生态类群的变化

三个时期鱼类生态类群均以淡水定居生态类群占绝对优势,优势类群未发生明显变化。

3. 珍稀特有鱼类

东平湖未调查到被列入《中国濒危动物红皮书》及《中国物种红色名录》的鱼类。

4. 鱼类重要生境

东平湖的水利设施建设不利于河道溪流与湖泊的交互连通,此外调水工程使其呈现出湖区水位反季节波动的趋势,产黏草基质卵鱼类繁殖期间水位抬高,对产黏草基质卵鱼类繁殖造成了不利影响。

5. 渔业资源

关于东平湖渔业资源的资料较少,未直接调查到有关介绍,调查组引用山东泰安东平县水产局制定的东平湖《生态渔业发展规划》数据说明情况。根据该规划,2013~2020 年,其中投饵式网箱、网围的撤除时间为 2013~2016 年。总体目标为根据东平湖水资源特点和南水北调的水质要求,实现湖区防洪、供水、蓄水、渔业等重要功能的协调可持续发展。在保证湖区生态系统健康和水质良好的前提下,通过科技引进和技术培训增强科技含量，采用大水面人工放流和增殖为主的生态渔业发展方式，充分发挥渔业对生态系统的调控功能、转化水体营养物、增加经济效益。至 2020 年，东平湖湖区形成有机鱼产量达 15 000 t。

5.5　水生生态敏感区影响分析

南水北调东线一期工程涉及的水生生物类型生态敏感区有长江扬州段四大家鱼国家级水产种质资源保护区、邵伯湖国家级水产种质资源保护区、台儿庄运河黄颡鱼国家级水产种质资源保护区。其中，连通性恢复工程涉及长江扬州段四大家鱼国家级水产种质资源保护区，台儿庄站、万年闸站涉及台儿庄运河黄颡鱼国家级水产种质资源保护区。

长江扬州段四大家鱼国家级水产种质资源保护区于 2008 年成立，处于南水北调东线一期工程施工时段内。连通性恢复工程施工对保护区水生生物的影响主要是施工期间鱼类空间分布的影响及对浮游生物和底栖动物的直接损失，随着施工的结束，这些影响也逐渐减弱，鱼类、浮游生物和底栖动物在施工区逐渐恢复。

台儿庄运河黄颡鱼国家级水产种质资源保护区于 2015 年成立，处于工程运行期。台儿庄站、万年闸站运行对水生生物的影响主要是保护区内水位的波动导致水生生物适宜生境的变化，泵站运行还可能导致鱼类早期资源的损失。

施工期，工程对周边敏感区的影响主要是涉水的连通性恢复工程、闸站等工程施工引起的悬浮物扩散影响浮游生物、底栖动物、水生植物的损失，进而导致以此为饵的鱼产量下降，悬浮物、噪声对鱼类空间分布的影响，但由于这些工程大多不直接涉及保护区，因此对保护区影响相对较小。工程对水生生物类型的生态敏感区的影响主要为运营期的影响。南水北调工程调水期间，水源区径流量有所减小，导致水源区水生生物敏感区内水生生物栖息空间整体有所减小，但由于长江径流量较大，引水量占比极小，工程运营期对水源区水生生物影响很小。工程运行期，输水河段内的敏感区由于过水量增加，加之南水北调水质治理工程的实施，水质得以改善，对输水河段内的敏感区有正面效应。工程运行期，调蓄湖泊中的生态敏感区由于水位的变化，水生植被生物量有所减少，草食性的鱼类有所减少，以水草伴生的虾类减少。此外，水位变化导致调蓄湖泊近岸带水生植物减少，黏草基质鱼类产卵场有所减少，但调蓄后水面增加，调蓄湖泊初级生产力增加。

综上所述，南水北调东线一期工程施工期对工程周边水生生物敏感区影响较小，运营期对工程周边水生生物敏感区有利影响和不利影响均存在，总体上分析可知，运营期工程对水生生物敏感区的影响较小。

5.6　沿线输水河湖水生生态变化趋势分析

5.6.1　湿地生态变化趋势分析

南水北调东线一期工程运营对典型蓄水湖库湿地植物的直接影响主要为水位变化对湿地植物植被的影响；间接影响包括滩涂基质改变对湿地植物资源的影响、滩地含水量改变对湿地植物资源的影响。受水位变化影响,水位升高会引起湿地植被分布区随水位上升而上升,由于沼泽湿地减少,湿生植被的面积有所下降;而水生植被随水位上升往浅水区过度生长,并且面积有所增加;水位下降时,缓坡裸露,水生植被随水位下降而消退,但其植被面积变化不显著,湿生植被随水位下降往缓坡滩涂处扩散分布,其植被面积将有明显增加。因此,由于蓄水湖库受人为调节水位频繁波动,植被分布一直处于动态变化中,使湖库周围次生植被生长较难发生根据自然节律的自然演替过程。

各时期底栖动物均以软体动物种类数量占比最大,说明洪泽湖底栖动物生态环境未发生明显变化。南水北调东线一期工程实施后,东平湖、南四湖冬季水位上升,由于土壤基质条件,湖内滩地、孤岛在水位升高后,形成的小生境适宜水生植物生长,这些区域也为大部分涉禽类如鸻鹬类、大白鹭、苍鹭等提供较为适宜的栖息地和觅食地,有利于其分布。骆马湖区以粗砂石等保水性差的基质为主,难以形成局域的具有长期持水能力的小湿地,不利于其他湿生植物的生长,亦不利于在此生境中分布的鸻鹬类、鹭类、鹤类等涉禽类分布。南水北调东线一期工程实施后,评价范围内动物主要类群未发生明显变化,部分湖域湿地鸟类种群有增长趋势。如洪泽湖区域6~8月水位较低,滩涂裸露,鹭类等夏候鸟或旅鸟多在该区域活动,11月至翌年2月洪泽湖区一直保持着相对较高的水位,普通鸬鹚、白骨顶鸡与黑水鸡、绿翅鸭、花脸鸭、绿头鸭等仍在该区域觅食;东平湖蓄水水位抬升,水面扩大,水质变好,更适合鱼类生长与水生生物增加使得区域内以其为食的鹭类、燕鸥类、鳽类夏候鸟等湿地鸟类种群数量相对增加。南水北调东线一期工程实施后,洪泽湖区域由于主要越冬鸟类种群为雁鸭类,且上升水位未超过人为控制的最高水位线,生境变化不明显,对鸻鹬类影响不明显。

5.6.2 水生生态变化趋势分析

5.6.2.1 **浮游生物**

南水北调东线一期工程建设前和运行期浮游植物均以绿藻门、蓝藻门和硅藻门种类数占比最大,未发生变化,但施工期浮游植物优势种有隐藻门、硅藻门、绿藻门的种类,本次运行期调查优势种大多为蓝藻门种类,优势种发生了局部调整。运行期与建设前对比,浮游动植物数量减少,可能与建设前和施工期浮游动植物种类数量为较长时间内调查到结果的集合,而运行期浮游动植物数据仅与本次采集的结果有关。

5.6.2.2 **底栖动物**

南水北调东线一期工程调水后,洪泽湖底栖动物优势种群为苏氏尾鳃蚓、霍甫水丝蚓、河蚬、沙蚕等,仍以软体动物种类数量占比最大。

调水后,南四湖底栖动物优势种为霍甫水丝蚓、苏氏尾鳃蚓、铜锈环棱螺、羽摇蚊、长足摇蚊等,调蓄以来时间较短,适应新环境的贝类、秀丽白虾和日本沼虾可能暂未增殖为优势种。

调水后,东平湖底栖动物以软体动物种类数量占比最大,优势种为长角涵螺、羽摇蚊、中华圆田螺等,未发生显著变化。

5.6.2.3　鱼类资源

1. 洪泽湖

洪泽湖建设前鱼类 68 种,2010~2011 年调查到鱼类 63 种,2017~2020 年调查到鱼类 53 种,工程实施的各时期洪泽湖鱼类资源变化不大;在优势物种组成方面,洪泽湖主要经济鱼类有鲤、鲫、鳊、鲂、草鱼、鲢、鳙、青鱼、乌鳢和鳜等;2010~2011 年施工期鲫、刀鲚为优势种,鲤、红鳍原鲌和黄颡鱼是鱼类群落的伴生种,鲢、鳙和草鱼为常见种;2017~2020 年调查到的优势种为刀鲚、寡鳞飘鱼、鳙、鳘、鲫等。

2. 骆马湖

骆马湖建设前鱼类 56 种,2013~2015 年、2017 年和 2020 年调查到鱼类 57 种,从种类数量上分析可知,施工期到现阶段骆马湖鱼类变化较小。建设前,骆马湖主要经济鱼类有鲤、鲫、银鱼、鲌、鲢、赤眼鳟等;2017 年和 2020 年优势种为鲫、鲤、红鳍原鲌、似鱎、麦穗鱼、间下鱵、刀鲚、大银鱼等。

3. 南四湖

南四湖建设前鱼类 78 种,主要鱼类为鲫,其次为黄颡鱼、乌鳢、鲇和鲤等,经历了 2001~2002 年南四湖较长时间的干涸后,南四湖鱼类数量急剧减少,2006 年调查到鱼类为 32 种,本次调查结合 2017 年调查到鱼类 28 种;2006 年施工期主要鱼类为鲫,其次为黄颡鱼、乌鳢、鲇、鲤等;本次调查结合 2017 年南四湖调查成果主要鱼类为刀鲚、鲫、麦穗鱼、似鱎。从鱼类种类数量上分析可知,南四湖干涸后鱼类变化较小。

4. 东平湖

东平湖建设前调查到鱼类 56 种,2010 年调查到鱼类 46 种,2020 年调查到鱼类 23 种。从种类数量上分析可知,建设前后东平湖鱼类变化较大,但这可能与调查人员、调查方法以及调查时间不同有关。在优势种方面,建设前,东平湖主要经济鱼类为鲤、鲫、鳜、乌鳢、黄颡鱼以及太湖短吻银鱼等;2010 年施工期调查主要鱼类为鲫,其次为贝氏鳘等;2020 年调查显示优势种为鲫、鳘和麦穗鱼。建设前后优势种都有鲫,其他优势种差别较大,可能与调查方法以及调查人员不一致等因素有关。

从鱼类变化看,各调蓄湖泊鱼类种类数量和优势种变化程度不一,可能与增殖放流、渔业捕捞等因素有关。

5.6.2.4　渔业资源

1. 洪泽湖渔业资源

根据《洪泽湖鱼类群落结构及其资源变化》(毛志刚等,2019),2000~2016 年 17 年间,洪泽湖鱼类捕捞产量的发展趋势大致可分为增长和波动两个阶段。增长阶段:2000~2008 年捕捞产量呈现持续增长趋势,从初始的 3 060 t 逐步增加至 14 380 t,平均每年增长 1 258 t;波动阶段:2009~2016 年,捕捞产量开始呈现波动特征,其中 2014 年的捕捞量仅为 10 267 t,而 2015 年则迅速增长 1.1 倍,达到 21 191 t。2000~2016 年,鲤、鲫和四大家鱼等大中型鱼类比例维持在 33.1%~44.0%。与之相对,洪泽湖渔获物组成中,小型浮游动物食性鱼类银鱼和刀鲚的产量均有较大幅度上升,尤其刀鲚所占比例从 1949 年的 1.1%逐步增至 2009~2016 年的 45.3%,成为洪泽湖鱼类群落中的绝对优势种群。

南水北调东线一期工程调水后,洪泽湖水位抬升 0.5 m,湖面扩大,增加了银鱼和刀鲚等敞水性鱼类的生态位,其产量会增加,渔产潜力将不会发生大的变动;鲤、鲫和四大家鱼等大中型鱼类比例维持在较高水平,可能与鲫对繁殖条件要求相对较低,且洪泽湖湖内可供鲫产卵附着的水草仍广泛存在有关。

2. 骆马湖渔业资源

根据《骆马湖夏季鱼类群落结构及其空间分布》(唐晟凯等,2018),鲫、鲤是骆马湖优势度最大的两种鱼类,其数量百分比、质量百分比以及相对重要性指数均高于其他鱼类。从食性看,杂食性鱼类(如鲫、鲤等)和浮游生物食性鱼类(如鲢、鳙、刀鲚等)占据较大优势。骆马湖鱼类资源呈现"小型化"特征:一方面,优势种中的小型鱼类的比例较大,刀鲚、似鳊、麦穗鱼等小型野杂鱼类的优势度较大;另一方面,一些经济鱼类的体形偏小,如鲫的尾均质量仅为 48.9 g。

骆马湖调水后,草上产卵的鱼类产卵条件仍旧得以保证,现阶段黏草基质卵鱼类鲤、鲫为骆马湖优势度最大的两种鱼类。以水草为饵的鱼类变化较小,可能与草食性鱼类(如草鱼、鳊)很多是产漂流性卵鱼类,湖泊不利于其繁殖有关。

3. 南四湖渔业资源

南四湖近年来渔业捕捞数据未见记载,但调水后南四湖干湖和在死水位以下运行的情况可以避免。此外,随着增殖放流的实施,推测南四湖鱼产量至少可以趋于稳定,湖泊渔产潜力进一步提高。

4. 东平湖渔业资源

东平湖近年来渔业捕捞数据未见记载,但调水后东平湖蓄水水位抬升,水面扩大,总体上对发展渔业生产十分有利,避免了湖泊干枯或死水位以下运行造成的渔业损失。

第 6 章　水生态安全对策

6.1　河湖健康保护管理对策

6.1.1　洪泽湖健康保护目标和管理对策

南水北调东线一期工程调蓄湖泊洪泽湖水质问题主要有“客水污染、开发利用强度大”两大主因，洪泽湖营养水平提高和水生态问题也主要是这两大水问题导致的结果，通过洪泽湖健康评估，进一步明确了洪泽湖健康的压力，针对健康评估中每个准则层的突出问题，提出了洪泽湖阶段性健康保护目标，概括为 2 条建议（对策）：湖泊生态恢复，调水安全保障。洪泽湖健康保护管理对策应积极结合南水北调东线后续工程高质量发展予以尽早全面实施。

6.1.1.1　水生植被恢复对策

湖泊水生植被在维持湖泊生态系统平衡，保持生物多样性方面的重要性已被学术界广泛认可，水生植被的重建与恢复成为目前湖泊生态系统恢复的一个重要手段。通过调查发现，洪泽湖水生植被种群和分布面积在持续减少，水质不断恶化，且水生植被种群单一化趋势日益明显。水生植被的恢复与重建在水位较高、流速较大的湖泊中仍存在一定难度，因此保护具有较强的适应性和存活力的湖泊原生植被，是保护湖泊生态环境的根本措施之一。建立长期固定监测点，对水生植被时空变化进行定期监测，可为洪泽湖生态系统演化研究和水资源保护提供可靠的基础数据。

保护现有的水生植物，建立禁割区、禁割期和常年保护区特别要保护好现有以水生植物为产卵基质的天然产卵场所。要利用法律对刈割水生植物的船只进行管理，做到对鱼、禽、畜可直接食用的水生植物的收割要适度。对于那些不能直接食用的水生植物，不应任其无限制地发展，也应采取收割的方法加以限制。做到物尽其用，促进该类植被的良性发展，以提高水生植被的经济效益和生态效益。

适度降低网围养殖面积，促进大型水生植物的自然恢复。现有的网围养殖分布区基本都是良好的水生植物生长地，也是鱼类产卵和觅食的主要区域。在保障当地居民基本经济利益的情况下，适当撤除一些养殖效率低下、经济收益较小的网围区域，在实际操作上是可行的，而且效果是显著的。洪泽湖网围养殖区主要分布于湖西水域和湖北水域（见图 6-1）。

降低养分负荷是当前的重要任务。虽然洪泽湖是过水性湖泊，但成子湖区和溧河洼一带的水流速度小，水体滞留时间长，而且四周入湖的河流的氮、磷排放仍然较高，因此导致水体养分浓度过高。与之对应的是，这两个水域的藻类细胞密度也最高，一些藻类经常固着在水生植物的叶片上生长，导致水生植物的大面积死亡。重要的是，这两个水域恰好

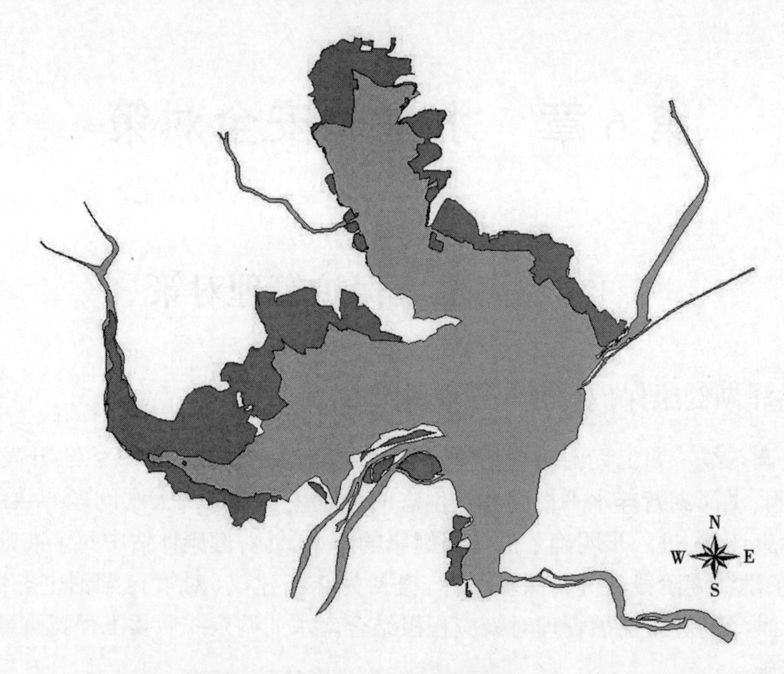

图 6-1 洪泽湖水域网围分布调查示意图(2011~2013 年)

是水生植物、渔业生产、网围养殖最有利的地方,如果这种情况得不到缓解,养分负荷持续增加,将极可能导致这两个重点水域的生态系统崩溃。

使洪泽湖的生物资源得以恢复和发展,建立新的生态平衡,还要协调湖水蓄排和水位控制与生物资源增长的矛盾。必须根据水生植物的生态生物学特性,探索较为合理的最低水位高度,制订湖泊蓄排计划,控制适当的水位。在恢复和发展洪泽湖水生植被时,要注意入湖河口,主要水路不宜有水生植被分布,以免影响湖泊进水和泄洪。另外,尽管近年内洪泽湖发展水生植被不致引起沼泽化问题,但必须及早注意这个问题。在扩大水生植被分布时,要因地制宜,选用适当种类,合理布局。一旦水生植被过度繁茂,便可以及时结合使用,采取适当措施控制水生植被繁衍发展量,使其保持适量水平。

6.1.1.2 水产养殖的管理

现阶段洪泽湖增殖放流已在稳定渔获量、抑制藻类暴发等方面取得一定效果,网围整治则具有改善水质、促进水体交流、改善水生高等植物生存环境等作用。但由于捕捞强度居高不下,湖泊与其他水体的联系较少,对湖泊的排放缺乏监管等因素仍然存在,故继续对洪泽湖开展因地制宜的渔业管理、资源养护工作显得非常重要。现根据洪泽湖具体情况,提出以下两点建议以加快大型水生植被恢复。

1. 增加放流,优化放流品种结构

相对于洪泽湖广阔的水域面积,以目前的增殖放流规模尚可以维持较稳定的渔获量,但无法根本改变鱼类的小型化、低龄化特征。在放流品种的选择上,可以根据湖泊特点,如成子湖部分水域水草较多,适当增加草鱼、翘嘴鲌、鳜鱼的放流量,抑制小型低值鱼类的过快生长。

2. 控制捕捞强度

根据对洪泽湖渔民 2010 年开捕后 6~10 月的鱼簖、丝网的渔获物产量调查发现,6 月的产量约占6~10月总产量的46%,可见捕捞期开始的一段时间是捕捞效率最高的。随着捕捞时间的延长,捕捞效率明显下降。但6~10月亦是鱼类生长较快的时期,过早的捕捞大大地降低了增殖放流的经济效益;夏季的高温季节同时是藻类易暴发的时期,对鲢鳙的过早捕捞也不利于发挥其控藻的作用,削弱了其生态效益。

另外,洪泽湖作为南水北调东线一期工程的一个重要过水、调蓄和水源湖泊,在进行湖岸带和湖区水生生物生态管理的过程中,应该考虑水生态安全及保护这一问题。

6.1.2　骆马湖健康保护目标和管理对策

6.1.2.1　加强生态调度,保障下游河道生态流量

骆马湖的4条出湖河流(新沂河、中运河、六塘河、徐洪河)由于下闸时间长,导致全年断流阻隔时间均大于4个月,达到严重阻隔程度,建议加强生态调度,保障4条出湖河流生态流量需求。此外,应及时充分掌握水生动植物的种类、种群分布状况等生态资料,调整调度策略以适应生态要求。

6.1.2.2　修复湖滨带生态,恢复生态系统结构与功能

骆马湖湖滨带的功能包括诸多方面,主要有:

(1)自然缓冲,减少洪涝危害。生态湖滨带对岸边的保护功能主要通过湖滨带植物的护坡机制来实现,湖滨带植被可以减缓地表径流,减轻水流的冲刷作用。

(2)净化水体,减轻污染。生态湖滨带可以减缓径流、截留污染物,一定宽度的湖滨带可以过滤、渗透、吸收、滞留、沉积物质和能量,减弱进入地表和地下水的污染物毒性,降低污染程度。

(3)廊道作用。廊道是组成景观结构单元之一,具有宽而浓密植被的廊道可控制来自景观基底的溶解物质,为湖滨内部物种提供足够的生境和通道;不间断的湖滨带植被廊道能维持诸如水温低、含氧量高的水生条件,有利于某些鱼类生存;生态湖滨带可为生物繁育提供重要的场所,湖边较平缓的水流为幼种提供较好的生存与活动环境。

(4)调节局地微气候。主要通过植物的花、叶、茎等对水体形成的阴影,减少阳光直射,调节湖滨带水体温度,使其更适宜动植物生长;同时湖滨带丰富的植物景观,可形成天然氧吧,能改善周边空气湿度,提供更多的氧气,使区域气候更加宜人。

目前,国内外湖滨带生态修复技术主要包括复合式生物稳定技术、湖岸护坡生态修复技术、土壤生物工程护岸技术、全系列生态护岸技术等。

(1) 复合式生物稳定技术是生物工程护岸技术与传统工程护岸技术相结合的复合式生态护岸技术。这种生态护岸技术强调活性植物与工程措施相结合,采用水泥桩浆砌石块的传统护岸技术,以达到在复杂地质条件下的固坡作用,附以活枝柴笼捆插和活枝扦插土壤生物工程技术。其技术核心是植生基质材料,依靠锚杆、植生基质、复合材料网和植被的共同作用,达到对坡面进行修复和防护的目的。该技术适用于水力学或湖岸侵蚀比较突出的坡岸。

(2)湖岸护坡生态修复技术中常用的是生态格网法,是指将特种钢丝由专用机械编织成双绞、蜂巢形网目的格网片,是根据工程设计要求,裁剪、制作、组装成箱笼并装入块石等填充料后连接成一体的结构,用作堤防、路基防护工程。由于边坡生态系统较为复

杂,利用生态网格技术对边坡进行防护。坡上可植绿,增添景观、绿化效果;亦可用作护堤工程。既保护了堤坡,又可增添绿化景观,具有较理想的生态建设和生态恢复功能,较好的耐久、耐腐蚀和稳定功能,良好的景观效果和透水功能。抗冲刷和抗风浪袭击能力较强,工程造价低廉,在软基上使用可以节省大量的地基处理费用。

(3)土壤生物工程护岸技术是一种边坡生物防护工程技术,这种技术在国外已发展了几十年,用于公路边坡、河道坡岸、海岸边坡等各类边坡的生态治理。这类护岸技术使用大量的可以迅速生长新根的本地木本植物,最常用的木本灌木和乔木(如柳、杨等),利用这些存活的植物体(主要是枝条)以"点线面"的种植方式对整个边坡进行生态修复。

(4)全系列生态护岸技术是从坡脚至坡顶依次种植沉水植物、浮叶植物、挺水植物、湿生植物(乔灌草)等一系列护岸植物,形成多层次生态防护,兼顾生态功能和景观功能。挺水、浮叶及沉水植物能有效减缓波浪对坡岸水位变动区的侵蚀,坡面常水位以上种植耐湿性强、固土能力强的草本、灌木及乔木,共同构成完善的生态护岸系统,既能有效地控制土壤侵蚀,又能美化湖岸景观。

以上每种方法各有优势,可根据湖岸坡度、水文条件、土壤特性及周边环境特征等,研究组综合其中几种方法开展骆马湖南部及西南部的湖滨带修复工作。具体操作过程中应加强以下措施:

(1)因地制宜地选取修复方式。

(2)如涉及工程措施,需在实施前对所需参数进行充分设计、论证,并严格按照设计参数开展修复工作。

(3)对修复工作进行跟踪监测,包括护岸植物的生长特性和生物量变化、土壤剪切力、紧实度及湿度的变化、植物多样性变化、生物多样性变化、岸线景观的变化。

6.1.2.3 整顿湖滨带人类活动

湖滨带人工干扰程度是对湖岸带及其邻近陆域典型人类活动进行调查评估,并根据其与湖岸带的远近关系区分其影响程度。根据研究组调查结果,应针对骆马湖北部及西北部的人工干扰活动类型,有针对性地采取规范渔业网箱养殖、取缔农业耕种、规范周边垃圾处理措施、禁止在湖滨带堆放垃圾等措施。

6.1.2.4 在流域尺度大力推进节水型社会建设

大力推进节水型社会,着力推进节水载体建设,重点开展节水型单位、节水型企业、节水型学校、节水型社区创建,形成覆盖各行业、各领域的节水载体建设体系;大力推进水效领跑者引领行动,通过制定标准细则,建立激励政策,形成一批在骆马湖流域内具有代表性和标杆意义的用水产品、用水企业、灌区、公共机构和社会水效领跑者;积极开展骆马湖流域内和行政区节水型社会达标建设,通过对标《节水型社会评价标准》,全面推进节水型社会建设,促进水资源的可持续利用,倒逼生产方式转型和产业结构升级;全面落实国家节水行动,探索建立用水效率标识制度,推广节水产品认证,实施高效节水产品以旧换新,推行合同节水管理,加快节水产业发展,全面提高社会用水效率;切实加强农业节水,因地制宜地发展节水灌溉技术,进一步探索优化农业用水机制,完善农业节水投入机制,鼓励和引导社会资本参与农业节水工程建设和运营管理;完善最严格水资源管理制度,进一步规范取水许可和计划用水等各项制度,逐步建立水资源承载能力评价与监测预警等机制；积极探索建立水权交易市场，特别是用水总量接近红线控制目标的地区，要把节水水权交易作为解决新增用水需求的重要手段，盘活用水存量指标；积极推进农业水权确权与农业节水水权交易，鼓励工业园区、企业等新增用水户与灌区开展节水水权交易，逐步实现农业节水向高效、刚性需求行业转移。

6.1.2.5　流域水环境综合治理

首先，应根据《中华人民共和国渔业法》《江苏省湖泊保护条例》《南水北调工程供用水管理条例》《江苏省渔业管理条例》等法律法规规定，结合退圩还湖组织实施骆马湖"退养还湖"，科学规划，开展生态养殖。

其次，从流域层面开展综合治理。以调整产业结构和工业布局、推进污染集中治理和提标改造为主要手段，高标准实施工业和生活污染源控制，控制或削减骆马湖入湖河流的纳污量；以推行生态农业和循环型农业为主要措施，削减农业面源的污染贡献，在环湖1 km以及沂河、中运河、房亭河等主要入湖河流上溯10 km两侧各1 km范围内，建设有机农业生态圈，实施有机农业建设工程，区域内种植业全部按照有机农业栽培方式组织生产，参照有机农业国际通行标准，逐步向有机农产品转换，降低农业面源污染对入湖河流的影响；以实施调水引流和河湖的生态化整治为重点，提高水环境容量；以完善流域监测体系和加大执法力度为保障，建立健全流域水环境管理体制与运行机制，提高水环境质量。

6.1.3　南四湖健康保护目标和管理对策

6.1.3.1　在流域尺度大力推进节水型社会建设

大力推进节水型社会，着力推进节水载体建设，重点开展节水型单位、节水型企业、节水型学校、节水型社区创建，形成覆盖各行业、各领域的节水载体建设体系；大力推进水效领跑者引领行动，通过制定标准细则，建立激励政策，形成一批在南四湖流域内具有代表性和标杆意义的用水产品、用水企业、灌区、公共机构和社会水效领跑者；积极开展南四湖流域内和行政区节水型社会达标建设，通过对标《节水型社会评价标准》，全面推进节水型社会建设，促进水资源的可持续利用，倒逼生产方式转型和产业结构升级；全面落实国家节水行动，探索建立用水效率标识制度，推广节水产品认证，实施高效节水产品以旧换新，推行合同节水管理，加快节水产业发展，全面提高社会用水效率；切实加强农业节水，因地制宜地发展节水灌溉技术，进一步探索优化农业用水机制，完善农业节水投入机制，鼓励和引导社会资本参与农业节水工程建设和运营管理；完善最严格水资源管理制度，进一步规范取水许可和计划用水等各项制度，逐步建立水资源承载能力评价与监测预警等机制；积极探索建立水权交易市场，特别是用水总量接近红线控制目标的地区，要把节水水权交易作为解决新增用水需求的重要手段，盘活用水存量指标；积极推进农业水权确权与农业节水水权交易，鼓励工业园区、企业等新增用水户与灌区开展节水水权交易，逐步实现农业节水向高效、刚性需求行业转移。

6.1.3.2　流域水环境综合治理

以调整产业结构和工业布局、推进污染集中治理和提标改造为主要手段，高标准实施工业和生活污染源控制，控制或削减南四湖入湖河流的纳污量；以推行生态农业和循环型农业为主要措施，削减农业面源的污染贡献，在环湖 1 km 及 18 条主要入湖河流上溯 10 km 两侧各 1 km 范围内，建设有机农业生态圈，实施有机农业建设工程，区域内种植业全部按照有机农业栽培方式组织生产，参照有机农业国际通行标准，逐步向有机农产品转换，降低农业面源污染对入湖河流的影响；以实施调水引流和河湖的生态化整治为重点，提高水环境容量；以完善流域监测体系和加大执法力度为保障，建立健全流域水环境管理体制与运行机制。流域内各行政区要把治理南四湖流域作为建设生态文明的重中之重，用 10~20 年的时间或者更长时间，实现流域社会经济的可持续发展，形成流域生态良性循环，人与自然和谐相处的宜居环境，逐步恢复南四湖山清水秀的自然风貌。

6.1.3.3　鱼类种质资源恢复与保护

南四湖是乌鳢青虾国家级水产种质资源保护区，应严格按照《水产种质资源保护区管理暂行办法》成立管理机构，强化核心区和重点区域的管理，有效保护种质资源。要加强重点时段、重点区域的保护与管理，特别是在鱼类繁殖期，严格执行禁渔期制度，同时加强人为管护，确保资源不流失。依据《中华人民共和国环境保护法》《中华人民共和国渔业法》等法律法规加强渔政管理。

南四湖为南水北调东线过水湖泊，按照《山东省南水北调工程输水沿线区域水污染防治条例》，实行南四湖湖区功能区划制度、人工增殖放流和养殖总量控制制度。根据湖区的功能分区和环境承载力，将湖区划分为天然捕捞区、渔业资源保护区、增殖区、人工养殖区等，在养殖区内合理确定养殖规模、品种和密度。取消人工投饵性鱼类网箱、网围等养殖方式和养殖区以外的其他人工养殖设施，推广生态渔业。

加大渔业增殖流放力度，逐步恢复南四湖的种质资源，可增殖放流滤食性、杂食性鱼类，达到以鱼治水、以鱼调水、以鱼养水的目的。增殖放流工作应根据《中国水生生物资源养护行动纲要》《水生生物增殖放流管理规定》《水生生物增殖放流技术规程》进行。

6.1.3.4　加快恢复河湖连通

建议按照“确有需要、生态安全、可以持续”的原则编制《南四湖入湖河流水系连通实施方案》，采取合理的疏导、沟通、引排、调度等工程措施和非工程措施，建立或改善南四湖河湖水体之间的水力联系。积极推进河湖水系连通，进一步完善水资源配置格局，合理有序开发利用水资源，全面提高水资源调控水平，增强抗御水旱灾害能力，改善水生态环境。努力构建“格局合理、功能完备，蓄泄兼筹、引排得当，多源互补、丰枯调剂，水流通畅、环境优美”的南四湖河湖连通体系，在科学论证、充分比选的基础上，合理利用调水工程，缓解水资源短缺和生态恶化的状况。根据区域水系格局和水资源条件、生态环境特点和经济社会发展与生态文明建设的要求，充分把握区域河湖水系演变规律，统筹考虑连通的需求与可能性，自然连通与人工连通相结合，恢复历史连通与新建连通相结合，合理有序地开展河湖水系连通。加快恢复南四湖河湖连通，提高水体流动性，修复、改造水生态功能区，实现水生态功能区持续健康运转。

6.1.3.5　自然湿地恢复与保护

南四湖是山东省级自然保护区，保护对象为大型草型湖泊湿地生态系统及雁、鸭等珍稀鸟类，面积为 1 275.47 km^2，保护区基本以环湖大堤及入湖河流入口为边界，因此应按照《中华人民共和国自然保护区管理条例》严格管理。

按照因地制宜、统筹兼顾的原则，重点对南四湖流域内的主要入湖河流、湖区台田-鱼塘、河口和其他重要退化湿地开展生态修复工作。对占用湖滨进行耕种等不科学开发土地，实施湿地生态修复。推进规模化退耕还湿，组织农民在湿地用地范围内调整种植结构，研究生态补偿政策，给予退耕还湿农民以生态补偿，调动农民积极性。

依法管理，逐步恢复南四湖省级自然保护区的结构和功能。

6.2 水生态保护措施实施情况

《关于南水北调东线第一期工程环境影响报告书的批复》（国家环境保护总局环审〔2006〕561号）指出，工程建设和运行期间，主要的生态保护措施是加强洪泽湖国家级自然保护区、南四湖省级自然保护区、骆马湖和东平湖县级自然保护区的生态监测，合理调度水位、水量，为湖泊中生物生长创造必要的条件。落实鱼类保护补偿措施，定期向三个蓄水湖泊实施人工增殖放流。严格控制南四湖下级湖和东平湖湖区养殖规模、养殖方式和养殖种类。

6.2.1 南水北调东线水质保障完成情况

根据国务院南水北调办公室《关于南水北调东线一期工程治污规划完成情况的报告》（国调办环保〔2013〕138号），工程输水沿线治污成效显著，成为治污样板。按照"三先三后"原则，强力推进沿线治污，打造"清水廊道"，全面完成《南水北调东线工程治污规划》确定的污水处理、工业治理、截污导流、综合治理、垃圾处理、船舶污染防治等6类426个项目，其中江苏省102项（5项截污导流工程），投资133亿元；山东省324项（21项截污导流工程），投资超100亿元，自2012年11月起，各控制单元水质已全部实现规划治理目标要求，输水干线达到地表水Ⅲ类水质标准。

6.2.2 施工期水生态环保措施

经研究组调查，为避免工程施工对南四湖湿地省级自然保护区尤其是对保护区中的鱼类和鸟类产生间接影响，上述工程在施工期间采取了以下保护措施：湖内弃土场弃土顶高降到蓄水位下0.5 m，减缓弃土场形成的堤埝对以鱼类为主水生动物运动的影响，同时保持南四湖整体结构景观的价值，工程施工结束随之进行生态人工恢复和自然恢复。

6.2.3 水生态监测

一期工程施工中后期，2013年11月上旬至12月中旬，建设单位对徐洪河泗洪至邳州段、京杭运河邳州至都江段、金宝航道洪泽至宝应段及里下河扬州大三王河工程段水生态进行了1次监测。监测内容有浮游植物种类和生物量、浮游动物种类和生物量、底栖动物种类和生物量、水生维管束植物种类和生物量、鱼类资源。

6.2.4　水生态保护和修复对策

6.2.4.1　山东省水生态保护和修复对策

按照山东省河湖长制工作方案，南水北调工程山东段建立了省、市、县、乡、村五级河湖长体系。目前包括 4 名省级河湖长、14 名市级河湖长、46 名县级河湖长、200 名乡镇级河湖长、849 名村级河湖长。

2018 年以来，南水北调工程山东段沿线各级河长巡河超过 4.2 万次，其中省级河长 23 次、市级河长 85 次、县级河长 1 165 次、乡级河长 1.16 万次、村级河长 2.94 万次。组织开展了一系列整治行动，已清理整治河湖“四乱”（乱占、乱采、乱堆、乱建）问题 1 378 个，有力改善了河道面貌。

近年来，在山东省各级河湖长组织下，一系列河湖清违整治行动有力推进，南水北调山东段沿线一批沉疴积弊得到治理；河湖管理范围划定工作完成，河湖管护基础得到夯实。2018 年，山东省人民政府批复了梁济运河等省级重要河湖岸线利用管理规划。山东省还开展了南四湖流域水污染综合整治三年行动（2021~2023 年）、东平湖“退渔还湖”等攻坚行动；结合南水北调后续工程，加快实施水污染治理、水生态修复工程，并加强监测、巡查和执法。

在各级河湖长和有关部门的共同努力下，南水北调工程山东段水质总体达到地表水Ⅲ类标准，工程输水沿线形成了岸绿、景美的水生态景观，综合效益明显。南水北调沿线的韩庄运河、梁济运河、南水北调续建配套工程等部分河段，创建为省级美丽幸福示范河湖。

6.2.4.2　江苏省水生态保护和修复对策

南水北调东线一期工程省、市、县、乡四级河长全覆盖。江苏省在前期南水北调东线一期工程大部分河段设立省级河长的基础上，于 2 月底前在新通扬运河（江都—海安段）、三阳河、潼河（宜陵—宝应站段）、不牢河（大王庙—蔺家坝船闸段）等河段增设省级河长，实现了境内南水北调东线一期工程省、市、县、乡四级河湖长全覆盖。

据了解，江苏省南水北调东线一期工程河湖长中，共有省级河湖长 7 名、市级河湖长 17 名、县级河湖长 54 名、乡级河湖长 173 名，各级河湖长职责任务均已明确。

南水北调东线一期工程在江苏省涉及分淮入沂、洪泽湖、淮河入江水道、金宝航道、京杭运河苏北段、骆马湖、白马湖、三阳河、苏北灌溉总渠、潼河、新通扬运河（泰西段）、徐洪河、运西河、新河等河湖。根据 2022 年 1 月修订的《江苏省河长湖长履职办法》，在南水北调东线一期工程管护工作中，省级河湖长负责组织开展工程涉及河湖的突出问题专项整治，协调解决相应河湖管理和保护中的重大问题，明晰相应河湖上下游、左右岸、干支流地区管理和保护目标任务，推动建立区域协同、部门联动的河湖联防联控机制等；市、县级河湖长定期或不定期巡查相应河湖，组织开展河湖突出问题专项整治行动，组织研究解决河湖管护有关问题等；乡级河湖长开展河湖经常性巡查，组织整改巡查发现的问题，开展河湖日常管护、保洁等。

6.2.4.3　洪泽湖水生态保护和修复对策

（1）2022 年 3 月 31 日江苏省第十三届人民代表大会常务委员会第二十九次会议通

过《江苏省洪泽湖保护条例》,包括规划与管控、资源保护与利用、水污染防治、水生态修复等章节。

(2)1985年,建立泗洪洪泽湖湿地国家级自然保护区。2004年,建立洪泽湖东部湿地省级自然保护区。2007年以来,国家陆续批准建立洪泽湖银鱼国家级水产种质资源保护区、洪泽湖青虾河蚬国家级水产种质资源保护区、洪泽湖秀丽白虾国家级水产种质资源保护区、洪泽湖虾类国家级水产种质资源保护区、洪泽湖鳜国家级水产种质资源保护区、洪泽湖黄颡鱼国家级水产种质资源保护区。

(3)2005年以来,江苏省洪泽湖渔管办每年在洪泽湖进行渔业资源增殖放流。

(4)洪泽湖是我国最早实施封湖禁渔制度的内陆湖泊之一,实施封湖禁渔制度40年来,在养护水生生物资源、实现渔民增收致富、促进生态文明建设方面取得了显著成效。每年洪泽湖实行为期5个月的封湖禁渔,禁渔时段为2月1日0时起至6月30日24时,封湖禁渔范围为洪泽湖水域,包括成子湖、圣山湖及与洪泽湖相连的湖荡、湖湾、湿地,入湖河道以河口两岸连线向湖外延伸1 km处为界。其中,淮河以淮河大桥、溧河洼以朱台子、徐洪河以顾勒大桥、怀洪新河以双沟大桥、中扬水域以老挡浪堤为界,二河、三河分别以二河闸和三河闸为界。洪泽湖青虾河蚬、银鱼、秀丽白虾、虾类、鳜鱼和黄颡鱼等6个列入长江流域332个水生生物保护区名录的国家级水产种质资源保护区实行全年禁捕。

(5)近年来,泗洪县为了更好地保护洪泽湖湿地资源和生物多样性,改善洪泽湖水质状况,持续推进洪泽湖退渔还湿(湖)工程,自2008年以来完成退渔还湿(湖)20余万亩,对保护区范围内的2 000余户9 600多名居民进行生态搬迁,还地于自然。

6.2.4.4 骆马湖水生态保护和修复对策

(1)2022年6月22日宿迁市第六届人民代表大会常务委员会第三次会议通过、2022年7月29日江苏省第十三届人民代表大会常务委员会第三十一次会议批准《宿迁市骆马湖水环境保护条例》,包括水污染防治、水生态修复、水环境监管、区域协同等章节;2022年6月29日徐州市第十七届人民代表大会常务委员会第三次会议通过、2022年7月29日江苏省第十三届人民代表大会常务委员会第三十一次会议批准《徐州市骆马湖水环境保护条例》。

(2)2005年,建立宿迁骆马湖市级湿地自然保护区,2010年11月国家批准建立骆马湖国家级水产种质资源保护区(鲤鱼和鲫鱼),2013年6月国家批准建立骆马湖青虾国家级水产种质资源保护区。

(3)2010年以来,江苏省骆马湖渔业管理委员会办公室每年在骆马湖进行渔业资源增殖放流。

(4)2021年以前,骆马湖每年禁渔时间为每年2月1日0时起至6月30日24时止,为全湖封湖禁渔期。禁渔范围包括骆马湖及与其相连的湖荡、湖湾、湿地。沿岸以防洪大堤为界,伸入陆地的河道有水闸的以闸为界,无水闸的以河口两岸连线向外延伸500 m为界。其中,中运河、黄墩湖以睢宁船闸与窑湾渡口连线为界,沂河以毛林大桥为界。2021年后,骆马湖全面进入十年禁渔期。

(5)自2015年6月1日起,任何组织或个人均被禁止在骆马湖水域从事非法采砂活动,新沂境内622条采砂泵船全部被拆解;自2020年9月起,新沂市启动骆马湖退圩还湖生态修复工程，共清除湖区 49.5 km^2 范围内圩埂和围网。湖区内 3.8 万亩围网、网箱全部完成清理，5.3 万亩圈圩土方完成开挖。共恢复骆马湖自由水面 4.5 万亩，增加防洪库容 1.1 亿 m^3、调蓄库容 7 700 万 m^3。

6.2.4.5 南四湖水生态保护和修复对策

1. 制定了南四湖功能区划

根据整个湖区水生生物资源状况、渔业生产现状、湖区特点、南水北调工程和渔民生产生活现实情况，制定了《南四湖渔业功能区划与养殖总量控制规划》，将南四湖的渔业功能划分为常年禁渔区、生态修复区和生态养殖区 3 个功能区，规划常年禁渔区 0.67 万 hm^2(10 万亩)、生态修复区 4.37 万 hm^2(65.5 万亩)、生态养殖区 2.53 万 hm^2(38 万亩)。其中生态养殖区的网围生态养蟹区 0.67 万 hm^2(10 万亩)、非投饵性网箱养鱼区 0.2 万 hm^2(3 万亩)和滨湖池塘生态养殖区 1.67 万 hm^2(25 万亩)。此规划已于 2012 年 2 月公布实施。依据该规划，相关部门对南四湖渔业养殖设施进行了转型改造和规范生产。该规划的实施对发展生态渔业、开展南四湖渔业养殖污染防控工作在政策上提供了一定的保障。

2021 年 12 月 3 日山东省第十三届人民代表大会常务委员会第三十二次会议通过《山东省南四湖保护条例》，2021 年 12 月，山东省制定并实施《南四湖流域生态保护修复专项规划(2021—2035 年)》。

2. 建立了南四湖渔业资源增殖苗种繁育基地和种质资源保护区

自 1995 年起，政府先后拨款在上级湖建立了济宁市名优水产品研究试验推广基地，占地面积 3 hm^2(45 亩)，下级湖建立了微山县特种水产养殖试验场，占地面积 133.3 hm^2(2 000 亩)，年苗种培育能力达 1 亿尾，其主要任务是根据南四湖渔业资源特点，以不破坏天然种质资源为原则，选择长江水系四大家鱼和易形成优势种群的地方品种(如鲢、鳙、鲤、鲫、鲂、草鱼等)，向南四湖提供增殖放流品种，保护了湖区天然水产种质资源及生态平衡。2007 年国家批准建立了南四湖国家级乌鳢、日本沼虾水产种质资源保护区，2009 年山东省批准建立了独山湖大鳞副泥鳅省级种质资源保护区。

3. 开展了渔业资源的人工增殖放流活动

1974~1982 年全湖人工放流蟹苗 2 644.5 kg，形成了一定的资源和产量，共回捕成蟹 1500 t 以上。20 世纪 90 年代共进行了 3 次人工放流活动，共放流草鱼、鲂、鲢、鳙、鲤、鲫等品种 1 930 万尾，增加捕捞产量 3 500 t；1996 年投放大银鱼卵 2 400 万粒，次年在微山湖、昭阳湖分别发现大银鱼，捕捞产量达到 98 t。2001 年放流鱼种 530 万尾，2002 年因严重干旱，渔业资源遭到破坏。2004 年投入 30 万元，投放鱼种 200 万尾。2005 年，山东省微山县实施了渔业资源修复行动计划，截至 2015 年微山县已向南四湖增殖放流鲤、鲢、鳙、草鱼和中华绒螯蟹等数十个品种，累计放流苗种 1.11 亿尾，投入资金 2 300 余万元，南四湖渔业资源得到了一定程度的修复，大型经济鱼类数量明显增加，产量稳步提高。通过增殖放流，鱼类等水生生物在水质净化、防止和减少水体富营养化以及在生态修复中发挥的作用日益明显。增殖放流是目前恢复水生生物资源量的重要和有效手段，有力地促进了现代渔业发展和生态文明建设。

4. 实施了禁渔期制度

从 1973 年开始，南四湖实施了禁渔期制度，禁渔期为 3 月 1 日至 6 月 25 日，严厉打击电鱼、毒鱼、炸鱼、违章圈圩等破坏渔业资源和环境的不法行为。实施禁渔期制度保证了渔业资源的恢复,维护了渔业生态环境的平衡。

5. 退渔还湖

2020年底,济宁市人民政府实施南四湖省级自然保护区内核心区和缓冲区网箱、网围、池塘养殖全面退养政策,经过3年努力基本完成了南四湖池塘退养还湖,累计退出渔业养殖面积近22万亩,其中网箱网围3.87万亩、核心区池塘10.6万亩、缓冲区池塘7.4万亩。

6.2.4.6　东平湖水生态保护和修复对策

山东省第十三届人民代表大会常务委员会于2021年12月1日制定并实施《山东省东平湖保护条例》,2021年2月山东省人民政府批复《东平湖生态保护和高质量发展专项规划(2020~2035年)》。

(1)2000年建立市级东平湖湿地自然保护区,2010年7月国家批准建立东平湖国家级水产种质资源保护区。

(2)2005年以来,东平县水产业发展中心每年在东平湖进行渔业资源增殖放流。

(3)东平湖每年禁渔时间为4月1日0时至8月31日24时,禁渔期内实行全湖封闭,禁止一切捕捞船只、渔具下湖捕捞,禁渔区为东平湖国家级水产种质资源保护区。

(4)东平县大力推进东平湖生态保护和高质量发展,实施了清网净湖、退渔还湖工程,4 000余艘渔船历史性退出东平湖,近万名渔民告别了“水上漂”,转为陆上“讨生计”。

6.2.5　生态补水对策

南水北调东线通水9年,累计调引长江水53.68亿m^3,沿线生态补水7.37亿m^3,山东段工程累计向大运河补水1.56亿m^3,有力保障了京杭运河实现百年来首次全线贯通。累计为小清河补源2.45亿m^3,有效维持河流生态健康,提升了经济社会发展环境。

在2014年、2015年,利用南水北调工程向南四湖补水9 536万m^3。2016年旱情持续,南四湖、东平湖水位接近生态红线,调引长江水向两个湖泊补水2亿m^3,极大地改善了南四湖、东平湖的生产、生活、生态环境,避免了因湖泊干涸导致的生态灾难。

6.2.5.1　南四湖2014年生态补水

2014年南四湖流域降水尤为偏少,7月28日平均降水量仅240 mm,比常年偏少40%,骨干河道一直没有形成径流,南四湖无来水补充,湖区水位快速下降,上级湖、下级湖于6月22日、6月14日先后降至死水位。截至7月28日,南四湖上级湖、下级湖水位分别低于死水位0.21 m、0.73 m,湖区水面较兴利水位时水面缩减60%以上,南四湖总蓄水量仅剩2.81亿m^3,较历年同期偏少73.9%。受南四湖蓄水锐减影响,湖区渔业面临绝产、航道断航、生态环境急剧恶化,整个湖区面临严重的生态危机。

引黄补湖工作利用济宁市国那里、菏泽市谢寨、闫潭三处引黄灌区调引黄河水,通过梁济运河、东鱼河补充南四湖上级湖蓄水。调水工作自2014年7月19日开始,8月14日菏泽市谢寨、闫潭引黄闸关闭,济宁市国那里灌区继续向上级湖补水,直至9月4日结束,共历时48 d,向南四湖上级湖补水6 505万m^3。引江补湖工作利用南水北调东线一期工程,经过9级泵站提升,经西线蔺家坝泵站400多km的长江水向南四湖下级湖调水。调水自8月5日开始,至8月24日结束,历时20 d,共向南四湖下级湖调水8 069万 m^3。

截至2014年8月底,南四湖上级湖蓄水2.02亿 m^3,水位32.83 m,高于上级湖最低生态水位(32.34 m)0.49 m,上级湖湖面面积接近372 km^2,较调水前扩大约4 km^2,达正常蓄水位的64%。南四湖下级湖蓄水2.17亿 m^3,水位31.24 m,高于下级湖最低生态水位(30.84 m)0.40 m,湖面面积达到315 km^2,较调水前扩大约99 km^2,达正常蓄水位的55%。

此次南四湖生态应急调水使干涸的南四湖重现生机,部分裸露的湖底重新恢复为湿地,保护了南四湖流域的自然生境,保障了沿湖工农业生产和人民生活用水需求,促进了南四湖地区和谐稳定,取得了显著的生态效益和社会效益。

6.2.5.2 东平湖2015年生态补水

南水北调东线工程于2015年4月开始实施2014~2015年度调水计划,利用东平湖过路调蓄,向山东省鲁北地区和胶东地区调水。4月23日至6月15日调长江水2.25亿 m^3 入东平湖,4月24日至7月13日胶东干线和鲁北干线共计从东平湖引水1.54亿 m^3。山东汛期为6月1日至9月30日,黄河流域从7月1日开始进入汛期,本次调水时段虽与汛期有所重叠,但大汶河流域没有出现强降雨,东平湖没有形成入湖径流。调水开始时东平湖水位39.40 m,80 d内南水北调工程为东平湖补水7 100万 m^3,有效维持了东平湖的湖区生态环境,使得在调水结束时东平湖水位仍然保持在39.40 m。

6.2.5.3 洪泽湖、骆马湖生态补水

2019年5月,江苏省淮河流域累计降雨量195 mm(历史同期最小为1978年的204 mm),较常年同期偏少五成以上,为新中国成立70多年以来同期最小;据分析,干旱程度为60年一遇气象干旱。苏北地区最重要水源地洪泽湖水位持续下降,7月27日15时跌至11.26 m(低于死水位0.04 m),水域面积由1 780 km^2 缩减至约900 km^2,缩小近一半。江苏省启用江水北调、南水北调、通榆河北延等跨流域调水工程各梯级泵站进行抽水,在有效保障前一阶段工农业生产、群众生活及重要航道用水需求的同时,还对洪泽湖、骆马湖等湖库进行补水,与同为大旱年份的1978年同期相比,洪泽湖水位高0.37 m,骆马湖水位高0.16 m。

2022年汛期,宿迁市面降雨量仅为499 mm,较去年同期偏少近五成,遭遇了1960年以来最严重的气象干旱。洪泽湖低于旱限水位11.8 m 55 d,骆马湖持续低于旱限水位近20 d。“两湖”(洪泽湖、骆马湖)可用水量仅6.85亿 m^3。江苏省水利厅于10月上旬开始启动引江补湖工作,通过南水北调东线工程向“两湖”补水。截至11月上旬,通过引江补湖向“两湖”调水3.74亿 m^3,其中洪泽湖2.26亿 m^3、骆马湖1.48亿 m^3。补水后,骆马湖、洪泽湖水位均达到旱限水位以上,有效缓解了“两湖”供水紧张形势。

6.2.5.4 大运河生态补水

2022年4~5月,水利部通过优化调度南水北调东线一期北延工程供水、引黄水、本地水、再生水及雨洪水等水源,向京杭运河黄河以北707 km河段进行补水,补水量共8.4亿 m^3,阶段性实现了京杭运河黄河以北段从断流到全线有水、有流动的水的转变。南水北调东线一期北延工程经小运河、六分干、七一河、六五河为南运河补水,补水量1.56亿 m^3,全部入京杭运河。

京杭运河黄河以北河段水面面积达到45.1 km^2,较补水前增加4.1 km^2;补水水源路

径河道及衡水湖水面面积增加 12.4 km^2。与去年同期相比，京杭运河黄河以北河段有水河长增加 163.4 km，水面面积增加 16.6 km^2，卫运河、南运河等干涸、断流河段实现水流贯通。与补水前相比，25 个地表水水质监测断面中，16 个断面水质类别有所改善，9 个断面水质类别基本稳定。

6.2.6　鱼类增殖放流

6.2.6.1　洪泽湖鱼类增殖放流

针对洪泽湖鱼类资源下降的状况，江苏省洪泽湖渔管办持续开展增殖放流工作，至 2014 年洪泽湖放流各类水产苗种 9.1 亿尾，放流苗种主要有鲢、鳙、草鱼、鳊、中华绒螯蟹、鳜、甲鱼、翘嘴鲌、细鳞斜颌鲴、花䱻等，以修复水生生物群落结构，维护湖泊生态系统的稳定性。

2017 年，江苏省洪泽湖渔管办共开展各类增殖放流活动 20 次，放流苗种 3.5 亿尾，丰富了洪泽湖渔业种群，并以“以鱼净水”的方式改善了湖区的生态环境。

2018 年前三季度，江苏省洪泽湖渔管办共组织实施了 15 次渔业资源增殖放流活动，共放流鲢、鳙、蟹苗等各类种苗 14.45 万 kg，2.52 亿个单位，投入苗种采购资金 405 万元。

2019 年前三季度，洪泽湖共组织实施了 15 次渔业资源增殖放流活动，放流各类种苗 11.25 万 kg，2.7 亿尾(粒、只)，投入苗种采购资金 325.8 万元。

2020 年 10 月 10 日 0 时洪泽湖开启十年禁捕期。2020 年 6 月 6 日全国“放鱼日”，江苏省洪泽湖渔管办在洪泽湖共放流鳙、花䱻、甲鱼和日本鳗鲡计 60 万尾(只)，投入苗种资金 70 万元。2020 年下半年，江苏省洪泽湖渔管办开展鲢鳙夏花及细鳞斜颌鲴、翘嘴红鲌等特色小品种的增殖放流活动 10 余场次，全年放流鲢、鳙、蟹苗、鳜鱼等各类苗种 20 万 kg、3.5 亿尾(只)。

2021 年 6 月 6 日全国放鱼日，江苏省洪泽湖渔管办共向洪泽湖放流鳜鱼 1.5 万尾。“十三五”规划以来，洪泽湖举办增殖放流专场活动 100 余次，放流鲢、鳙、中华绒螯蟹、翘嘴红鲌、鳜鱼等各类苗种 11 亿尾(只)，在修复渔业种群资源、改善水域生态环境及促进渔业增效、渔民增收等方面发挥了重要作用。7 月 19 日，江苏省洪泽湖渔管办在洪泽湖北部成子湖水域组织开展了 2021 年第九次渔业资源增殖放流，11 万尾鳜鱼苗(7 cm 以上)放流入洪泽湖。8 月，江苏省洪泽湖渔管办在洪泽湖已组织开展了 12 次渔业资源增殖放流活动，共放流鲢、鳙、赤眼鳟、花䱻、翘嘴红鲌、长吻鮠等各类水产苗种超 1 亿尾(只)。全年放流鲢、鳙、蟹苗、鳜鱼等各类苗种 15 万 kg、3 亿尾(只)。

2022 年 6 月 6 日，江苏省洪泽湖渔管办在洪泽湖共放流鳙、鳜鱼等各类苗种 50 余万尾，计划还将开展增殖放流 15 余场次，放流鲢、鳙、赤眼鳟、长吻鮠、细鳞鲴、翘嘴鲌、鳜鱼等水产苗种 1 500 万尾，全年计划投入苗种资金 600 万元，努力推进洪泽湖生态修复和渔业绿色高质量发展。2022 年洪泽湖增殖放流现场照片见图 6-2。

6.2.6.2　骆马湖鱼类增殖放流

自骆马湖实施禁捕退捕以来，江苏省骆马湖渔管办按照“科学放流、滋养生态”的基本原则，依托中国科学院水生生物研究所、江苏省淡水水产研究所、江苏省渔业生态环境监测站等科研单位，深入开展水生生物资源和渔业生态环境调查监测，通过科学评估增殖

图 6-2　2022 年洪泽湖增殖放流现场照片

放流效果与增殖放流容量,不断改进人工增殖放流措施,优化水生动植物种群结构和分布,有效提升了湖泊生态系统的水生生物多样性。

2020 年 6 月 28 日,骆马湖共放流 100 余万尾鳙鱼苗,全年投放苗种 5 000 余万尾。近五年来,骆马湖共投入增殖放流资金 1 900 万元,放流重要水生生物苗种 5.9 亿尾,举办各类增殖放流活动 110 多次。

2021 年 6 月 6 日全国放鱼日,骆马湖共放流 30 万尾鳙鱼。11~12 月,江苏省骆马湖渔管办完成放流鳙鱼(12~16 cm)0.88 万 kg。

2022 年 3 月的“中国水周”期间,江苏省骆马湖渔管办持续开展增殖放流活动,向湖区投放 32 万尾的鲢、鳙鱼苗,进一步丰富渔业资源,净化湖区水质,改善湖泊生态环境。2022 年 6 月 29 日上午,在骆马湖生态渔业试点——国企增殖放流启动仪式后共将 35 万尾鲢、鳙鱼苗投入骆马湖,进一步保护湖泊水生生物资源和生态环境。截至 2022 年 9 月 14 日,江苏省骆马湖渔管办已投放鳙夏花 9 批次 1 725 万尾、河蟹苗种 127.7 万只。2022 年骆马湖增殖放流现场照片见图 6-3。

图 6-3　2022 年骆马湖增殖放流现场照片

6.2.6.3　南四湖鱼类增殖放流

2005~2015年，微山县连续开展南四湖渔业资源人工增殖放流活动11年，共放流鲢鳙鱼、草鱼、中华绒螯蟹、甲鱼、鲤鱼等各类优质苗种近2亿尾，一些重要渔业资源品种的种群数量得到恢复，水生生物种群结构趋于优化；特别是各种滤食鱼类的大量放养，带来了“放鱼养水”“以鱼净水”的生态效益，对南四湖水质净化、防止和减少水体富营养化发挥了显著作用。其中2015年4月共放流了可以净化水质的鲢鳙鱼、可转移湖内营养物质的鲤鱼及食用湖内杂草的草鱼三种鱼种，放流总量达2 600多万尾。

2016年4月，微山县在南四湖上级湖、下级湖常年禁渔区内开展增殖放流，放流鲢鳙鱼、草鱼和微山湖四鼻鲤鱼1 800余万尾。

2017年4月，微山县春季渔业资源人工增殖放流活动在南四湖上级湖、下级湖同时进行，2 d内共向大湖内放流草鱼、鲢鳙鱼、微山湖四鼻鲤鱼等优质苗种1 000多万尾。

2018年5月，微山县开展2018年春季南四湖渔业资源人工增殖放流活动，共在南四湖上级湖、下级湖常年禁渔区内投放微山湖四鼻鲤鱼、草鱼、鲢鱼和鳙鱼等优质鱼苗2 000余万尾。

2019年春季(4月26日、27日)，微山县在南四湖放流各类优质鱼苗约2 112.5万尾(只)，其中草鱼(≥100 mm)449万尾；鲢(鳙)鱼(≥100 mm)1 291万尾，鲤鱼(≥50 mm)312.5万尾，中华绒螯蟹(规格50~75只/kg)60万只。

2020年春季(4月27~29日)，微山县在南四湖放流各类优质鱼苗约945万尾(只)，其中100 mm草鱼262.5万尾、100 mm鲢鱼300万尾、100 mm鳙鱼275万尾、100 mm微山湖四鼻鲤鱼67.5万尾、中华绒螯蟹(扣蟹200~400只/kg)40万只。冬季(12月2~4日)，微山县在南四湖放流各类优质鱼苗约1 200.75万尾(只)，其中150 mm草鱼220.24万尾、150 mm鲢鱼723.33万尾、150 mm鳙鱼118.18万尾、150 mm微山湖鲤鱼64万尾、中华绒螯蟹(扣蟹300只/kg)75万只。

2021年夏季(6月24日、25日)，南四湖人工增殖放流活动放流各类优质苗种约1 054.2万尾，其中全长100 mm以上草鱼169万尾、全长100 mm以上鲢鱼759.2万尾、全长100 mm以上鳙鱼126万尾。冬季(12月9日、10日)放流全长100 mm以上草鱼140.13万尾、全长100 mm以上鲢鱼529.33万尾、全长100 mm以上鳙鱼122.64万尾。

2022年11月15日、16日，南四湖人工增殖放流活动在南四湖上级湖、下级湖同时开展。此次活动共放流了各类优质苗种约1 043.4万尾，其中全长100 mm以上鲢鱼702万尾、全长100 mm以上鳙鱼84万尾、全长100 mm以上草鱼257.4万尾。2022年南四湖增殖放流现场照片见图6-4。

自2005年开始，微山县已连续18年开展增殖放流活动。目前，湖内已初步形成了鲤、鲫、青虾、大闸蟹等水产品种自然种群，对南四湖生物多样性、保护南四湖的渔业资源起到很好的促进作用。

6.2.6.4　东平湖鱼类增殖放流

2005年以来，山东省在东平湖水域已相继开展增殖放流活动18年。截至2019年共投放渔业苗种近3亿尾(只)，见图6-5，主要苗种有鲢、鳙、草鱼、鲤、鲂等鱼类和河蟹等，累计投入资金近4 000万元。

图 6-4 2022 年南四湖增殖放流现场照片

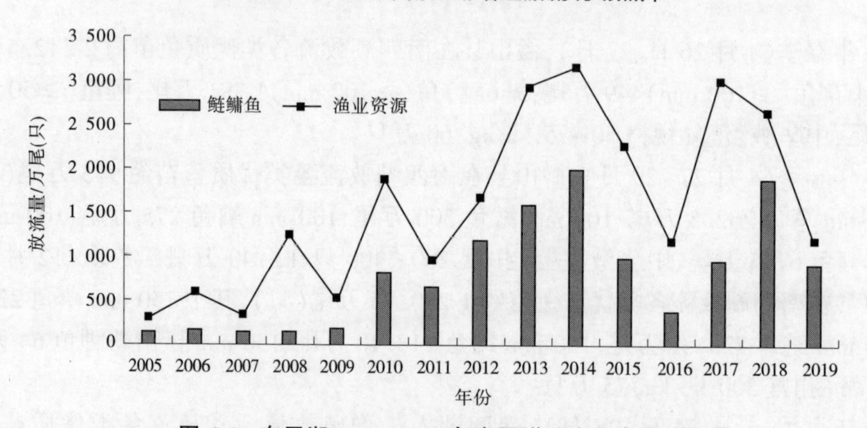

图 6-5 东平湖 2005~2019 年主要增殖渔业资源放流量

2020 年,东平县水产业发展中心投资 430 万元,分别于 4 月 23~30 日、6 月 17 日向东平湖放流 1 217.28 万尾优质鱼苗(草鱼、鲢鱼)。

2021 年,东平县水产业发展中心投资 430 万元,分别于 4 月 1~15 日,6 月 28 日、29 日向东平湖投放鲢鱼、草鱼等优质苗种 1 400 万余尾,使大湖渔业资源迅速回升,保持了大湖生物种群多样性。

2022 年 11 月,东平县水产业发展中心投资 229 万元,向东平湖投放鲢、鳙、草鱼等优质苗种 931 万尾。通过增殖放流,主动发挥了鱼类保护水体生态平衡的作用,有助于促进水体良性循环,补充和恢复生物资源的群体,改善水域生态环境,净化水源地水质,维护生态平衡,实现渔业增效、渔民增收。

目前,东平湖湖区鱼类已恢复至 50 多种,水生植物 40 余种,水产品年产量 1.7 万 t,产值 3.2 亿元,渔民年均增收 2 000 余元,实现了经济效益、社会效益和生态效益协调发展。2018 年东平湖增殖放流现场照片见 6-6。

图6-6　2018年东平湖增殖放流现场照片

6.2.6.5　大屯水库、东湖水库

2013年，南水北调东线山东段在调水干线上的大屯水库、东湖水库放流150万尾淡水鱼类，以改善提高水源地蓄水水质，保障南水北调供水安全。此次投放的滤食性鱼类苗种规格为10~20 cm，主要为鲢鱼、鳙鱼和草鱼，投放比例为38∶10∶2。合计投放鲢鱼115万尾、鳙鱼25万尾、草鱼10万尾。

2022年6月，山东干线公司组织开展了大屯水库鱼苗放流工作。前期，干线公司委托中国科学院水生生物研究所开展了大屯水库水生态环境和渔业资源野外调查及室内分析，根据水库鱼类、浮游动植物组成及变化情况，制订鱼苗放流工作方案。此次共投放花鲢2.1万斤(约6万尾)、白鲢1万斤(约2.5万尾)。

2022年11月，山东干线公司在东湖水库及大屯水库组织开展2022年度放鱼养水工作。此次鱼苗放流活动分别向东湖水库投放白鲢鱼苗9 098 kg，向大屯水库放流花鲢鱼苗4 912 kg、白鲢鱼苗4 990 kg。

6.2.7　已实施水生态保护对策总结

南水北调东线一期工程2013年通水前完成了《南水北调东线工程治污规划》及其实施方案确定的426个项目；施工期在南四湖采取了水生态保护措施，进行了水生态监测；苏鲁两省在南水北调东线建立了河湖长体系，并开展了相关工作；调蓄湖泊洪泽湖、骆马湖、南四湖、东平湖均制定了保护条例；建立了水产种质资源保护区；设立了禁渔期和禁渔区；开展了退渔还湖工程；开展了生态补水和鱼类增殖放流。

6.3　水生态保护对策效果分析

6.3.1　复苏河湖生态环境，生态功能作用凸显

东线一期工程通过调水和生态补水，为输水沿线河湖补充了大量优质水源，保证河湖

水位，促进了沿线河湖水网的水体流动，常态化、大流量、持续性的调水运行为淮河、黄河、海河流域河湖水系健康、水生态系统的良性循环提供了保障。

南水北调东线一期工程 2013 年建成通水以来，江苏已连续 9 年完成送水出省任务，累计调水约 53.68 亿 m^3。东线一期工程累计向南四湖、东平湖生态补水 3.74 亿 m^3，向大运河补水 1.56 亿 m^3，避免了湖泊干涸的生态灾难；为济南市小清河补水 2.45 亿 m^3、保泉补源 1.65 亿 m^3，保障了济南泉水持续喷涌，同时有效维持小清河河流生态健康，明显改善了小清河济南市区段水质和生态环境。

目前，工程输水沿线南四湖、洪泽湖、骆马湖、东平湖等湿地是大鸨等珍稀濒危鸟类的栖息越冬地，有效地保护了生物的多样性。据报道，2013 年中国北方最大的淡水湖——南水北调东线工程山东省境内重要必经之地南四湖的水质得到明显改善，栖息的鸟类达 200 多种，其中包括白枕鹤、大天鹅等国家级珍禽，绝迹多年的小银鱼、毛刀鱼、鳜鱼等再现南四湖，白马河也发现了素有“水中熊猫”之称的桃花水母。

6.3.2　渔业资源增殖放流效果显著

根据南水北调东线一期工程环境影响评价批复关于水生态保护的要求，在鱼类增殖放流方面，洪泽湖、南四湖、东平湖等每年均开展了增殖放流工作。经持续增殖放流，上述湖泊一些重要渔业资源品种的种群数量得到恢复，水生生物种群结构趋于优化，对维持湖泊渔业资源持续稳定起到了重要作用。发展到目前，洪泽湖增殖放流苗种结构基本稳定，初步形成了以四大家鱼和河蟹为主、小品种（翘嘴鲌、细鳞斜颌鲴、花䱻）增殖放流为辅，质量与规模稳步提高的科学放流结构模式。洪泽湖增殖放流在恢复渔业资源、维持湖泊健康生态系统和生物多样性方面起到了不可或缺的重要作用。南四湖经增殖放流后，一些重要渔业资源品种的种群数量得到恢复，水生生物种群结构趋于优化。东平湖通过开展鱼类增殖放流和改网箱养殖为生态放养，在鱼类资源得到补充的同时，湖泊水质也有所改善。

6.3.2.1　增加了水生生物多样性

增殖放流可以补充和恢复水生生物资源，改善生物种群结构，通过增殖放流、增加鱼群数量起到了增加水生生物多样性的作用。

根据 2020 年 8 月和 10 月开展的东平湖水生生物资源调查，东平湖有浮游动物 69 种，分属于大类（原生动物、轮虫类、枝角类、桡足类）；在浮游动物群落中，轮虫类群有 39 种，占绝对优势；已鉴定出浮游植物 103 种，分属于 8 大类，在浮游植物群落中，绿藻门类群占绝对优势，有 46 种，硅藻门类群列第二优势类群，共有 33 种；大型底栖动物 7 种，隶属于三大类群；大型维管束植物共有 6 种，沉水植物、挺水植物和浮叶植物各 2 种，隶属于 5 科 6 属；鱼类共 22 种，隶属于 6 目 10 科。研究结果表明，东平湖生物多样性降低已有所遏制。

6.3.2.2　改善了水环境质量

增殖放流保护了生态环境和改善了水质，通过增加水生生物数量及种类，减少湖水中藻类及浮游生物的数量对保证水质起到了很好的作用。

东平湖水质多年变化情况表明(见表 6-1),渔业资源增殖放流对湖区水质亦影响显著。通过对水质的单因子分析,以增殖放流前的 2003 年和 2004 年水质为基准,2019 年东平湖水体总氮(TN)含量得到显著改善,较放流前的 2004 年降低了 87.92%;水体总磷(TP)含量较放流前较高的 2003 年稍有升高(14.49%),且目前为Ⅳ类水质;水体高锰酸盐指数(COD_{Mn})含量较放流前较差的 2003 年降低了 38.38%;水体叶绿素 a(Chl-a)含量近年来有较高的增长,由 2004 年的 1.32 μg/L 升高到 2019 年的 29.16 μg/L。由此可见,伴随增殖放流活动的开展,东平湖水域富营养化趋势得到有效遏制,虽部分指标仍有待进一步改善,但已基本符合地表水Ⅲ类水质标准。

表 6-1　东平湖生态环境理化特征的年际比较

年份	TN/(mg/L)	TP/(mg/L)	COD_{Mn}/(mg/L)	Chl-a/(μg/L)
2003	2.54	0.059	7.4	—
2004	5.77	0.049	4.6	1.32
2005	3.14	0.040	3.4	1.33
2008	2.80	0.068	3.5	22.57
2013	3.24	0.077	5.57	11.60
2016	1.70	0.073	4.83	28.18
2017	1.76	0.082	4.86	28.00
2018	1.23	0.070	4.70	28.56
2019	0.70	0.069	4.56	29.16

已有研究表明,每产出 1 kg 鲢鳙鱼将从水中带走 24.54 g 氮和 6.10 g 磷,参考东平湖湖区渔业资源捕捞产量、渔获物组成及其主要增殖渔业资源的捕捞情况,对东平湖鲢鳙鱼移除氮、磷能力的综合分析可知,2019 年通过增殖的渔业生物可从湖中移除 189.69 t 氮和 46.20 t 磷,表明了渔业资源增殖放流对湖区环境的良好净化功能。

6.3.2.3　增加了渔民收入

增殖放流间接地增加了渔民的收入,放流后有一段很长的生长繁殖时间,渔民捕捞的产量和效益都会有很大的提高。

随着渔业资源增殖放流活动的实施,东平湖渔业资源捕捞产量自 2005 年以来整体呈现逐年增长的趋势,见图 6-7。至 2019 年东平湖捕捞量达到 17 949 t,较实施前的 2004 年渔业捕捞产量提升了 45.38%。相比放流前 2003 年和 2004 年渔业捕捞情况,2005~2019 年东平湖渔业捕捞量总计增加 51 318 t,年均增产 4 522 t,彰显了增殖放流对湖区渔业资源的补充与提升能力。

依据 2019 年度东平湖增殖渔业资源的存活、生长及捕获情况的调研与统计分析,估算东平湖主要增殖渔业资源的增殖产量及经济效益,见表 6-2。同时,结合湖区渔业作业人工、燃油及船只损耗估算捕捞成本(见表 6-3),由此得出渔业资源增殖放流的直接投入产出比约为 1∶1.44。多年调查还表明,东平湖鱼类已恢复近 50 种,水生植物 40 余种;年

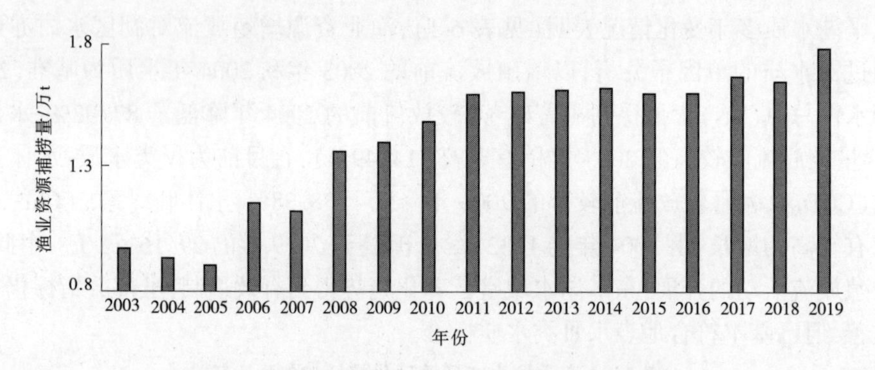

图 6-7　东平湖 2003~2019 年渔业捕捞产量情况

新增捕捞产量逾 2 000 t,新增产值近 3 000 万元,渔民群众人均年增收 1 000 多元。连续多年的增殖放流,使东平湖渔业资源和物种多样性有了明显改善,水质也有了一定程度的改善,起到了恢复东平湖生态环境的作用,实现了经济效益、社会效益和生态效益的协调发展。

表 6-2　东平湖 2019 年主要增殖渔业资源的增殖产量及经济效益

增殖种类	放流量/万尾	增殖产量/t	经济收益/万元
鲢鳙鱼	944. 78	1 133. 34	715. 36
鲤鱼	73. 65	603. 29	592. 63
草鱼	180. 02	818. 3	660. 98
河蟹	181. 22	72. 48	289. 92

表 6-3　东平湖 2019 年增殖渔业资源经济投入与捕捞成本估算

指标	计算方法	金额/万元
苗种	投放苗种成本	220
人工	捕捞量÷人均捕获量×平均工资	1 574. 4
燃料动力	捕捞量÷人均捕获量×单航次燃油费	153. 6
捕捞设施	网具及船只折旧	379. 4

6. 3. 3　对策效果总结

南水北调东线一期工程建设和运行期,水生态保护效果显著,2013 年通水后水质全线达标;通过调水和生态补水,为输水沿线河湖补充了大量优质水源,保证了河湖水位,促进了沿线河湖水网的水体流动,常态化、大流量、持续性的调水运行为淮河、黄河、海河流域河湖水系健康、水生态系统的良性循环提供了保障,复苏了输水沿线和受水区河湖生态环境;增殖放流补充和恢复水生生物资源,改善生物种群结构,增加水生生物多样性,保护了生态环境和改善了水质,间接地增加了渔民的收入。

6.4　水生态存在的问题

6.4.1　南水北调东线输水干线输水水质须进一步改善水质

2020年,南水北调东线一期工程输水干线国控断面水质按月达Ⅲ类水质标准率超过75%,总体输水水质良好,但达标率低于90%,说明东线一期工程输水干线输水水质尚未达“优”等级,须通过输水干线河湖及支流生态环境管理和保护进一步改善,确保输水水质安全。东线后续工程规划输水干线大屯水库—北大港水库段现状因缺水、无水、面源等导致水质差,应在一期北延工程的基础上进一步加强东线后续工程的输水水质保护工作。

东线一期工程输水部分调蓄湖泊水体轻度富营养化趋势未得到遏制。2020年,南水北调东线调蓄湖泊洪泽湖和骆马湖呈轻度富营养水平,南四湖和东平湖呈中营养水平,主要影响因子为总氮(TN)。

6.4.2　水生态系统退化隐患突出

非法采砂、网围养殖等粗放的资源利用和农业生产行为对生态系统稳定性造成持续影响,湖泊富营养化趋势不容忽视。城镇建设、工业开发、围湖造田等侵占生态空间现象难以杜绝,造成生态空间逐步退缩。从整体上看,生物多样性保护难度不断加大。

6.4.2.1　洪泽湖水生态问题

1. 浮游植物密度增加

尽管浮游植物物种数量有所降低,但其总密度有显著增加,这有可能会进一步增加发生水华的风险。

2. 底栖动物物种丧失显著

底栖动物种类明显减少,水体污染和过度捕捞可能是其中重要的破坏因素。长期以来的水体污染是造成这一问题的主要原因,底栖动物因其固有的特性,受破坏后自然恢复缓慢。近年来每年在洪泽湖湖区进行大规模拖网捕捞,捕捞的底栖动物用于水产养殖是一个重要因素。

3. 水生植被盖度低且分布不均匀

洪泽湖是典型的浅水湖泊,与东部的其他湖泊相同,当前洪泽湖绝大部分的浅水滩涂被网围养殖,水生植物被大量破坏,除成子湖外,仅在溧河洼和老子山等水域保存有较好的片状分布的水生植被。

4. 鱼类资源种群结构和利用不合理

目前,洪泽湖的鱼类以四大家鱼和一些低殖鱼类为主,名优鱼类的品种较少,且鱼类体形较小,产量较低。为增加收益,渔民加大了捕捞强度,从而导致鱼类资源进一步减少。

6.4.2.2　骆马湖水生态问题

1. 生物多样性减少

骆马湖生物种类变化较大,底栖生物衰退较为剧烈,水生高等植物破坏严重。

通过调查及收集资料,发现近年来骆马湖软体动物资源衰退较为剧烈,已演变为寡毛类占据优势地位的种群格局，Shannon-Wiener 指数和 Margalef 指数均值都不超过 2，物种丰富度较低。

骆马湖在未采砂前，水生植物集中分布在西部的浅水湖区和北部的消落区，以沉水植物为主，优势种依次为金鱼藻、黄丝草、轮叶黑藻、菹草、苦草、竹叶眼子菜等，这几种水生植物的生物量之和占全湖总生物量的 90%以上。菹草主要分布在湖区东部的敞水区，且生物量较少，北部滩地有部分挺水植物（如芦苇等）。黄沙开采导致湖区原有地形地貌受到破坏，开采后有的区域水深达到几十米，使原有的金鱼藻、轮叶黑藻、苦草等优势种生物量减少，生态系统遭受破坏，但营养盐并未因黄沙开采而降低，水体富营养化程度加大，直接导致水生植物群落发生变化。原先在东部敞水区的菹草种子复活，加上适宜的温度、湿度和丰富的营养盐，又没有制约条件出现，使得菹草逐步成为湖中水草优势种群。空心莲子草等外来物种的入侵也是骆马湖水生植物多样性下降的因素之一。

2. 鱼类资源小型化

鱼类资源小型化包括鱼类种类结构小型化和种群结构小型化。种类结构小型化指渔获物中小型鱼类在组成和比例上占据优势；种群结构小型化指渔获物中鱼类种群呈现年龄结构的低龄化和个体小型化。由于湖泊环境的变迁、渔业过度捕捞等，骆马湖渔业资源出现了小型化和单一化的现象。小型鱼类（刀鲚、鲫、红鳍原鲌等）在渔获物中处于主导地位，大型肉食性鱼类资源衰退严重。

造成骆马湖鱼类资源小型化的原因是多方面的：持续的高强度捕捞导致个体较大、生命周期较长的高营养级捕食者逐步减少，并导致渔获物的组成向个体较小、营养层次较低、经济价值不高的种类转变，过度捕捞加速了鱼类资源小型化进程；小型鱼类的种群补偿机制变化可能是鱼类资源小型化的内在因素，近年来骆马湖营养水平提高和肉食性鱼类减少可能导致刀鲚、银鱼、黄颡鱼和红鳍原鲌等小型鱼类卵、幼鱼存活率提高。

3. 养殖种植过度发展，湿地退化

20 世纪 90 年代以后，网围养殖全面兴起，圈圩养殖、圈圩种植的规模越来越大，导致湿地面积减少。近年通过规范管理、及时整治，骆马湖养殖面积逐年压减，但圈圩压力仍不容乐观。2018 年，新沂及宿迁圈圩面积总计 58.925 km^2。养殖、种植的负面效应体现在对水环境、水资源的污染方面，造成水质性缺水；另外也破坏了湿地，导致骆马湖湿地退化。

4. 湖底荒漠化

骆马湖在未采砂前，水生植物集中分布在西部的浅水湖区和北部的消落区，以沉水植物为主。但黄沙开采导致湖区原有地形地貌受到破坏，开采后有的区域水深达到几十米，使采砂区生态系统遭受破坏，原有沉水植物无法继续生长，沉水植物生境遭到破坏，导致鱼类产卵场所被破坏。此外，采砂对鱼类的生存也会产生很大影响，采砂损害了湖底淤泥中的微生物、螺蛳等鱼类饵料的生境，使得原来生活在采砂区域的鱼类被迫迁移到骆马湖其他水域。

6.4.2.3　南四湖水生态问题

1. 调水威胁水生动植物生存环境

南水北调后，部分水生植物生长区域发生变化。南四湖生长着大量水生植物，水位升高后,很多水生植物在春季无法长出水面。由于调水后短期内水位加深,水温回升慢,使某些鱼类产卵季节推迟,底栖动物数量减产。

2. 造成湖内渔业资源流失

东线工程的实施,使航运用水、工农业用水大量增加,水交换量的急剧增加,造成湖内渔业资源大量流失,生物的栖息地环境受到较大影响。

3. 水生态系统尚未根本恢复

南四湖是淮河流域水生生物的基因库,历史上水生植物茂盛、鱼类繁多。随着流域人口的增加和工农业的发展,入湖污染物不断增加,围湖造田、挖池抬田等人类活动又导致湖区自然水面面积不断减小,南四湖水生态系统呈现恶化的趋势,特别是2002年南四湖出现干涸,水生生物多样性破坏严重。随后治理力度不断加大,水生态系统得到恢复,水生生物种类及数量逐渐增加,但与20世纪七八十年代相比仍有较大差距,其中鱼类由78种减少至37种,水生植物由74种减少至18种,湖区水生植物趋于单一,同时菹草大量滋生,已成为南四湖水域春季沉水植物中绝对优势种群,使恢复水生态系统难度进一步增加。

6.4.2.4　东平湖水生态问题

根据朱红豆等《近30年东平湖湿地景观格局演变研究》,近30年来,东平湖湿地类型发生了较大的变化,大量的裸地被耕地和建筑用地取代,湖泊河流沿岸以芦苇为主的挺水植物群落和草滩地逐渐向陆地内部演变,自然水面面积在波动增加,菹草群落则是湖泊沉水植被中的优势物种。1985~2015年,东平湖湿地总体景观多样性呈下降趋势,优势物种逐渐明显,景观破碎度波动增加。其中,1996~2011年湿地景观多样性持续下降,优势度逐渐增加,斑块数先增后减,降低了东平湖的生物物种的多样性,造成一些物种数量的减少甚至消失;2011~2015年,湿地景观多样性有回升趋势,景观均匀度增加,优势度减小,而景观破碎度有增加趋势。南水北调东线工程实施后,东平湖蓄水量增加,致使湖泊水位明显上升,湖泊面积逐渐扩大。2004~2011年,受调蓄使水位上升的影响,自然水面面积扩大,浮水植物和挺水植物面积减少,沉水植物面积反而有所增加,生物的多样性减小,生物种群结构趋于单一化。

根据侯莉等《东平湖水生生物资源调查与评估》,结合2020年两次现场调查结果及与历史资料对比分析,东平湖浮游生物、底栖动物及鱼类种类和数量均低于历史水平,区域水生生物资源种类及数量有衰减的趋势,水生态平衡失调,生物多样性受到威胁。

6.4.3　生态补水存在问题

6.4.3.1　拦污清污设施

20世纪80年代以前,江水北调各泵站无论是抽排区域涝水,还是江淮水北调,只需在泵站进水流道处设置拦污栅就可解决拦污清污问题。90年代后,排涝时水生植物对拦污栅的堵塞问题日益突出。近几年来,南水北调时输水河道中的水生生物、生活垃圾和塑料废弃品,对泵站安全高效运行开始构成威胁。在东线工程实施过程中,一方面要加大对向输水沿线河道抛弃废物行为的查处力度,加强对船舶废弃物的集中收集管理;另一方面要与泵站主体工程同步建设可靠、高效的拦污、清污、污物处理设施,既保证泵站的高效、安全运行,又能有效清除河道内的污物,改善水质。

6.4.3.2 输水缺失

南水北调东线大都利用具有排洪、航运、供水等综合功能的河道输水，沿线水系复杂，且经湖泊输水、蓄水后的损失情况还缺少基本认识，因此输水损失的有效管理和控制将是影响调水目标实现的关键因素之一。

6.4.3.3 应急生态补水的组织发起及调度协调

2014 年，南四湖应急生态补水的实际发起者为济宁市等地方政府，从南四湖流域水资源管理、跨省际水量协调方面考虑，地市为单位发起并不是最佳的选择，涉及后期的调水计划制订、执行及跨流域调水工程的协调使用更显步履维艰。从简政放权提高工作效率、有利于促进整个应急调水进程等方面考虑，应急生态调水的发起需要明确与跨流域水资源调配更加相关的管理单位。根据《中华人民共和国水法》等法规和水利部流域管理机构职责规定，淮河流域机构和黄河流域机构有南四湖和东平湖生态环境管理和水量调度的责任，应该分别是南四湖、东平湖生态调水合适的发起人。

6.4.4 渔业资源增殖放流存在的问题

自实施渔业资源修复以来，南水北调东线调蓄湖泊渔业资源增殖放流在取得一定生态效益、经济效益和社会效益的同时，其实施过程亦存在诸多不足。

6.4.4.1 基础性科研不足，科技支撑不够

首先，受区域薄弱的渔业科研基础制约，调蓄湖泊东平湖渔业本底数据仍主要依赖于 20 世纪 80 年代的全国普查资料；其次，针对增殖放流的科研资料更少，增殖放流方案制订缺乏系统的技术支撑，其实施在一定程度上依赖于经验性的预判；再次，跟踪监测与管理科技水平不高，缺乏对放流后鱼类资源变动及其病害、环境潜在风险等的有效监督，尚无针对性跟踪监测与效果评价研究。

6.4.4.2 基础保障不足，渔业管理亟待加强

首先，受区域人员、经费等客观因素制约，增殖放流相关规划、论证、选育、种质鉴定与质量检测等力量薄弱；其次，少数渔民急功近利，导致渔业“三害”等违法作业手段仍有发生，而现有管理队伍与设施稍显薄弱与滞后，增殖资源保护和最佳修复效果得不到有力的保障。

6.4.4.3 调水工程带来渔业发展新挑战

南水北调东线工程的全面通水，对稳定调蓄湖泊水位和水域面积提供了便利条件，也为渔业发展提供了基础保障。但是，跨流域调水对沿线水域生境的影响是一个长期的、复杂的过程，也对东平湖等渔业发展提出了挑战。一方面，为保证调水质量，湖区养殖渔业逐步清退，对增殖放流提出保障渔业产量和渔民收入的更高要求；另一方面，跨流域的水体与生物交流，势必导致渔业资源组成的变动，还可能将各种病原体带入，甚至个别病害还因环境改变而变异，给渔业资源养护和渔业生物的病害防治带来更大的难题。

6.4.5 生物入侵

南水北调是利国利民的工程，但也给沿线水系带来生态风险。调水过程打破水体间原有的生物地理屏障，为生物入侵提供通道。

6.4.5.1　须鳗虾虎鱼和双带缟虾虎

生活在长江口的须鳗虾虎鱼和双带缟虾虎，目前发现已在东线多个湖泊（骆马湖、南四湖、东平湖）建立种群，将对这些湖泊的食物网结构、生态系统的能量流动产生影响，并可能殃及湖泊的生态服务功能。

须鳗虾虎鱼是一种河口咸淡水穴居型小型鱼类，摄食浮游动物、小鱼、小虾等，一般栖息于近岸和河口滩涂，通体红色、半透明，没有经济价值。中国科学院水生生物研究所秦皎等最早于 2011 年在京杭运河南四湖的入口（韩庄）水域渔民的地笼渔获物中偶见须鳗虾虎鱼；到 2013 年，其在南四湖下级湖全湖分布，为地笼、虾笼、定置网的常见渔获物；2014 年在南四湖上级湖发现。南四湖的须鳗虾虎鱼种群包括不同大小和年龄的个体，成鱼性腺发育良好，表明已建立种群。之后，秦皎调查发现，须鳗虾虎鱼在骆马湖和高邮湖也已建立种群。从渔民和湖泊主管部门了解到，须鳗虾虎鱼在骆马湖出现的时间在 2005 年左右；但高邮湖出现的时间不能确定，可能更早。20 世纪 80 年代，洪泽湖的渔获物调查中有须鳗虾虎鱼的记录，但一直没有形成种群。由于江水北调输水主要在骆马湖以南，须鳗虾虎鱼先在骆马湖和高邮湖建立种群；2010 年春末夏初，江水北调向南四湖输水，调水时间正是须鳗虾虎鱼的繁殖季节，骆马湖的须鳗虾虎鱼仔稚鱼很可能随调水进入南四湖。

另一种外来鱼类——双带缟虾虎，本来也是分布于长江口等亚洲河口的咸淡水底栖小型鱼类。秦皎最早于 2015 年 5 月在南四湖的上下级湖区偶见少量个体，均为当年幼鱼，8 月体长为 35~45 mm；同年 7 月，秦皎发现双带缟虾虎在骆马湖广泛分布；2016 年 11 月在东平湖也发现双带缟虾虎。2016 年和 2017 年的监测表明，南四湖的双带缟虾虎成鱼性腺发育良好，并有大量当年幼鱼产生，表明其已在南四湖建立种群。

以上两种均为生活在长江河口的咸淡水鱼类，由于东线调水时间一般在冬季至第二年夏初，涵盖大部分鱼类的繁殖季节，特别有利于鱼卵、仔稚鱼的扩散。调水期间正是长江的枯水季节，长江下游径流量显著减少，加剧河口盐水上溯入侵，河口广盐性鱼类到达东线取水口的概率增大，为这些鱼类入侵南水北调东线创造了条件。随着南水北调东线一期的实施，调水产生的生物入侵风险和影响更加不容忽视。

6.4.5.2　湖鲚

山东省淡水渔业研究院孙鲁峰认为 2000 年以来随着南水北调工程的推进，来自长江和淮河水系的湖鲚个体在南水北调山东段扩散且渔获比例逐年增大，东平湖每年捕捞的湖鲚约 16 t，现已成为湖区渔业资源的优势物种。

由于食物竞争，湖鲚对湖内鳙和大银鱼的生长产生一定影响；湖鲚摄食的游泳动物中更偏好于虾类，同时也会摄食其他鱼类的幼鱼和较小个体的同类，湖鲚数量的增多，对水域中鱼类仔幼鱼等可能构成危害，进而影响湖区内其他鱼类的成鱼数量，造成生物多样性水平的下降。

湖鲚作为经济价值较低的鱼类，其种群在南四湖、东平湖大量扩散繁殖，具有较大的潜在的生态风险影响，需及时捕捞，严格控制其种群数量。

6.4.5.3　水花生

安徽省水利部淮委水利科学研究院孔令健在《洪泽湖水生态环境保护实践与建议》

指出,由于洪泽湖湿地及湖区生境受到影响,湿地芦苇等原先的地域优势种出现不断退化的现象,而外来入侵的生物物种(如水花生等)面积在不断扩大。据调查,目前由于湿地面积萎缩,湖体水质污染,洪泽湖湿地生物多样性的下降速度惊人。湿地植被,特别是挺水植物需要治理的湖区仅水花生面积就为6万亩。

6.4.6 经验和问题总结

南水北调东线水环境存在的问题是有些断面水质不能稳定达标,洪泽湖和骆马湖轻度富营养化;调蓄湖泊水生态存在生物多样性减少、鱼类资源小型化、湿地退化、湖底荒漠化等问题;生态补水存在拦污清污设施、输水缺失、水量计量体系、应急生态补水的组织发起及调度协调,应急生态补水的费用核算等问题;增殖放流存在基础性科研不足,科技支撑不够,基础保障不足,渔业管理亟待加强,调水工程带来渔业发展新挑战等问题;南水北调东线目前还存在须鳗鰕虎鱼、双带缟鰕虎、湖鲚、水花生等生物入侵问题。

6.5 后续改进措施及对策建议

6.5.1 总体思路

研究组根据本次南水北调东线一期工程输水河湖水生态调查发现的水生态存在问题及按特大型调水工程环境保护要求未落实措施,提出补充工程水环境水质(水生态基础)保护对策、水生态修复对策;对已实施但效果未达到预期要求的环保工程,提出改进措施;并对新发现的环境问题提出改进对策。

6.5.2 优化污染防治工程体系

《南水北调东线工程治污规划(2001年)》提出了"治、截、导、用、整"一体化的治污工程体系。要求以治为主,配套建设截污导流工程,将处理厂出水分别导向回用处理设施、农业灌溉设施和择段排放设施,依靠各类污水资源化设施和流域综合整治工程,提高污水的资源化水平。目前"治、截、导、用、整"的治污工程体系已基本形成,但仍存在输水水质未全面达标、面源及支流污染较严重、截污导流工程规模不足等问题,本次研究将从污水处理厂提标改造、面源污染治理、人工湿地建设、中水回用及资源化等方面提出优化建议,并对重点河段及重点污染物提出针对性治理措施。

6.5.2.1 完善人工湿地建设

针对本次生态调查发现的生态环境问题,本研究工作制定以下完善和修复对策,供南水北调东线一期工程建管部门采纳实施。

1. 增加人工湿地数量及处理规模

根据调查,南四湖周边已配套建设人工湿地约70个,但有部分污水处理厂或污染严重支流未覆盖,建议后续结合各支流实际情况,因地制宜地增加人工湿地建设,扩大现有人工湿地规模,包括新建大汶河戴村坝、维桥河、金码河、流畅河、洙赵新河入湖口、老洙水河(董官屯)、牡丹区七里河(安兴河)、峄城沙河周村水库入库口、西支河、月河湾等人工湿地;完善新薛河、尹沟、南四湖北济宁市区段、滕州市界河等人工湿地。

2. 加强人工湿地运行维护,保证处理效果

根据调查,由于受配套资金限制,部分人工湿地运行维护不足、设备老化,建议后续人工湿地运维纳入污水处理厂统一管理。制定人工湿地运行维护规范化手册,重点做好适时调节湿地水位,控制曝气强度,保证湿地植物成活率,维持微生物群落,秋末冬初收割湿地植物等。

3. 人工湿地建设纳入城市规划

由于人工湿地占地面积较大,人工湿地用地可能与基本农田相关要求存在矛盾,建议将人工湿地工程作为污水处理厂配套工程一同纳入城市规划,在城市规划阶段即调整用地性质,避免小季河湿地复耕的情况再次出现。

6.5.2.2　优化截污导流工程体系

1. 新增截污导流工程,扩大原有截污导流工程规模

南四湖周边截污导流工程污染治理方式以截污为主,主要存在重点支流覆盖不全、截污拦蓄能力不足等问题。根据流域污染源调查,支流负荷污染贡献已占全线的1/3左右,是全线主要污染来源,其中以南四湖上级湖支流负荷最大,南四湖周边55条支流中,仍有部分污染较严重的支流未建设截污工程,部分已经建设截污工程的支流入湖口控制断面全年超标次数仍较多。此外,目前截污工程设计规模主要以三年一遇径流量为基础,在实际调查中已不满足截污、拦蓄需求。因此,后续南四湖周边截污导流工程建设仍是重点,需增加考虑污染负荷严重的支流,同时还需结合人工湿地建设进一步提高截污导流工程拦蓄能力,以增加应对环境风险的能力。

2. 增加控制性工程过流能力

江苏省境内截污导流工程主要存在尾水导流能力不足的问题。截污导流工程输送通道为避免进入调水干线及当地水系,采用倒虹吸方式与原有河道立交,但建设的地涵过流能力不足,已成为限制截污导流工程正常运行的限制性节点,因此建议对徐州截污导流工程十里沟地涵进行扩容,扩大其过流能力,降低对不牢河调水河段的溢流风险,并实施新沂河尾水通道扩容工程,扩大新沂河排污地涵过流能力,降低对淮沭河的污染风险。

3. 逐步实施截污导流工程与排涝河道的分离

截污导流工程中当地涝水占比较大,建议逐步实施截污导流工程与排涝河道分离,可有效减小截污导流工程中总水量,减轻中水回用压力及尾水通道排放压力。同时,截污导流工程与当地排涝系统独立运行,也可减少调水期对当地河流排涝功能的影响,减轻排涝压力,降低调水水质污染风险。排涝河道分离项目后续重点考虑徐州市截污导流工程。

4. 截污导流工程统一管理,结合二期工程对设备更新维护

根据南水北调工程总体规划,东线工程包括输水工程体系和治污工程体系,治污工程由地方政府负责,但也明确了截污导流工程纳入输水工程体系。目前,各段调水工程分别由江苏省、山东省统一管理,但各项截污导流工程则由所在各县、区单独负责运行管理。由于缺乏统一管理,对各闸坝调度运行控制不足,同时由于地方缺乏后续资金,工程维护不足、设备老化,因此建议在明确产权划分基础上,将全部截污导流工程纳入统一调度,以保证调水期对上游中水进行有效拦蓄,并结合南水北调后续工程对设备进行更新维护。

6.5.3 水生态保护措施建议

6.5.3.1 污损生物沼蛤监测

根据水生态调查,长江水源区至河口有大量沼蛤(淡水壳菜)分布,在输水河段和调蓄湖泊洪泽湖和骆马湖有少量分布。沼蛤作为一种入侵型污损生物,目前已经对我国部分水利水电工程造成了较严重的危害,如堵塞输水管道、降低管道输水能力、腐蚀结构面、污染水质等。

目前,沼蛤虽暂未对南水北调东线工程输水造成影响,但南水北调部分输水干渠固化,对沼蛤附着有利,仍需注意防范沼蛤进入输水干渠并大量繁殖,以免对输水造成影响。因此,建议开展沼蛤动态监测,并根据沼蛤分布、生物量等因素提出防控对策。

6.5.3.2 生态监测

根据东线一期工程环境影响评价批复要求,提出在洪泽湖国家级自然保护区、南四湖省级自然保护区、骆马湖和东平湖县级自然保护区进行生态监测,合理调度水位、水量,为湖泊中生物生长创造必要的条件。目前,一期工程尚未建设完善的生态监测制度。为进一步明确南水北调东线工程建设和运行对自然保护区生态环境的影响,建议在东线后续工程建设的同时,建设完善的自然保护区生态监测制度。

一期工程环境影响评价阶段提出设置 15 个生态监测站,其中南四湖站和梁山站为重点监测站,每个监测站设置 5~8 个监测点位。根据本次回顾性评价阶段的投资及调查,暂未收集到有关施工期及运行期的监测资料;同时由于典型蓄水湖库各类保护区及湿地公园的设立,生态监测站由敏感区主管部门统一建设管理,针对以上情况,本次研究建议根据一期环境影响评价的要求建设生态监测站,对湿地植物、底栖动物和湿地动物的物种、种群及群落进行长序列监测,为湿地生态保护提供科学的理论及实践基础。

6.5.3.3 水生态恢复措施

在对评价区湿地进行严格保护和保育的基础上,根据微地形地貌条件,对现有的洲滩需进行必要的修复和恢复,种植植被,以恢复湖泊湿地的生境复杂性和生物多样性,提高湖泊的自净能力,打造多样的湖泊湿地景观,为动植物提供良好的栖息地。

现场调查发现,部分湖泊滩地周边人为干扰较为严重,植被被踩踏和毁坏痕迹明显,对湖泊滩地进行湿地植被的恢复,一方面可以为动物尤其是湿地鸟类提供较好的栖息地;另一方面可以作为水域的一道生态防御带和净化过滤场。沿水面至堤岸方向依次种植沉水植物、浮叶植物、挺水植物和湿生植物等生境序列。

根据现场调查,需要进行洲滩湿地恢复面积共约 9 hm^2,见表 6-4。

6.5.3.4 河岸带修复及生态隔离带建设

根据东线一期工程现场查勘结果,在部分输水河段(如不牢河)河道两侧无河岸防护林,人为干扰严重,存在垃圾丢弃等情况,严重影响了输水河道的生态景观,且增加了输水水质污染风险。为恢复不牢河河道两侧的生态景观,建议在河道两侧建设生态隔离带。生态隔离带是指在城市外围或者组团之间,以林地、湿地、农业用地、园地等生态用地为主的绿色植被带,形成永久性的开敞空间。其用地内要求以林地景观为主。根据不牢河河岸两侧的地形,以林灌草相结合的修复方式,选用当地常见树种垂柳等,在满足其防护林生态效益之后,可在适宜的地区建立苗圃,为城市绿化建设提供有力支撑的同时,亦可带来一定的经济效益。

表6-4　湖泊湿地恢复措施情况

湖泊	现场照片	位置	经纬度	恢复面积/hm^2	推荐植物种类
洪泽湖		太平镇沿岸	118°29′52.37″N;33°30′22.48″E	2	狗牙根、红穗苔草、水葱、芦苇等
骆马湖		晓店镇沿岸	118°16′31.89″N;34°3′51.11″E	4	狗牙根、水蓼、芦苇、荻等
东平湖		老湖镇沿岸	116°15′6.99″N;36°0′12.46″E	3	菖蒲、芡实、芦苇等

6.5.3.5　栖息地保护

工程水源区为长江干流,调水沿线及受水区有洪泽湖、骆马湖、南四湖、东平湖等具有重要生态功能的湖泊和水库,这些生态敏感区对我国东部生态环境保护具有战略性意义。工程拟在以上重要生态功能区开展鱼类栖息地保护工作,主要保护区域包括洪泽湖(75 km^2)、骆马湖(10 km^2)、南四湖(45 km^2)、东平湖(25 km^2)、淮河干流(200 km^2)。保护措施如下。

1. 环境综合整治

建议把该河段设为常年禁捕区,设立地理标志区界。同时,维护栖息地保护河段和湖泊周边的自然环境,避免人为干扰对栖息地保护河段水生生境的破坏。

2. 强化渔政管理

建议当地渔政部门建立健全渔政管理机构,加强渔政管理力量,扩大宣传力度,严格执法,禁止禁渔区内任何渔业生产活动,特别是要禁止电鱼、炸鱼、毒鱼等违法捕鱼行为,取缔迷魂阵、深水张网、布围子、电鱼船等有害渔具。

3. 水生态监测

开展长期的水质、鱼类和水生生物等生态环境监测,为掌握栖息地鱼类资源的变化情况提供依据。

4. 加强管理

严格按照国家级种质资源保护区的相关保护规定,执行栖息地保护河段鱼类资源的保护工作。

6.5.3.6 拦鱼及其配套设施

根据影响预测分析,一旦鱼类或者幼鱼通过泵站时大量损伤和死亡,一方面影响了鱼类的生物循环,导致很多鱼种的数量锐减;另一方面受伤和死亡的鱼类对水域也造成了污染,因此需要采取一定的拦鱼措施阻止鱼类进入江都、洪泽、泗洪、邳州、万年闸、二级坝、八里湾等引水泵站。

对于鱼卵、无主动游泳能力的鱼苗,游泳能力较弱的幼鱼和小型鱼类成鱼可能随水流进入引水渠而导致鱼类资源损失的问题,目前尚无有效阻挡措施,可通过增殖放流对鱼类资源进行补充。

6.5.3.7 过鱼设施

南水北调东线工程地跨长江、淮河、海河三大流域,涉及众多水系和上百座既有或新建水利工程,如何布置或怎样设置鱼道是一项重要工作。为全面落实生态文明理念,统筹调水、航运、生态目标,应恢复重要的江湖、河湖连通性,以充分发挥南水北调东线工程的生态效应和生态文明示范作用,促进大江大河水资源开发利用中的生态恢复建设,有效保护水生态环境。针对生态连通性不良或阻断河湖,应于南四湖二级坝站、洪泽站、金湖站、后续工程高邮站和广陵站建设过鱼设施。对已有鱼道(万福闸、太平闸鱼道)进行维修,并加强后期管理。

1. 保护目标与要求

从重要性的角度考虑,通常按照以下顺序进行选择:列入国家级或省级保护动物名录的鱼类、地域性特有鱼类、水域生态系统中的关键物种(如同类食性鱼类少甚至唯一的种类)、重要经济鱼类;受工程影响程度考虑,分布区域狭窄、抗逆能力差、生境受损程度高、与工程影响水域生态环境适应性强的鱼类优先选择;依鱼类资源现状考虑,可按濒危、易危、稀有、依赖保护、接近受胁的顺序选择;从鱼类生活史考虑,生活史复杂、洄游距离长、繁殖条件要求高、生长繁育缓慢、性成熟年龄和繁殖周期与繁殖力低的鱼类优先考虑。

2. 过鱼设施选取

东线工程的泵站建成将基本阻断河流和湖泊上下游洄游性鱼类或半洄游性鱼类连通和交流,造成鱼类生境破碎,鱼类交流机制减少或消失。因此,尽量减少阻断通道的不利影响,在泵站修建过鱼设施是必要的。

对于过鱼设施的选择,由于泵站上下游水位差不是太大,本书建议建设仿自然通道。仿自然通道是在岸上人工开凿的类似于自然河流的小型溪流,通过溪流底部、沿岸由石块堆积成的障碍物的摩阻起到消能减缓流速的目的。其优点是过鱼对象较广泛,鱼类比较容易找到入口,过鱼效果较好。

6.5.3.8 生态补偿措施

为保障南水北调东线水生态安全,水源区和输水沿线区政府投入了大量资金,严控"两高"产业规模,治污进程领先全国10年,为南水北调东线水质安全做出了重大贡献,国家应进一步加大转移支付力度，对水源区和输水沿线地区进行合理的生态横向补偿。完善水环境“双向补偿”机制，对重点国考断面进行水质达标提优奖励。

6.5.3.9　生态水位

为复苏南水北调东线输水沿线及受水区河湖生态环境，提升生态系统质量和稳定性，统筹考虑河湖水资源条件、开发利用状况和生态保护要求，合理确定输水沿线及受水区河湖生态水位，见表 6-5。

表 6-5　输水沿线及受水区重点河湖控制断面生态流量目标

<table>
<tr><th>序号</th><th colspan="2">河湖名称</th><th>控制断面</th><th>生态水位/m</th><th>水位基面</th></tr>
<tr><td>1</td><td rowspan="2">里运河</td><td>淮安站以南段</td><td>高邮(大)</td><td>5.5</td><td rowspan="14">废黄河基面</td></tr>
<tr><td>2</td><td>淮阴站至淮安站段</td><td>运东闸上</td><td>8.8</td></tr>
<tr><td>3</td><td rowspan="4">中运河</td><td>杨庄闸至泗阳闸段</td><td>杨庄闸上</td><td>10.1</td></tr>
<tr><td>4</td><td>泗阳闸至刘老涧闸段</td><td>泗阳闸上</td><td>15.0</td></tr>
<tr><td>5</td><td>刘老涧闸至皂河闸段</td><td>刘老涧闸上</td><td>17.4</td></tr>
<tr><td>6</td><td>江苏省皂河闸以北段</td><td>运河</td><td>20.5</td></tr>
<tr><td>7</td><td colspan="2">不牢河</td><td>解台闸上</td><td>30.1</td></tr>
<tr><td>8</td><td colspan="2">淮河入江水道</td><td>金湖</td><td>7.1</td></tr>
<tr><td>9</td><td colspan="2">洪泽湖</td><td>蒋坝</td><td>11.5</td></tr>
<tr><td>10</td><td colspan="2">骆马湖</td><td>杨河滩闸上</td><td>20.5</td></tr>
<tr><td>11</td><td colspan="2">白马湖</td><td>山阳</td><td>5.6</td></tr>
<tr><td>12</td><td colspan="2">高邮湖</td><td>高邮(高)</td><td>5.1</td></tr>
<tr><td>13</td><td colspan="2">宝应湖</td><td>南运西闸上</td><td>5.4</td></tr>
<tr><td>14</td><td colspan="2">邵伯湖</td><td>六闸(三)</td><td>4.1</td></tr>
<tr><td>15</td><td colspan="2" rowspan="2">南四湖</td><td>上级湖南阳</td><td>32.34</td><td rowspan="2">1985 国家高程基准</td></tr>
<tr><td>16</td><td>下级湖微山</td><td>30.84</td></tr>
</table>

6.5.3.10　重要湿地生态保护对策和措施

1. 洪泽湖湿地、骆马湖湿地和南四湖湿地湖泊湿地保护

南水北调东线涉及的主要湖泊有邵伯湖、高邮湖、洪泽湖、骆马湖、南四湖。工程施工和运行将对湖泊湿地产生影响，为加强湿地恢复和保护，本章提出如下保护措施。

1）退圩还湖，湿地建设

配合地方政府开展沿线湖泊圈圩、网围养殖清理工作，清退湖区范围内非法圈圩。扩大湖区湿地和自由水面面积，恢复湖区水生植被，增加水生植被的覆盖面积，同时增加湖区鱼类等水生动物等生存、繁殖的空间。植物选择要严格选用各湖泊内分布的乡土植物种类，同时考虑重点保护鸟类的觅食需求，据此选择的沉水植物种类如苦草；浮叶植物如

马来眼子菜、莲等;挺水植物如芦苇、香蒲;湿生草本植物如狗牙根等。水生植被的恢复对湖区水体自净能力有很大作用,同时有利于湖区的供水、防洪、水生态等能力的提高。

2)保护河湖湿地

(1)严守生态保护红线。以各湖泊重要湿地为重点,对维护区域生态安全具有重要生态系统服务功能的区域实施最严格的生态保护。统筹湖泊岸线资源,严格水域岸线用途管制。

(2)积极保护生态空间。对非法挤占水域及岸线的建筑提出限期退出清单,加快构建水生态廊道。因地制宜地采取退田还湖、退养还滩、退耕还湿、湖岸带水生态保护与修复、植被恢复等措施,实施湿地综合治理,减少人类活动干扰,恢复湿地生态功能。提升生态系统整体功能。以现有的湿地等生态系统为依托,因地制宜地扩大湖区浅滩湿地面积,保护水生生物资源和水生态环境,维护与修复重要区域的水生态功能。对开发活动侵占湿地面积的,严格按照占补平衡原则,确保湿地面积不减少。加强湿地保护与管理能力建设,建立湿地保护制度。

3)建设生态岛屿群湿地

鉴于东线一期湖区疏浚工程将产生大量弃土,弃土出路亦是施工难题。如能结合湖岸带的湿地建设,既可减少弃土临时占地,也可大大降低工程投资。

利用疏浚等土方在湖区内建立远离人类活动区域的生态岛,可以解决目前各湖泊湿地保护整体工作中鸟类保护相对薄弱的部分。同时坡比较缓的岛屿,可以为底栖动物和鱼类提供优质的三场空间,而丰富的水生动物资源又可以为鸟类提供丰富的食物来源,进一步改善湖泊的生物多样性,形成湖泊疏浚土方利用和生态保护的多赢局面。

2. 东平湖湿地修复对策

1)生态敏感区生境恢复和补偿

为满足鸟类生境需求,需要在东平湖周边浅水区域进行湿地生境恢复。恢复措施主要包括生境恢复及栖息生境补偿。

(1)恢复区域及面积。

恢复区域的选取主要考虑两方面的因素:沿岸浅水区域可满足沉水植物(如苦草、马来眼子菜等)、挺水植物(如芦苇、香蒲等)和湿生草本植物对水深的要求,此类区域适宜进行植被恢复;鸟类集中分布区附近部分洲滩为重点恢复区域,根据鸟类生存需求,预计需恢复生境面积 68 hm^2。

(2)植被选择。

在湖周浅水区域人工构造多样化的缓坡形洲滩,然后在人工构造的洲滩区域以立体化的方式重建湿地植物群落。植物选择要严格选用保护区内分布的乡土植物种类,同时考虑重点保护鸟类的觅食需求,据此选择的沉水植物种类为苦草;浮叶植物为马来眼子菜、莲等;挺水植物为芦苇、香蒲;湿生草本植物为狗牙根等。

(3)保护区鸟类栖息生境补偿。

根据东平湖鸟类集中分布范围,建议在东平湖西部腊山国家森林公园顾庞村附近(E116.185~E116.190,N36.026~N36.033)、东平湖西部南堂子村附近(E116.18~E116.19,N36.01~36.02)、东平湖西北卧牛堤北部(E116.20~116.21,N36.05~N36.06)共3个区域进行栖息地再造。栖息地再造主要为鸟类休憩提供立足之地，按照每种鸟 4 m^2，浅层水鸟站立仅考虑水表层 10 cm 以上活动水鸟按照 25 种计，本工程提出建设复合型鸟岛为鸟类提供站立栖息之地，设计单个鸟岛规格为 10 m×10 m，每平方米岛屿基座种植挺水植物 50 株，共计设置 6 个，分别在上述 3 个地方各布设 2 座。

2）开展科学研究

（1）开展冬候鸟栖息适应性调度研究。

通过原位连续监测，掌握湿地生境及重要水鸟种群数量和分布格局的动态变化，分析水位对湿地生境、鸟类种群数量和分布格局的影响，为东平湖湿地环境保护提供科学合理的支撑。

结合东平湖生态水位等多目标优化调度机制研究，进一步研究调度机制对东平湖周边湿地面积的影响，对东平湖水生态系统稳定性的影响，对冬候鸟栖息地影响及候鸟分布变化的影响。通过此研究反馈调度机制，选择最合适的东平湖生态水位，为区域生态环境保护提供支持。

（2）湖泊湿地生态恢复技术研究。

湿地植物为各种湿地鸟类提供了栖息和食物来源，调查与研究东平湖湿地植物分布、生长规律、生物量及适宜生长水文节律与水文条件、物候期，研究湿地植物（沉水植物、湿生植物、挺水植物等）适宜恢复区及恢复技术等，为湿地生境修复提供技术支撑。

3）防护林建设

在保护区周边种植防护林隔离带，以削减周边人类活动对鸟类集中分布区的不利影响。防护林要求不同树种间杂种植，间距约 4 m，在防护林内侧（靠近鸟类集中分布区的一侧）还可种植 2~3 m 宽的芦苇丛以增加鸟类的空间。

4）其他措施和建议

（1）加强生态环境保护的宣传和管理力度。

通过在周边居民区张贴海报和发放宣传资料等方式，提高周边居民的环保意识，减小保护区内的人为干扰强度。加大对《中华人民共和国野生动物保护法》《中华人民共和国渔业法》等法律法规的学习和宣传力度，使施工人员和当地群众充分认识到保护生态环境的重要性。加强对施工人员的宣传教育工作，严禁施工人员利用水上作业的便利条件捕捞水生野生动物。

（2）人工投食。

作为应急措施，人工投食可在较大程度上帮助越冬候鸟度过特殊年份食物短缺的时期。拟在鸟类分布较为集中的区域设置 6 处人工投食点，具体分布与人工鸟岛布设一致。投食以玉米、谷物等为主，植物根茎和鱼虾苗等为辅。同时，为避免野生鸟类对于人类投食的依赖性，投食措施主要在鸟类食物特别短缺的时期采用，鸟类的投食时间需避开鸟类觅食的早晨、返巢的傍晚等鸟类活动高峰期。待周边湿地植被逐渐恢复后，可根据实际情况，逐步减少投食量和投食点数量。

（3）周边区域的保护。

由于鸟类不能自动辨识东平湖市级湿地自然保护区范围，常常会在周边农田区分布有部分鸟类，但当前周边农田并未纳入保护区的保护范围。建议对周边农田进行生态补偿,补偿周边农民,减少农药及化肥的使用,提高群众环保意识,在田间如发现鸟类,应及时报告,采取相应措施对鸟类进行保护。

(4)加强渔业管理。

东平湖周边现有池塘养殖的方式,由于部分鸟类会进入鱼塘捕食鱼类,养殖户会对鸟类驱赶,从而对鸟类产生较大程度的危害,建议对保护区周边未退出的养殖户由主管部门加强渔业管理,限制养殖规模及用药,由工程建设单位对养殖户损失进行适当补偿,补偿费用纳入工程投资。

(5)减少水域污染。

施工过程中应采取有效措施,严格禁止生活垃圾、污水和弃渣直接向东平湖中排放。

(6)设置警示牌。

在东平湖附近设置警示牌。警示牌上标明保护区边界范围、主要保护对象等,禁止越界施工占地、禁止捕捞或伤害水生生物的行为。在腊山自然保护区附近设置警示牌,标明保护区边界范围、主要保护对象等,禁止越界施工占地、禁止捕杀保护区陆生动物。

(7)加强巡视。

工程调水期间,配合保护区管理部门加强对东平湖及南岸明渠水体的巡查。

6.5.4 后续研究课题

通过南水北调东线一期工程输水沿线河湖水生生态环境调查,建议后续的水生生态环境保护和修复工作开展如下课题研究。

6.5.4.1 南四湖总氮、总磷污染源分析及治理方案研究

根据调查,目前总氮、总磷已成为南四湖水质超标的主要因素,开展南四湖总氮、总磷相关研究,通过分析其来源的组成结构,提出针对性的治污措施;研究其空间、时间变化及削减规律,以充分利用南四湖本身的削减作用,进一步净化水质。

6.5.4.2 山东段截污导流工程中水回用体系研究

由于山东段截污导流工程,特别是南四湖周边,调水期周边支流退水没有稳定去向,仅在本流域自行消化或暂存,如何妥善处理调水期中水,已成为保障南水北调东线调水水质的关键。目前,中水回用去向主要作为农业灌溉用水、工业用水、景观生态用水等,但回用率不高。结合各县、区实际情况,开展工程中水回用体系研究,分析中水回用去向及规模,并研究中水回用常态化运行的可行性,可进一步提高中水回用规模,降低污染压力。

6.5.4.3 万福闸和金湖站过鱼设施监测与效果评估

目前,万福闸与太平闸合建有鱼道,该鱼道于 1972 年建设,全长 541.3 m,在万福闸、太平闸下游布置两处进口,出口布置在太平闸上游。金湖站闸坝早期建有过鱼设施。两座鱼道建设均较早,目前对其过鱼效果尚未进行监测和评估,后续建议开展上述两座鱼道的监测与效果评估工作,通过该工作,总结两座鱼道的运行效果,提出相关改进、优化等建议。

6.5.4.4 物种入侵生态影响及防治对策研究

根据水生态调查,在骆马湖、南四湖和东平湖均发现有非本地种双带缟鰕虎鱼等,双带缟鰕虎为长江口地区小型底栖鱼类,主要摄食小型鱼类、幼虾等,参考国内外已有河流

或湖泊鰕虎鱼入侵造成的生态影响案例,双带缟鰕虎在骆马湖、南四湖和东平湖的出现很可能对湖泊内水生生物造成不利影响,因此建议进一步深入开展双带缟鰕虎等入侵生态影响研究,并对双带缟鰕虎等进入湖泊机制、湖泊内双带缟鰕虎等动态进行调查监测,并在此基础上提出双带鰕虎鱼等的防控对策。

6.5.4.5 南水北调东线调蓄湖库水资源调度生态保护方案研究

东线一期工程的蓄水工程包括洪泽湖、骆马湖、南四湖下级湖、东平湖及其东湖水库、双王城水库和大屯水库,起到了调蓄水资源或蓄水的功能。根据调蓄湖库水文情势和湿地生态回顾性评价结果,洪泽湖、骆马湖调水运行期的日平均水位较工程运行前升高,南四湖调水运行期的日平均水位较工程运行前降低,湿地、水生等生态环境随水位、水面等要素的变化产生一系列水文生态响应,新建的东湖水库、双王城水库和大屯水库也形成了新的水文生态关系。因此,建议进一步深入研究水位、水量等水文要素与调蓄湖库生态的响应关系,通过构建不同水资源调度过程工况下的生态响应过程,优化调蓄湖库的水资源调度,并在此基础上提出对应的生态保护方案。

6.5.4.6 越冬期洪泽湖候鸟生境适宜性调度研究

东线一期工程利用洪泽湖调蓄江水,洪泽湖调蓄水位提高 0.5 m,规划蓄水位 13.5 m。根据本次研究,东线一期工程运行期间洪泽湖水位抬升未对水鸟产生明显的影响,但尚不清楚水位的继续抬升对水鸟的影响。因此,为了明确工程蓄水湖泊水位优化调整的可行性,从而为工程冬季水位调度提出优化的意见,建议针对洪泽湖水位变化对水鸟影响机制进行专题研究,通过对洪泽湖湿地生境及重要水鸟种群数量动态、种群空间分布格局、栖息地选择的研究,分析水位与湿地及水鸟(冬候鸟)生境的关系,揭示水位抬升对湿地生境及重要水鸟种群数量和分布格局的影响机制;掌握重要越冬水鸟生活习性,开展生境适宜性评价和生态承载能力分析;通过水位调控试验,分析不同水位调度方案对典型区域湿地生境、水鸟种群数量和分布格局的影响。

6.5.4.7 开展后评价

南水北调东线一期工程自 2013 年 11 月建成通水至今已运行 10 年,工程产生的直接和潜在、未完全显现的水生态环境影响正随着多年水文情势变化及调水过程而逐渐被认识和发现,适时开展环境影响后评价,可全面认识、补充和验证东线一期工程产生的水生态环境影响以及生态保护措施的有效性,及时提出补救方案或者改进措施,以确保东线工程调水水生态安全。

6.5.5 对策总结

根据南水北调东线一期工程输水河湖水生态后续改进措施及对策建议,针对目前工程水污染防治待完善和水生态修复等问题,研究从优化污染防治工程体系、完善生态环境保护措施、制订环境监控方案、建设环境管理及风险防控体系、开展后续研究课题等方面提出改进措施和建议。

地表水环境保护措施建议优化污染防治工程体系,主要包括保障调水水质安全、完善人工湿地建设、改进水产养殖模式等。

环境管理及风险防控体系方面,建议进一步完善环境风险防控体系,建立完整水质监测网,强化航运码头环境管理,落实环境保护相关制度,形成更完善的环境管理及风险防控体系。

生态保护措施建议开展污损生物沼蛤监测、生态监测、水生态恢复、河岸带恢复、生态隔离带建设、栖息地保护、拦鱼设施、过鱼设施、生态补偿、生态水位、重要湿地生态保护等措施。

针对工程运行期间需持续关注和深入研究的内容,建议单列后续研究课题,本次回顾性评价共提出解决地表水环境、水生态、水资源生态调度、湿地生态等方面的研究课题共9类16项,分别为南四湖总氮、总磷污染源分析及治理方案研究,万福闸和金湖站过鱼设施监测与效果评估,物种入侵生态影响及防治对策研究,南水北调东线调蓄湖库水资源调度生态保护方案研究,越冬期洪泽湖候鸟生境适宜性调度研究,工程环境影响后评价等,可为南水北调东线工程的长期影响及后续工程建设提供理论依据和技术支撑。

第7章 展 望

7.1 东线后续工程

南水北调东线工程是贯彻新时代治水思路,保障国家战略实施的水资源配置战略工程,是缓解我国社会、经济、生态与水资源不匹配矛盾的战略需求,事关战略全局、事关长远发展、事关人民福祉。南水北调东线一期工程及其北延工程的建设运行极大地缓解了华北地区水资源短缺的问题,为解决受水区水生态、水环境长期性累积问题提供了重要替代水源,为华北地区生态修复提供重要的补充水源,极大地促进了供水地区经济社会发展,为我国生态文明建设和绿色发展提供了重要的战略支撑,为建设美丽中国做出了积极贡献,实现的社会效益、经济效益和生态环境效益显著。

随着我国社会主要矛盾转化为人民日益增长的美好生活需要和不平衡不充分的发展之间的矛盾,人民群众对供水安全保障和优美生态环境的需要越来越高。为贯彻落实习近平总书记在推进南水北调后续工程高质量发展座谈会上的重要讲话精神,立足全面建设社会主义现代化国家新征程,锚定全面提升国家水安全保障能力的目标,准确把握南水北调东线工程功能定位新变化,保障京津冀协同发展和大运河文化保护传承利用规划纲要等国家战略的实施以及近年来东线工程供水区水资源配置出现的新情况、新要求、新目标,结合“四横三纵”国家大水网规划,水利部谋划南水北调东线后续工程规划建设。东线后续工程的建设将进一步完善我国“四横三纵”水资源配置总体格局,为实施京津冀协同发展、雄安新区建设、黄河流域生态保护和高质量发展、大运河文化带建设等重大战略提供水资源保障;对优化水资源配置、保障群众饮水安全、复苏河湖生态环境、畅通南北经济循环的生命线,推动经济社会高质量可持续发展具有重要意义。

到2035年,为提升黄淮海流域承载国家重大战略规划水安全保障能力,增加东线工程调水规模和覆盖范围,延伸调水线路,提升首都水安全保障水平,需实施第一期工程,该方案供水范围涉及北京市、天津市、安徽省、江苏省、山东省、河北省等6省(市)。至2050年,在解决生活和工业用水的基础上,在充分考虑未来受水区经济社会发展和用水结构变化的同时,全面提升农业和生态环境用水保障程度,对输水能力不足的河段和泵站进行扩建,增大向北调水能力,进一步提升黄淮海流域水安全保障能力。

7.2 水生态安全保障

习近平总书记在推进南水北调后续工程高质量发展座谈会上指出,南水北调等重大工程的实施,使我们积累了实施重大跨流域调水工程的宝贵经验。其中,一条经验是尊重客观规律,科学审慎论证方案,重视生态环境保护,既讲人定胜天,也讲人水和谐。南水北调东线、中线工程建成通水及其生态效益的发挥,充分说明了水利工程与生态环境保护的辩证关系,是习近平生态文明思想的生动实践,具有十分重要的理论和现实意义。确保南水北调东线工程成为复苏河湖生态环境的生命线,是习近平总书记在江苏南水北调东线一期工程江都水利枢纽考察调研时提出的殷殷嘱托。

进入新发展阶段,要进一步发挥好南水北调东线工程的生态效益,必须坚持系统观念,加大生态环境保护力度,坚持山水林田湖草沙一体化保护和系统治理,不断满足受水区人民日益增长的优美生态环境需要,确保东线后续工程水生态安全底线。

南水北调东线后续工程应与交通航运部分共同实施大运河水生态保护修复,推进南水北调东线输水河道沿线及重要湖泊的生态廊道建设;持续发挥南水北调工程生态功能,坚持和完善科学调度工作机制,合理优化南水北调东线一期工程和后续工程的运行方案,科学制订水资源统筹调配方案,在满足受水区合理用水需求基础上,保障河道合理生态流量,抢抓来水丰沛时机,加大生态补水力度,助力华北黄淮海受水区北大港、白洋淀、大运河等河湖综合治理与生态修复,持续改善华北地区水生态环境。

绿色始终是南水北调工程的底色,水生态安全是南水北调东线工程建设的基本条件。持续发挥南水北调东线工程生态效益、复苏受水区河湖生态环境,确保沿线河湖生态安全,必须以习近平生态文明思想为指导,坚持系统观念,处理好发展和保护、利用和修复的关系,多措并举,及时开展水生态安全重大问题研究及修复工作,严守生态安全的底线,筑牢复苏河湖生态环境的生命线,让南水北调工程造福子孙后代。

参考文献

[1] 水利部南水北调规划设计管理局. 南水北调工程总体规划内容简介[J]. 中国水利,2003,38(2):11-13,18.

[2] 国家环境保护总局. 南水北调东线工程治污规划[R]. 北京:国家环境保护总局,2001.

[3] 中水淮河规划设计研究有限公司. 南水北调东线第一期工程可行性研究报告[R]. 合肥:中水淮河规划设计研究有限公司,2006.

[4] 姜永生. 南水北调东线工程环境影响及对策[M]. 合肥:安徽科学技术出版社,2016.

[5]《中国南水北调工程》编纂委员会. 中国南水北调工程·治污环保卷[M]. 北京:中国水利水电出版社,2018.

[6] 许新宜,尹宏伟,姚建文. 南水北调东线治污及其输水水质风险分析[J]. 水资源保护,2004(2):1-2,8.

[7] 张婷婷,杨刚,张建国,等. 南水北调东线一期工程输水干线水质变化趋势分析[J]. 水生态学杂志,2022(1):8-15.

[8] 李振军,訾宇翔,殷庆元,等. 南水北调东线一期工程生态环境保护方案及实施效果分析[J]. 中国水利,2021(20):78-81.

[9] 高鸣远. 南水北调东线工程江苏省受水区水质现状[J]. 水资源保护,2012(1):64-66.

[10] 刘瑞艳,张建华,刘凌,等. 南水北调东线工程调水期洪泽湖水质变化规律分析[J]. 河海大学学报(自然科学版),2023(2):42-49.

[11] 崔嘉宇,郭蓉,宋兴伟,等. 洪泽湖出入河流及湖体氮、磷浓度时空变化(2010—2019年)[J]. 湖泊科学,2021,33(6):1727-1741.

[12] 王霞,沈红军,刘雷,等. 洪泽湖水质特征分析及评价[J]. 环境与发展,2019,31(9):11-13,15.

[13] 滕海波,刘志芳,冯凯. 南水北调东线一期工程供水目标实现存在的问题与对策研究[J]. 项目管理技术,2021,19(9):142-146.

[14] 赵世新,张晨,高学平,等. 南水北调东线调度对南四湖水质的影响[J]. 湖泊科学,2012,24(6):923-931.

[15] 田家怡,陆兆华,闫永利,等. 南水北调东线工程山东段生态安全评价[J]. 南水北调与水利科技,2007,5(6):39-44.

[16] 刘超,王智源,张建华,等. 景观类型与景观格局演变对洪泽湖水质的影响[J]. 环境科学学报,2021,41(8):3302-3311.

[17] 吴天浩,刘劲松,邓建明,等. 大型过水性湖泊:洪泽湖浮游植物群落结构及其水质生物评价[J]. 湖泊科学,2019,31(2):440-448.

[18] 姚敏,毛晓文,孙瑞瑞. 洪泽湖水质2010—2020年时空变化特征[J]. 水资源保护,2022,38(3):174-180.

[19] 胡尊芳. 南水北调东线工程通水后沿线湖泊水质评价[J]. 盐湖研究,2017(2):1-7.

[20] 蔡邦成,陆根法,宋莉娟,等. 生态建设补偿的定量标准——以南水北调东线水源地保护区一期生态建设工程为例[J]. 生态学报,2008(5):2413-2416.

[21] 孙鹏程,龚家国,任政,等. 海河流域河湖修复保护进展与展望[J]. 水利水电技术(中英文),2022,53(1):135-152.

[22] 袁勇,赵钟楠,张海滨,等. 系统治理视角下河湖生态修复的总体框架与措施初探[J]. 中国水利,

2018(8):1-3.
[23] 王志芳,岳文静,王思睿,等. 综述国际流域生态修复发展趋势及借鉴意义[J]. 地理科学研究,2019,8(2):221-233.
[24] 徐菲,王永刚,张楠,等. 河流生态修复相关研究进展[J]. 生态环境学报,2014,23(3):515-520.
[25] 刘欢,杨少荣,王小明. 基于河流生态系统健康的生态修复技术研究进展[J]. 水生态学杂志,2019,40(2):1-6.
[26] 吴建寨,赵桂慎,刘俊国,等. 生态修复目标导向的河流生态功能分区初探[J]. 环境科学学报,2011,31(9):1843-1850.
[27] 王浩,王建华,胡鹏. 水资源保护的新内涵:"量-质-域-流-生"协同保护和修复[J]. 水资源保护,2021,37(2):1-9.
[28] 徐菲,王永刚,张楠,等. 河流生态修复相关研究进展[J]. 生态环境学报,2014,23(3):515-520.
[29] 周妍,陈妍,应凌霄,等. 山水林田湖草生态保护修复技术框架研究[J]. 地学前缘,2021(4):14-24.
[30] 谢悦,夏军,张翔,等. 基于淮河中游鱼类不同等级生境保护目标的生态需水[J]. 南水北调与水利科技,2017,15(5):76-81.
[31] 崔瑛,张强,陈晓宏,等. 生态需水理论与方法研究进展[J]. 湖泊科学,2010,22(4):465-480.
[32] 戴向前,黄晓丽,柳长顺,等. 潮白河生态流量估算及恢复保障措施[J]. 南水北调与水利科技,2012,10(1):72-76.
[33] 刘玉年,夏军,程绪水,等. 淮河流域典型闸坝断面的生态综合评价[J]. 解放军理工大学学报(自然科学版),2008,9(6):693-697.
[34] 潘扎荣,阮晓红,徐静. 河道基本生态需水的年内展布计算法[J]. 水利学报,2013,44(1):119-126.
[35] 孟钰,张翔,夏军,等. 水文变异下淮河长吻鮠生境变化与适宜流量组合推荐[J]. 水利学报,2016(5):626-634.

科研所课题组湿地水质净化效果调研途中白马湖湖畔合影

课题组水生态环境调查途中睢宁站合影

南水北调东线一期工程调水水源地——扬州夹江三江营饮用水水源地

南水北调东线一期工程长江源头调水泵站江都站（江都水利枢纽）

洪泽湖湖面及淮河入江水道三河闸

南水北调东线一期工程输水干线洪泽调水泵站进水闸

南水北调东线一期工程输水干线洪泽调水泵站、挡洪闸及输水河道

南水北调东线一期工程输水干线潼河及宝应调水泵站拦污闸

南水北调东线一期工程输水干线徐洪河及泗洪调水泵站

南水北调东线一期工程输水干线里运河（大运河）和淮安水利枢纽水立交

南水北调东线一期工程输水干线徐洪河及睢宁一站

南水北调东线一期工程输水干线中运河、骆马湖及皂河二站

南水北调东线一期工程输水干线南四湖及二级坝泵站

南水北调东线一期工程输水干线梁济运河、柳长河及邓楼泵站

南水北调东线一期工程输水干线东平湖、柳长河及八里湾泵站

南水北调东线一期工程输水干线穿黄工程引水渠及穿黄隧洞闸口

南水北调东线一期工程鲁北输水干线七一·六五河、大屯水库及进水泵站